国家理科基础科学研究和教学人才培养基地教材
国家级实验教学示范中心教材

大学化学实验

高绍康　主　编
陈建中　副主编

化学工业出版社
·北京·

本书作为大学化学实验课程教材，分为化学实验基本知识和基本技术、实验两大部分，内容包括化学实验基本知识、化学实验常用仪器、化学实验基本操作和技术、基本操作和技能实验、物质的基本性质与分析实验、物质的制备与物化量的测定实验以及附录。本书淡化以二级学科安排实验的传统模式，以化学实验基本操作和技能的训练为主线，以具体实验为载体，注重训练和培养学生的实验动手能力和综合素质。

本书可作为高等院校化工类、材料类、环境科学类、生命科学类及相关专业的基础化学实验教材，也可作为有关专业技术人员的参考书。

图书在版编目（CIP）数据

大学化学实验/高绍康主编. —北京：化学工业
出版社，2012.8（2024.2重印）
国家理科基础科学研究和教学人才培养基地教材
国家级实验教学示范中心教材
ISBN 978-7-122-14613-7

Ⅰ. 大⋯ Ⅱ. 高⋯ Ⅲ. 化学实验-高等学校-
教材 Ⅳ. O6-3

中国版本图书馆 CIP 数据核字（2012）第 138370 号

责任编辑：杜进祥	文字编辑：向　东
责任校对：周梦华	装帧设计：韩　飞

出版发行：化学工业出版社（北京市东城区青年湖南街 13 号　邮政编码 100011）
印　　装：三河市延风印装有限公司
787mm×1092mm　1/16　印张 15　字数 383 千字　2024 年 2 月北京第 1 版第 9 次印刷

购书咨询：010-64518888　　　　　　售后服务：010-64518899
网　　址：http://www.cip.com.cn
凡购买本书，如有缺损质量问题，本社销售中心负责调换。

定　　价：44.00 元

前　言

化学实验教学是现代化学教育过程中不可缺少的重要环节，在培养学生的实践能力、科学思维方式、创新意识与能力等方面都有重要意义。加强实践教学环节，提高学生实践能力，增强学生创新意识，已成为全面提高学生素质的迫切要求。为满足培养新世纪人才的需要，本教材将传统的无机化学、分析化学、有机化学和物理化学实验有机地融合起来，整合为《大学化学实验》，以适应高等院校化工类、近化学类等工科专业基础化学实验课程教学改革的需要。

《大学化学实验》是福州大学化学化工实验教学中心在总结多年化工类、近化学类基础化学实验教学改革经验的基础上，充分吸收化学实验教学改革成果和教学实践经验编写而成的。由于我校基础化学实验课程涉及的专业门类较多，不同专业对实验内容及数量的要求也不同，因此在编写过程中，我们立足于课程的基础性和整体性，注重化学实验的基本知识、基本方法和基本技术，在选择实验时尽量做到兼顾各专业的不同要求，同时又有一定的针对性，重点在于对学生化学实验基本知识、基本技能和实验动手能力的训练和培养。主要内容包括：化学实验基本知识和基本技术，实验两大部分。在实验部分精选了基本操作与基本技能实验，物质的基本性质与分析实验，物质的提取、制备与物化量的测定共 38 个实验，不同专业可根据实际需要选择合适的实验项目。

本教材有如下特色。

1. 突破传统的无机、有机、分析和物化实验教学依附理论教学的传统框架和实验教学模式，形成理论教学和实验教学既相对独立又有机结合的、相对完整的化工类、近化学类工科化学实验教学新模式。

2. 将原有的四大化学实验内容有机地融合起来，对化学实验基本知识和基本技术单独进行介绍，同时又将这些知识贯穿在各个实验项目之中，这样既便于学生纵观化学实验的全貌，又有利于学生强化基本技能的训练。

3. 注重于学生能力的培养和综合素质的提高，在每一个实验前面提出"目的与要求"和"预习与思考"，以针对实验独立设课及实验课超前于理论课的实际情况，引导学生自主地进行学习。

本书可作为高等学校化工类、材料类、环境科学类、生命科学类及相关专业的基础化学实验教材或教学参考书。

本书由高绍康主编，陈建中副主编。第 1～3 章、实验一～三和附录由高绍康编写，实验四～五、实验十一～十四、实验二十三～二十四由赵斌编写，实验六～十、实验二十五～三十由方昕编写，实验十五～二十二由林翠英编写，实验三十一～三十八由李浩宏、庄乃锋编写。全书由高绍康统稿、定稿，陈建中审阅。

本书的编写是福州大学化学化工学院长期从事实验教学工作的教师们共同努力的结果；在编写过程中本书参考了本校和一些兄弟院校实验教材的相关内容；化学工业出版社的领导和编辑对本书的编写给予了极大的帮助和支持；在此一并表示衷心的感谢！同时感谢国家基金委基础科学人才培养基金的资助！感谢福州大学教务处对本书的编写给予立项支持！

由于编者水平和时间所限，书中难免有疏漏、欠妥之处，恳请专家和读者批评指正。

编　者

2012 年 5 月于福州大学旗山校区

目　　录

上篇　化学实验的基本知识和基本技术

下篇 实 验

上篇　化学实验的基本知识和基本技术

第1章　化学实验基本知识

1.1　绪论

1.1.1　化学实验的目的

实验教学是培养学生实践动手能力和创新思维、提高学生综合素质的重要途径。实验教学的功能是课堂教学所不能替代的，因而在化学及相关专业人才培养中起着关键的作用。在围绕培养创新精神、增强实践能力的教学改革中，在全面推进素质教育的形势下，化学实验作为高等理工科院校化学、化工、材料等专业的主要基础课程，在培养未来科技人才的教育中，占有特别重要的地位。

化学是一门以实践为基础的学科。化学实验与课堂讲授的理论部分一样，是学生掌握知识、培养能力、孕育创新精神必不可少的教学环节。通过学生独立地进行实验操作、观察和记录实验现象、分析问题、归纳知识、撰写实验报告等多方面的训练，学生可对学到的基本知识、基本理论进行验证，并得到巩固、深化和提高。同时，学生可以规范地掌握从事科学实验和科学研究所必需的基本操作、基本技术和基本技能，培养严谨求实的工作作风和科学态度，提高独立观察、独立思考、发现问题、提出问题、分析问题和解决问题的能力。

在实验教学过程，逐步培养学生严谨的科学态度、实事求是的工作作风、良好的工作习惯以及科学的思维方法；还可培养学生求真务实、团结协作、勤奋不懈、百折不挠的精神，并且使学生养成节约、整洁、准确和有条不紊等良好的实验室工作习惯和科学习惯，为今后的工作奠定良好的基础。

1.1.2　化学实验的学习方法和基本要求

实验课的学习是以学生为主，对学生独立从事科学研究工作能力的培养具有重要的作用。要很好地完成实验任务，不仅要有正确的学习态度，而且还要有正确的学习方法，学生要在以下环节严格要求自己。

1.1.2.1　实验前预习

实验预习对于做好实验至关重要，因此实验前必须进行充分的预习和准备。预习时应做到：认真阅读实验教材，了解实验的目的与要求，熟悉实验内容、弄清实验的方法及原理，明了基本仪器、装置的使用方法和注意事项，掌握实验数据的处理方法，解答书上的思考题等，对实验的各个环节心中有数，才能使实验顺利进行，达到预期的效果。

在认真预习的基础上，按指导老师的要求简明扼要地写出实验预习报告。预习报告应写明实验名称、实验目的，设计好记录数据或现象的表格和栏目，其格式可以参考实验报告的格式或自己拟定，并在实践中不断加以改进，但切忌照抄书本。实验过程或步骤应尽可能用反应方程式、流程图、箭头等符号表示。

1.1.2.2 实验过程

实验是培养学生分析问题、解决问题、独立工作和思维能力的重要环节，必须认真、独立完成。学生实验时，原则上应按照实验教材上所提示的内容、步骤、方法要求及药品用量进行实验，设计性实验或者对一般实验提出新的实验方案，应与指导教师讨论、修改，经指导教师认可后方可进行实验。学生应提前 10min 进入实验室，在指定位置进行实验，并要求做到如下几点。

① 认真听指导教师讲解实验，进一步了解实验原理、操作要点、实验注意事项等，仔细观察教师的示范操作，掌握操作要领和操作规范。如有不理解的问题，应及时发问。

② 实验时要认真操作，正确使用仪器，细心观察，及时如实、准确地将观察到的实验现象和数据记录在记录本上，不能随意记录在纸片上，更不能转移、涂改。原始记录须请指导教师检查、认可并签名，留作撰写实验报告的依据。

③ 如果发现实验现象和理论不符时，应首先尊重实验事实，并认真分析和检查原因，并细心地重做实验。必要时可以做对照实验、空白实验或自行设计的实验来核对，直到从中得出正确的结论。

④ 实验过程中既要动手又要动脑，要勤于思考，注意培养自己严谨的科学态度和实事求是的科学作风。若遇到疑难问题和异常现象而自己难以解释时，可以相互轻声讨论或询问指导教师。

⑤ 实验过程中要自觉养成良好的科学习惯，遵守实验室工作规则，保持实验室卫生和实验台面的整洁。

⑥ 实验结束后，所得结果必须经教师认可并在实验预习报告和实验记录本上签字后，洗净用过的玻璃器皿，整理好试剂瓶和其他物品，清洁实验台面，清扫实验室之后才能离开实验室。

1.1.2.3 实验报告

实验报告是对所做实验的概括和总结，也是通过对实验现象的分析和实验数据的处理将直接的感性认识上升为理性认识的过程。书写实验报告是实验课程的基本训练内容之一，应认真对待。同时，实验报告在很大程度上反映了一个学生的学习态度、实际水平和能力。因此，在完成实验操作后必须根据自己的实验记录，进行归纳总结，分析讨论，整理成文，并在指定时间内交给指导老师审阅。

实验报告在书写方面应该做到：叙述简明扼要，文字通顺，条理清楚；字迹端正，图表清晰，结论明确。实验报告的格式，对不同类型的实验略有不同，但主要内容一般应包括：实验名称、实验日期、实验目的、实验原理（简要说明或反应方程式等）、实验仪器和药品、实验步骤（尽量用简图或流程图、表格、化学式、符号等表示）、实验现象和数据的记录与处理、实验结果和讨论等。应注意，实验现象要表达正确，数据记录要真实、完整，不能随意涂改或弄虚作假（数据记录附在实验报告后，供指导老师批阅实验报告时审核）。实验结果包括数据的处理和计算（可用列表或作图形式表达），是根据实验现象，进行分析、解释后得出的结论。

一份好的实验报告应该是：实验目的明确、原理清楚、数据准确、图表规范、结果正确、讨论深入和字迹端正等。通过实验报告的撰写，不但可以训练文字表达能力，而且更为重要的是，在报告撰写过程中，要有意识地培养自己独立思考问题、分析问题的习惯，为培养科学思维打下基础。

1.1.3　化学文献基础知识

化学文献是有关化学学科科学研究、生产实践等方面的记录和总结。一个有关化学科研项目的开展、或是一个实际工作中所遇到的疑难问题的解决，都需要利用形式多样、内容丰富的化学文献。化学文献按其出版形式可分为图书、期刊、科技报告、会议论文、学位论文、专利和技术标准等。根据文献的性质，又可分为一次文献、二次文献、三次文献。一次文献即原始文献，如期刊上发表的论文、科技报告、学位论文、会议论文及专利说明书等；二次文献又称检索工具，是由受过情报训练的专业工作者把大量分散发表的原始文献加以收集、摘录，以文摘、索引、题录等方式进行科学分类、组织和整理的文献；三次文献是指通过二次文献检索，并整理一次文献的内容而编写的资料，如专题评论、学科年度综述、进展报告、手册、指南、百科全书等。

一次文献是检索的对象和目的，二次文献是检索的手段和工具，三次文献既是检索的手段，从中可获得检索文献的线索，又可作为检索对象，从中得到所需的理论和数据。各种类型的文献各有特点，各有所用。通常，为了掌握研究近况，应安排时间浏览和精读一些有关的刊物。如要了解科技动态，主要查阅最新综论和会议录；如要开展技术革新和新产品试制，往往要查阅专利说明书；如要进行定型产品的设计和检验，应侧重于检索技术标准；如要了解各学科的背景资料，宜用图书文献资料作为入门；要进口新式仪器和精密机械设备，应参考产品样本目录和仪器设备广告；核对数据类资料，应查阅化学物理学手册；如要系统查阅各种有关文献，则用文献检索工具——文摘；研究生要完成毕业论文工作，不妨参考国内外高等院校有关的毕业论文。

由于化学文献不仅种类、数量多，而且出版速度、出版形式和内容等都十分丰富，不可能作详尽说明，这里只简单介绍一些与化学实验有关的工具书、手册、期刊等，并简要介绍网络资源的利用。

1.1.3.1　辞典

辞典是汇集事物词语、解释词义、概念、用法，并且按一定次序编排，以备检索的一类最基本、最常用的工具书。下面介绍几种最常用的化学化工辞典。

(1)《英汉化学化工词汇》　由科学出版社出版，2003 年第 4 版中收录了与化学化工有关的科技词汇约 17 万条，除词汇正文外还附有常用缩写词，无机和有机化学命名原则等。

(2)《化工辞典》，由化学工业出版社出版，2002 年第 4 版，收集化学化工的专业名词一万多个，解释简明扼要，是中国影响力最大的中型化工专业工具书。

(3)《化学化工大辞典》　2003 年 1 月由化学工业出版社出版，中国规模最大的化学化工类综合性专业辞书，是目前我国收词量最多、专业覆盖面最广、解释较为详细的化学化工专业词典。

(4)《化工百科全书》　由化学工业出版社 1997 年出版，全书共 19 卷，索引 1 卷，全面介绍了化工领域最新的技术和发展趋势，该本全书学术性强、覆盖面宽、产业气息浓、实用性高，是一本大型的化学工业及其相关工业技术的百科全书。

(5)《英汉双向精细化工词典》　由上海交通大学出版社 2009 年 9 月出版，本词典在包含传统、基本精细化工词汇的基础上收录了最新的有代表性的词汇，比较全面地反映国内外精细化工领域的最新发展。本词典收词约 40000 条。

(6)《化合物词典》　由上海辞书出版社 2002 年 6 月出版，该词典包括无机化合物和有机化合物两部分，无机化合物部分收 3929 条，有机化合物部分收词 2652 条，为便于查找，书末附词目英汉对照索引。本词典简明扼要、收词面较广、内容较丰富、简明而实用的化合物专业词典。

1.1.3.2 手册

手册是按照某一学科或某一主题汇集需要经常参考的资料，供读者随时翻检的工具书。作为一位化学工作者，手册可称之为他们的知识仓库，是他们必不可少的工具书。各国出版的关于化学的手册品种繁多，下面主要介绍一些重要的手册。

(1)《新药化学全合成路线手册》 由科学出版社出版于 2008 年 7 月出版，这本手册主要介绍了美国食品与药品管理局（FDA）于 1999～2007 年批准上市的 170 余个新分子实体药物的化学合成方法。并对每个药物给出其英文名、中文名、化学结构、化学式、相对分子质量、化学元素分析、药物类别、美国化学会 CAS 登记号、申报厂商、批准日期、适应证、药物基本信息等。其中，"药物基本信息"部分介绍了对应药物的作用机制、结构信息、合成路线等。这些合成路线大多是目前制药工业中正在使用的生产工艺，有较高的实用性与学术价值。本书共包含了数千个有机合成反应，数百种药物中间体的合成制造方法和数个非常有参考价值的附录。

(2)《分析化学手册》 第 2 版，由化学工业出版社出版，包含以下 10 个分册：基础知识与安全知识、化学分析、光谱分析、电分析化学、气相色谱分析、液相色谱分析、核磁共振波谱分析、热分析、质谱分析和化学计量学。手册涉及的内容包括方法的基本原理、应用技术与重要的应用资料，相关定义、术语及符号等。此外手册还介绍了因特网上的分析化学资源及获取方法。本书为从事分析化学相关工作的技术人员提供了大量丰富翔实的资料，是一部实用性很强的手册。

(3)《兰氏化学手册》 ［美］J. A. 迪安、N. A. 兰格（Lange）著，于 2003 年 5 月由科学出版社出版第 2 版译本。这是一部资料齐全、数据翔实、使用方便、供化学及相关科学工作者使用的单卷式化学数据手册，在国际上享有盛誉。自问世以来，一直受到各国化学工作者的重视和欢迎。全书共分 11 部分，内容包括有机化合物，通用数据，换算表和数学，无机化合物，原子、自由基和键的性质，物理性质，热力学性质，光谱学，电解质、电动势和化学平衡，物理化学关系，聚合物、橡胶、脂肪、油和蜡及实用实验室资料等。书中所列数据和命名原则均取自国际纯粹化学与应用化学联合会最新数据和规定。化合物中文名称按中国化学会 1980 年命名原则命名。该手册是从事化学方面工作的必备工具书。

(4)《工业聚合物手册》 原著是由美国威尔克斯根据国际权威的《工业化学百科全书》（第 6 版）编著而成，于 2006 年出版中文译本。这是一本关于聚合物的综合性图书，囊括了所有重要的工业聚合物，对其生产基本原理、主要生产过程、表征和应用领域等进行了详尽的介绍，对各种聚合物的发现、发展和现状进行了系统的评述；并对逐步聚合、连锁聚合、开环聚合所得聚合物和其他一些特种聚合物均有详细描述。同时，该手册对天然聚合物及其衍生物也进行了充分介绍。这本手册的技术新颖，实用性强，对从事聚合物科研与生产的工程技术人员是难得的宝贵资料。

(5)《Gmelin 无机化学手册》（Gmelin Handbook of Inorganic Chemistry） 是世界上最有威望和最完整的一套无机化合物手册，原名为《理论化学手册》，后来增加了一些内容，又称《Gmelin Handbook of Inorganic and Organometallic Chemistry》。1922 年开始出第 8 版，这套书是西文图书这个家族中的一个大的阵营，本书对各元素及其无机化合物都加以讨论，包括历史、存在、性质、实验室及工业制法，与无机化学相关的许多领域也都包括在内，并引用大量参考文献。1998 年，该手册停止出版，全部改为了电子版和网络化检索。

(6)《Beilstein 有机化学手册》（Beilstein's handbuch organischen chemie） 是在德国

化学会的支持下编著的，是当前国际上最系统、最全面、最权威的有机化合物巨型手册。Beilstein 手册包括正编和补编共计 566 册。收集了各种有机化合物的来源、结构、制备、物理和化学性质、化学反应、化学分析、用途及其衍生物等内容。各种有机物是按结构分类编排的。该手册是从事有机化学、化工、制药、农药、染料、香料等教学和科研必不可少的工具书。在 1999 年时，该手册停止出版，全部改为了电子版和网络化检索。

(7)《化学与物理学手册》(CRC Handbook of Chemistry and Physics)　是由美国化学橡胶公司（CRC）出版。自 1913 年第一版，其后每年增新改版，到 2009 年已经是 89 版了。它涵盖的内容包括：物理和化学的基本常数，单位和转化因子；符号、术语和命名法；有机化合物的物理常数；无机化合物和元素的性质；热化学、电化学和动力学；流动性；生物化学；分析化学；分子的结构和色谱；原子、分子和光物理学；固体的性质；聚合体的性质；地球物理学、天文学和声学；应用试验参数；健康和安全资料等。

(8)《有机化学合成方法》　实际上属于年鉴，1948 年第一次出版（先是德文版，后改为了英文版），随后每年出版一卷，至 2009 年已经有 73 卷，它将过去一年中所发表的凡是有机合成的新方法或者新的改进方法都摘录下来，也就是属于有机化合物新合成方法的汇编。本书的编排方式独特，是按反应类型来分类编排的，并且拥有自己的一套符号表示各种反应类型。本丛书汇编了各类反应包括对新合成方法的评价、实验方法摘要、参考文献来源等，是一部权威的，新颖的系列丛书。

(9)《溶剂手册》　第 4 版，2008 年 3 月，由化学工业出版社出版，该版在第 3 版的基础上新增补溶剂 236 种。全书分总论与各论两大部分，总论共五章，概要地介绍了溶剂的概念、分类、各种性质、安全使用以及溶剂的综合利用；各论分十二章，按官能团分类介绍，包括烃类、卤代烃、醇类、酚类、醚和缩醛类、酮类、酸和酸酐类、酯类、含氮化合物、含硫化合物、多官能团以及无机溶剂。该手册重点介绍每种溶剂的理化性质、溶剂的性能、精制方法、用途和安全使用注意事项等，并附有可供参考的数据来源的文献资料、索引及部分国家标准。这本手册内容丰富，具有较高的实用性。

(10)《Landolt-börnstein 物理化学数据集》　简称 LB，由世界著名的科技出版社——德国施普林格（Springer-Verlag）出版社出版，1961 年新版，迄今已出版 300 多卷，并在不断扩充新内容。LB 工具书涉及的学科包括物理学、物理化学、地球物理学、天文学、材料技术与工程、生物物理学等，内容涉及相关科学与技术的数值数据和函数关系、常用单位以及基本常数等。除此之外，LB 工具书还有一项重要内容——通用工具与索引，其中包括：综合索引、有机化合物索引、物质索引、物理学和化学中的单位和基本常数。LB 已经成为一套以基础科学为主，系列出版的大型数值与事实型工具书，全世界千余名知名专家和学者常年为这套工具书提供系统而全面的原始研究资料。

(11)《化学数据速查手册》　作者李梦龙，由化学工业出版社 2004 年出版。这是一本综合性的化学数据手册，整理并吸取了现有化学数据手册之精华，广泛收集了包括国际单位制（SI）及基本常数、化学元素的性质、化合物的性质、化学实验常用数据表、化学危险品安全数据等与日常工作和实验、教学密切相关的常用数据和必备知识。除文字说明部分，基本采用了中英文对照形式，以满足各种使用者的要求。本手册以使用方便为宗旨，表格设计科学紧凑，数据容量较同类型手册大且查找方便。附赠光盘包含本书全部内容，搜索软件采用全模糊检索技术，方便快捷，光盘中还带有化学软件、反应机理、装置图示、虚拟化学、化学常识和化学资源等内容。该手册是化学化工科技工作者必备的数据手册。

(12)《化验员实用手册》第 2 版，由化学工业出版社 2006 年出版。它是一本综合性的实用手册，全书共 26 章，除了有大量、必需、常用的数据及各种分析方法外，还简要地介绍了化验员必需的基础知识及一些常用器皿、试剂、仪器等有关规格、型号、生产厂家、管理与使用注意事项等内容。

1.1.3.3 化学期刊

期刊是一种报道新理论、新技术、新方法等科学研究成果的定期出版物，刊载原始文献数量多，内容详实新颖，是公开报道原始文献的主要方式。国内外出版的与化学相关的期刊数目众多，仅《科学引文索引（SCI）》中所收录的与化学有关的期刊就有 1000 多种，在《化学引文索引（CCI）》中收录化学领域的出版物有 1140 多种，在《化学文摘（CA）》中摘录的科技期刊有 14000 余种，其中大多数以英文发表。这些入选的期刊都是化学领域的核心刊物，这里仅介绍部分与化学相关的重要的中外文期刊杂志。

在我国，一些 SCI 影响因子较高的、重要的综合类化学期刊有：《中国科学（B 辑）》、《化学学报》、《化学通报》、《高等化学学报》等，重点报道我国高校和科研院所的创新性科研成果。一些专业性较强、SCI 影响因子较高的的期刊有：《无机化学学报》、《分析化学》、《有机化学》、《物理化学学报》、《结构化学（英文版）》、《高分子科学》、《中国稀土学报》等，及时刊载相关学科的最新科研成果。

在国外，除影响因子极高、为数不少的综合类期刊，如 *Nature*，*Science*，*Chemical Review* 等，影响因子较高的化学期刊数量庞大、门类齐全，涉及学科与专业非常广泛，如 *Journal of the American Chemistry Society*（简称 *J. Am. Chem. Soc.* 或 *JACS*，美国化学会志），*Journal of the Chemistry Society*（简称 *J. Chem. Soc.*，英国化学会志），*Chemistry Reviews*，*Angewandte Chemie-International Edition*，*Chemical Communications*，*Chemistry*，*A European Journal*（简称 *Chem. Eur. J.*，欧洲杂志化学）等综合性期刊，主要刊载世界各国化学领域的最新领域或前沿的研究成果，许多文章被其他刊物的科研论文竞相引用。

1.1.3.4 化学文摘

世界上每年在各种期刊和学术会议上发表的化学、化工论文达几十万篇，面对如此浩瀚、语种庞杂而且非常分散的文献，必须收集、整理、摘录并给予科学分类，才可便于查阅，才能较快地找到所需的技术资料。化学文摘就是处理这方面工作的杂志。美国、德国、俄罗斯、日本都出版有关化学文摘方面的刊物，其中以美国的 Chemical Abstracts（《化学文摘》，简称 CA）最为著名和最为重要。CA 是目前世界上最完整的化学文献检索工具，它收录的文献资料范围广，报道速度快，索引系统完善，是检索化学文献信息最有效的工具。每条文摘以简练的文字将不同语种撰写的论文、专利、通讯、综述等浓缩成英文摘要，使读者能在较少的时间内了解原始文献的概要，以决定是否进一步调阅原始文献。CA 索引相当齐全，有主题索引、作者索引、化合物索引、分子式索引、作者索引、专利索引等十余种。

国内也有出版多种有关化学方面的文摘，如《中国化工文摘》、《中国无机分析化学文摘》、《分析化学文摘》、《日用化学文摘》等。

1.1.3.5 网络上的化学信息资源

网络上有关化学信息资源浩如烟海，非常分散，要检索到有用的信息犹如大海捞针，或许要花费许多时间而所获甚少。然而，网络的发展也为查询化学信息和资料打开了方便之门。我们可以通过综合性化学资源网站、专业性的网站和搜索引擎网站，很方便地查阅到所需的文献资料和有关信息。下面介绍一些常用的重要的化学信息网址资料。

(1) 中国化学会　　　　　　　　　　http://www.ccs.ac.cn
(2) 美国化学会　　　　　　　　　　http://www.cas.org
(3) 美国化学信息网　　　　　　　　http://chemistry.org
(4) 德国化学会　　　　　　　　　　http://www.gdch.de
(5) 英国皇家化学会　　　　　　　　http://www.rcs.org/chemsoc
(6) 国际网上化学学报　　　　　　　http://www.chemistrymag.org
(7) 中国国家图书馆　　　　　　　　http://www.nlc.gov.cn
(8) 中国科学院国家科学图书馆　　　http://www.las.ac.cn
(9) 化学品安全最新信息数据库　　　http://www.chemweb.com
(10) 美国国家标准技术研究院　　　http://www.webbook.nist.gov/chemistry
(11) MSDS 数据库　　　　　　　　　http://www.ilpi.com/msds
(12) 中国学术期刊网 CNKI　　　　　http://www.cnki.net
(13) 万方数据库　　　　　　　　　http://wanfangdata.com.cn
(14) 维普全文期刊数据库　　　　　http://www.cqvip.com
(15) Springer Link 电子期刊全文数据库　　http://www.springerlink.com
(16) Elsevier 电子期刊全文数据库　　http://www.sciencedirect.com
(17) ISI 的《科学引文索引》　　　　http://www.isiknowledge.com
(18) Wiley InterScience 数据库　　　http://www.Interscience.wiley.com
(19) 化学信息网　　　　　　　　　http://www.chemicalbook.com
(20) 中国科技网　　　　　　　　　http://www.cnc.ac.cn
(21) 中国科学院科学数据库　　　　http://www.sdb.ac.cn
(22) 中国数字图书馆　　　　　　　http://www.d-library.com.cn
(23) 中国化学课程网　　　　　　　http://chem.cersp.com
(24) 中国专利信息网　　　　　　　http://www.patent.com.cn
(25) 百度搜索引擎　　　　　　　　http://www.baidu.com
(26) Google 搜索引擎　　　　　　　http://www.google.com
(27) 搜狐搜索引擎　　　　　　　　http://www.sohu.com.cn
(28) 雅虎搜索引擎　　　　　　　　http://www.yahoo.com.cn

1.2　化学实验室基本知识

实验室是学生进行实验、开展科研训练的场所，因此实验室的安全问题十分重要，它不仅关系到个人的健康和安全，而且还关系到国家的财产安全。

在化学实验室存在着许多不安全的因素。在化学实验中，往往会接触到各种化学药品、电器设备、玻璃仪器及水、电、气。在这些化学药品中，有的易燃、易爆，有的有毒，有的是刺激性气体，有的有腐蚀性，还有的可能致病。如果使用不当，或违反操作规程、或疏忽大意，都可能造成意外事故。因此，实验者必须认真学习并严格遵守学生实验守则和实验室安全规则。

1.2.1　学生实验守则

(1) 进入实验室要熟悉实验室水、电、气的阀门，消防器材、洗眼器与紧急喷淋器的位置和使用方法。熟悉实验室安全出口和紧急情况时的逃生路线。掌握实验室安全与急救常识。

（2）进入实验室必须遵守实验室各项规章制度，保持室内安静、整洁。不准在室内吸烟、随地吐痰、乱扔杂物。非实验用品一律不准带入实验室。

（3）实验前必须认真预习，写出预习报告，无预习报告和无故迟到者不得进入实验室。

（4）实验过程中要仔细观察各种实验现象，并如实、详细地记录现象和数据，严禁弄虚作假、随意涂改数据。使用高级或精密仪器时必须严格按操作规程进行操作，避免损坏仪器。如发现故障，应立即停止使用并报告指导教师，及时排除故障。

（5）实验中使用易燃、易爆物品或接触带电设备进行实验，要严格按照操作规程操作，并注意做好防护工作。

（6）要树立绿色化学的概念。在能保证实验准确度要求的前提下，尽量降低化学物质（尤其是有毒有害试剂及洗液、洗衣粉等）的消耗和排放。注意节约实验室的所有资源（如试剂、滤纸、去离子水等），试剂应按教材规定的规格、浓度和用量取用，并核对标签，以免造成浪费和失败。

（7）实验时要保持台面的整洁、卫生。仪器、药品应整齐地摆放在一定位置，用后应立即放回原位。废弃的有机溶剂要倒入指定的回收瓶，有腐蚀性或污染的废液与废渣必须倒在废液桶或指定容器内，统一处理。火柴梗、废纸屑、碎玻璃等固体废物应倒入废物桶内，不得随地乱丢。

（8）实验结束后，及时清理和洗涤自己所用的实验器皿，整理好仪器和药品，清洁工作台面，关闭电源、水阀和气路。认真洗手，实验记录交指导教师审阅、签字后，方可离开实验室。按时交实验报告。

（9）课外到实验室做实验，学生要经过预习并经有关教师同意后，在教师或实验技术人员的指导下方可进行实验。

（10）为安全起见，化学实验室内不得穿拖鞋、裙子与短袖衣服，进行有机合成实验时尽量戴上防护镜。

（11）实验室一切物品未经实验室负责人员批准，严禁携出室外，借出物品必须办理经借登记手续。

（12）实验室由学生轮流卫生值日，负责打扫和整理实验室，关好门、窗，检查水、电、气阀门，经教师检查同意后方可离开实验室，以保证实验室的安全。

1.2.2　化学实验室安全规则

（1）新生进实验室前，必须进行实验室安全、消防安全、安全防护和环保意识的教育和培训。

（2）熟悉实验室及其周围环境，了解与安全有关设施（如水、电、气阀门，急救箱，消防用品，洗眼器，喷淋器等）的放置地点和使用方法。

（3）实验室内药品严禁任意混合，更不能尝其味道，以免发生意外事故。自选设计的实验必须与指导教师讨论并征得同意后方可进行。

（4）严禁在实验室内饮食、吸烟，严禁将食品或餐具等带进实验室。禁止赤膊穿拖鞋进实验室。实验时须保持安静，禁止在实验室游戏打闹、大声喧哗。

（5）使用有毒试剂（如氟化物、氰化物、铅盐、钡盐、六价铬盐、汞的化合物和砷的化合物等）时，应特别小心，严防进入口内或接触伤口，剩余药品或废液不得倒入下水道或废液桶内，应倒入回收瓶中集中处理。

（6）当反应会产生 H_2S、CO、Cl_2、SO_2 等有毒的、恶臭的、有刺激性的气体时，应该在通风橱内进行。

（7）有机溶剂（如酒精、苯、丙酮、乙醚等）易燃，使用时要远离火源。应防止易燃有机物的蒸气外逸，切勿将易燃有机溶剂倒入废液缸。不能用开口容器（如烧杯）盛放有机溶剂，不可用明火或电炉直接加热装有易燃有机溶剂的烧瓶。回流或蒸馏液体时应放沸石，以防止液体过热暴沸而冲出引起火灾。

（8）使用具有强腐蚀性的浓酸、浓碱、溴、洗液时，应避免接触皮肤和溅在衣服上，更要注意保护眼睛，需要时应配备防护眼镜。稀释浓硫酸时，应在不断搅动下将其注入水中，切勿反过来进行，以免局部过热使酸溅出，引起灼伤。

（9）加热、浓缩液体的操作要十分小心，不能俯视正在加热的液体，以免溅出的液体把眼、脸灼伤。加热试管中的液体时，不能将试管口对着自己或别人。当需要借助于嗅觉鉴别少量气体时，决不能用鼻子直接对准瓶口或试管口嗅闻气体，而应用手轻拂气体，把少量气体轻轻地扇向鼻孔进行嗅闻。

（10）加热器不能直接放在木质台面或地板上，应放在石棉板、绝热砖或水泥地板上，加热期间不能离开工作岗位。

（11）使用高压气体钢瓶（如氢气、乙炔）时，要严格按操作规程进行操作。钢瓶应放在远离明火、阴凉干燥、通风良好的地方。钢瓶在更换前仍应保持一部分压力。

（12）禁止使用无标签、性质不明的试剂或药品。实验室内的所有药品不能携出室外，用剩的有毒药品应交给教师。

（13）保持水槽的清洁和通畅，切勿将固体物品投入到水槽中。废纸、废毛刷、碎玻璃应投入废物桶内，废液应小心倒入废液缸中集中收集处理，切勿倒入水槽中，以免腐蚀下水道和污染环境。使用过的钠丝尤其要小心，需集中处理。

（14）使用电器设备时，不要用湿手接触仪器，以防触电，用后拔下电源插头，切断电源。

（15）每次实验完毕，整洁实验台面，做好卫生，检查水、电、气、门、窗是否关好，最后必须将双手洗干净，经教师同意后方可离开实验室。

1.2.3　化学实验意外事故的急救处理

为了对实验过程中意外事故进行紧急处理，实验室配备有急救医药箱。医药箱内备有下列药品和工具：红药水、3％碘酒、烫伤膏、饱和碳酸氢钠溶液、饱和硼酸溶液、2％醋酸溶液、5％氨水、5％硫酸铜溶液、高锰酸钾晶体和甘油等；创可贴、消毒纱布、消毒棉、消毒棉签、医用镊子和剪刀等。医药箱内药品和工具供实验室急救用，不得随意挪用或取走。

（1）烫伤：切勿用水冲洗。轻度烫伤，可用高锰酸钾或苦味酸溶液揩洗烫伤处，再涂上烫伤膏、万花油、京万红或鞣酸油膏。烫伤较重时，若起水泡不用挑破，先涂上烫伤药膏，用纱布包扎后送医院治疗。

（2）割伤：应立即用药棉揩净，若伤口内有异物，应先取出，涂上红药水并用纱布包扎或贴上创可贴，必要时送医院救治。

（3）受强酸或强碱腐蚀：酸或碱洒到皮肤上时，先用大量水冲洗，然后酸腐蚀用饱和碳酸氢钠或稀氨水冲洗，碱腐蚀用1％柠檬酸溶液或硼酸溶液冲洗，再用水冲洗，涂敷氧化锌软膏或硼酸软膏。若酸或碱溅入眼内，应立即用大量的水冲洗，再用2％ $Na_2B_4O_7$ 溶液（或3％硼酸溶液）冲洗眼睛，然后用蒸馏水冲洗。

（4）溴腐蚀伤：先用 C_2H_5OH 或 10％ $Na_2S_2O_3$ 溶液洗涤伤口，然后用水冲净，并涂敷甘油。

（5）一旦吸入刺激性或有毒气体如溴蒸气、氯气、氯化氢时，可吸入少量酒精和乙醚的混合蒸气解毒，然后到室外呼吸新鲜空气。因不慎吸入煤气、硫化氢气体而感到不适时，应立即到室外呼吸新鲜空气。必要时送医院治疗。

（6）遇毒物误入口内时，立即取一杯含 $5\sim10mL$ 稀 $CuSO_4$ 溶液的温水，内服后再用手指伸入咽喉部，促使呕吐，然后立即送医院治疗。

（7）不慎触电时，立即切断电源，或尽快用绝缘物（干燥的木棒、竹竿等）将触电者与电源隔开，必要时进行人工呼吸。

1.2.4 化学实验室消防安全知识

万一实验室不慎失火，切莫惊慌失措，而应冷静、沉着，根据不同的着火情况，采取不同的灭火措施。由于物质燃烧需要空气和一定的温度，所以灭火的原则是降温或将燃烧的物质与空气隔绝。化学实验室一般不用水灭火！这是因为水能和一些药品（如钠）发生剧烈反应，用水灭火时会引起更大的火灾甚至爆炸，并且大多数有机溶剂不溶于水且比水轻，用水灭火时有机溶剂会浮在水面上，反而扩大火场。

一旦失火，首先应采取措施防止火势蔓延，立即熄灭附近所有火源，切断电源，移开易燃易爆物品。同时，视火势大小，采取不同的灭火方法。

（1）在容器中（如烧杯、烧瓶、热水漏斗等）发生的局部小火，可用湿布、石棉网或表面皿覆盖即可灭火。

（2）有机溶剂在桌面或地面上蔓延燃烧时，切勿用水灭火，可撒上沙子或用石棉布扑灭。大火可用泡沫灭火器灭火。

（3）对活泼金属 Na、K、Mg、Al 等引起的着火，应用干燥的细沙覆盖灭火。严禁用水和 CCl_4 灭火器，否则会导致猛烈爆炸，也不能用二氧化碳灭火器。

（4）在加热时着火，立即停止加热，关闭煤气总阀，切断电源，把一切易燃易爆物移至远处。电器设备着火，先切断电源，再用四氯化碳灭火器灭火，也可用干粉灭火器或 1211 灭火器灭火。

（5）当衣服上着火时，切勿慌张奔跑，以免风助火势，应赶快脱下衣服。一般小火可用湿抹布、石棉布等覆盖着火处。若火势较大，可就近用水龙头浇灭。必要时可就地卧倒打滚，起到灭火的作用。

（6）在反应过程中，因冲料、渗漏、油浴着火等引起反应体系着火时，情况比较危险，处理不当会加重火势。有效的扑灭方法是用几层石棉布包住着火部位，隔绝空气使其熄灭，必要时在石棉布上撒些细沙。若仍不奏效，必须使用灭火器，由火场周围逐渐向中心处扑灭。

（7）当火情有蔓延趋势时，要立即报火警。

另外一些有机化合物如过氧化物、干燥的重氮盐、硝酸酯、多硝基化合物等，具有爆炸性，必须严格按照操作规程进行实验，以防爆炸。

废液应小心倒入废液桶中，集中收集和处理，切勿随意倒入水槽中，以免腐蚀下水道及污染环境。大量溢水也是实验室中时有发生的事故，所以应注意水槽的清洁，废纸、玻璃等物应扔入废物缸中，保持下水道畅通。有机实验冷凝管的冷却水不宜开得过大，万一水压高时，橡皮管弹开会引起事故。

常用灭火器种类及其适用范围见表 1-1。

表 1-1　常用灭火器种类及其适用范围

名　　称	使　用　范　围
泡沫灭火器	用于一般失火及油类着火。此种灭火器是由 $Al_2(SO_4)_3$ 和 $NaHCO_3$ 溶液作用产生大量的 $Al(OH)_3$ 及 CO_2 泡沫，泡沫把燃烧物质覆盖与空气隔绝而灭火。因为泡沫能导电，所以不能用于扑灭电器设备着火
四氯化碳灭火器	用于电器设备及汽油、丙酮等着火。此种灭火器内装液态 CCl_4。CCl_4 沸点低，相对密度大，不会被燃烧，所以把 CCl_4 喷射到燃烧物的表面，CCl_4 液体迅速汽化，覆盖在燃烧物上而灭火
二氧化碳灭火器	用于电器设备失火及忌水的物质着火。内装液态 CO_2
干粉灭火器	用于油类、电器设备、可燃气体及遇水燃烧等物质的着火。内装 $NaHCO_3$ 等物质和适量的润滑剂和防潮剂。此种灭火器喷出的粉末能覆盖在燃烧物上，形成阻止燃烧的隔离层，同时它受热分解出 CO_2，能起中断燃烧的作用，因此灭火速度快

1.2.5　实验室"三废"的处理

在化学实验室中会遇到各种有毒的废渣、废液和废气（简称三废），如不及时妥善处理或销毁，就会对周围的环境、水源和空气造成污染，或造成意外事故，威胁人们的身体健康。因此，在学习期间就应进行"三废"处理以及减免污染的教育，树立环境保护观念，增强环境保护意识。实验过程中产生的"三废"可用下列方法进行处理，危险品废物的处理可查阅相关的手册或资料。

1.2.5.1　废气的处理

产生少量有毒气体的实验应在通风橱中进行。通过排风设备把少量毒气排到室外，利用室外的大量空气来稀释有毒废气。如果实验时会产生大量有毒气体，应该安装气体吸收装置来吸收这些气体，然后进行处理。例如二氧化硫、二氧化氮、氯气、硫化氢、氟化氢等酸性气体，可以用氢氧化钠水溶液吸收后排放。碱性气体用酸溶液吸收后排放，一氧化碳可点燃转化为二氧化碳后排放。

1.2.5.2　废液的处理

有回收价值的废液应收集起来统一进行处理，回收利用。无回收价值的有毒废液也应集中收集起来送交专门的处理机构或实验室进行处理后排放。

实验室应配备收集酸、碱、有机溶剂等废液的回收桶，有害化学废液集中回收时和处理时应注意：①检查回收桶液面高度，控制所收集的废液不能超过容器的 2/3；②在加新液体前应做相溶性混合实验；③为防止溢出烟和蒸气，每次倾倒废液之后应盖紧容器；④做好化学废物收集和处理登记或记录，内容包括：废物名称、数量、主要有害特征等有关信息。

废液混合时，必须进行安全检查，其方法为：在通风橱中，取目标液 50mL 于烧杯中，插入温度计，慢慢混合化学废液到适当的体积比，如果起泡、产生蒸气或温度上升 10℃，则应停止混合，该目标物不能倒入废液桶，如果 5min 内无反应可以混合。

废物处理时，要注意使用个人保护工具，如防护眼镜、手套等。有毒蒸气的废物处理时应使用通风橱。下面简要介绍实验室废液的具体处理方法。

（1）废酸、废碱液　经过中和处理，使其 pH 值在 6～8 范围（如有沉淀，需加以过滤），并用大量水稀释后方可排放。

（2）含氰化物的废液　少量含氰废液可加入硫酸亚铁使之转变为毒性较小的亚铁氰化物沉淀再排弃，该方法称为铁蓝法；也可用碱将废液调到 pH>10 后，用适量高锰酸钾将 CN^- 氧化。大量含氰废液则需将废液用碱调至 pH>10 后，通入氯气或加入次氯酸钠，充分搅拌，放置过夜，使氰化物分解成二氧化碳和氮气而除去，再将溶液 pH 调到 6～8 后排放，该方法称为氯碱法。

（3）含砷及其化合物　在废液中加入硫酸亚铁，然后用氢氧化钠调节 pH 至 9，这时砷化合物就与氢氧化铁和难溶性的亚砷酸钠或砷酸钠产生共沉淀，经过滤除去。另外，还可用硫化物沉淀法，即在废液中加入 H_2S 或 Na_2S，使其生成硫化砷沉淀而除去。

（4）含重金属离子的废液　处理含重金属（Cd、Pb、As 等）离子废液最经济有效的方法是加入 Na_2S（或 NaOH，或消石灰）等碱性试剂，使重金属离子形成难溶性的硫化物（或氢氧化物）分离、去除。

（5）含六价铬化合物的废液　在铬酸废液中，加入 $FeSO_4$、Na_2SO_3，使其变成三价铬后，再加入 NaOH（或 Na_2CO_3）等碱性试剂，调节 pH 值在 6～8 时，使三价铬形成氢氧化铬沉淀除去。

（6）含汞及其化合物的废液　处理少量含汞废液经常采用化学沉淀法，即在含汞废液中加入 Na_2S，使其生成难溶的 HgS 沉淀而除去。

（7）实验室有机废液

① 氧化分解法。在含水量低的有机类废液中，对易氧化分解的废液，用 H_2O_2、$KMnO_4$、NaOCl、H_2SO_4-HNO_3、HNO_3-$HClO_4$、H_2SO_4-$HClO_4$ 及废铬酸混合液等物质，将其氧化分解。然后，按上述无机类实验废液的处理方法加以处理。

② 水解法。对有机酸或无机酸的酯类，以及一部分有机磷化合物等容易发生水解的物质，可加入 NaOH 或 $Ca(OH)_2$，在室温或加热下进行水解。水解后，若废液无毒害时，把它中和、稀释后，即可排放。如果含有有害物质时，用吸附等适当的方法加以处理。

③ 生物化学处理法。对含有乙醇、乙酸、动植物性油脂、蛋白质及淀粉等稀溶液，可用此法进行处理。

1.2.5.3　废渣的处理

（1）将钠屑、钾屑及碱金属、碱土金属的氢化物、氨化物悬浮于四氢呋喃中，在不断搅拌下慢慢滴加乙醇或异丙醇至不再放出氢气为止，再慢慢加水、澄清后冲入下水道。

（2）硼氢化钠（钾）用甲醇溶解后，用水充分稀释，再加酸并放置，此时有剧毒硼烷产生，所以应在通风橱内进行，其废液用水稀释后可冲入下水道排放。

（3）酰氯、酸酐、三氯化磷、五氯化磷、氯化亚砜在搅拌下加入大量水中，用碱中和后再排放。

（4）沾有铁、钴、镍、铜催化剂的废纸、废塑料，变干后易燃，不能随便丢入废纸篓内，应趁未干时，深埋于地下。

（5）重金属及其难溶盐能回收的应尽量回收，不能回收的集中处理。

在上述处理过程中产生的有回收价值的废渣应收集起来统一处理，加以回收利用，少量无回收价值的有毒废渣也应集中起来分别进行处理或深埋于远离水源的指定地点。因有毒的废渣能溶解于地下水，会混入饮水中，所以不能未经处理就深埋。

在不具备独立进行相应处理的条件时，应将"三废"集中收集，交专门的处理机构处理。

1.3　实验数据的记录与处理

化学是一门以实践为基础的学科，化学实验的目的是通过一系列的操作步骤来获得可靠的实验结果或获得被测定组分的准确含量。但是在实际测定过程中，即使采用最可靠的实验方法、使用最精密的仪器、由技术非常熟练的人进行实验，也不可能得到绝对准确的结果。同一个人在相同条件下对同一个试样进行多次测定，所得结果也不会完全相同。测量结果与真实值之间或多或少会有一些差距，这些差距就是误差。不难看出，误差是测量过程中的必然产物。因此，我们应该了解实验过程中产生误差的原因和性质，掌握误差出现的规律，以便采取相应措施控制或减小误差，并对所得的数据进行归纳、取舍等一系列处理，使测定结果尽量接近客观事实。然而，无论是测量工作，还是数据处理，都必须如实记录实验数据，建立正确的误差概念。所以，树立正确的误差概念和有效数字的概念，学会科学地记录，掌握分析和处理实验数据，并以合理的形式报告所得的实验现象和结果，是化学实验课程的重要任务之一。

1.3.1　实验记录

学生应有专门的具有页码的实验记录本，不能随便撕去任何一页。不允许将数据记在单页纸上，或记在一张小纸片上，或随意记在任何地方。实验记录本也可与实验预习报告本共用，实验后记在记录本上，最后写出实验报告。

实验过程中的各种测量数据及有关现象应及时、准确而清楚地记录下来。记录实验数据时，要有严格的科学态度，实事求是，切忌夹杂主观因素，绝对不能随意拼凑和伪造数据。实验过程中涉及的各种特殊仪器的型号和标准溶液浓度等，也应及时准确记录下来。记录实验过程中的测量数据时，应注意有效数字的位数（见 1.3.3 节）。

实验记录中的每一个数据都是测量结果，所以观测时，即使数据完全相同时也应记录下来。进行记录时，对文字记录，应整齐清洁；对数据记录，应用一定的表格形式，这样就更为清楚明了。

在实验过程中，如发现数据算错、测错或读错而需要改动时，可将该数据用一横线划去，并在其上方写上正确的数字。

1.3.2　误差的概念

1.3.2.1　误差的分类

根据误差产生原因和性质，可将误差分为系统误差和偶然误差两大类。

（1）系统误差　系统误差又称可测误差，是由实验过程中某种固定原因（例如仪器的准确程度、测量方法和试剂纯度等）造成的。当与在不同仪器上或用不同方法得到的另一组结果进行比较时，这种误差就能显示出来。系统误差在同一条件下重复测定时会重复出现，它对测量结果的影响具有单向性，总是偏向某一方，或是偏大，或是偏小，即正负、大小都有一定的规律性，其主要来源如下。

① 仪器误差。由于仪器本身不够精密引起的误差。例如，分析天平的量臂不等、砝码数值不准确所引起的误差；移液管、滴定管的刻度未经校正而引起的体积读数误差；分光光度计波长不准确引起的误差等。

② 试剂误差。由于试剂不纯所导致的误差。如果试剂不纯或者所用的去离子水不合格，引入微量的待测组分或对测定有干扰的杂质，均会造成误差。

③ 方法误差。实验方法本身不够完善所造成的误差。例如，重量分析中由于沉淀溶解损失而产生的误差；在滴定分析中，反应进行不完全、指示剂终点与化学计量点不符以及发生副反应等，都会造成实验结果偏高或偏低。

④ 主观误差。由于操作者本身的一些主观原因造成的误差。例如，记录某一信号的时间总是滞后，读取仪表时总是偏向一方，判定终点颜色的敏感性因人而异等。又如，用吸量管取样进行平行滴定时，有人总是想使第二份滴定结果与前一份滴定结果相吻合，在判断终点或读取滴定管读数时，就不自觉地受"先入为主"的影响，从而产生主观误差。

从系统误差的来源可以看出，它重复地以固定形式出现，不可能通过增加平行测定次数加以消除。科学的校正方法是通过做对照实验或空白实验，对实验仪器进行校准，改进实验方法，制定标准操作规程，使用纯度高的试剂等措施，能够对这类误差进行校正。

(2) 偶然误差　即使已对系统做了校正，但在同等条件下，以同样的仔细程度对某一个量进行重复测量时，仍会发现测量值之间存在微小差异，这种差异的产生没有一定的原因，差异的正负和大小也不确定。这种由某些难以控制、无法避免的偶然因素造成的误差称为偶然误差，又称随机误差。如电压的突然变化，温度、气压、湿度的偶然波动等因素，均会影响仪器读数的准确性；估计仪器最小分度时偏大和偏小；控制滴定终点的指示剂颜色稍有深浅等均会引起误差。

偶然误差在实验中是不可避免的，但是它完全遵循统计规律，当测定次数很多时，符合正态分布。因此，为了减少偶然误差，应该重复多次进行平行实验而取其平均值。在消除了系统误差的条件下，多次测量结果的平均值可能更接近于真实值。

在系统误差和偶然误差之间难以划分绝对的界限，它们有时很难区别。例如，滴定时对滴定终点的观察、对颜色深浅的判断，有系统误差，也有偶然误差。

(3) 过失误差　除了系统误差和偶然误差外，还有一种误差叫过失误差，也称疏失误差，是由于测量过程中操作者粗心大意或违反操作规程所造成的误差。例如，器皿不洁净、读错或记错数据、计算错误、试剂溅失或加错试剂等，这些都属于不应有的过失，会对实验结果带来严重影响，必须注意避免。为此，必须严格遵守操作规程，一丝不苟、耐心细致地进行实验，在学习过程中养成良好的实验习惯。应当注意，过失误差并非偶然误差，在实验中如果发现过失误差，应及时纠正或将所得数据舍弃。

系统误差和过失误差是可以避免的，而偶然误差则不可避免，因此最好的实验结果应该是只含偶然误差。

1.3.2.2　误差的表示方法

(1) 准确度和精密度　准确度是指测定值与真实值的吻合程度。准确度的高低，通常以误差的大小来衡量。误差越小，准确度越高，反之亦然。

精密度是指在相同条件下测量结果相互之间的吻合程度。精密度常用偏差表示，偏差越小，则表明精密度越好，说明测定的重现性好。精密度由测量结果的重复性和测得的有效数字位数来体现，重复性越好，有效数字的位数越多，则说明测量进行得越精密。

评价实验结果的优劣，必须从准确度和精密度两个方面来考虑。一般情况下，真实值是未知的，常常用多次测量的算术平均值来代替。若测量值与平均值相差不大，则是一个精密的测量；一个精密的测量不一定是准确的测量，而一个准确的测量必然是精密的测量。精密度是保证准确度的先决条件，只有精密度高，才能得到高的准确度。如果精密度低，测得的结果就不可靠，衡量准确度也就失去了意义。但是，高的精密度不一定能保证高的准确度，有时还必须进行系统误差的校正，才能得到高的准确度。

(2) 误差与偏差

① 绝对误差与相对误差。误差有两种表示方法，即绝对误差与相对误差。

$$绝对误差＝测量值－真实值$$

$$相对误差＝（绝对误差/真实值）×100\%$$

相对误差表示误差在真实值中所占的百分率。绝对误差描述测量值与真实值之差。绝对误差与被测量的单位相同，相对误差则无量纲。绝对误差的大小与被测量的大小无关，而相对误差的大小与被测量的大小及绝对误差的数值都有关系。具有相同绝对误差的测量值可能具有不同的相对误差，不同次的测量的相对误差可以相互比较。因此，无论是比较各种测量的精度，还是评定测量结果的质量，采用相对误差都更为合理。

例如，用千分之一的分析天平称得某一样品的质量为 10.005g，该样品的真实值是 10.006g；又称得另一样品的质量为 0.101g，它的真实值是 0.102g。两个测量的绝对误差相同，均为

$$10.005g-10.006g=-0.001g$$
$$0.101g-0.102g=-0.001g$$

但它们的相对误差却不同，分别为

$$(-0.001/10.006)\times100\%=-0.01\%$$
$$(-0.001/0.102)\times100\%=-1\%$$

由此可知，绝对误差相等，但相对误差并不一定相同。上例中第一个称量结果的相对误差为第二个称量结果的相对误差的 1/100，也就是说，在绝对误差相同的情况下，被称量物体的质量较大者，相对误差较小，称量的准确度较高。因此，用相对误差来表示各种情况下测定结果的准确度更为确切。

绝对误差和相对误差都有正值和负值。正值表示实验结果偏高，负值表示实验结果偏低。

② 绝对偏差与相对偏差。误差是测量值与真实值的比较，但一般来说真实值不易获得，往往用多次测量的平均值来代替。测量值与平均值之差称为偏差，偏差有绝对偏差和相对偏差之分，其定义如下：

$$绝对偏差=测量值-平均值$$
$$相对偏差=(绝对偏差/平均值)\times100\%$$

绝对偏差是指单次测定值与平均值的差值，相对偏差则是指绝对偏差在平均偏差中占的百分比。

绝对偏差和相对偏差只能说明单次测定结果对平均值的偏离程度，为了说明测定的精密度，常用平均偏差来表示。平均偏差是先将单次测量的绝对偏差的绝对值求和，然后除以测定次数。例如，某滴定分析进行了 5 次重复测量，其结果分别为 15.26mL、15.28mL、15.20mL、15.27mL 和 15.23mL，则平均值为

$$\frac{(15.26+15.28+15.20+15.27+15.23)mL}{5}=15.25mL$$

每次测量值的绝对偏差为

$$(15.26-15.25)mL=0.01mL$$
$$(15.28-15.25)mL=0.03mL$$
$$(15.20-15.25)mL=-0.05mL$$
$$(15.27-15.25)mL=0.02mL$$
$$(15.23-15.25)mL=-0.02mL$$

平均偏差

$$平均偏差=\frac{|0.01|+|0.03|+|-0.05|+|0.02|+|-0.02|}{5}mL=0.026 (mL)$$

测定结果可记录为 (15.25±0.026)mL，"±"表示 15.25 这个数值可能会大些，也可能会小些。

1.3.3　实验数据处理与结果表达

为了得到准确的实验结果，不但要准确地进行测量，还要正确地进行记录和计算。在记录和表达数据结果时，不仅要表示数量的大小，而且要反映测量的精确程度。

1.3.3.1　有效数字及其运算规则

（1）有效数字　有效数字就是实际能测到的数字，通常包括全部准确数字和一位不确定

的可疑数字。也就是说，在一个数据中除最后一位是不确定的或可疑的外，其他各位都是确定的。例如，滴定管及吸量管的读数，应记录至 0.01mL，所得体积读数 25.87mL，表示前三位是准确的，只有第四位是估读出来的，属于可疑数字。那么，这四位数字都是有效数字，它不仅表示了确定体积为 25.87mL，还表达了实验使用仪器的精度，即滴定管的精度为 ±0.01mL。用分析天平称量时，要求记录至 0.0001g；用分光光度计测量溶液的吸光度时，如吸光度在 0.6 以下，应记录至 0.001 的读数；大于 0.6 时，则要求记录至 0.01 读数。用 pH 计测量溶液的酸碱性时，pH 计只需保留 2 位有效数字。其他测量装置需视仪器性能决定有效数字保留的位数。

记录数据的有效数字应体现实验所用仪器和实验方法所能达到的精确程度。任何测量的精度都是有限的，只能以一定的近似值来表示。测量结果数值计算的准确度不应超过测量的准确度，如果任意地将近似值保留过多的位数，反而会歪曲测量结果的真实性。下面就实验数据的记录及运算规则作简略介绍。

当记录一个量的数值时只需写出它的有效数字，并尽可能包括测量误差。若未表明误差值，可假定其为这一位数的 ±1 个单位或 ±0.5 个单位。例如，使用 1/10 ℃刻度的温度计测量某系统的温度时，读数为 20.68℃，前三位可由温度计的刻度准确读取，最后一位 8 是估读的。有人可能估读为 7 或 9，则最后一位数字为存疑数字。前面的准确数字连同末位的存疑数字，统称为有效数字，最后一位的误差值假定为 ±1。

值得指出的是，在确定有效数字时，"0" 在数字中有时是有效数字，有时不是，这与 "0" 在数字中的位置有关。① "0" 在数字前，仅起定位作用，不是有效数字。例如，0.00013 中小数点后的 3 个 "0" 都不是有效数字，只有 "13" 是有效数字；而 0.130 中 "13" 后的 "0" 是有效数字。② "0" 在数字中间或在小数的数字后面，则是有效数字。例如，2.05、0.200、0.250 都是三位有效数字。③以 "0" 结尾的正整数，它的有效数字的位数不能确定。例如 2500 中的 "0" 就很难说是不是有效数字，这种数应根据实际有效数字情况改写成指数形式。如写作 2.500×10^3，则两个 "0" 均是有效数字，有效数字为四位；若写成 2.50×10^3，则有效数字为三位。

(2) 有效数字的运算规则

① 加减运算。进行加减运算时，保留各小数点后的数字位数与最少者相同。例如

$$
\begin{array}{r}
0.254 \\
21.2 \\
+1.23 \\
\end{array}
\quad \xrightarrow{\text{以 21.2 为基准进行修约}} \quad
\begin{array}{r}
0.3 \\
21.2 \\
+1.2 \\
\hline
22.7 \\
\end{array}
$$

21.2 是三个数中小数点后位数最少者，该数有 ±0.1 的误差，因此运算结果只保留到小数点后第一位。这几个数相加的结果不是 22.684，而是 22.7。

② 乘除运算。在乘除法运算中，保留各数值的有效位数不大于其中的有效数字最小者，而与小数点的位置无关。例如，$2.3 \times 0.524 = 1.2$，其中 2.3 的有效数字位数最小，最后结果应保留两位有效数字。

③ 对数运算。对数值的有效数字位数仅由尾数的位数决定，对数首位只起定位作用，不是有效数字。在对数运算中，对数尾数的位数应与相应的真数的有效数字的位数相同。如 pH、pK 等，其有效数字的位数仅取决于小数部分的位数，其整数部分只说明原数值的方次。例如，$c(H^+) = 3.2 \times 10^{-2} \text{mol} \cdot L^{-1}$，表示是两位有效数字，所以，$pH = -\lg c(H^+) = 2.49$，其中首数 "2" 不是有效数字，尾数 "49" 是两位有效数字，与 $c(H^+)$ 的有效数字位数相

同。又如，由 pH 计算 $c(H^+)$ 时，当 pH＝4.74 时，则 $c(H^+)=1.8\times10^{-5}\ mol\cdot L^{-1}$，不能写成 $c(H^+)=1.82\times10^{-5}\ mol\cdot L^{-1}$。

④ 在取舍有效数字位数时，应注意以下方面。

a. 舍去多余数字时采用四舍五入法。

b. 化学计算中常会遇到简单的计数、分数或倍数的数字，属于准确数或自然数，其位数是任意的。例如，1kg＝1000g，其中 1000 不是测量所得，可看作是任意位有效数字。计算式中的常数和一些取自手册的常数，可根据需要取有效数字。

c. 当某一数据的首位数大于或等于 8，则其有效数字的位数应多取一位。如 9.28 表面上看是三位有效数字，在运算时可看成四位有效数字。

d. 对于复杂的计算，应先加减，后乘除。在运算未达到最后结果之前的中间各步，可多保留一位，以免多次四舍五入造成误差积累，对结果带来较大影响，但最后结果仍保留应有的位数。

e. 在整理最后结果时，须按测量结果的误差进行化整，表示误差的有效数字最多用两位，而当误差的第一位是 8 或 9 时，只需保留一位数。测量值的末位数应与误差的末位数对应。例如：

测量结果为

$$x_1＝1001.77\pm0.003$$
$$x_2＝237.464\pm0.127$$
$$x_3＝123357\pm878$$

化整结果为

$$x_1＝1001.77\pm0.00$$
$$x_2＝237.464\pm0.13$$
$$x_3＝(1.234\pm0.009)\times10^5$$

f. 计算平均值时，如参加平均的数值在 4 个以上，则平均值的有效数字可多取一位。

1.3.3.2　实验结果的表达

从实验得到的数据中包含了许多信息。对这些数据用科学的方法进行归纳与整理，提取出有用的信息，发现事物的内在规律，是化学实验的主要目的。通常情况下，常用列表法、作图法和方程式法表达实验结果。同一组实验数据，不一定同时都用这三种方法表示，表示方法的选择主要依靠经验及理论知识去判定。随着计算技术的发展，方程式表示法的应用更加广泛，但列表法和作图法是必不可少的手段。

(1) 列表法　实验结束后，将实验数据按自变量、因变量的关系，一一对应地列出，这种表达方式称为列表法。列表法简单易行，形式紧凑、直观，同一表内可以同时表示几个变量间的变化而不混乱，易于参考比较，便于处理和运算，不引入处理误差。未知自变量、因变量之间函数关系形式也可列出。列表时应注意以下几点。

① 完整的数据表应包括表的序号、名称、项目、说明及数据来源。表的名称应简明扼要，一看即知其内容。如遇表名过于简单不足以说明其原意时，可在名称下面或表的下面附以说明，并注明数据来源。表的项目应包括变量名称及单位，一般在不加说明即可了解的情况下，应尽量用符号代表。

② 原数据表格，应记录包括重复测量结果的每个数据，并且在表内或表外适当位置列出实验测量的条件及环境情况数据。例如，室温、大气压力、湿度、测定日期和时间、仪器方法，以及测定者签字等。对于实验数据处理或实验报告用表，应包括必要的单位换算结

果、中间计算结果及最终实验结果。当数据量较大时可以进行精选，使表中所列数据规律更明显，查阅取值更方便，使自变量的分度更规则。

③ 将表分为若干行，每一变量占一行，每行中的数据应尽量化为最简单的形式，一般为纯数，根据"物理量＝数值×单位"的关系，将量纲、公共乘方因子放在第一栏名称下，以量的符号除以单位来表示，如 $T/℃$、p/kPa 等。如用指数表示，可将指数放在行名旁，但此时的正负应异号。如测得的 K_a 为 $1.75×10^{-5}$，则行名可写为 $K_a×10^5$。

④ 表内数值的写法应注意整齐统一。数值为零时记为"0"，数值空缺时记为"—"。同一列的数值，小数点应上下对齐。测量值的有效数字取决于实验测量的精度，有效数字记至第一位可疑数字，所以列表中有效数字位数选取要适当。数值过大或过小，要用科学记数法表示。例如，0.000002326 应写成 $2.326×10^{-6}$。

⑤ 变量通常选择最简单的，要有规律地递增或递减，最好为等间隔。

（2）作图法　作图法可以形象、直观地表示出各个数据连续变化的规律性，能直接反映出自变量和因变量间的变化关系，从图上易于找出所需数据以及周期性变化；并能从图上求出实验的内插值、外推值、曲线某点的切线斜率、截距以及极值点、拐点等。总之，图形不仅可用来表示实验测量结果，而且还可用于实验数据的处理。为了得到与实验数据偏差最小而又光滑的曲线图形，作图时须注意以下几点。

① 坐标纸的选择。最常用的坐标纸为直角坐标纸，有时也用单对数或双对数坐标纸。特殊需要时用三角坐标纸或极坐标纸。

② 坐标标度的选择。作图时，习惯上用横坐标表示自变量，纵坐标表示因变量。横、纵坐标不一定从"0"开始，可视实验具体数值范围而定。坐标标度的选择非常重要，选择时可遵循以下几条原则。

a. 坐标纸刻度应能表示出全部有效数字，使测量值的最后一位有效数字在图中也能估计出来。最好使变量的绝对误差在图上约相当于坐标的 0.5～1 个最小分度，做到既不夸大也不缩小实验误差。

b. 所选定的坐标标度应便于从图上读出任一点的坐标值。通常使用单位坐标格所代表的变量值为 1、2、5 的倍数，而不用 3、7、9 的倍数或小数。

c. 充分利用坐标纸的全部面积，使全部分布均匀合理。如无特殊需要（如由直线外推求截距），就不必以坐标原点作标度的起点，应以略低于最小测量值的整数作标度起点。这样得到的图形紧凑，能充分利用坐标纸，读数精度也可得以提高。

d. 直角坐标的两个变量的全部变化范围在两个坐标轴上表示的长度要相近，不可悬殊太大，否则图形会扁平或细长，甚至不能正确地表现出图形特征。

e. 若作曲线求斜率，则标度的选择应使直线倾角接近 $45°$，这样斜率测求的误差小。若作曲线求特殊点，则标度的选择应使特殊点表现明显。

按以上规定所作的图通常会过大，实际作图时经常将坐标的标度缩小。对学生实验报告而言，图纸不得小于 $10cm×10cm$。

③ 选定标度后，画上坐标轴，在轴旁写明该轴所代表的变量名称、刻度值及单位。在纵坐标轴左边和横坐标下面每隔一定距离写出该处变量应有的值，以便作图和读数，但不应将实验值写在坐标轴旁或代表点旁。读数时，横坐标从左向右，纵坐标自下而上。

④ 描点所用符号。将相当于测量数值的各点绘于图上，在点的周围以圆圈、方块、三角、叉号（如○、■、◆、▲、△、×、…）等不同符号标出，描点符号要有足够的大小，它可以粗略地表明测量误差的范围，一般在坐标纸上各方向距离 1～1.5mm。在同一张图上

若有几组不同的测量值时，各组测量值的代表点应采用不同的符号表示，以便区别，并在图上或图外说明各符号的意义。

⑤ 做出各点后，用曲线尺做出尽可能接近于实验点的曲线，曲线应平滑均匀、细而清晰。曲线不必通过所有的点，但各点应在曲线两旁均匀分布，点和曲线间的距离表示该组实验测量数据的绝对误差。在曲线的极大和极小或转折处应多取一些点，以保证曲线所表示规律的可靠性。

⑥ 每个图应有简单的标题，横、纵坐标轴所代表的变量名称及单位，实验条件应在图中或图名的下面注明。

⑦ 目前，随着计算机硬件及软件技术的发展，应用计算机作图有快捷、美观等优点，如用 Origin 作图软件作图，但也要遵循上述原则。

（3）方程式法　当一组实验数据用列表法或作图法表示后，常需要进一步用一个方程式或经验公式将数据表示出来。因为，方程式表示不仅在形式上比前两种方法更紧凑，而且进行微分、积分、内插、外延等处理、取值时也方便得多。经验方程式是变量间客观规律的一种近似描述，它为变量间关系的理论探讨提供了线索和根据。

用方程式表示实验数据有三项任务：一是方程式的选择；二是方程式中常数的确定；三是方程式与实验数据的拟合程度的检验。应用计算机软件的数据处理系统，可以很方便地完成这些任务。

1.4　常用玻璃仪器

1.4.1　常用玻璃仪器及器皿

玻璃具有良好的化学稳定性，因此，在化学实验中大量使用玻璃器皿。玻璃可分为硬质和软质玻璃。软质玻璃的耐热性、硬度、耐腐蚀性较差，但透明度好，一般用于制造非加热仪器，如试剂瓶、漏斗、量筒、吸管等。硬质玻璃的耐热性、耐腐蚀性、耐冲击性都较好，常见的烧杯、烧瓶、试管、蒸馏瓶和冷凝管等都是用硬质玻璃加工制造的。

各类玻璃仪器有不同的用途，根据形状（如烧瓶有平底、圆底、梨形、茄形等）、容积（有 25、50、100、250、500mL 等）、直径（如漏斗和表面皿有 3、5、7cm 等）的规格大小，使用时应视具体情况合理选择。

标准磨口仪器是具有标准内磨口和外磨口的玻璃仪器。使用时根据实验的需要选择合适的容量和合适的口径。相同编号的磨口仪器，它们的口径是统一的，连接是紧密的，使用时可以互换，用少量的仪器可以组装多种不同的实验装置。应该注意，仪器使用前首先将内外口擦洗干净，再涂少许凡士林，然后口与口相转动，使口与口之间形成一层薄薄的油层，再固定好，以提高严密性和防粘连。常用的标准磨口玻璃仪器口径编号见表 1-2。

表 1-2　标准磨口玻璃仪器口径

编　号	10	12	14	19	24	29	30
口径(大端)/mm	10.0	12.5	14.5	18.5	24	29.2	34.5

玻璃仪器在使用时应注意下列几点：①轻拿轻放；②加热玻璃仪器时要垫石棉网（试管加热有时可例外）；③抽滤瓶等厚壁玻璃器皿不耐高温，不能用来加热，锥形瓶不能做减压用，烧杯等广口容器不能贮放挥发性溶液，量筒等计量容器不能用高温烘烤；④使用玻璃仪器后要及时清洗、干燥（不急用的，一般以自然晾干为宜）；⑤具有旋塞的玻璃器皿在清洗

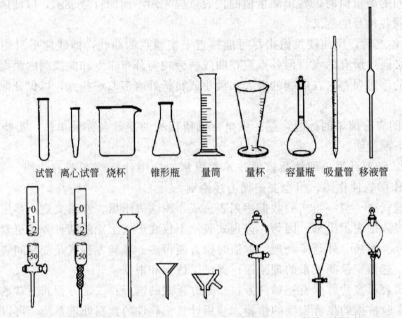

试管　离心试管　烧杯　锥形瓶　量筒　量杯　容量瓶　吸量管　移液管

碱式滴定管　酸式滴定管　长颈漏斗　漏斗　热水漏斗　球形分液漏斗　梨形分液漏斗　滴液漏斗

砂芯漏斗　布氏漏斗　抽滤瓶　蒸发皿　坩埚　干燥管

泥三角　称量瓶　表面皿　点滴板　研钵

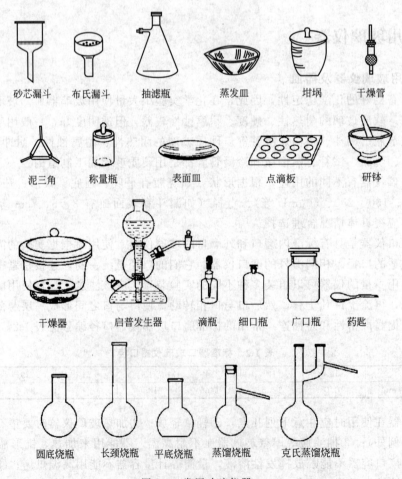

干燥器　启普发生器　滴瓶　细口瓶　广口瓶　药匙

圆底烧瓶　长颈烧瓶　平底烧瓶　蒸馏烧瓶　克氏蒸馏烧瓶

图 1-1　常用玻璃仪器

前要先擦除旋塞与磨口处的润滑剂，清洗后应在旋塞与磨口之间垫放纸条，以防黏结，各器皿的旋塞与磨口均应一一对应，不能乱套，否则将造成滴漏；⑥不能用温度计做搅拌棒。温度计用后应缓慢冷却，以防温度计液柱断线，也不能马上用冷水冲洗温度计，以免炸裂。

常用的玻璃仪器（图 1-1）和标准磨口的玻璃仪器（图 1-2）介绍如下。

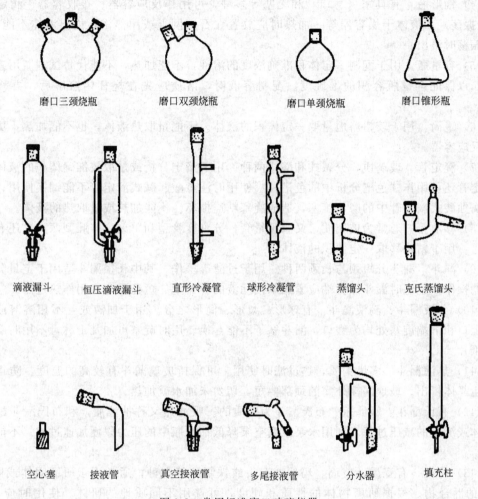

磨口三颈烧瓶　　磨口双颈烧瓶　　磨口单颈烧瓶　　磨口锥形瓶

滴液漏斗　恒压滴液漏斗　直形冷凝管　球形冷凝管　蒸馏头　克氏蒸馏头

空心塞　接液管　真空接液管　多尾接液管　分水器　填充柱

图 1-2　常用标准磨口玻璃仪器

（1）试管　试管有普通试管和离心试管之分。试管通常可以用作常温或加热条件下少量试剂的反应容器，也可以用来收集少量气体；离心试管还可以用于沉淀分离。使用时应注意以下几点：

① 反应液体不超过试管容积的一半，需加热时则不超过 1/3，以免振荡时液体溅出或受热溢出；②加热液体时，管口不能对人，以防液体溅出伤人；③加热前应擦干试管外壁，加热时要用试管夹；④加热固体时，管口应略向下倾斜，以免管口冷凝水流回灼热管底而使试管破裂；⑤离心试管不能直接加热。

（2）烧杯　烧杯有一般型和高型、有刻度和无刻度等几种。烧杯多用于在常温或加热条件下作大量物质反应容器，也用于配制溶液。使用时反应液体体积不得超过烧杯容量的 2/3，以免搅动时或沸腾时液体溢出。在加热前烧杯底要垫上石棉网，防止玻璃受热不均匀而破裂。

（3）烧瓶　有平底、圆底、长颈、短颈、单口和多口几种。圆底烧瓶通常用于有机化学反应，平底烧瓶通常用于配制溶液或用作洗瓶，也能代替圆底烧瓶用于化学反应。与烧杯相同，反应物料体积不能超过烧瓶体积的 2/3，加热前要将它固定在铁架台上，并垫上石棉网后才能加热。

（4）锥形瓶　有具塞（磨口）和无塞等多种，可用作反应容器、接收容器、滴定容器（便于振荡）和液体干燥容器等。加热时应放置在石棉网上或用热浴，内盛液体不能太多，以防振荡时溅出。

（5）容量瓶　用于配制一定体积准确浓度的溶液，不能加热，不能代替试剂瓶用来存储溶液，以保证容量瓶容积的准确度。配制溶液时，溶质应先在烧杯内溶解后，再移入容量瓶。

（6）量筒　用于较粗略地量取一定体积的液体。不能量取热液体，也不能加热，更不能用作反应容器。

（7）滴定管　玻璃质，分碱式和酸式两种。用于滴定分析或量取较准确体积的液体。酸式滴定管还可用作柱色谱分析中的色谱柱。使用时注意酸、碱式滴定管不能调换使用，以免碱液腐蚀酸式滴定管中的磨口旋塞，造成旋塞粘连损坏。不能加热或量取热的液体。

（8）移液管　通常为玻璃质，又叫吸量管，分刻度管型和单刻度胖肚型两类，还有自动移液管。用于精确移取一定体积的液体。

（9）漏斗　漏斗分短颈与长颈两种。用于过滤等操作，其中长径漏斗适用于定量分析中的过滤操作，过滤时漏斗颈尖端应紧靠承接滤液的容器壁。短径漏斗可用作热过滤。

（10）分液漏斗、滴液漏斗　有球形、梨形、筒形之分。用于加液或互不相溶溶液的分离。上口和下端旋塞处均为磨口，漏斗塞子不能互换。用时旋塞可加凡士林，不用时磨口处应垫纸片。

（11）热滤漏斗　多为铜质，热过滤时使用，可保持玻璃漏斗有较高的温度，防止过滤时发生晶体析出。玻璃漏斗外露的颈部要短，切勿未加水就加热。

（12）布氏漏斗、吸滤瓶　布氏漏斗为瓷质的。吸滤瓶又称抽滤瓶，和布氏漏斗配套用于晶体或沉淀的减压过滤，利用水泵或真空泵降低抽滤瓶中的压力以便加速过滤。不能直接加热。

（13）研钵　有瓷质、玻璃、玛瑙、石头或铁制品等多种，通常用于研磨固体或固-固、固-液的混合物。根据研磨物体的性质和硬度，可选用不同质地的研钵。使用时应注意：①放入物体的量不宜超过容积的 1/3，以免研磨时把物体甩出；②只能研，不能"舂"或"敲击"，以防击碎研钵或研杆，避免固体飞溅；③易爆物只能轻轻压碎，不能研磨，以防爆炸。

（14）坩埚　坩埚可用瓷质、石英、石墨、氧化铝、铁、镍、银或铂等材料制成。用于灼烧固体，随固体性质不同可选用不同材质的坩埚。使用时放在泥三角上或马弗炉中灼烧至高温。加热后应用坩埚钳取下（出），以防烫伤。热坩埚取下（出）后应放在石棉网上，防止骤冷破裂或烫坏桌面。

（15）泥三角　用铁丝弯成，套有瓷管。有大小之分。灼烧坩埚时，盛放坩埚用。

（16）蒸发皿　可用瓷质、玻璃、石英、铂等制成，有平底和圆底之分。用于蒸发、浓缩液体。一般放在石棉网上加热。注意防止骤冷骤热，以免破裂。

（17）表面皿　通常为玻璃质，多用于盖在烧杯上，防止杯内液体溅出。不能直接加热。

（18）点滴板　瓷质或透明玻璃。用于点滴反应。不能加热。

(19) 广口瓶和细口瓶　有无色和棕色（防光）、磨口（具塞）和光口（不具塞）之分。磨口广口瓶用于储存固体药品，光口瓶通常用作集气瓶使用，细口瓶用于盛放液体药品或溶液。两者均不能直接加热，磨口瓶要与塞子配套，且不能存放碱性物，不用时还应用纸条垫在瓶口处再盖上盖子。

(20) 滴瓶　有无色和棕色（防光）两种。滴瓶上乳胶滴头需另配，用于盛放少量液体试剂或溶液。滴管为专用，不得弄脏、弄乱，以防沾污试剂。滴管吸液后不能倒置，以免试剂被乳胶头沾污。

(21) 称量瓶　有高形和扁形两种，用于准确称取一定量的固体药品。不能直接加热。瓶盖要与瓶子配套，不能混用。

(22) 启普发生器　用作气体发生器，适用于块状或大颗粒固体与液体试剂反应产生气体。不能加热。

(23) 干燥器　分普通干燥器和真空干燥器。内放干燥剂，可保持样品或产物的干燥。不能放入过热的物体。

(24) 干燥管　玻璃质，装上干燥剂用于干燥气体。使用时干燥剂两端应填上棉花或玻璃纤维。干燥剂受潮后应及时更换并清洗干燥管。完成实验时装于冷凝管上部，防止湿的空气进入反应器，通常用于无水制备实验。

(25) 坩埚钳　铁或铜制，用于夹持坩埚。

(26) 试管夹　有木制、竹制、钢制等，形状各不相同，用于夹持试管，以免造成烫伤。

(27) 试管架　一般为木质或铝质，有不同形状与大小，用于放试管。加热后的试管应用试管夹夹住悬放在试管架上，不要直接放入试管架，以免因骤冷炸裂。

(28) 漏斗架　常为木制的，过滤时固定漏斗用。

(29) 三脚架　铁制，用于放置较大或较重的加热容器。放置容器（除水浴锅）时应先放石棉网，使受热均匀，并可避免铁器与玻璃容器碰撞。

(30) 石棉网　由铁丝网上涂上石棉制成，它可使容器受热均匀。不可卷折，以防石棉脱落。不能与水接触，以免石棉脱落或铁丝锈蚀。

(31) 水浴锅　由铜或铝制成。用于间接加热或粗略控温实验。使用时应注意防止水烧干，以免烧坏。用完应把水倒净，并将锅擦干，防止锈蚀。有时也可用烧杯替代。

(32) 燃烧匙　铜质，用于检验某些固态物质的可燃性。用完应立即洗净并干燥，以防腐蚀。

(33) 药匙　由牛角、塑料、不锈钢或瓷制成，用于取用固体试剂。有些在两端分别为大、小勺，根据取用药量选用大勺或小勺。用后应立即洗净、干燥。

(34) 毛刷　分试管刷、烧瓶刷、滴定管刷等多种，用于洗刷仪器。使用时注意用力均匀适度，以免捅破仪器。掉毛（尤其是竖毛）的刷子不能用。

1.4.2　玻璃仪器的洗涤和干燥

1.4.2.1　玻璃仪器的洗涤

化学实验中经常会使用各种玻璃仪器和瓷器，如果使用不洁净的仪器进行实验，往往由于污物和杂质的存在而得不到正确的实验结果。因此，在进行化学实验时，必须将所用仪器洗涤干净，这是化学实验中的一个重要环节。

玻璃仪器的洗涤方法很多，应根据实验的要求、污物的性质和沾污的程度以及仪器的类型和形状来选择合适的洗涤方法。一般说来，附着在仪器上的污物主要有灰尘、可溶性物质和不溶性物质、有机物及油污等。针对具体情况，可分别采用下列几种方法洗涤。

（1）用水刷洗　用毛刷刷洗仪器如烧杯、试管、量筒、漏斗等（从外到里），每次刷洗用水不必太多，可洗去仪器上的灰尘、易溶物和部分不溶物，但不能除去油污等有机物质。洗涤时要选用大小合适、干净、完好的毛刷，注意用力不要过猛，以免毛刷内铁丝捅破容器底部。

（2）用合成洗涤剂洗　将要洗涤的容器先用少量水润湿，然后用毛刷蘸取适量去污粉、洗衣粉或合成洗涤剂刷洗仪器的内外壁，再用自来水冲洗干净，可除去油污等有机物质。最后用去离子水润洗 3 次。

用上述方法不能洗涤的仪器或不便于用毛刷刷洗的仪器，如容量瓶、移液管等，若内壁黏附油污等物质，则可视其沾污的程度，选择洗涤剂进行清洗，即先把洗衣粉或洗涤剂配成溶液，倒少量该溶液于容器内振荡几分钟或浸泡一段时间后，再用自来水冲洗干净。

（3）超声波清洗　用超声波清洗可以达到仪器全面洁净的清洗效果，特别对深孔、盲孔、凹凸槽是最理想的方法。把用过的仪器放在配有洗涤剂的溶液或水中，接通电源，利用声波的振动和能量进行清洗。清洗过的仪器再用自来水和去离子水冲洗干净即可。

（4）铬酸洗液洗涤　铬酸洗液是用浓硫酸和重铬酸钾的饱和溶液配制而成（配制方法为：通常将 25g 固体 $K_2Cr_2O_7$ 置于烧杯中，加 50mL 去离子水溶解，然后在不断搅拌下，向溶液中慢慢加入 450mL 浓 H_2SO_4，冷却后贮存在试剂瓶中备用。注意，切勿将 $K_2Cr_2O_7$ 溶液加到浓 H_2SO_4 中），配制好的铬酸洗液呈深红褐色，具有强酸性、强腐蚀性和强氧化性，对有机物、油污等的去污能力特别强。装洗液的瓶子应盖好盖子以防吸潮。洗液可反复使用，当颜色变绿时 [Cr(Ⅵ) 变为 Cr(Ⅲ)]，表示已失效丧失了去污能力，不能再用。

一些精密的玻璃仪器，如滴定管、容量瓶、移液管等，常可用洗液来洗涤。洗涤时，仪器先用其他方法将大部分污物洗净，并尽量把仪器中的残留水倒净，以免浪费和稀释洗液。向仪器中加入少许洗液，将仪器倾斜并慢慢转动，使仪器的内壁全部被洗液润湿，转动 2～3 次后将洗液倒回原洗液瓶中。如果能用洗液将仪器浸泡一段时间或者用热的洗液洗，则洗涤效果更佳。仪器用洗液洗过后再用自来水冲洗，最后用去离子水润洗 3 次。

使用洗液时应注意安全，不可溅在身上，以免灼伤皮肤和烧破衣物。用洗液洗移液管时，只能用洗耳球吸取洗液，千万不能用嘴吸取。

处理废洗液时，可在废洗液中加入废碱液或石灰使其生成 $Cr(OH)_3$ 沉淀，然后将此废渣埋于地下（指定地点），以防止铬的污染。

（5）用碱性高锰酸钾洗液洗　碱性高锰酸钾洗液（配制方法：通常将 4g 固体 $KMnO_4$ 溶于少量水中，慢慢加入 100mL、10％的 NaOH 溶液配制成）洗去油污和有机物。洗后在器壁上留下的二氧化锰沉淀可再用盐酸、草酸或硫酸亚铁溶液洗去。

（6）特殊污物的洗涤　对于某些污物用通常的方法不能洗涤除去，则可通过化学反应将黏附在器壁上的物质转化为水溶性物质而除去。几种常见污垢的处理方法见表 1-3。

表 1-3　常见污垢的处理方法

污　垢	处　理　方　法
碱土金属的碳酸盐、$Fe(OH)_3$、一些氧化剂如 MnO_2 等	用稀 HCl 处理，MnO_2 需要用 6mol·L^{-1} 的 HCl
沉积的金属如银、铜	用 HNO_3 处理
沉积的难溶性银盐	用 $Na_2S_2O_3$ 洗涤，Ag_2S 则用热、浓 HNO_3 处理
黏附的硫黄	用煮沸的石灰水处理 $3Ca(OH)_2+12S \longrightarrow 2CaS_5+CaS_2O_3+3H_2O$
高锰酸钾污垢	草酸溶液（黏附在手上也用此法）
残留的 Na_2SO_4、$NaHSO_4$ 固体	用沸水使其溶解后趁热倒掉

续表

污　垢	处　理　方　法
沾有碘迹	可用 KI 溶液浸泡；温热的稀 NaOH 或用 $Na_2S_2O_3$ 溶液处理
瓷研钵内的污迹	用少量食盐在研钵研磨后倒掉，再用水洗
有机反应残留的胶状或焦油状有机物	视情况用低规格或回收的有机溶剂（如乙醇、丙酮、苯、乙醚等）浸泡；或用稀 NaOH 或用浓 HNO_3 煮沸处理
一般油污及有机物	用含 $KMnO_4$ 的 NaOH 溶液处理
被有机试剂染色的比色皿	可用体积比为 1∶2 的盐酸-乙醇液处理

　　除了上述清洗方法外，现在还有先进的超声波清洗器。只要把用过的仪器，放在配有合适洗涤剂的溶液中，接通电源，利用声波的能量和振动，就可将仪器清洗干净，既省时又方便。

　　一般用自来水洗净的仪器，往往还残留着一些 Ca^{2+}、Mg^{2+}、Cl^- 等离子，如果实验中不允许这些离子存在，就要再用去离子水润洗 2～3 次。润洗时应采用"少量多次"法。玻璃仪器清洗干净后，把仪器倒转过来，仪器内壁能被水完全润湿，并在表面形成一层均匀的水膜而不挂水珠，如果仍有水珠沾附内壁，说明仪器还未洗净，需要进一步进行清洗。凡是已经洗净的仪器不能再用抹布或滤纸擦拭内壁，以免布或纸的纤维沾污仪器。

1.4.2.2　玻璃仪器的干燥

　　在实验中，经常需用干燥的仪器，特别是在有机实验中，水是大多数有机反应的杂质，极微量的水分有时都会完全阻止反应，这些反应的成败往往决定于仪器的干燥程度。因此，仪器洗涤干净后，还须加以干燥后才能使用。常用的干燥方法如下。

　　（1）晾干　将洗净的仪器倒立放置在适当的仪器架上，让其自然干燥。此法简单、经济，对于不急用的仪器多采用此法，能符合大多数实验的要求。

　　（2）烘干　对于需要迅速干燥的仪器，可将其放入电热恒温干燥箱内或红外干燥箱内加热烘干。电热恒温干燥箱（简称烘箱）是实验室常用的仪器（图 1-3），常用来干燥玻璃仪器或烘干无腐蚀性、热稳定性比较好的药品，但挥发性易燃品或刚用酒精、丙酮淋洗过的仪器切勿放入烘箱内，以免发生爆炸。

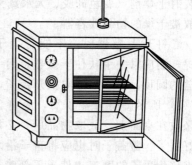

图 1-3　电热恒温干燥箱

　　烘箱带有自动控温装置，使用方法如下：接上电源，开启加热开关后，将控温旋钮由"0"位顺时针旋至一定程度，这时红色指示灯亮，烘箱处于升温状态。当温度升至所需温度（由烘箱顶上的温度计观察），将控温旋钮按逆时针方向缓缓回旋，红色指示灯灭，绿色指示灯亮，表明烘箱已处于该温度下的恒温状态，此时电加热丝已停止工作。过一段时间，由于散热等原因里面温度变低后，它又自动切换到加热状态。这样交替地不断通电、断电，就可以保持温度恒定。烘箱最高使用温度可达 200℃，常用温度在100～120℃左右。

　　玻璃仪器干燥时，应先洗净并将水尽量沥干，放置时应注意平放或使仪器口朝上，带塞的瓶子应打开瓶塞，如果能将仪器放在托盘里则更好。一般在 105～110℃加热 15min 左右即可干燥。最好让烘箱降至常温后再取出仪器。如果急用，从烘箱内取出热仪器，应注意用干布垫手，防止烫伤。热玻璃仪器不能碰水，也不得放在冷、硬的铁器或水泥台上，应置于小木块或石棉网上，以防炸裂。热仪器自然冷却时，器壁上常会凝上水珠，这可以用吹风机吹冷风助冷而避免炸裂。烘干的药品一般取出后应放在干燥器里保存，以免在空气中又吸收水分。

（3）吹干　仪器若急需干燥，可用电吹风机或气流烘干器以热或冷的空气流将玻璃仪器吹干。用吹风机吹干时，一般先用热风吹玻璃仪器的内壁，待干后再吹冷风使其冷却。如果先用易挥发的溶剂如乙醇、乙醚、丙酮等淋洗一下仪器，将淋洗液倒净，然后用吹风机用冷风→热风→冷风的顺序吹，则会干得更快。对一些不能受热的容量器皿可用吹冷风干燥。

图1-4　烤干试管

（4）烤干　一些常用的烧杯、蒸发皿等在擦干外壁后，可放在石棉网上用小火烤干。试管可用试管夹夹住在酒精灯火焰上来回移动，直接用火烤干。操作时，先使试管口略向下倾斜，以免水珠倒流炸裂试管（图1-4）。烤干时应先均匀预热，然后从试管底部开始慢慢移向管口，不见水珠后再将管口朝上，把水汽赶尽。

还应该注意，一般带有刻度的计量仪器，如移液管、容量瓶、滴定管等不能用加热的方法干燥，以免热胀冷缩影响这些仪器的精密度。玻璃磨口仪器和带有活塞的仪器洗净后放置时，应该在磨口处和活塞处（如酸式滴定管、分液漏斗等）垫上小纸片，以防止长期放置后粘上不易打开。

1.4.2.3　干燥器的使用

干燥器是存放干燥物品防止吸潮的玻璃仪器。对已经干燥但又易吸水潮解的物品或需较长时间以保持干燥的物品，应放在干燥器内保存。如有些易吸潮的固体、灼烧后的坩埚或需绝对干燥的仪器等应放在干燥器内保存，以防吸收空气中的水分。

干燥器是由厚壁玻璃制成，其结构如图1-5(a)所示。上部是一个边缘磨口的盖子，使用前，应在磨口边涂上一层薄薄的凡士林密封油膏，以防水汽进入，并能很好地密合。下部装有干燥剂（变色硅胶、无水氯化钙等），中间放置一个可取出的带孔的圆形瓷板，用来承放被干燥的物品或容器。

打开干燥器时，不能将盖子直接上提，而应以一手扶住干燥器，另一手握住盖的圆顶，沿水平方向推开盖子，如图1-5(a)所示。打开盖子后，应将盖子翻过来放在桌面上，放取物品后，必须随即盖好盖子。盖盖子时也应将盖子沿水平方向推移到盖子的磨口边使上下部吻合。若将温度很高的物体（例如灼烧过恒重的坩埚等）放入干燥器时，不能将盖子完全盖严，应该留一条很小的缝隙，待冷后再盖严，

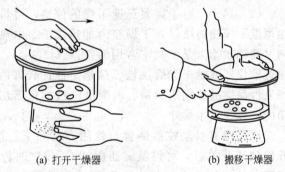

(a) 打开干燥器　　(b) 搬移干燥器

图1-5　干燥器的使用

否则易被内部热空气冲开而打碎盖子，或者由于冷却后的负压使盖子难以打开。搬动干燥器时，应用两手的拇指同时按住盖子，如图1-5(b)所示，以防盖子因滑落而打碎。

干燥器分为普通干燥器和真空干燥器，前者干燥效率不高且所需时间较长，一般用于保存易吸潮的药品。后者干燥效率较好，但真空度不宜过高，用水泵抽至盖子推不动即可。打开盖子前，必须首先缓慢放入空气以防止气流冲散样品，然后开盖。干燥器应注意保持清洁，不得存放潮湿的物品，且只在存放或取出物品时打开，物品取出或放入后，应立即盖上

盖子。底部所放的干燥剂不能高于底部高度的 1/2 处，以防止沾污存放的物品。干燥剂失效后，应及时更换。

1.5　化学试剂

1.5.1　化学试剂的规格

化学试剂的纯度对化学实验的结果影响很大。不同的实验对试剂纯度的要求也不相同。例如，在一般的分析工作中，二、三级试剂已能很好地满足需要。由于各种级别的试剂及工业品因纯度不同价格相差很大，所以使用时，在满足实验要求的前提下，应考虑节约的原则，选用适当规格的试剂，以免造成浪费。根据国家标准（GB）及部颁标准，化学试剂按其纯度和杂质含量的高低分为四个等级（表 1-4）。

表 1-4　化学试剂的级别和适用范围

级别	名　称	英文标志	标签颜色	适用范围
一级	优级纯或保证试剂	GR(Guaranteed Reagent)	绿	精密分析、科学研究
二级	分析纯或分析试剂	AR(Analytical Reagent)	红	精密分析、科学研究
三级	化学纯	CP(Chemical Pure)	蓝	一般化学实验
四级	实验试剂或医用试剂	LR(Laboratorial Reagent)	黄或其他颜色	一般化学制备
	生化试剂	BR(Biological Reagent)	棕或其他颜色	生化实验

除上述四种级别的试剂外，还有适合某一方面需要的特殊规格试剂，如"基准试剂"、"色谱纯试剂"、"高纯试剂"等。高纯试剂又细分为高纯、超纯、光谱纯试剂等。基准试剂的纯度相当于或高于一级试剂，主要用作容量分析中标定标准溶液的基准物质，亦可直接用来配制标准溶液。色谱纯试剂用作色谱分析的标准物质，其在仪器最高灵敏度进样分析时无杂质峰。光谱纯试剂中的杂质含量低于光谱分析法的检出限，所以主要用作光谱分析中的标准物质。要注意，光谱纯的试剂不一定是化学分析的基准试剂。

还有工业生产中大量使用的化学工业品（也分为一级品、二级品）以及可供食用的食品级产品等。工业级药品主要用于要求不高的化学制备，在有机化学实验中用得较多，其他如制备气体（CO_2、H_2S 等）、配制洗液或作洗涤剂等，均可用工业级药品。

此外，化学试剂中的指示剂，其纯度往往不太明确。生物化学中使用的特殊试剂纯度的表示方法与化学试剂也不同，如蛋白质的纯度常以含量表示，而酶试剂则以酶的活力来表示。

1.5.2　化学试剂的存放

由于化学试剂种类繁多、性质各异，有些试剂会因保管不善或使用不当极易变质失效或沾污，严重的会使实验失败甚至发生事故。因此，按照一定的要求存放、保管和使用试剂至为重要。

通常，固体试剂一般存放在易于取用的广口瓶中，液体试剂则存放在细口的试剂瓶中，最常用的试剂瓶有平顶试剂瓶和滴瓶两种。一些用量小而使用频繁的试剂，如指示剂、定性分析试剂等可盛装在滴瓶中。见光易分解的试剂（如 $AgNO_3$、$KMnO_4$、饱和 Cl_2 水等）应装在棕色瓶中。对于 H_2O_2，虽然也是见光易分解的物质，但不能存放在棕色的玻璃瓶中，而需要存放于不透明的塑料瓶中，并放置于阴凉的暗处，以免棕色玻璃中含有重金属氧化物成分对 H_2O_2 的催化分解。盛强碱性试剂（如 NaOH、KOH）及 Na_2SiO_3 溶液的试剂瓶要用橡皮塞。易腐蚀玻璃的试剂（如氟化物等）应保存在塑料容器内。

易氧化的试剂（如氯化亚锡、低价铁盐等）和易风化或潮解的试剂（如氯化铝、无水碳酸钠、苛性钠等），应放在密闭容器内，必要时应用石蜡封口。用氯化亚锡、低价铁盐这类性质不稳定的试剂，配制的溶液不能久放，应现配现用。

对于易燃、易爆、强腐蚀性、强氧化剂及剧毒品的存放应特别注意，一般需要分类单独存放，如强氧化剂要与易燃、可燃物分开隔离存放。对于低沸点的有机溶剂，如乙醚、甲醇、汽油等易燃液体要存放在阴凉通风的地方，并与其他可燃物和易产生火花的器物隔离存放，更要远离明火。剧毒药品（如氰化物、高汞盐等）要有专人保管，记录使用情况，以明确责任，杜绝中毒事故的发生。有条件的应存放在保险柜内。

各种试剂应分类放置，以便于取用，且均应保存在阴凉、通风、干燥处，避免阳光直接曝晒，远离热源、火源。

盛装试剂的试剂瓶都应贴上标签，并写明试剂的名称、纯度、浓度和配制日期，标签外面应涂蜡或用透明胶带等保护。要定期检查试剂和溶液，变质的或受沾污的试剂要及时清理，发现标签脱落应及时更换。脱落标签的试剂在未查明之前不可使用。

1.5.3 化学试剂的取用

1.5.3.1 固体试剂的取用

固体试剂一般用洁净干燥的药匙（塑料、牛角或不锈钢制）取用，且专匙专用。药匙的两端为大小两个匙，取用固体量大时用大匙，取用量小时用小匙。用毕及时洗净，吹干备用。瓶盖取下后不要随意乱放，应将顶部朝下放在干净的桌面上，取完试剂用后应立即盖严瓶盖，放回原处。

称取一定量的固体试剂时，一般应将试剂放在称量纸上或表面皿、小烧杯、称量瓶等干燥洁净的玻璃容器内，根据要求，在天平（托盘天平、1/100g 天平或分析天平）上称量。易潮解或具有腐蚀性的试剂不能放在纸上，应放在玻璃容器内进行称量。取出的试剂量尽可能不要超过所需量，多取出的试剂（特别是纯度较高的试剂）不能倒回原试剂瓶，以免沾污整瓶试剂，但可将其分给其他需要的同学使用。

往试管中加入粉末状固体试剂时，可将药匙或将取出的药品放在对折的纸片上，伸进平放的试管 2/3 处，然后直立试管，使试剂放入。加入块状固体时，应将试管倾斜，使其沿试管壁慢慢滑下，不得将其垂直悬空投入以免击破试管底。

1.5.3.2 液体试剂的取用

（1）从细口试剂瓶中取用试剂的方法。取下瓶塞，如果瓶塞顶是扁平的，可倒置在实验台面上；如果瓶塞顶不是平的，可用食指和中指将瓶塞夹住或放在清洁的表面皿上，决不可横置在实验台面上。然后用左手的拇指、食指和中指拿住容器（如试管、量筒等），右手握住试剂瓶，注意试剂瓶的标签应对着手心，以瓶口靠着容器壁，缓缓倒出所需量的试剂，让试剂沿着器壁往下流，如图 1-6 所示。倒出所需量后，将试剂瓶口往容器上靠一下，再竖直瓶子，以免留在瓶口的液滴沿试剂瓶外壁流下。用完后，立即盖好瓶盖。

将液体从试剂瓶中倒入烧杯时，用右手握试剂瓶，左手拿玻璃棒，使玻璃棒的下端斜靠在烧杯壁上，将瓶口靠在玻璃棒上，使液体沿着玻璃棒往下流，如图 1-7 所示。

（2）从滴瓶取用少量试剂的方法。先从滴瓶（图 1-8）中提起滴管，使管口离开液面，用手捏紧滴管上部的橡皮头排去空气（如滴管内已有试剂则不需排除），再把滴管伸入试剂瓶中吸取试剂。往试管中滴加试剂时，只能把滴管尖头放在试管口上方滴加，如图 1-9 所示，切勿将滴管伸入试管中，以免滴管尖端碰到试管壁而使滴管污染。吸满试剂的滴管只能竖放，不能横卧或倒置，否则试剂会流入橡皮头，腐蚀橡皮，污染试剂。一个滴瓶上的滴管不能用来移取其他试剂瓶中的试剂，更不能用自己的滴管伸入试剂瓶中去吸取试剂，以免污染试剂。滴加完试剂后的滴管应立即放回原试剂瓶中，不要错放。

图 1-6　往试管倒取试剂　　　　图 1-7　往烧杯倒入试剂　　　　图 1-8　滴瓶

（3）定量取用液体试剂时，根据要求可选用量筒、滴定管或移液管等量取。

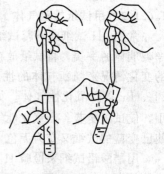

注意，在取用试剂前，要核对标签，确认无误后才能取用。各种试剂瓶的瓶盖取下后不能随意乱放，一般应倒立仰放在实验台上。取用试剂后要随手盖好瓶盖，切勿"张冠李戴"（滴瓶的滴管更不应放错）而造成交叉沾污，并将试剂瓶放回原处，以免影响他人使用。

取用试剂要本着节约的原则，用多少取多少，多余的试剂不应倒回原试剂瓶内，有回收价值的可放入回收瓶中。

取用易挥发的试剂，如浓 HCl、浓 HNO_3、溴水等，应在通风橱中操作，防止污染室内空气。取用剧毒及强腐蚀性药品要特别注意安全，不要碰到手上以免发生伤害事故。

正确　　　不正确

图 1-9　往试管滴加液体

1.5.3.3　试剂的配制

根据配制试剂纯度和浓度的要求，选用不同级别的化学试剂并计算溶质的用量，按照一定的操作方法进行溶液的配制。配制饱和溶液时，所用溶质的量应稍多于计算量，加热使之溶解，冷却、待结晶析出后再用，这样可保证溶液饱和。

如果配制溶液时产生较大的溶解热，配制溶液时一定要在烧杯或敞口容器中进行操作。溶液配制过程中，加热和搅拌可以加速溶解，但搅拌不宜太剧烈，不能使搅拌棒触及烧杯壁。

配制易水解的盐溶液时，必须先把试剂溶解在相应的酸溶液 ［如 $SnCl_2$、$SbCl_3$、$Bi(NO_3)_3$ 等］或碱溶液（如 Na_2S 等）中以抑制水解。对于易氧化的低价金属盐类［如 $FeSO_4$、$SnCl_2$、$Hg_2(NO_3)_2$ 等］，不仅需要酸化溶液，而且应在该溶液中加入相应的纯金属，以防止低价金属离子的氧化。

一些特殊试剂，如常用指示剂、缓冲溶液、标准溶液的配制可参阅化学试剂手册。

1.6　试纸与滤纸

1.6.1　试纸及使用方法

试纸是用指示剂或试剂浸过后得到的干纸条，在实验室中经常需要使用试纸来定性检验或证实某些物质的存在及相应的性质，操作简单，使用方便。常用的试纸有红色和蓝色石蕊试纸、广泛和精密 pH 试纸、醋酸铅试纸、淀粉-碘化钾试纸等。

1.6.1.1 用试纸检验溶液的酸碱性

常用 pH 试纸检验溶液的酸碱性。将一小块试纸放在干燥清洁的点滴板或表面皿上,再用干净的玻璃棒蘸取待测液,点在试纸的中央润湿试纸,观察颜色变化,将试纸呈现的颜色与标准比色卡板比较,确定 pH。注意,不要将待测液倾倒在试纸上,更不能将试纸浸泡在溶液中,以免影响与色阶的比较。各种 pH 试纸有配套的色阶板,不能混用。此外,用过的试纸不能倒入水槽内。

pH 试纸分为两类。一类是广泛 pH 试纸,其变色范围为 pH=1~14,用于粗略地检验溶液的 pH;另一类是精密 pH 试纸,用于比较精确地检验溶液的 pH。精密 pH 试纸按 pH 范围可分为 2.7~4.7、3.8~5.4、5.4~7.0、6.0~8.4、8.2~10.0、9.5~13.0 等几种,可以根据不同的需求选用。广泛 pH 试纸的变化为 1 个 pH 单位,而精密 pH 试纸变化小于 1 个 pH 单位。

1.6.1.2 用试纸检验气体

常用 pH 试纸或石蕊试纸检验反应所产生气体的酸碱性。用蒸馏水润湿试纸并沾附在干净玻璃棒的一端,将试纸放在盛有待测气体的试管口上方(不能接触试管),观察试纸颜色的变化情况来判断气体的性质。不同的试纸检验不同的气体。用 KI-淀粉试纸来定性检验 Cl_2、Br_2 等强氧化性气体。如当 Cl_2 遇到试纸,将 I^- 氧化为 I_2,I_2 立即与试纸上的淀粉作用,使试纸变蓝。当氧化性气体量较多且氧化性很强时,会使 I_2 进一步被氧化为 IO_3^-,而使已变蓝的试纸又变为无色,因此应注意仔细观察,否则容易出错。

用醋酸铅试纸来检验 H_2S 气体,可根据是否生成黑褐色的硫化铅沉淀斑点来检验 H_2S 气体的存在与否。用 $KMnO_4$ 试纸来检验 SO_2 气体。

1.6.2 滤纸

化学实验室中常用的有定量分析滤纸和定性分析滤纸两种,按过滤速度和分离性能的不同,又分为快速、中速和慢速三种。通常,定性滤纸用于化学定性分析和相应的过滤分离,定量滤纸用于化学定量分析中重量分析实验和相应的分析实验。

我国国家标准《化学分析滤纸》(GB/T 1914—2007)对定量滤纸和定性滤纸产品的分类、型号和技术指标以及试验方法等都有规定。滤纸产品按质量分为 A、B、C 三等,A 等产品的主要技术指标列于表 1-5。

表 1-5 定量和定性分析滤纸 A 等产品的主要技术指标及规格

指标名称		快速	中速	慢速
过滤速度[1]/s		≤35	≤70	≤140
型号	定性滤纸	101	102	103
	定量滤纸	201	202	203
分离性能(沉淀物)		氢氧化铁	碳酸锌	硫酸钡(热)
湿耐破度/mmH₂O		≥130	≥150	≥200
灰分	定性滤纸	≤0.13%		
	定量[2]滤纸	≤0.009%		
铁含量(定性滤纸)		≤0.003%		
定量/g·m⁻²		80.0±4.0		
圆形纸直径/cm		5.5、7、9、11、12.5、15、18、23、27		
方形纸尺寸/cm		60×60、30×30		

① 过滤速度是指把滤纸折成 60°角的圆锥形,将滤纸完全浸湿,取 15mL 水进行过滤,开始滤出 3mL 不计时,然后用秒表计量滤出 6mL 水所需要的时间。

② 定量是指规定面积内滤纸的质量,是造纸工业术语。

注:1mmH₂O=9.80665Pa。

定量滤纸又称为无灰滤纸。以直径 12.5cm 定量滤纸为例，每张滤纸的质量约 1g，在灼烧后其灰分的质量不超过 0.1mg（小于或等于常量分析天平的感量），在重量分析法中可以忽略不计。滤纸外形有圆形和方形两种。常用的圆形滤纸有 $\phi7cm$、$\phi9cm$、$\phi11cm$ 等规格，滤纸盒上贴有滤速标签。方形滤纸都是定性滤纸，有 $60cm \times 60cm$、$30cm \times 30cm$ 等规格。

1.7　实验用水及纯水的制备

1.7.1　实验用水

自来水中常含有 K^+、Na^+、Ca^{2+}、Mg^{2+} 等金属离子的碳酸盐、硫酸盐、氯化物及某些气体杂质等，用它配制溶液时，这些杂质可能会与溶液中的溶质发生化学反应而使溶液变质失效，也可能会对实验现象或结果产生不良的干扰和影响。因此，在化学实验中，溶液的配制一般要求使用纯水。

纯水是化学实验中最常用的纯净溶剂和洗涤剂。纯水并不是绝对不含杂质，只是杂质含量极少而已。随制备方法和所用仪器的材料不同，纯水中杂质的种类和含量也有所不同。

纯水的质量可以通过检测水中杂质离子含量的多少来确定，纯水质量的主要指标是电导率（或换算成电阻率）。通常采用物理方法确定，即用电导率仪测定水的电导率。水的纯度越高，杂质离子的含量越少，水的电导率就越低。

我国已建立了实验室用水规格的国家标准（GB 6682—2008），规定了分析实验室用水的级别、技术指标、制备方法和检验方法。根据国家标准，实验室用水的纯度分为一级、二级、三级三个等级。表 1-6 列出了相应的级别和技术指标。

表 1-6　实验室用水的级别和主要技术指标（GB 6682—2008）

指 标 名 称	一 级	二 级	三 级
pH 范围(25℃)	—	—	5.0~7.5
电导率(25℃)/mS・m^{-1}	≤0.01	≤0.10	≤0.50
电阻率/MΩ・cm	10	1	0.2
可氧化物质(以 O 计)/mg・L^{-1}	—	<0.08	<0.4
蒸发残渣(105℃±2℃)/mg・L^{-1}	—	≤1.0	≤2.0
吸光度(254nm, 1cm 光程)	≤0.001	≤0.01	
可溶性硅(以 SiO$_2$ 计)/mg・L^{-1}	<0.01	<0.02	

注：1. 由于在一级水、二级水的纯度下，难以测定其真实的 pH 值，因此其 pH 值范围未作规定。

2. 由于在一级水的纯度下，难以测定可氧化物质和蒸发残渣，对其限量不作规定。可用其他条件和制备方法来保证一级水的质量。

在实验中应根据不同的实验要求，合理选用不同等级的水。在一般的化学实验中，通常使用三级水。为了保持使用的纯水的纯净，蒸馏水瓶要随时加塞，专用虹吸管内外均应保持干净。纯水瓶附近不要存放浓 HCl、NH_3 等易挥发试剂，以防污染。通常用洗瓶取纯水。

分析用的纯水必须严格保持纯净，防止污染。在储运过程中一般可选用聚乙烯容器。普通纯水保存在玻璃容器中，去离子水保存在聚乙烯塑料容器中，高纯水则需要保存在聚乙烯塑料容器中。一级水一般在要用时临时取用。

1.7.2　纯水的制备

化学实验用的纯水常用蒸馏法、电渗析法、反渗透法和离子交换法来制备。蒸馏法设备成本低，操作简单，但只能除去水中非挥发性杂质，且能耗高。电渗析法是在直流电场的作用下，利用阴、阳离子交换膜对水中存在的阴、阳离子选择性渗透而除去离子型杂质，但也不能除去非离子型杂质。反渗透法是利用反渗透装置，除去水中的无机盐、有机物（相对分子质量＞500）、细菌、病毒、悬浊物（粒径＞$0.1\mu m$）等杂质。离子交换法是使水通过离子交换树脂达到除去水中杂质离子的目的，用该法制得的水即为"去离子水"，但无法除去非离子型的杂质，因此水中常含有微量有机物。

制备出的纯水，一般以电导率为主要质量指标，一、二、三级水的电导率应分别等于或小于 $0.01mS \cdot m^{-1}$、$0.10mS \cdot m^{-1}$、$0.50mS \cdot m^{-1}$。三级水可采用蒸馏、电渗析、反渗透或离子交换等方法制备。二级水可用多次蒸馏或离子交换等方法制备。一级水可用二级水经过石英设备蒸馏或离子交换混合床处理后，再经 $2\mu m$ 微孔滤膜过滤来制备。下面介绍几种实验用水的制备方法。

1.7.2.1 蒸馏水

将自来水在蒸馏装置中加热汽化，再将蒸汽冷凝便得到蒸馏水。由于杂质离子一般不挥发，因此蒸馏水中所含杂质比自来水少得多，可达到三级水的指标，但少量金属离子、二氧化碳等杂质未能除尽。

1.7.2.2 二次石英亚沸蒸馏水

将蒸馏水进行重蒸馏，并在准备重蒸馏的蒸馏水中加入适当的试剂以抑制某些杂质的挥发。例如，用甘露醇抑制硼的挥发，用碱性高锰酸钾破坏有机物并防止二氧化碳蒸出等。二次蒸馏水一般可达到二级水指标。第二次蒸馏通常采用石英亚沸蒸馏器，由于它是在液面上方加热，液面始终处于亚沸状态，可使水蒸气带出的杂质减至最低。

1.7.2.3 去离子水

去离子水是将自来水或普通蒸馏水通过离子树脂交换柱后所得到的水。一般将水依次通过阳离子树脂交换柱、阴离子树脂交换柱、阴-阳离子树脂混合交换柱而制得。这样制得的水纯度比蒸馏水纯度高，质量可达到二级或一级水指标，但对非电解质及胶体无效，同时会有微量的有机物从树脂中溶出，因此，根据需要可将去离子水进行重蒸馏以得到高纯水。市场上有很多离子交换纯水器出售。

1.7.2.4 高纯水

化学意义上纯水的理论电导率为 $18.3M\Omega \cdot cm$，一般制备的纯水达不到这个理论值。人们把实际电导率达到 $18 M\Omega \cdot cm$ 的水称为高纯水或超纯水。制备高纯水的步骤大体如下。

(1) 准备原水 可用自来水、蒸馏水或去离子水作原水。

(2) 机械过滤 通过砂芯滤板和纤维柱滤除机械杂质，如铁锈和其他悬浮物等。

(3) 活性炭过滤 活性炭是广谱吸附剂，可吸附气体成分，如水中的余氯等，还能吸附细菌和病毒等。绝大多数离子的去除，使离子交换柱的使用寿命大大延长。

(4) 紫外线消解 借助于短波（180～254nm）紫外线照射分解水中的不易被活性炭吸附的小分子有机化合物，如甲醇、乙醇等，使其转变成二氧化碳和水，以降低总有机碳的指标。

(5) 离子交换 混合离子交换柱是除去水中离子的重要手段，借助于多级混柱可以获得超纯水。使用化学稳定性好、不含低聚物、单体和添加剂等的高质量树脂能进一步保证超纯水的质量。

1.8 气体的制备与纯化

1.8.1 气体的制备

在化学实验室常常要制备少量气体，可根据所使用反应原料的状态及反应条件，选择不同的反应装置进行制备。

其制备方法按反应原料的状态和反应条件可分为四类：第一类为固体或固体混合物加热的反应，如 O_2、NH_3、N_2 等气体的制备，其典型装置如图 1-10 所示；第二类为固体与液体之间需加热的反应，或粉末状固体与液体之间不需加热的反应，如 SO_2、Cl_2、HCl 等的制备；第三类为液体与液体之间的反应，如甲酸与热的浓硫酸作用制备 CO 等，第二、三两类制备方法的典型装置如图 1-11 所示；第四类为不溶于水的块状或大颗粒状固体与液体之间不需加热的反应，如 H_2、CO_2、H_2S 等的制备，其典型装置为启普发生器，如图 1-12 所示。

1.8.1.1 简易气体发生器

在加热的条件下，利用固体或固体混合物制备气体，如 O_2、NH_3、N_2 等气体的制备，可采用图 1-10 所示的简易发生器。操作时，先将大试管烘干，冷却后再装入所需反应物，然后用铁夹固定在铁架上。装好橡皮塞及气体导管。应注意：①试管口稍向下倾斜，以免加热反应时在管口冷凝的水滴倒流到灼热处，炸裂试管；②先用小火均匀预热试管，然后再放到有试剂的部位加热进行反应，制备气体；③装置不能漏气。

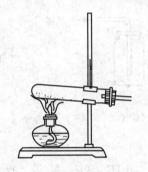
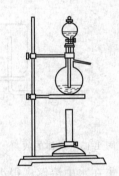
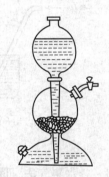

图 1-10　硬质试管制备气体装置　　　图 1-11　气体简易发生装置　　　图 1-12　启普发生器

利用固体与液体之间需加热的反应，或粉末状固体与液体之间不需加热的反应制备气体，如 SO_2、Cl_2、HCl 等气体的制备可采用图 1-11 的简易装置。它由烧瓶（或锥形瓶）与带有恒压装置的滴液漏斗组成。反应器与滴液漏斗酸液的上方用导管连接，使两处气体压力相等，反应过程中可使酸液靠自身的重力连续滴加到反应器中。安装时将固体或液体放在烧瓶中，酸液倒入漏斗内。使用时打开恒压漏斗的活塞，使酸液滴加到固体或液体反应物上，产生气体。如反应过于缓慢，可微微加热。若加热一段时间后反应又变缓以致停止时，表明需要更换试剂。

1.8.1.2 启普发生器

实验中常利用启普发生器制备 H_2、CO_2、H_2S 等气体。启普发生器适用于块状或大颗粒的固体与液体试剂进行反应，在不需要加热的条件下制备气体。

启普发生器由一个葫芦状的厚壁玻璃容器（底部扁平）和球形漏斗组成（如图 1-12 所示）。在容器的下部有一个侧口（酸液出口），通常用磨口玻璃塞或橡皮塞塞紧（并用铁丝捆紧，以防止因压力增大而脱落）。发生器中部有一个气体出口，通过橡皮塞与带有玻璃活塞的导气管连接。使用前，先进行装配，将球形漏斗的磨口部位（与玻璃容器上口接触的部位）涂上一层薄薄的凡士林，插入葫芦状容器中，转动几次使之严密（不致漏气）。在葫芦状容器的狭窄处垫一些玻璃棉（或玻璃布）以免固体试剂落入下半球的酸液中。从气体出口处加入块状固体试剂，加入量不要超过中间球体容积的 1/3。然后再装好气体出口的橡皮塞及活塞导气管（活塞也需涂凡士林），最后从球形漏斗口加入适量酸液。

使用启普发生器时，可打开气体出口的活塞，由于压力差，酸液会自动下降进入容器底部并上升至中间球体内与固体接触，而产生气体，此时可调节活塞以控制气体流速。停止使用时，只要关闭活塞，继续产生的气体就会把酸液从中间球体的反应部位压回到容器底部及球形漏斗内，使酸液不再与固体接触而停止反应。若要继续制备气体，只需再打开活塞即可，十分方便。

发生器中的酸液使用一段时间后会逐渐变稀，应重新更换和添加适当的固体试剂。更换酸液时，先用塞子塞紧球形漏斗上口，然后把下球侧口的塞子取下，倒掉废酸，重新塞好塞子，再从球形漏斗中加入新的酸液。若需要更换或添加固体试剂时，先关闭导气管的活塞，当酸液压入葫芦状容器下部后，用橡皮塞将球形漏斗的上口塞紧，再取下气体出口的塞子，将原来的固体残渣取出，更换或添加固体试剂。

1.8.2　气体的收集

根据气体在水中的溶解情况，一般采取下列两种方法（图 1-13）收集。

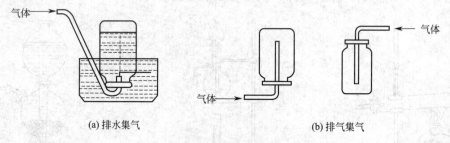

图 1-13　气体的收集

（1）排水集气法　该法适用于收集在水中溶解度很小的气体，如 H_2、O_2、N_2 等。操作时应注意集气瓶先装满水，不能留有气泡以避免混入空气。如果制备反应需要加热，当气体收集满以后，应先从水中移出导气管再停止加热，以免水被倒吸。

（2）排气集气法　对于易溶于水的气体，不能采用排水集气法，应该用排气集气法收集。比空气轻的气体（如 NH_3 等）可采用瓶口向下排气集气法，比空气重的气体（如 Cl_2、HCl、SO_2 等）可采用瓶口向上排气集气法。排气集气法操作时应注意导气管尽量接近集气瓶的底部（尽量将空气排净）。密度与空气接近或在空气中易氧化的气体（如 NO 等）不宜用此方法收集。

气体的收集除用排水集气法和排气集气法外，还可以用球胆或塑料袋等收集。

1.8.3　气体的纯化与干燥

实验室中通过化学反应制备的气体一般都带有水汽、酸雾等杂质，纯度达不到要求，应该进行纯化和干燥。由于制备的各种气体本身性质及所含杂质的不同，因此纯化的方法也不同。一般先除去杂质与酸雾，再将气体干燥。

纯化过程中可根据杂质的性质选用适当的固体和洗涤液，来吸收除去气体中的杂质。如用水可除去酸雾和一些易溶于水的杂质；用浓 H_2SO_4、无水 $CaCl_2$、硅胶、P_2O_5 等可除去水汽；用浓硫酸还可除去碱性物质和一些还原性物质；用碱性溶液可除去酸性杂质；对一些不易直接吸收除去的杂质如 H_2S、AsH_3，还可用 $KMnO_4$、$Pb(Ac)_2$ 等溶液来使之转化成可溶物或沉淀除去。但要注意，纯化气体时，应尽量使用化学方法，所使用的试剂只与杂质发生反应，并不生成新的杂质。气体纯化的方法比较多，可以根据所制备的气体查阅有关的实验手册，选择适宜的方法。

　　除掉气体杂质以后，还需要将气体干燥。干燥的原则：干燥剂只能吸收气体中含有的水分而不能与气体发生反应。不同性质的气体应根据其特性选择不同的干燥剂。实验室常用的干燥剂一般有三类：一为酸性干燥剂，如浓硫酸、五氧化二磷、硅胶等；二为碱性干燥剂，如固体烧碱、石灰、碱石灰等；三是中性干燥剂，如无水氯化钙等。干燥剂的选用除了要考虑不能与被干燥的气体发生反应外，还要考虑具体的实验条件和经济、易得。常用气体干燥剂见表 1-7。

表 1-7　常用气体干燥剂

干燥剂	适于干燥的气体
CaO、KOH	NH_3、胺类
碱石灰	NH_3、胺类、O_2、N_2（同时可除去气体中的 CO_2 和酸气）
无水 $CaCl_2$	H_2、O_2、N_2、HCl、CO_2、CO、SO_2、烷烃、烯烃、氯代烷、乙醚
$CaBr_2$	HBr
CaI_2	HI
H_2SO_4	O_2、N_2、Cl_2、CO_2、CO、烷烃
P_2O_5	O_2、N_2、H_2、CO_2、CO、SO_2、烷烃、乙烯

　　气体的洗涤通常是在洗气瓶中进行（图 1-14）。洗涤时，让气体以一定的流速通过洗涤液（可通过形成气泡的速度来控制），杂质便可除去。洗气瓶使用时，要注意不能漏气和气体要通过液体液面下的那根导管接进气。洗气瓶也可作缓冲瓶用（缓冲气流或使气体中所含烟尘等微小固体沉降），瓶中不装洗涤剂，此时短管进气，长管出气。

　　常用的气体干燥仪有干燥管、U 形管和干燥塔（图 1-14）。前两者装填的干燥剂较少，而后者较多。干燥剂使用时应注意以下几点。

　　① 进气端和出气端都要塞上一些疏松的脱脂棉，既使干燥剂不至于流撒又能起到过滤作用，使被干燥气体中的固体小颗粒不带入干燥剂内，同时也防止干燥剂的小颗粒带入干燥后的气体中。

　　② 干燥剂不要填充得太紧。颗粒大小要适当。颗粒太大，与气体的接触面积小，降低干燥效率；颗粒太小，颗粒间孔隙小使气体不易通过，太紧时也一样。

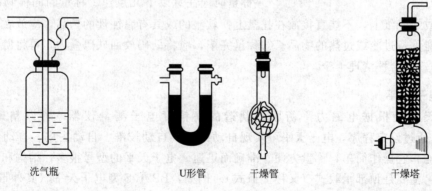

洗气瓶　　　　U形管　　干燥管　　　　干燥塔

图 1-14　纯化、干燥气体常用仪器

　　③ 干燥剂要临用时填充。因为干燥剂均易吸潮，过早填充会影响干燥效果。如确需提早填充，则填充好后干燥管要放在干燥器内保存。

　　④ 使用完后，应倒去干燥剂，并刷洗干净，以免因干燥剂吸潮结块，不易清除，进而影响干燥仪器的继续使用。干燥仪器除干燥塔外，其余都应用铁夹固定。

第2章 化学实验常用仪器

2.1 称量仪器

化学实验室中最常用的称量仪器是天平。天平的种类很多,根据天平的平衡原理,可分为杠杆式天平和电磁力式天平等;根据天平的使用目的,可分为分析天平和其他专用天平;根据天平的分度值大小,分析天平又可分为常量(0.1mg)、半微量(0.01mg)、微量(0.001mg)等。通常应根据测试精度的要求和实验室的条件来合理地选用天平。以下就化学实验室中常见的托盘天平、电子天平作简单介绍。

2.1.1 托盘天平

托盘天平又称台秤,用于样品的粗称,能准确称至0.1g。通常托盘天平的分度值(感量)在0.01~0.1g,适用于粗略称量,能迅速称出物体的质量,但精度不高,仅用于配制大致浓度溶液时的称量。

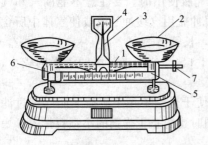

图 2-1 托盘天平
1—横梁;2—托盘;3—指针;4—刻度牌;
5—游码标尺;6—游码;7—平衡调节螺丝

托盘天平的构造如图2-1所示。称量之前,先调整台秤的零点。将游码拨至"0"刻度,调节托盘下面的平衡螺丝,使指针在刻度盘中心线左右等距离摆动,表示台秤调好可正常使用。称量时,将称量物品放在左盘上,用镊子夹取砝码(由大到小)放在右盘上,再用游码调节至指针在刻度盘中心线左右等距离摆动(偏差不应超过1分度)。砝码及游码指示值相加的质量,即为所称物品的质量。10g以上的质量可由砝码直接读出,10g以下则用游码调节读出。

称量时应注意以下几点:①称量的固体物品要放在表面皿中或蜡光纸上,不能直接放在托盘上;软湿的或具有腐蚀性的药品,应放在玻璃容器内。②不能称量过冷或过热的物品。③称量完毕,应将砝码放回砝码盒内,再将游码拨到刻度"0"处。将台秤清理干净。

2.1.2 电子天平

电子天平是根据电磁力平衡原理制造的高精度电子测量仪器,可以精确测量到0.0001g。通过设定程序,电子天平可实现自动调零、自动校准、自动去皮、自动显示称量结果等功能。它操作简单,称量方便、准确而迅速。电子天平的型号很多,结构和称量原理基本相同,主要是顶部承载式(又称上皿式)。例如,BP210S型电子天平(其外形如图2-2所示)是多功能、上皿式的常量分析天平,感量为0.1mg,最大载荷为210g。通常只使用开/关键、除皮/调零键和校准/调整键。

2.1.2.1 电子天平的使用方法

(1)水平调节 检查天平的水平仪(在天平后面),如水平仪气泡偏移,应通过调节天平前边左、右两个水平调节脚使气泡位于水平仪中心。

（2）预热　接通电源，预热 30min 以上再称量。

（3）开启显示屏　按一下开/关键，显示屏全亮，并很快显现"0.0000 g"。

（4）调零　如果显示不是"0.0000g"，则要按一下除皮/调零键（TARE 键）调零。

（5）称量　将被称物轻放在秤盘中央位置上，这时可看见显示屏上的数字在不断变化，待显示的数字稳定并出现"g"后，即可读数并记录称量结果。

（6）称量完毕，取下被称物　如果一会儿还要继续使用天平，可暂不按"开/关键"，天平将自动保持零位，或者按一下"开/关键"（但不要拔下电源插头），让天平处于待命状态，即显示屏上数字消失，再次称量时按一下"开/关"键即可使用。如果较长时间（半天以上）不再使用天平，应拔下电源插头，盖上防尘罩。

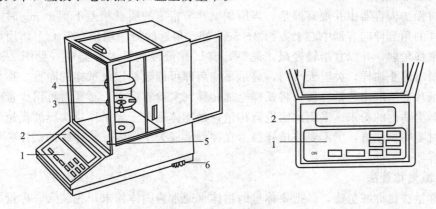

图 2-2　电子天平
1—键盘（控制板）；2—显示器；3—盘托；4—秤盘；5—水平仪；6—水平调节脚

2.1.2.2　注意事项

（1）如果天平长时间没有用过或天平移动过位置，应对天平进行校准。校准要在天平通电预热 30min 以后进行。程序是：调整水平，按下"开/关"键，显示稳定后如不为零则按一下"TARE"键，稳定地显示"0.0000g"后，按一下"CAL（校准键）"，天平将自动进行校准，屏幕显示出"CAL"，表示正在进行校准。10s 左右，"CAL"消失，表明天平校准完毕，天平屏幕显示"0.0000g"。如果显示不正好为零，可按一下"TARE"键，然后即可进行称量。

（2）电子天平的体积较小，重量较轻，容易被碰移动而造成水平改变，影响称量结果的准确性。所以应特别注意使用时动作要轻、缓，防止开门及放置被称物时动作过重，并应时常检查水平是否改变，注意及时调整水平。

（3）要避免可能影响天平示值变动性的各种因素如空气对流、温度波动、容器不够干燥等。

（4）过热的物体必须放在干燥器内冷却至室温后再进行称量。称量物必须置于洁净干燥的容器（如烧杯、表面皿、称量瓶等）中进行称量，以避免沾污、腐蚀天平。

2.1.3　试样的称量方法

根据试样的不同性质和不同的要求，称取试样时可采用直接称量法、固定质量称量法或减量称量法进行称量。

2.1.3.1　直接称量法

直接称量法（简称直接法）是最常用、最普遍、最简单的称量物体质量的方法，此法适用于称量某些性质稳定的试样或器皿的质量。例如，称量小烧杯的质量，容量器皿校正时称量某容量瓶的质量，重量分析实验中称量某坩埚的质量，都使用这种称量法。称量试剂时，用角匙将试样加在已知质量的洁净、干燥的小表面皿上或小烧杯内，直接在天平秤盘上称量，一次称取一定质量的试样，然后将试样全部转移到准备好的容器中。

2.1.3.2　固定质量称量法

固定质量称量法也称增量法。此法用于称量某一固定质量的试剂（如基准物质）或试样。这种称量操作的速度很慢，适于称量不易吸潮、在空气中能稳定存在的粉末状或小颗粒（最小颗粒应小于0.1mg、以便容易调节其质量）样品。称样时，根据不同试样的要求，可采用表面皿、小烧杯、称量纸等进行称样。将干燥的小容器（例如小烧杯）轻轻地放在天平秤盘上，待显示平衡后，按一下"TRAE"键扣除皮重并显示零点，然后打开天平门，用角匙将试样慢慢加入容器中并观察屏幕。当所加试样与指定的质量相差不到10mg时，小心地将盛有试样的角匙伸向容器中心上方约2～3cm处，角匙的另一端顶在掌心上，用拇指、中指及掌心拿稳角匙，并以食指轻轻敲击匙柄，将试样慢慢地抖入容器中（见图2-3），当达到所需质量时停止加样，关上天平门，显示平衡后即可读数并记录试样的净重。称好后，用洁净的软纸片衬垫取出称量容器，将试样全部转移到实验容器内。必要时可用少量蒸馏水吹洗称样容器上沾附的粉末。采用此法进行称量，最能体现电子天平称量快捷的优越性。

称量时要特别注意：①不要将试样撒落在秤盘上或天平箱内；②称好的试样必须全部转移到实验容器内。

2.1.3.3　减量称量法

减量称量法也称减量法，是把要称量的物体（通常为固体粉末）先装入一称量瓶中，在天平上称出全部试样和称量瓶的总质量，然后从称量瓶中小心倒出所需一定量的试样。倒出一份试样前后两次质量之差即为该份试样的质量。此法只需确定样品或试剂的一定质量称量范围，常用于称量易吸水、易氧化或易与二氧化碳起反应的物质。由于称取试样的质量是由两次称量之差求得，故也称差减法。当用不干燥的容器（例如烧杯、锥形瓶）称取样品时，不能用直接称量法和固定质量称量法，而适于用减量法。

图 2-3　固定质量的称量　　　　图 2-4　称量瓶的拿法　　　　图 2-5　试样敲击的方法

称量时，用纸片对折成宽度适中的纸条，毛边朝下套住盛有样品的称量瓶，用左手拇指和食指夹住纸条（防止手上的油污沾到称量瓶壁上）套住称量瓶（见图2-4），由天平的左侧门将称量瓶放在左秤盘中央，取出纸条，按直接称量法准确称量。然后，仍用左手以纸条夹住将其从天平盘上方，移至要放试样的容器（烧杯或锥形瓶）上方。右手用小纸片衬垫夹住瓶盖柄，打开瓶盖，但不要离开容器上方。将称量瓶一边慢慢地倾斜接近水平，使瓶底略低于瓶口，可防止试样冲出。用瓶盖轻轻敲击瓶口，使试样慢慢落入容器内，注意不要撒在容器外。如图2-5所示，当倾出的试样接近所要称取的质量时，一边将称量瓶慢慢竖起，一边用称量瓶盖轻轻敲击瓶口侧面，使沾附在瓶口上的试样落入瓶内，再盖好瓶盖，放回天平盘上称量，两次称得质量之差即为试样的质量。若试样的量不够，则继续操作。但不宜多次重复操作。若不慎倾倒出的试样超过了所需的量时，则应弃之重称。按上述方法可连续称取几份试样。

使用电子天平的除皮功能，使减量法称量更加快捷。将称量瓶放在电子天平的秤盘上，显示稳定后，按一下"TARE"键使显示为零，然后取出称量瓶向容器中敲出一定量样品，再将称量瓶放在天平上称量，此时天平显示负值，即为敲出去的质量，如果所示质量达到要求，即可记录称量结果。若需连续称量第二份试样，则再按一下"TARE"键使显示为零，重复上述操作即可。

称量时要注意：①称量过程中，严禁直接用手拿称量瓶或瓶盖操作，以免不洁的手沾污称量瓶引起称量误差；②在倾倒过程中，每次敲击出的试样不宜太多（尤其在称量第一份试样时），否则易超重。若超重太多，则只能弃去重称。

2.2　度量仪器

滴定管、移液管、吸量管、容量瓶、量筒、量杯、微量进样器等是基础化学实验室中测量溶液体积的常用玻璃度量仪器（简称量器）。

量器按准确度和流出时间分成 A、B 两种等级。A 级的准确度比 B 级一般高一倍。量器的级别标志，可用"一等"、"二等"，"Ⅰ"、"Ⅱ"或"（1）"、"（2）"等表示，无这些符号的量器，则表示无级别，如量筒、量杯等。

2.2.1　滴定管

滴定管是滴定时用来准确测量流出的操作溶液体积的量器（量出式仪器）。常量分析最常用的是容积为 50mL 的滴定管，其最小刻度是 0.1mL，因此读数可以估计到 0.01mL。另外，还有容积为 10、5、2mL 和 1mL 的微量滴定管，最小刻度分别是 ±0.05mL 和 ±0.02mL，特别适用于电位滴定。

滴定管按其用途一般分为两种（见图 2-6）：一种是酸式滴定管，简称酸管；另一种是碱式滴定管，简称碱管。酸式滴定管下端带有玻璃旋塞开关，用来盛装酸性溶液和氧化性溶液，不宜盛装碱性溶液，因为碱性溶液会腐蚀玻璃，时间稍长，活塞便旋不动。碱式滴定管的刻度管与尖嘴玻璃管之间通过乳胶管连接，在乳胶管中间装有一颗玻璃珠，用于控制溶液的流出速度。碱式滴定管用来装碱性及无氧化性溶液，凡是能与橡皮管或乳胶管起反应的溶液，如高锰酸钾、碘和硝酸银等溶液，都不能装入碱式滴定管。一些见光易分解的溶液，如 $AgNO_3$、$Na_2S_2O_3$、$KMnO_4$ 等溶液可用棕色滴定管。

2.2.1.1　酸式滴定管的准备

（1）洗涤　滴定管在使用前，还应进行充分的清洗。根据的程度，可采用不同的清洗方法。一般情况下，先用自来水冲洗，或先用滴定管刷蘸洗涤剂刷洗，而后再用自来水冲洗。如有油污，可用铬酸洗液洗，一般加入 5～10mL 洗液，边转动边将滴定管放平，并将滴定管口对着洗液瓶口，以防洗液洒出。洗净后，将一部分洗液从管口放回原瓶，最后打开旋塞，将剩余的洗液从出口管放回原瓶。必要时可用温热洗液加满滴定管浸泡一段时间。将洗液从滴定管彻底放净后，用自来水冲洗时要注意，最初的涮洗液应倒入废酸缸中，以免腐蚀下水管道。有时，可根据具体情况采用针对性洗涤液进行洗涤。例如，装过 $KMnO_4$ 的滴定管内壁常残存有二氧化锰，可用草酸或过氧化氢加硫酸溶液进行洗涤。

用各种洗涤剂清洗后，都必须用自来水充分洗净，并将管外壁擦干，以便观察内壁是否挂水珠，然后用去离子水润洗三次，最后，将管的外壁擦干。洗净的滴定管倒挂（防止落入灰尘）在滴定管架台上备用。长期不用的滴定管应将旋塞和旋塞套擦拭干净，并夹上薄纸后再保存，以防旋塞和旋塞套之间粘住而不易打开。

（2）涂凡士林　为了使旋塞转动灵活并克服漏水现象，需将旋塞涂凡士林油。将滴定管平放于桌面上，取下旋塞，用滤纸将旋塞和旋塞套擦干。用手指将一薄层油脂均匀地涂于旋塞的大头上（见图 2-7），另用纸卷或火柴梗将油脂涂抹在旋塞套的小口内侧，也可以用手指均匀地涂一薄层油脂抹于旋塞的两头。油脂厚薄应适当，涂得太少，旋塞转动不灵活且易漏水；涂得太多，旋塞孔容易被堵塞。不论采用哪种方法，都不要将油脂涂在旋塞孔上、下两侧，以免旋转时堵塞旋塞孔。将旋塞插入旋塞套中时，旋塞孔应与滴定管平行，径直插入旋塞套，不要转动旋塞，这样可以避免将油脂挤到旋塞孔中去。然后，朝同一方向旋转旋塞，直到旋塞和旋塞套上的油脂层全部透明为止，套上小橡皮圈。经上述处理后，旋塞应转动灵活，油脂层没有纹络。

若出口管尖被油脂堵塞，可将它插入热水中温热片刻，然后打开旋塞，使管内的水突然流下，将软化的油脂冲出。油脂排出后即可关闭旋塞。

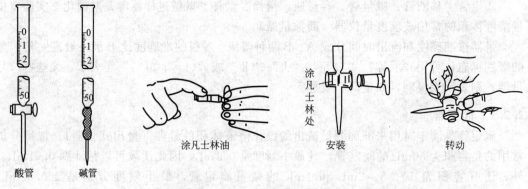

图 2-6　滴定管　　　　　　　　图 2-7　旋塞涂凡士林油和安装的操作

（3）检漏　滴定管在使用前，应先检查滴定管是否漏水，如出现漏水现象，则不宜使用。可用自来水充满滴定管，将其夹在滴定管架上静置约 3min，观察活塞边缘和管端有无水滴渗出。然后将旋塞旋转 180° 后，再观察一次，如无漏水现象，即可使用。

注意从管口将自来水倒出时，一定不要打开旋塞，否则旋塞上的油脂会冲入滴定管，使内壁重新沾污。

（4）润洗　加入操作溶液之前，先用纯水润洗三次，每次用 5~10mL 左右。洗涤时，双手持滴定管身两端无刻度处，边转动边倾斜滴定管，使水布满全管并轻轻振荡。然后，将滴定管直立，打开旋塞将水放掉，同时冲洗了出口管。也可将大部分水从管口倒出，再将其余的水从出口管放出。每次放掉水时应尽量不使水残留在管内，最后将滴定管的外壁擦干。

2.2.1.2　碱式滴定管的准备

使用前应检查乳胶管和玻璃球是否完好。若胶管已老化，玻璃球过大（不易操作）或过小（漏水），均应予更换。对于 50mL 滴定管，应使用内径为 6mm、外径为 9mm 的乳胶管和 6~8mm 直径的玻璃球为宜。

碱管的洗涤方法与酸管相同，在需要用铬酸洗液洗涤时，可将玻璃球往上推，使其紧贴在碱管的下端，防止洗液腐蚀乳胶管。然后加满铬酸洗液浸泡几分钟，再依次用自来水和去离子水洗净。也可除去乳胶管，用塑料堵头堵塞碱管下口进行洗涤。清洗碱管时，应特别注意玻璃球下方死角处的清洗。为此，在捏乳胶管时应不断改变方位，使玻璃球的四周都洗到。洗净后的滴定管倒挂在滴定台架上备用。

2.2.1.3　操作溶液的装入

　　装入操作溶液前，应将试剂瓶中的溶液摇匀，使凝结在内壁上的水珠混入溶液中，这在天气比较热、室温变化比较大时尤为必要。用摇匀的操作溶液润洗滴定管三次（第一次约10mL，大部分溶液可由上口放出，第二、三次各约 5mL，可以从出口管放出，润洗方法同前）。装操作溶液时，应将溶液直接倒入滴定管中，一般不得借助其他容器（如烧杯、漏斗等）转移。用左手前三指持滴定管上部无刻度处（不要整个手握住滴定管），并可稍微倾斜；右手拿住细口瓶往滴定管中倒溶液，可边倒溶液边转动滴定管，使溶液洗遍滴定管全部内壁。润洗滴定管时应注意，一定要使操作溶液洗遍全部内壁，并使溶液接触管壁 $1 \sim 2min$，以便涮洗掉原来的残留液。对于碱管，仍应注意玻璃球下方的洗涤。

　　润洗之后，随即装入操作溶液，直至"0"刻度以上为止，开启旋塞或挤压玻璃珠，把管内液面位置调节到略低于刻度"0"。必须注意检查滴定管的出口管是否充满溶液，滴定管下端应没有气泡，否则会造成读数的误差。酸管出口管及旋塞是否透明容易看出（有时旋塞孔中暗藏着气泡，需要从出口管放出溶液时才能看见），碱管则需对光检查乳胶管内及出口管内是否有气泡或有未充满的地方。如有气泡，应将其排出。排除酸管中的气泡，可用右手拿滴定管上部无刻度处（或夹在滴定台上），并使滴定管稍微倾斜约30°，左手迅速打开旋塞使溶液冲出（下面用烧杯承接溶液），即可赶走气泡。若气泡仍未能排出，可重复操作。如仍不能使溶液充满出口管，可能是出口管未洗净，必须重洗。为排出碱管中的气泡，在装满溶液后，可用右手拿住管身上端，并使管身稍微倾斜，用左手拇指和食指

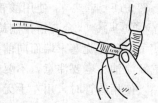

图 2-8　碱式滴定管排气法

拿住玻璃球下半球所在部位并使乳胶管向上弯曲，并使尖嘴向上翘，然后在玻璃球部位往一侧轻捏橡皮管，使溶液从尖嘴口喷出（下面用烧杯承接溶液），气泡即随溶液排出（见图 2-8）。然后一边捏乳胶管一边把乳胶管放直，注意应在乳胶管放直后，再松开拇指和食指，否则出口管仍会有气泡，最后将滴定管的外壁擦干。

2.2.1.4　滴定管的读数

　　滴定管读数时应遵循下列原则。

　　（1）装入或放出溶液后，必须等 $1 \sim 2min$，使附着在内壁上的溶液流下来，再读数。如果放出溶液的速度较慢（例如，滴定到最后阶段，每次只加半滴溶液时），等 $0.5 \sim 1 min$ 即可读数。每次读数前要检查一下管壁是否挂水珠，管尖是否有气泡。

　　（2）读数时，滴定管要垂直。可将滴定管从滴定管架上取下，用右手的拇指和食指轻轻夹住滴定管部无刻度处，使滴定管自然下垂。也可以夹在滴定管架上。

　　（3）读数时，操作者身体要站正，视线在弯月面下缘最低点处，且与液面成水平（见图2-9）；对于无色或浅色溶液，应读取弯月面下缘最低点。溶液颜色太深时，下弯月面不清晰，此时可读液面两侧的最高点，视线应与该点相切。无论哪种读数方法，都应注意初读数与终读数采用同一标准。

　　（4）读数时，必须读到小数点后第二位，即要求估计到 0.01mL。估计读数时，应考虑到刻度线本身的宽度。为了便于读数，可在滴定管后衬一黑白两色的读数卡（图 2-10）。读数时，将读数卡衬在滴定管背后，使黑色部分在弯月面下约 1mm，弯月面的反射层即全部成为黑色，读此黑色弯月面下缘的最低点。但对深色溶液须读两侧最高点时，可以用白色卡片为背景。若为乳白板蓝线衬背滴定管，应当取蓝线上下两尖端相对点的位置读数（图 2-11）。

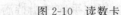

图 2-9　滴定管的读数　　　　　　　　　　图 2-10　读数卡

图 2-11　蓝条滴定管

（5）读取初读数前，应将滴定管尖悬挂着的溶液除去。滴定至终点时应立即关闭旋塞，并注意不要使滴定管中溶液有稍许流出，否则终读数便包括这流出的溶液。滴定完成后，等 15s 后再读取终读数。在读取终读数前，应注意检查出口管尖是否悬有溶液，如有则此次读数不能取用。

2.2.1.5　滴定管的操作方法

进行滴定时，应将滴定管垂直地夹在滴定管架上。

使用酸管时，左手无名指和小指向手心弯曲，轻轻地贴着出口管，用其余三指控制旋塞的转动［见图 2-12(a)］。但应注意不要向外拉旋塞，也不要使手心顶着旋塞末端而向前推动旋塞，以免使旋塞移位而造成漏水。一旦发生这种情况，应重新涂油。也要注意，不要过分往里扣以免造成旋塞转动困难，不能操作自如。

使用碱管时，用左手无名指及小指夹住出口管，拇指与食指的指尖捏挤玻璃球周围一侧（左右均可）的乳胶管，使溶液从玻璃球旁空隙处流出［见图 2-12(b)］。使用碱管时应注意：①不要用力捏玻璃球，也不能使玻璃球上下移动；②不要捏到玻璃球下部的乳胶管，以免在管口处带入空气；③停止加液时，应先松开拇指与食指，最后才松开无名指与小指。

无论使用哪种滴定管，都不要用右手操作，右手用来摇动锥形瓶。操作者都必须熟练掌握三种加液方法：①逐滴连续滴加；②只加一滴；③使液滴悬而未落，即加半滴（甚至 1/4 滴）。

2.2.1.6　滴定操作

滴定操作是定量分析的基本功，使用者必须熟练掌握。滴定操作可在锥形瓶或烧杯内进行，以白瓷板作背景。

在锥形瓶中进行滴定时，用右手前三指拿住瓶颈，使瓶底离滴定管架的白瓷板 2~3cm。同时调节滴定管的高度，使滴定管的下端伸入瓶口约 1cm。左手按上述方法操纵滴定管滴加溶液，右手运用腕力（不是用胳膊晃动）摇动锥形瓶，边滴加溶液边摇动（见图 2-13）。

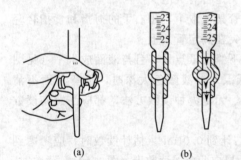

　　(a)　　　　　(b)
图 2-12　滴定管的操作图　　图 2-13　两手操作姿势　　图 2-14　滴定操作

滴定操作中，应注意以下几点。

（1）滴定时，左手不能离开旋塞任其自流。

（2）眼睛要注意观察液滴周围溶液颜色的变化，不要去看滴定管上的液面或刻度。

（3）摇动锥形瓶时，应保持肘部基本不动，腕关节微动，使溶液向同一方向作圆周运动（左、右旋均可），不可前后或左右振动，以免溶液溅出。勿使瓶口触到滴定管尖嘴，以免损坏锥形瓶或滴定管尖。摇动时，一定要使溶液出现漩涡，以免影响化学反应的进行。

（4）开始时，应边摇边滴，滴定速度可稍快，但不能使溶液流成"水线"，滴入的滴定剂充分接触试液。滴定速度约 $10mL \cdot min^{-1}$，即每秒 $3 \sim 4$ 滴。接近终点（局部出现指示剂颜色转变）时，应改为加一滴，摇几下，并注意观察液滴落点周围溶液颜色的变化。最后，每加半滴就摇动锥形瓶，直至溶液出现明显的颜色变化（终点出现）时停止滴定。滴定过程中若有操作液滴在锥形瓶的内壁上，应用洗瓶吹出少量去离子水将其洗下。加半滴溶液的方法如下：微微转动旋塞，使溶液悬挂在出口管嘴上，悬而未落形成半滴，用锥形瓶内壁将其沾落，再用洗瓶以少量去离子水吹洗瓶壁。

用碱管滴加半滴溶液时，应先松开拇指与食指，将悬挂的半滴溶液沾在锥形瓶内壁上，再放开无名指与小指，这样可以避免出口管尖出现气泡造成读数误差。

（5）每次滴定最好都是从大致相同的刻度开始，如从"0"刻度附近的某一刻度处开始，这样可以减小误差。

在烧杯中进行滴定时，不能摇动烧杯，可将烧杯放在白瓷板上，调节滴定管的高度，使滴定管下端伸入烧杯 1cm 左右。滴定管下端应处于烧杯中心的左后方处，但不要靠壁过近。右手持搅拌棒在右前方搅拌溶液。在左手滴加溶液（见图 2-14）的同时，搅拌棒应作圆周搅拌，但不得接触烧杯壁和底部。当加半滴溶液时，用搅拌棒下端承接悬挂的半滴溶液，放入溶液中搅拌。注意，搅拌棒只能接触液滴，不能接触滴定管尖；在滴定过程中，玻璃棒上沾有溶液，不能随便拿出。其他注意点同上。

有的滴定要在碘量瓶中进行，如碘量法等。碘量瓶是带有磨口玻璃塞和水槽的锥形瓶，喇叭形瓶口与瓶塞柄之间形成一圈水槽，可用以水封，防止瓶中反应生成的气体逸出。反应一定时间后，打开瓶塞，槽内水即流下冲洗瓶塞和瓶壁。

滴定结束后，记下终读数，将滴定管内剩余的溶液弃去，不得将其倒回原试剂瓶中，以免沾污整瓶操作溶液。随即洗净滴定管，注满蒸馏水或倒挂在滴定管架台上备用。

2.2.2　移液管、吸量管

移液管、吸量管（见图 2-15）都是用来准确移取一定体积溶液的仪器。在标明的温度下，先使溶液的弯月面下缘与标线相切，再让溶液按一定速度自由流出，则流出溶液的体积与管上所标明的体积相同（因使用温度与标准温度 20℃不一定相同，故流出溶液的实际体积与管上的标称体积稍有差异，必要时可校准）。

移液管 ［见图 2-15(a)］ 中间部分大（称为球部），上部和下部

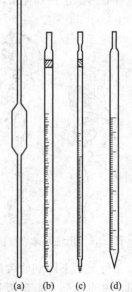

(a)　(b)　(c)　(d)

图 2-15　移液管和吸量管

较细窄，无分刻度，仅管颈上部有刻度标线，用于转移较大体积溶液。常用规格有 5.00mL、10.00mL 和 25.00mL 等。吸量管是管身为一粗细均匀、刻有表示容积分度线的玻璃管 ［见图 2-15(b)～(d)］，一般只用于移取小体积且不是整数时的溶液。常用规格有 1.00mL、2.00mL、5.00mL 和 10.00mL 等。吸量管移取溶液的准确度不如移液管。

2.2.2.1 移液管、吸量管的润洗

使用前，移液管和吸量管都应该洗净，使整个内壁和下部的外壁不挂水珠。可先用自来水冲洗一遍，必要时也可用铬酸洗液洗涤，洗净后，再用去离子水润洗 3 次。

已洗净的移液管、吸量管在移取溶液前，必须用吸水纸将尖端内外的水除去，然后用待吸溶液润洗 3 次。方法为：以左手持洗耳球，将食指或拇指放在洗耳球的上方，用右手手指拿住移液管或吸量管管颈标线以上的地方，将洗耳球紧接在移液管口上（见图 2-16），然后捏出洗耳球内空气，将移液管插入洗液中，并以洗耳球嘴顶住移液管管口，左手拇指或食指慢慢放松，借助球内负压将溶液缓缓吸入移液管球部或吸量管全管约 1/4 处，尽量避免溶液回流。移去洗耳球，用右手食指按住管口，把管横过来，左手扶住管的下端，慢慢开启右手手指，一边转动移液管或吸量管，一边使管口降低，让润洗溶液布满全管进行润洗（见图 2-17），然后从管尖口放出润洗溶液，弃去，重复 3 次。

2.2.2.2 溶液的移取操作

移取溶液时，将移液管或吸量管直接插入待移溶液液面下 1～2cm 深处（在移液过程中，注意保持管口在液面之下，以防吸入空气），不要插得太深，以免外壁沾带溶液过多；也不要插入太浅，以免液面下降后造成吸空。吸取溶液时，用左手将排除空气后的洗耳球紧按在吸管的管口上，并注意容器中液面和吸管管尖的位置，应使吸管管尖随液面下降而下降。当管中液面上升至吸管刻度线以上时，迅速移去洗耳球，同时用右手食指按住管口。注意液面距刻度线不宜超过太高，以免过多的液体沿壁流下，影响液面的调整。将吸管向上提，使其离开液面，将管尖端靠着容器内壁轻轻转动两圈，以除去吸管外壁上的溶液。然后，左手改拿盛着待吸溶液的容器并倾斜约 30°，其内壁与吸管管尖紧贴，保持吸管垂直，此时微微松动右手食指，让液面缓慢下降，同时平视刻度，到溶液弯月面下缘与刻度相切时，立即按紧食指（见图 2-16）。左手改拿接受溶液的容器并倾斜成 30°，将吸管缓缓移入接受容器中，吸管保持垂直，管尖靠着容器内壁，松开食指，让溶液自由地沿壁流下（见图 2-18）。

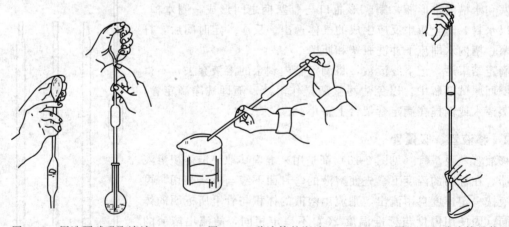

图 2-16 用洗耳球吸取溶液   图 2-17 移液管的润洗   图 2-18 移液管的使用

待液面下降到管尖后，再等待 15s，将管身左右旋转几次，这样管尖部分每次残留的体积会基本相同，取出吸管。注意，在使用非吹出式的移液管或吸量管时，切勿把残留在管尖的溶液吹入接受容器中，因为在检定吸管体积时，就没有把这部分溶液算进去。

用吸量管移取小体积且不是整数的溶液时，是让液面从某一分度（通常为最高标线）降到另一分度，两分度间的体积就是所需移取的体积，通常不把溶液放到底部。在同一实验中应尽可能使用同一根吸量管的同一段，并且尽可能使用管身上部，而不使用末端收缩部分。

移液管和吸量管用完后应放在移液管架上。如短时间内不再用它吸取同一溶液时，应即用自来水冲洗干净，再用去离子水洗净，然后放在移液管架上。

2.2.3　容量瓶

容量瓶是一种细颈梨形的平底玻璃瓶，具有磨口玻塞或塑料塞，瓶颈上刻有标线。瓶上标有它的容积和标定时的温度。容量瓶均为量入式，颈上标有"In"（或"E"）记号。当液体充满至标线时，瓶内所装液体的体积和瓶上标示的容积相同（量入式仪器）。常用的容量瓶有 10、25、50、100、250、500、1000mL 等多种规格，每种规格又有无色和棕色两种。容量瓶主要用来配制标准溶液，或将一定量溶液稀释至一定体积，这种过程通常称为"定容"。它常和吸量管配合使用，可将某种物质溶液分成若干等份，用以进行平行测定。

2.2.3.1　容量瓶的洗涤

先用自来水洗几次，若内壁不挂水珠，即可用去离子水洗好备用。若用水洗不干净，则必须用洗液洗涤。倒入适量洗液前，先倒干净容量瓶内的水，倾斜转动容量瓶，使洗液布满内壁，再将洗液慢慢倒回原瓶。然后用自来水充分洗涤，最后用去离子水洗 3 遍。

2.2.3.2　容量瓶的准备

容量瓶使用前应先检查瓶塞是否漏水，标线的位置是否离瓶口太近。如果瓶塞漏水或标线距瓶口太近，不便混匀溶液，则不宜使用。检漏的方法为：加自来

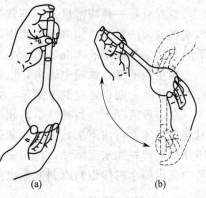

图 2-19　检查漏水（a）和混匀溶液（b）的操作

水充至容量瓶标线附近，盖好瓶塞后，擦干瓶口。一手用食指按住瓶塞，其余手指拿住瓶颈标线以上部分，另一手指尖扶住瓶底边缘（见图 2-19），但不要一把握住瓶身。颠倒 10 次，每次倒置时保持 10s。如不渗水，将瓶塞旋转 180°后，再检查一次，若仍不渗水，即可使用。之后用橡皮筋或塑料绳将瓶塞拴在瓶颈上，以防摔碎或沾污或与其他瓶塞搞混。

2.2.3.3　容量瓶的使用方法

用容量瓶配制准确浓度的溶液时，通常将固体物质（基准试剂或被测样品）准确称量后

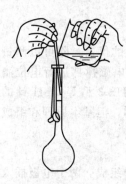

图 2-20　转移溶液的操作

置于烧杯中，加少量纯水（或适当溶剂）使其完全溶解，待溶液冷却后再定量转移到容量瓶中。转移时，烧杯口应紧靠伸入容量瓶的玻棒（玻棒上部不要碰瓶口，下端靠住瓶颈内壁），使溶液沿玻棒和瓶内壁流入容量瓶中（见图 2-20）。溶液全部转移后，将玻棒和烧杯稍微向上提起，而后将烧杯轻轻顺玻棒上提，使附在玻棒、烧杯嘴之间的液滴回到烧杯中（切不可将烧杯随便拿开，以免有液滴从烧杯嘴外边流下而损失），同时使烧杯直立，再将玻棒放回烧杯中。注意，转移过程中要避免溶液流至外壁造成损失。然后再用洗瓶挤出的水流（或其他溶剂）冲洗烧杯 3~4 次，每次均要冲洗杯壁和玻棒，并按上法将洗涤液完全转移到容量瓶中，然后加纯水稀释（先用水将颈壁处浓溶液冲下）。至容量瓶容积的 2/3 时，用右手食指和中指夹住瓶塞的扁头，将容量瓶拿起，沿水平方向旋摇几周，使溶液大体混匀（注意：不能倒转容量瓶）。继续慢慢加水至接近标线下约 5mm 处，等约 1~2min，待附在瓶颈内壁的溶液流下后，仔细用滴管从标线以上约 1cm 内的一点沿内壁慢慢加水（或其他溶剂）至弯月面下缘与标线上边缘水平相切。盖紧瓶塞，用一只手的食指按住瓶塞，其余四指另拿住瓶颈标线以上部分，

另一只手的大、中、食三个指头托住瓶底边缘（见图 2-19），倒转容量瓶，使瓶内气泡上升到顶部，将瓶振荡数次，正立过来后，再次倒转过来振荡。如此反复倒转振荡 10 次左右，即可将溶液混匀。最后放正容量瓶，打开瓶塞，使瓶塞周围的溶液流下，重新塞好塞子后，再倒转振荡 1~2 次，使溶液全部混匀。当用右手托瓶时，应尽量减少与瓶身的接触面积，以避免体温对溶液温度的影响。100mL 以下的容量瓶，可不用右手托瓶，只用一只手抓住瓶颈及瓶塞进行倒转和振荡即可。

若用容量瓶稀释溶液时，则用移液管移取一定体积的溶液，放入容量瓶后，稀释至标线，混匀。如果配制的标准溶液当时不用，为防止温度对溶液体积的影响，一般先不加水到标线，塞紧塞子并放好，待用时再加水至标线，摇匀后立即使用。

容量瓶是一种精密量器，不宜长期存放溶液，尤其是碱性溶液会侵蚀瓶壁，严重的会使瓶塞粘紧无法打开。如溶液需使用较长时间，应将它转移到试剂瓶中，该试剂瓶应预先经过干燥或用少量该溶液淌洗 2~3 次。

容量瓶不得在烘箱中烘烤，也不能用其他方法加热。容量瓶用毕应立即用水冲洗干净，长期不用时，瓶口处应洗净擦干，并垫上纸片以隔开磨砂部分。

在一般情况下，当稀释不慎超过了标线，就应该弃去重做。如果仅有独份试样，在稀释时超出标线，可用下法处理：在瓶颈上标出液面所在的位置，然后将溶液混匀，当容量瓶使用完毕后，先加水至标线，再用滴定管加水至容量瓶中使液面升到所标的位置。根据从滴定管中流出的水的体积和原刻度标出的体积即可得到溶液的实际体积。

2.2.4　量筒和量杯

量筒和量杯的精度低于上述几种量器，在实验室中常用来量取精度要求不高的溶液和纯水。量筒分为量出式和量入式两种，前者用得多，后者具有磨口塞子，与容量瓶的用法相似，但精度不及容量瓶高。

量筒和量杯常用的规格从 10mL 到 1000mL 不等，最小的分度值也相差很大，如 10mL 的量筒为 1mL，500mL 量筒为 25mL。

2.3　化学实验室常用仪器

2.3.1　酸度计

酸度计又称 pH 计，是一种通过测量电势差的方法来测定溶液 pH 的仪器，除可以测量溶液的 pH 外，还可以测量氧化还原电对的电极电势值（mV）及配合电磁搅拌进行电位滴定等。实验室常用的酸度计有雷磁 25 型、pHS-2 型、pHS-2C 型和 pHS-3 型等。pH 计的测量精度及外观和附件改进很快，各种型号仪器的结构和精度虽有不同，但基本原理和组成相同。

2.3.1.1　工作原理

不同类型的酸度计都是由测量电极、参比电极和精密电位计三部分组成。两个电极插入待测溶液组成电池，参比电极作为标准电极提供标准电极电势，测量电极（指示电极）的电极电势随 H^+ 的浓度而改变。因此，当溶液中的 H^+ 浓度变化时，电动势就会发生相应变化。

（1）电极系统

① 参比电极。酸度计最常用的参比电极是甘汞电极，其组成与电极反应表示如下

$$Hg \,|\, Hg_2Cl_2(s) \,|\, Cl^-(c), \quad Hg_2Cl_2 + 2e \longrightarrow 2Hg + 2Cl^- \tag{2-1}$$

甘汞电极的结构如图 2-21 所示。它是在电极玻璃管内装有一定浓度的 KCl 溶液（如饱和 KCl 溶液），溶液中装有一个作为内部电极的玻璃管，此管内封接一根铂丝插入汞中，汞下面是汞和甘汞混合的糊状物，底端有多孔物质与外部 KCl 溶液相通。甘汞电极下端也是用多孔玻璃砂芯与被测溶液隔开，但能使离子传递。

在一定温度下，甘汞电极的电极电势不受待测溶液的酸度影响，不管被测溶液的 pH 如何，均保持恒定值。如在 25℃时，饱和甘汞电极（电极内为饱和 KCl 溶液）的电极电势值为 0.2415V。当温度为 t℃时，该电极的电极电势可用下式计算：

$$\varphi(\mathrm{Hg_2Cl_2 \mid Hg}) = 0.2415 - 7.6 \times 10^{-4}(t - 25) \tag{2-2}$$

② 玻璃电极。酸度计的测量电极（或指示电极）一般采用玻璃电极，其结构如图 2-22 所示。玻璃电极的外壳用高阻玻璃制成，头部球泡由特殊的敏感玻璃薄膜（厚度约为 0.1mm）制成，称为电极膜，是电极的主要部分，它仅对氢离子有敏感作用，是决定电极性能的最重要的组成部分。玻璃球内装有 $0.1\mathrm{mol \cdot L^{-1}}$ HCl 内参比溶液，溶液中插有一支 Ag-AgCl 内参比电极。将玻璃电极浸入待测溶液内，便组成下述电极：

$$\mathrm{Ag \mid AgCl\ (s) \mid HCl\ (0.1mol \cdot L^{-1}) \mid 玻璃 \mid 待测溶液}$$

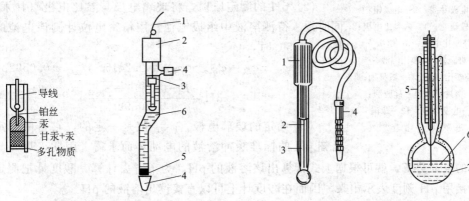

图 2-21　甘汞电极

1—导线；2—绝缘体；3—内部电极；

4—乳胶帽；5—多孔物质；

6—饱和 KCl 溶液

图 2-22　玻璃电极

1—电极帽；2—内参比电极；3—缓冲溶液；

4—电极插头；5—高阻玻璃；

6—内参比溶液；7—玻璃膜

玻璃膜把两个不同 H^+ 浓度的溶液隔开，在玻璃-溶液接触界面之间产生一定的电势差。由于玻璃电极中内参比电极的电势是恒定的，所以在玻璃与溶液接触面之间形成的电势差就只与待测溶液的 pH 有关，25℃时，

$$\varphi_{玻璃} = \varphi_{玻璃}^{\ominus} - 0.0592\mathrm{pH} \tag{2-3}$$

玻璃电极只有浸泡在水溶液中才能显示测量电极的作用，所以在使用前必须先将玻璃电极在纯水中浸泡 24h 进行活化，测量完毕后仍需浸泡在纯水中。长期不用时，应将玻璃电极放入盒内。

玻璃电极使用方便，可以测定有色的、浑浊的或胶体溶液的 pH。测定时不受溶液中氧化剂或还原剂的影响，所用试剂量少，而且测定操作不对试液造成破坏，测定后溶液仍可正常使用。但是，玻璃电极头部球泡非常薄，容易破损，使用时要特别小心。测量过程中更换溶液时，先用纯水洗，玻璃膜上的少量水只能用滤纸吸干，不可擦拭之。玻璃电极长时间存放容易老化出现裂纹，因此需要定时维护。如果测量强碱性溶液的 pH，测定时操作要快，用完后立即用水洗涤玻璃球泡，以免玻璃膜被强碱腐蚀。

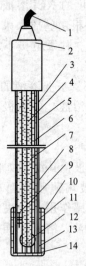

图 2-23 复合电极
1—电极导线；2—电极帽；
3—电极塑壳；4—内参比电极；
5—外参比电极；6—电极支
持杆；7—内参比溶液；
8—外参比溶液；9—液接面；
10—密封圈；11—硅胶圈；
12—电极球泡；13—球泡
护罩；14—护套

③ 复合电极。pH 复合电极是测量电极和参比电极的复合体，即将上述的甘汞电极和玻璃电极复合到一起，其结构如图 2-23 所示。使用 pH 复合电极测量溶液的 pH 很方便。

复合电极是由玻璃电极和 Ag-AgCl 参比电极合并制成的，电极的球泡是由具有氢功能的锂玻璃熔融吹制而成，呈球形，膜厚 0.1mm 左右。电极支持管的膨胀系数与电极球泡玻璃一致，是由电绝缘性能优良的铝玻璃制成。内参比电极为 Ag-AgCl 电极。内参比溶液是零电位等于 7 的含有 Cl^- 的电介质溶液，这种溶液是中性磷酸盐和 KCl 的混合溶液。外参比电极为 Ag-AgCl 电极，外参比溶液为 $3.3\ mol \cdot L^{-1}$ 的 KCl 溶液，经 AgCl 饱和，加适量琼脂，使溶液呈凝胶状而固定之。液接面是沟通外参比溶液和被测溶液的连接部件，其电极导线为聚乙烯金属屏蔽线，内芯与内参比电极连接，屏蔽层与外参比电极连接。

(2) pH 的测定原理　将玻璃电极与参比电极（甘汞电极）同时浸入待测溶液中组成电池，用精密电位计测该电池的电动势。在 25℃时，

$$E = \varphi_正 - \varphi_负 = \varphi_{甘汞} - \varphi_{玻璃} = 0.2415 - \varphi^{\ominus}_{玻璃} + 0.0592pH$$

$$pH = \frac{E - 0.2415 + \varphi^{\ominus}_{玻璃}}{0.0592} \tag{2-4}$$

对于给定的玻璃电极，$\varphi^{\ominus}_{玻璃}$ 值是一定的，它可由测定一个已知 pH 的标准缓冲溶液的电动势而求得。因此，只要测得待测溶液的电动势 E，就可根据上式计算出该溶液的 pH。为了省去计算，酸度计把测定的电动势直接用 pH 刻度表示出来，因而在酸度计上可以直接读出溶液的 pH。

2.3.1.2　pH 计的使用方法

下面以 pHS-25 型酸度计为例简单介绍其操作方法。pHS-25 酸度计适用于测定水溶液的 pH 和电极电势（mV 值）。此外，当配上适当的离子选择电极，可测出电极的电极电势。

1. 开机并安装电极

(1) 开启电源，仪器预热 15～20min。

(2) 拉下复合电极前的电极套，将电极夹在电极夹上。

2. 标定

仪器在使用前，要先标定。

(1) 插入短路插头，将模式置于"mV"挡。仪器读数应在 0mV±1 个字。

(2) 插入复合电极，将模式置于"pH"挡。斜率调节器顺时针旋到底，即调节在 100% 位置。

(3) 调节"温度"调节器，使所指示的温度与溶液的温度相同。

(4) 将电极用纯水清洗，并用滤纸吸干，然后插入 pH=6.86 的缓冲溶液中，并摇动烧杯使溶液均匀。

(5) 调节"定位"调节器，使仪器读数与该缓冲溶液的 pH 相一致（如 pH=6.86）。

(6) 用纯水清洗电极，并用滤纸吸干，再用与被测溶液相近的缓冲溶液（如 pH=4.00

或 pH=9.18）进行第二次标定。

仪器的标定完成。经标定的仪器，"定位"调节器不应再有变动。不用时电极的球泡最好浸泡在纯水中，在一般情况下，24h 内仪器不需再标定。但遇到下列情况之一，则仪器还需要标定：①溶液温度与标定不同；②"定位"调节器有变动；③换了新的电极；④测量过浓酸（pH＜2）或浓碱（pH＞12）之后。

3. 测定 pH

经标定过的仪器，即可用来测量待测溶液的 pH。

（1）当待测溶液和定位溶液温度相同时　①"定位"保持不变；②将电极夹向上移出，用纯水清洗电极头部，并用滤纸吸干；③将电极插在待测溶液内，摇动烧杯，使溶液均匀后读出该溶液的 pH。

（2）当待测溶液和定位溶液温度不同时　①"定位"保持不变；②用纯水清洗电极头部，并用滤纸吸干；③用温度计测出被测溶液的温度值；④调节"温度"调节器，使指示在该温度上；⑤将电极插在待测溶液内，摇动烧杯，使溶液均匀后读出该溶液的 pH。

4. 测量电极电势

接上各种适当的离子选择电极。用蒸馏水清洗电极，并用滤纸吸干。然后把电极插在被测溶液内，将溶液搅拌均匀后，即可读出该离子选择电极的电极电势（mV 值），并自动显示正、负性。

5. 注意事项

（1）玻璃电极只有浸泡在水中（或水溶液中）才能显示测量电极的作用，未吸湿的玻璃膜不能响应 pH 的变化，所以在使用前一定要在纯水中浸泡 24h。每次测量完毕，仍需把它浸泡在纯水中。若长期不用，可放回原盒内。另外，玻璃电极头部玻璃膜非常薄，易破损，切忌与硬物接触，尽量避免在强碱溶液中使用。

（2）在测量过程中，当测量电极移开液面后，由于仪器转入开路而出现显示值溢出现象（可不必理会），如电极较长时间脱离溶液，最好将电极插座的外套往里按动一下，使电极插头从仪器中脱开。

（3）复合电极不应长期浸泡在纯水中，不用时应将电极插入装有饱和氯化钾浸泡液的保护套内，以使电极球泡保持活性状态。

（4）复合电极在使用时应把上面的加液口橡皮套向下移，使小口露出，以保持液位压差。在不使时仍用橡皮套将加液口套住。若发现电极内参比液少于 1/2，可用滴管从上端小孔加入。

2.3.2　电导率仪

电导率仪是实验室测量水溶液电导率必备的仪器，若配合适当常数的电导电极，还可以用于测量纯水或超纯水的电导率。

2.3.2.1　工作原理

在电场的作用下，电解质溶液中正负离子的定向运动使其可以导电，溶液导电能力的大小以电导 G 和电导率 κ 表示。

为测量电解质溶液的导电能力，可用两个平行的铂片电极插入溶液中，溶液的电阻 R 与两电极间距离 l 成正比，与电极面积 A 成反比，比例系数即电阻率为 ρ，即

$$R = \rho \frac{l}{A} \tag{2-5}$$

电导是电阻 R 的倒数，其单位为西门子，以符号 S 表示；电阻率 ρ 的倒数称为电导率，用希腊字母 κ 表示，其单位为 $S \cdot m^{-1}$，它们具有如下关系：

$$G = \kappa \frac{A}{l} \qquad 即 \quad \kappa = \frac{l}{RA} \tag{2-6}$$

对于一个给定的电导池，$\dfrac{l}{A}$ 为定值，称为电导池常数，用 K_{cell} 表示，则上式可写为 $\kappa = K_{cell} / R$（单位为 $S \cdot m^{-1}$，S 为欧姆的倒数）。

在工程上因 $S \cdot cm^{-1}$ 这个单位太大而采用其 10^{-6} 或 10^{-3} 作为单位，称为微西门子/厘米或毫西门子/厘米。显然，$1 S \cdot cm^{-1} = 10^3 mS \cdot cm^{-1} = 10^6 \mu S \cdot cm^{-1}$

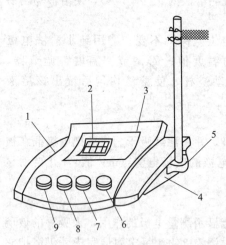

图 2-24 DDS-307 型电导率仪
1—机箱盖；2—显示屏；3—面板；4—机箱底；
5—电极杆插座；6—温度补偿调节旋钮；
7—校准调节旋钮；8—常数调节补偿旋钮；
9—量程选择开关旋钮

2.3.2.2 电导率仪的使用方法

图 2-24 为 DDS-307 型电导率仪示意图。下面简单介绍其使用方法，其他类型电导率仪的工作原理类同，只是操作和快捷程度不同。

测定溶液的电导率使用的电极是 DJS-1 型光亮铂电极和 DTS-1 型铂黑电极。光亮铂电极用于高周测量，铂黑电极用于低周测量。

（1）使用方法

① 将电导电极插入插口，打开电源开关，接通电源，预热 10 min。

② 校准。将"选择"开关 9 指向"检查"，常数补偿调节旋钮 8 指向"1"刻度线，温度补偿调节旋钮 6 指向"25"刻度线，调节校准调节旋钮 7，使仪器显示 $100.0 \mu S \cdot cm^{-1}$。

③ 电导电极常数的设置。目前使用的电导电极常数有 4 种类型，分别为 0.01、0.1、1.0、10。但每种类型电极具体的电极常数值制造商均粘贴在每支电导电极上，根据电极上所示的电极常数值调节仪器面板常数补偿调节旋钮 8，使仪器显示值与电极上所标常数值一致。例如，电极常数为 $0.01025 cm^{-1}$，则调节常数补偿调节旋钮 8，使仪器显示值为 102.5（测量值=读数值×0.1）。实验中可根据测量范围，参照表 2-1 选择相应常数的电导电极。

④ 温度补偿的设置。调节仪器面板上温度补偿调节旋钮 6，使其指向待测溶液的实际温度值，此时测量得到的是待测溶液经过温度补偿后折算为 25℃ 的导电率值。

⑤ 常数、温度补偿设置完毕后，应将量程选择开关 9 按表 2-2 置于合适位置。当测量程过程中，显示值熄灭时，说明测量值超出量程范围，此时应切换量程选择开关 9 至上一挡量程。

表 2-1 电导电极测量范围

测量范围 /$\mu S \cdot cm^{-1}$	推荐使用电导常数的电极	测量范围 /$\mu S \cdot cm^{-1}$	推荐使用电导常数的电极
0~2	0.01,0.1	2000~20000	1.0,10
2~200	0.1,1.0	2000~200000	10
200~2000	1.0		

注：对常数为 1.0、10 类型的电导电极有"光亮"和"铂黑"两种形式的电极。镀铂电极习惯称为铂黑电极，对光亮电极其测量范围以 $0~300 \mu S \cdot cm^{-1}$ 为宜。

表 2-2　量程范围

序号	选择开关位置	量程范围/$\mu S\cdot cm^{-1}$	被测电导率/$\mu S\cdot cm^{-1}$
1	Ⅰ	0～20.0	显示读数×C
2	Ⅱ	20.0～200.0	显示读数×C
3	Ⅲ	200.0～2000	显示读数×C
4	Ⅳ	2000～20000	显示读数×C

注：C 为电导电极常数，例如，当电极常数为 0.01 时，C=0.01。

（2）注意事项

① 在测量高纯水时应避免污染，最好采用密封、流动的测量方式。

② 温度补偿是采用固定的 2%的温度系数补偿的，故对高纯水测量尽量采用不补偿方式进行测量后查表修正。

③ 为确保测量精度，电极使用前应用小于 $0.5\mu S\cdot cm^{-1}$ 的纯水冲洗 2 次，然后用待测液冲洗 3 次后方可测量。

④ 电极插头和引线应防止受潮，避免造成不必要的测量误差。

⑤ 电极应定期进行常数标定。

⑥ 盛待测溶液的容器必须洁净，无离子污染。

2.3.3　气压计

2.3.3.1　气压计的构造

测量大气压力的仪器称为气压计，气压计的种类很多，实验室常用的是福廷（Fortin）式气压计，其结构如图 2-25 所示。福廷式气压计是一种真空汞压力计，以汞柱来平衡大气压力；然后以汞柱的高度 h 经换算后得出气压值（近年出厂的气压计，标尺刻度已直接以 kPa 表示）。

福廷式气压计的主要结构是一根长 90cm、一端封闭的玻璃管，管中装有汞，倒插在下部汞槽内。玻璃管中汞面上部为真空，管内汞柱高度表示大气压力。汞槽底为一个羊皮囊，下方附有一个旋转螺丝，可调节槽内汞液面的高度。水银槽顶有

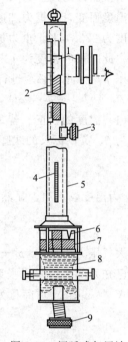

图 2-25　福廷式气压计
1—游标尺；2—黄铜管标尺；
3—游标尺调节旋钮；
4—温度计；5—黄铜管；
6—象牙针；7—水银槽；
8—羚羊皮；9—调节螺丝

一个倒置的象牙针，其针尖是黄铜标尺刻度的零点，此黄铜标尺上附有一游标尺，利用游标读数精密度可达 10Pa。

2.3.3.2　气压计的使用方法

（1）垂直调节。气压计必须垂直安装，若在垂直方向偏差 1°，当压力为 101.325kPa 时，则大气压的测量误差大约为 15Pa。可拧松气压计底部圆环上的三个螺丝，使气压计垂直悬挂，再旋紧这三个螺丝，使其固定即可。

（2）调节汞槽内的汞面高度。慢慢旋转气压计下方的调节汞面螺丝，利用汞槽后面的白瓷板观察，使槽内汞面恰好与象牙针尖端相接触，然后轻轻扣动铜管使玻璃管上部汞的弯曲面正常，此时象牙针与汞面的接触应没有变动。黄铜管上的刻度读数就是以象牙针尖端为零点开始读数。

（3）调节游标尺。转动游标尺旋转钮，使游标尺的下缘边高于汞柱面，然后再反向缓缓转动旋钮，使游标尺慢慢下降到观察者视线，游标尺下沿（即"0"度标线）、汞柱顶端凸面

的最高点和游标尺背后下沿三者处于同一水平线上，此时即可读数。

（4）读取汞柱高度。游标尺零点所对的黄铜标尺刻度为大气压的整数部分（kPa），再从游标尺上找一根恰好与黄铜标尺上某一刻度相吻合的刻度线，此游标刻度线的数值就是 kPa 后的小数部分读数。按以上操作调节游标尺位置，再次读数，进行核对。读数完毕，向下旋转调节汞面螺丝使汞面离开象牙针，同时记下附于气压计上的温度计的读数。

2.3.3.3 读数的校正

当气压计的汞柱与大气压力平衡时，则 $p_{大气} = g\rho h$。由于黄铜标尺的长度与汞的密度 ρ 都随温度而变，且重力加速度 g 与地球纬度有关，因此以汞柱高度 h 来计算大气压时，规定温度为 273.15K，重力加速度 $g = 9.80665\text{m} \cdot \text{s}^{-2}$，即以海平面、纬度为 45° 时的汞柱为标准，此时汞的密度为 13595.1$\text{kg} \cdot \text{m}^{-3}$。所以由气压计直接读出的汞柱高度常不等于定义的气压 p，为此，必须进行温度和重力加速度的校正。此外，还需对气压计本身的误差进行校正。

（1）温度的校正。若 p_t 是在温度为 t 时于黄铜标尺上读得的气压读数，已知汞的体膨胀系数为 β，黄铜标尺的线膨胀系数为 α，有

$$p = p_t \left[1 - \frac{(\beta - \alpha)t}{1 + \beta t} \right] \tag{2-7}$$

令 Δt 为温度校正项，显然有

$$\Delta t = \frac{(\beta - \alpha)t}{1 + \beta t} p_t \tag{2-8}$$

所以大气压力为：$p = p_t - \Delta t$

已知汞的平均体膨胀系数 $\beta = 0.1815 \times 10^{-3}℃^{-1}$，黄铜标尺的线膨胀系数 $\alpha = 18.4 \times 10^{-6}℃^{-1}$，则 Δt 可简化为

$$\Delta t = \frac{0.0001631t}{1 + 0.0001815t} p_t \tag{2-9}$$

（2）重力加速度的校正。已知纬度为 θ，海拔高度为 H 处的重力加速度 g 和标准重力加速度 g_0 的关系式是

$$g = (1 - 0.0026\cos 2\theta - 3.14 \times 10^{-7} H) g_0 \tag{2-10}$$

可见，对在某一地点使用的气压计而言，θ、H 均为定值，所以，此项校正值为一常数。

（3）仪器误差的校正。此项为气压计固有的一项误差值，是由气压计与标准气压计的测量值相比较而得。对一定的气压计，此校正值为常数。

在实验室中将重力加速度和仪器误差这两项校正值合并，设其为 Δ，则大气压力 $p_{大气}$ 应为：

$$p_{大气} = p_t - \Delta t - \Delta \tag{2-11}$$

2.3.4 直流电位差计

2.3.4.1 工作原理

直流电位差计是根据补偿法（或对消法）测量原理设计的一种平衡式电压测量仪器，其工作原理如图 2-26 所示。图中标准电池 E_n、待测电池 E_x 与工作电池 E 并联，组成电路。G 为灵敏度很高的检流计，用来做示零指示。R_n 为标准电池的补偿电阻，其电阻值的大小是根据工作电流来选择的。R 是被测电池的补偿电阻，它由已知电阻值的各进位盘组成，通过它可以调节不同阻值使其电位降与 E_x 相对消。r 是调节工作电流的变阻器，E 为工作电池，K 为换向开关。

测量时，将 K 扳向 1 的位置，然后调节 r，使检流计 G 指示为零，这时有如下关系：

$$E_n = IR_n \qquad (2\text{-}12)$$

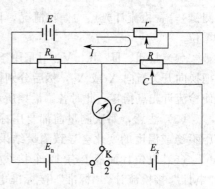

式中，E_n 为标准电池的电动势；I 为流过 R_n 和 R 的电流，称为电位差计的工作电流，即：

$$I = E_n/R_n \qquad (2\text{-}13)$$

工作电流调节好后，将 K 置于 2 的位置，同时旋转各进位盘的触头 C，再次使检流计 G 指示零位，设 C 点处的电阻为 R_C，则有

$$E_x = IR_C \qquad (2\text{-}14)$$

图 2-26　电位差计工作原理图

对比式(2-13) 和式(2-14) 两式，得

$$E_x = E_n \frac{R_C}{R_n} \qquad (2\text{-}15)$$

E_n 已知，测出 R_C 和 R_n，即可求出待测电池的电动势 E_x。

由此可知，用补偿法测量电池电动势的特点是：在完全补偿（G 在零位）时，工作回路与被测回路之间并无电流通过，也不需要测出工作回路中的电流 I 的数值，只要测得 R_C 和 R_n 的比值即可。由于这两个补偿电阻的精度很高，且 E_n 也经过精确测定，所以只要用高灵敏度检流计示零，就能准确测出被测电池的电动势。

2.3.4.2　UJ-25 型电位差计使用方法

UJ-25 型电位差计面板布置图如图 2-27 所示。其使用方法如下：

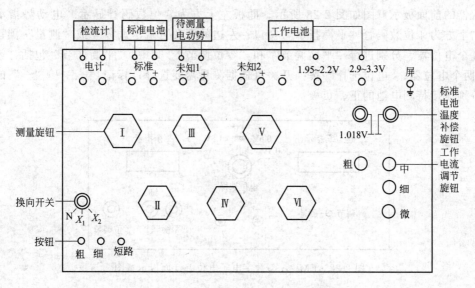

图 2-27　UJ-25 型电位差计面板布置图

（1）使用时先将有关的外部线路如工作电池、检流计、标准电池、待测电池等接好。注意，切不可将标准电池倒置或摇动。

（2）接通电源，调节好检流计光点的零位。

（3）面板上"粗、中、细、微"旋钮是用于电流标准化的电阻器。先调节工作电流，将选择开关 K 扳向 N 挡（"校正"），然后将温度补偿旋钮调至相应的标准电池电动势的数值位置上。接着断续地按下粗测键（当按下粗测键，检流计光点在一小格范围内摆动时才能按细

测键），视检流计光点的偏转情况，调节可变电阻器（粗、中、细、微）使检流计光点指示零位。

（4）Ⅰ、Ⅱ、Ⅲ、Ⅳ、Ⅴ、Ⅵ是用于对消待测电池电动势的电阻器。电位差计标准化后，再把换向开关指向 X_1 或 X_2，然后分别按下粗测和细测键，同时依次旋转Ⅰ、Ⅱ、Ⅲ、Ⅳ、Ⅴ、Ⅵ，使检流计光点指零，此时各测量挡所示电压值的总和，即为待测电池的电动势。

（5）注意，每次测量前都要用标准电池对电位差计进行标准化，否则，由于工作电池电压不稳或温度的变化会导致测量结果的不准确。

（6）电位计面板上有 12 个接线柱，分别接检流计、标准电池、待测电池和工作电池。"电计"接检流计；"标准"接标准电池；"未知"接待测电池 1 或 2，并注意与换向开关中的 X_1 或 X_2 对应。工作电源根据需要，接在 1.95～2.2V 或 2.9～3.3V 的接线柱上。接线柱如标有"＋极"、"－极"的，接线时均要对应。

2.3.4.3　数字式电子电位差计

数字式电子电位差计是近年来数字电子技术发展的产物。由于其测量精度高、装置简单和读数直观等特点，将逐渐替代传统的电位差计。

（1）EM-2A 型数字式电子电位差计简介

EM-2A 型数字式电子电位差采用了内置的可替代标准电池、且精度较高的参考电压集成块作为比较电压，故其保留了传统的平衡法测量电动势仪器的基本原理。该仪器的线路采用全集成器件，待测电池的电动势与参考电压经过高精度的放大器比较输出，通过调节达到平衡时就可得到待测电池的电动势。采集、显示采用高精度的 A/D（24 bit）模数转换芯片和 6 位数字显示器，使仪器的分辨率可达 0.01mV，测量量程为 0～1.5V。

仪器的前面板示意图如图 2-28 所示。面板左上方为 6 位数码管显示"电动势指示"窗口；右上方为 4 位数码管"平衡指示"窗口；左边的开关可置"调零"或"测量"挡；右下角有 3 个电位器，分别进行"平衡调节"和"零位调节"。其中，"平衡调节"包括"粗"和"细"两个电位器；"电位选择"拨挡开关可根据测量需要选择；标记"＋"和"－"的接线柱是分别连接待测电池的正、负极。

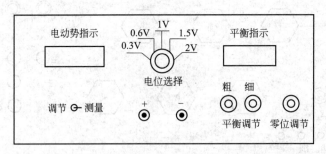

图 2-28　EM-2A 型数字电子电位差计面板示意图

（2）使用方法

① 接通电源，预热 5min。将待测电池按正负极性接在仪器的接线柱上。

② 将开关置于"调零"挡，调节"零位调节"旋钮使"平衡指示"窗口显示为正零。

③ 根据理论估算待测电池的电动势，将"电位选择"开关置于相应的位置。

④ 将开关置于"测量"挡，调节"平衡调节"的"粗"调旋钮，使"电动势指示"窗口的数值接近估算值，然后调节"细"调旋钮使"平衡指示"窗口显示零，此时"电动势指示"窗口显示的数值即为待测电池的电动势。

（3）注意事项

① 当"电动势指示"窗口的数值接近实际值的 ±10mV 时，"平衡指示"窗口才显示数值，否则显示"999"或"−999"。

② 由于仪器精度较高，每次调节"平衡指示"旋钮后，"电动势指示"窗口的显示数值需经过一定的时间才能稳定。

③ 测量时仪器必须单独放置，也不要用手触摸仪器外壳。

④ 测量完毕后，须将开关置于"调零"挡，并将待测电池及时取下。

2.3.5　阿贝折射仪

阿贝折射仪可测定液体的折射率，定量分析溶液的组成，鉴定液体的纯度。同时，在求算物质的摩尔折射率、摩尔质量、相对密度、极性分子的偶极矩等时也都需要折射率的数据。阿贝折射仪所需用的试样很少，测定方法简便，所测量的数据精确度高、重复性好，是物理化学实验室常用的光学仪器。

2.3.5.1　工作原理

当光线从介质 1 进入介质 2 时，由于光在两种介质中的传播速率不同，其传播的方向在界面处（除非光线与两介质的界面垂直）会发生改变（见图 2-29），这种现象称为光的折射现象。根据折射定律，入射角 α 和折射角 β 的关系为：

$$\frac{\sin\alpha}{\sin\beta}=\frac{n_2}{n_1}=n_{1,2} \tag{2-16}$$

式中，$n_{1,2}$ 是介质 2 相对于介质 1 的折射率。若 $n_{1,2}>1$，则 α 恒大于 β。当入射角增大至 90° 时，折射角也相应增至最大值 β_0，β_0 称为临界角。此时，光线可通过介质 2 中 OM 的下方区域，即明亮区；而 OM 的上方区域无光线通过，则为暗区。如果在 M 处置一目镜，则会观察到半明半暗的图像。当入射角 α 为 90° 时，式(2-16) 可改写为

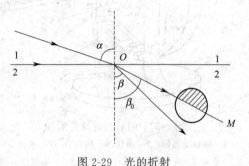

图 2-29　光的折射

$$n_{1,2}=\frac{1}{\sin\beta_0} \tag{2-17}$$

因此，当固定一种介质时，通过测定临界折射角 β_0，就可得到被测物质的折射率。

根据临界折射角确定折射率的原理设计成测定折射率的仪器，最常用的是阿贝折射仪。为了测定临界折射角，让单色光从 0°～90° 的所有角度从介质 1（如空气）射入介质 2，所有的折射线都应落在临界折射角 β_0 之内。此时若在 M 处放置一目镜，则在目镜内可观察到半明半暗的图像，因而可以确定临界折射角。

阿贝折射仪外形如图 2-30 所示，图 2-31 是光学系统示意图。其主要部分是由两块折射率为 1.75 的玻璃直角棱镜构成，两棱镜的镜面间留有微小缝隙，可以铺展一层待测的液体。当光线经反光镜反射至辅助棱镜的粗糙表面时，光在此表面上发生漫射。漫射所产生的光线透过缝隙的液体层，从各个方向进入测量棱镜而发生折射，其折射角均落在临界角 β_0 之内。具有临界折射角的光线自测量棱镜经过消色散棱镜（也称阿密西棱镜）消除色散，再经聚焦后射至目镜，此时，转动棱镜组的手柄，调整棱镜组的角度，使临界线正好落在目镜视野的十字线的交叉点上。由于刻度与棱镜组的转轴是同轴的，因此与试样折射率相对应的临界角位置能通过刻度盘反映出来。阿贝折射仪的标尺上除标有 1.300～1.700 折射率数值外，在标尺旁边还标有 20℃ 糖溶液的含量的读数，可以直接测定糖溶液的浓度。

2.3.5.2 使用方法

（1）仪器安装　将阿贝折射仪安装在光线明亮处，注意避免阳光直射。在棱镜外套上装好温度计，用超级恒温槽将达到所需温度的恒温水通入棱镜的保温套。

（2）加样　打开测量棱镜和辅助棱镜，使辅助棱镜的磨砂面处于水平位置。用滴管滴加少量乙醇或丙酮清洗镜面，用镜头纸（切勿用滤纸）顺单一方向轻轻地揩净镜面（或用洗耳球吹干镜面亦可）。待镜面洗净干燥后，用滴管滴加几滴待测液体于辅助棱镜的磨砂面上，并迅速闭合棱镜，旋紧锁钮。若待测液体易挥发，先将两棱镜闭合，然后用滴管从加液小孔中注入试样。

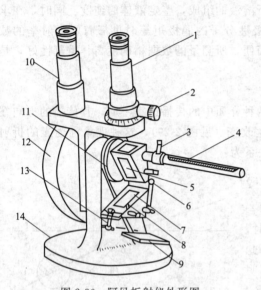

图 2-30　阿贝折射仪外形图

1—测量望远镜；2—消色散手柄；3—恒温水入口；
4—温度计；5—测量棱镜；6—铰链；7—辅助望远镜；
8—加液槽；9—反射镜；10—读数望远镜；11—转轴；
12—刻度盘罩；13—闭合旋钮；14—底座

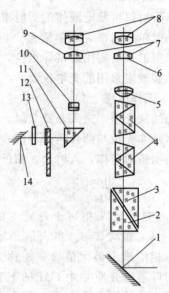

图 2-31　光学系统示意图

1—反光镜；2—辅助棱镜；3—测量棱镜；4—消色散棱镜；
5—物镜；6,9—分划板；7,8—目镜；10—物镜；
11—转向棱镜；12—照明度盘；
13—毛玻璃；14—小反光镜

（3）对光　转动镜筒使之垂直，转动手柄，使刻度盘标尺上的示值为最小，接着调节反射镜使入射光进入棱镜组。同时调节目镜的焦距，使目镜中的十字线"×"清晰明亮。

（4）粗调、消色散　慢慢地旋转手柄，使刻度盘上的示值逐渐增大，直至观察到视场中出现彩色光带或明暗分界线为止。由于散射，在明暗界线处出现彩色线条，这时转动消色补偿器使彩色消失，可留下一清晰的明暗分界线。

（5）精调　再仔细转动棱镜，使明暗分界线恰好落在视场准丝"×"交点上［见图 2-32(a)］。

（6）读数　打开刻度盘罩壳上方的小窗，使光线射入，然后从读数望远镜中读出刻度盘标尺

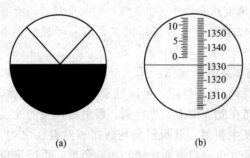

(a)　　　　　(b)

图 2-32　阿贝折射仪的读数

上相应的折射率值［见图 2-32(b)］。为了减少偶然误差，应再转动棱镜，使明暗分界线离开"×"交点后，再返回到交点，再次读取折射率，两次折射率的数值相差应小于 0.0002。要求每个样品加样 3 次，每次读取 3 个数据。

　　测量糖溶液内糖量浓度时，操作与测量液体折射率时同，此时应以从读数镜视场左边所指示值读出，即为糖溶液含糖量。

　　测定完毕，应立即用乙醇或丙酮顺同一方向淋洗两棱镜表面，晾干后再关闭，保存。

2.3.5.3　阿贝折射仪的校正

　　仪器一般都附有校正用的标准玻璃（其上标明折射率），于其抛光面上加一滴 α-溴萘，贴于折射棱镜的镜面上，标准玻璃的侧抛光面向上以接受入射光线，旋转棱镜转动手柄使读数为 1.4653（标准玻璃的折射率），此时明暗分界线若不在叉线交点，可用管状钥匙插入调节螺钉中轻轻转动，使明暗分界线恰好调到叉线交点处，校正工作即告完毕。也可用重蒸馏水（折射率见表 2-3）作标准物质来校正折射仪，操作时只要把水滴在辅助棱镜的毛玻璃面上并合上两棱镜，旋转棱镜使刻度盘上的读数与水的折射率一致，其他手续相同。

表 2-3　不同温度下纯水和乙醇的折射率

温度/℃	14	16	18	20	24	26	28	30
水的折射率	1.33348	1.33333	1.33317	1.33299	1.33262	1.33241	1.33219	1.33164
乙醇的折射率	1.36210	1.36120	1.36048	1.35885	1.35803	1.35721	1.35557	—

2.3.5.4　注意事项

　　（1）不得暴露于强烈阳光下和太靠近光源（如电灯），也不宜置于温度太高的地方。

　　（2）使用时不可摩擦镜面，防止被玻璃管尖端或其他硬物等划伤镜面。擦洗时只能用柔软的擦镜纸擦干液体而不能用滤纸等，防止损害毛玻璃面。不得使用阿贝折射仪测量腐蚀性液体如强酸、强碱和氟化物的折射率。

　　（3）因折射率与温度有关，因此测定应在指定的温度下进行。若待测试样的折射率不在 1.3～1.7 范围内，阿贝折射仪不能测定，也看不到明暗分界线。

　　（4）要注意保持仪器清洁，保护刻度盘。使用完毕，应尽快用擦镜纸将两棱镜面上的液体揩去，然后用 95% 乙醇擦拭数次，直到洁净干燥。最后在两棱镜间放上一小张两层擦镜纸，关紧锁钮，以免镜面损坏。同时放尽夹套中的水，拆下温度计装入盒中，并用滤纸吸干夹套中的水。

2.3.6　旋光仪

　　某些有机化合物，特别是许多天然有机化合物，因其分子含有不对称的结构能使偏振光振动平面发生旋转，这类物质就称为旋光性物质。使偏振光振动平面向左旋转一定角度的为左旋性物质，使偏振光振动平面向右旋转一定角度的为右旋性物质。这个旋转的角度称为旋光度，以 α 表示。

　　旋光性物质的旋光度除了与物质的本性有关外，还与溶液的浓度、溶剂、温度、样品管的长度和所用光源的波长等密切相关。为了便于比较各种旋光性物质的旋光性能，将每毫升溶液中含 1g 旋光性物质的溶液，放在 1dm 长的样品管中，所测得的旋光度称为比旋光度，用 $[\alpha]_D^t$ 表示，比旋光度与旋光度的关系为

$$[\alpha]_D^t = \frac{\alpha}{lc} \tag{2-18}$$

　　式中，t 为实验温度，℃（一般为 20℃）；D 为钠光 D 线，$\lambda = 589.3\text{nm}$；α 为旋光度；l 为样品管长度，dm；c 为被测物质的浓度，g·mL^{-1}。为区别右旋和左旋，常在左旋光前面加"—"，如蔗糖是右旋物质，蔗糖 $[\alpha]_D^{20} = 66.6°$；而果糖 $[\alpha]_D^{20} = -91.9°$，表明果糖

是左旋物质。比旋光度是光学活性物质的物理常数之一，通过对旋光性物质旋光度的测定，可以测定旋光性物质的纯度和含量，也可作为鉴定未知物的依据之一。

2.3.6.1 工作原理

旋光度的大小和方向必须通过旋光仪测定。旋光仪的类型很多，但其主要部件和测定原理基本相同。旋光仪的主要元件是两块尼科尔棱镜（Nicol prism）。尼科尔棱镜是由两块方解石直角棱镜沿斜面用加拿大树脂黏合而成，如图 2-33 所示。

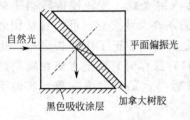

图 2-33 尼科尔棱镜

当一束单色光照射到尼科尔棱镜时，分解为两束相互垂直的平面偏振光：一束折射率为 1.658 的常光；另一束折射率为 1.486 的非常光。这两束光线到达加拿大树脂黏合面时，折射率大的常光（加拿大树脂的折射率为 1.550）被全反射到底面上，被底面上的黑色涂层吸收，而折射率小的非常光则通过棱镜，这样就获得了一束单一的平面偏振光。在这里，尼科尔棱镜称为起偏镜（polarizer），它是用来产生偏振光的。如让起偏镜产生的偏振光照射到另一尼科尔棱镜上，当第二个棱镜的透射面与起偏镜的透射面平行时，这束平面偏振光也能通过第二个棱镜；如果第二个棱镜的透射面与起偏镜的透射面垂直，则由起偏镜出来的偏振光完全不能通过第二个棱镜；如果第二个棱镜的透射面与起偏镜的透射面之间的夹角 θ 在 $0° \sim 90°$，则光线部分通过第二个棱镜。此第二个棱镜称为检偏镜（analyzer）。通过调节检偏镜，能使透过的光线强度在最强和零之间变化。如果在起偏镜和检偏镜之间放有旋光性物质，则由于物质的旋光作用，使来自起偏镜的光的偏振面改变了某一角度，只有检偏镜也旋转同样的角度，才能补偿光线改变的角度，使透过的光的强度与原来相同。

旋光仪就是根据这种原理设计的，并通过透射光强弱来测定旋光度，其光学系统示意图如图 2-34 所示。图中，S 为钠光光源；N_1 为起偏镜；N_2 为一块石英晶体片；N_3 为检偏镜；P 为旋光管（装待测液体）；A 为目镜的视野。N_3 上附有刻度盘，当旋转 N_3 时，刻度盘随同转动，其旋转角度可以从刻度盘上读出。

若转动检偏镜 N_3 的透射面与起偏镜 N_1 的透射面相互垂直，则在目镜中观察到视野呈黑暗。当在起偏镜 N_1 与检偏镜 N_3 之间放置被测物质时，由于被测物质具有旋光作用，原来由起偏镜出来的偏振光旋转了一定的角度 α，因而检偏镜也相应旋转一定的角度 α，只有这样才能使目镜中的视野呈黑暗，α 即为该待测物质的旋光度。

由于实际观测上肉眼对视场明暗程度的感觉不甚灵敏，为了精确地确定旋转角度，常采取比较的办法（即三分视场或二分视场的方法）。为此，在起偏镜 N_1 后装一狭长的石英片 N_2，其宽度为视野的 1/3，由于石英片具有旋光性，从石英片透过的那一部分偏振光被旋转了一个角度 φ（称为半暗角），光的振动方向如图 2-35 所示。

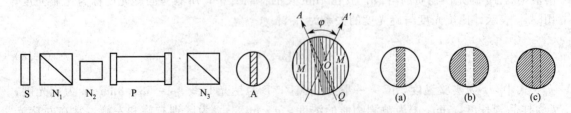

图 2-34 旋光仪光学系统示意图   图 2-35 三分视野示意图

A 是通过起偏镜的偏振光的方向，A' 是通过石英片旋转一个角度后的振动方向，此两偏振光方向的夹角 φ 称为半暗角（$\varphi = 2° \sim 3°$），如果旋转检偏镜使透射光的偏振面与 A' 平行时，在视野中将观察到中间狭长部分较明亮，而两旁较暗，这是由于两旁的偏振光不经过石英片所致，如图 2-35（b）所示。如果检偏镜的偏振面与起偏镜的偏振面平行（即在 A 的方向时），在视野中观察到中间狭长部分较暗而两旁较亮，如图 2-35（a）所示。当检偏镜的偏振光处于 $\varphi/2$ 时，两旁直接来自起偏镜的光偏振面被检偏镜旋转了 $\varphi/2$，而中间被石英片转过角度 φ 的偏振面也被检偏镜旋转了角度 $\varphi/2$，这样中间和两边的光偏振面都被旋转了 $\varphi/2$，故视野呈微暗状态，且三分视野的暗度是相同的，如图 2-35（c）所示。由于人的视觉对明暗均匀与不均匀有较大的敏感，故将这一位置作为仪器的零点，在每次测定时，调节检偏镜使三分视野的暗度相同，然后读数。

2.3.6.2　旋光仪的使用方法

圆盘旋光仪的外形如图 2-36 所示，其使用方法如下。

（1）调节目镜焦距　打开钠光灯，稍等几分钟，待光源稳定后，从目镜中观察视野，如不清楚可调节目镜焦距。

（2）仪器零点校正　选用合适的样品管并洗净，充满纯水（应无气泡），放入旋光仪的样品管槽中，调节检偏镜的角度使三分视野暗度相同，读出刻度盘上的刻度，并将角度作为旋光仪的零点。

（3）旋光度测定。零点确定后，将样品管中的纯水换成待测溶液，按同样方法测定，此时刻度盘上的读数与零点时读数之差即为该样品的旋光度。

图 2-36　圆盘旋光仪外形图

1—底座；2—电源开关；3—度盘转动手轮；
4—放大镜座；5—视度调节螺旋；6—度盘游表；
7—镜筒；8—镜筒盖；9—镜盖手柄；
10—镜盖连接圈；11—灯罩；12—灯座

2.3.6.3　使用注意事项

（1）旋光仪在使用时，需通电预热几分钟，但钠光灯使用时间不宜过长。

（2）旋光仪是比较精密的光学仪器，使用时，仪器金属部分切记沾污酸碱，防止腐蚀。

（3）光学镜片部分不能与硬物接触，以免损坏镜片。

（4）不能随便拆卸仪器，以免影响精度。

2.4　化学实验室常用的设备

2.4.1　干燥设备

2.4.1.1　烘箱

烘箱（又称电热恒温干燥箱，参见图 1-3）是实验室最常用的干燥设备，用于实验室 300℃ 范围内的恒温烘焙、干燥热处理等操作。烘箱是利用电热丝隔层加热使物体干燥的设备，按结构和加热方式的不同可分为：普通电热恒温干燥箱、电热鼓风干燥箱和真空恒温干燥箱等。每一种类型的烘箱又按大小分为若干种。烘箱的型号很多，但基本结构相似，一般由箱体、电热系统和自动恒温控制系统三部分组成。

烘箱主要用于干燥玻璃仪器或烘干无腐蚀性、无挥发性、热稳定性较好的化学药品。一般玻璃仪器应先将水沥干后，才能放入烘箱。要从上往下依次放入，仪器口朝上，以免上面的水滴流到下面烘热的仪器上将其炸裂。温度一般控制在 100~110℃。

　　使用方法：接通电源，开启加热开关，将控温旋钮顺时针旋至需要的温度，此时红色指示灯亮，开始升温。若是鼓风干燥箱，可同时开启鼓风开关。当温度计（在烘箱顶上）升至工作温度时（一般在烘箱内温度升到比所需温度低 2~3℃时），将控温旋钮逆时针旋至指示灯刚熄灭，指示灯明灭交替处即为恒温定点。使用烘箱时应注意：不可烘易燃、易爆、有腐蚀性的物品；操作人员必须经常照看，不得长时间离开。

2.4.1.2　红外线快速干燥箱

　　红外线快速干燥箱采用红外线灯泡作为热源，可进行快速干燥、烘焙。这种烘箱具有结构简单、使用维修方便、升温快、温度稳定等特点。红外线辐射高度可通过箱顶的两个碟形螺母调节，当被加热的物体位于红外线焦点时，所接受的热量最大。

　　实验室常用的红外线快速干燥箱的功率一般为 500W，工作电流 2.28A，工作室尺寸 40cm×26cm×22cm。使用时必须注意：外壳应接地；严禁烘烤易挥发、易燃、易爆物质；取放物品时切勿触及灯泡，以防将其损坏。

　　实验室也常采用红外线灯直接进行干燥和烘焙。

2.4.2　恒温水浴

　　在许多化学实验中，需要测定的一些数据，如蒸气压、黏度、电导、化学反应速率常数、平衡常数等都与温度有关，所以常常需要恒温的环境，以保持温度的相对稳定。通常用恒温槽（见图 2-37）或超级恒温槽（见图 2-38）来实现这一目的。

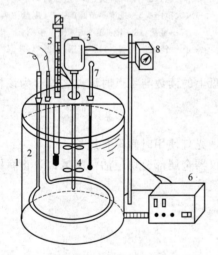

图 2-37　水浴恒温槽

1—浴槽；2—加热器；3—电动机；4—搅拌器；
5—温度调节器；6—温度控制器；
7—精密温度计；8—调速变压器

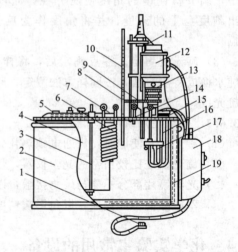

图 2-38　超级恒温槽

1—电源插头；2—外壳；3—恒温筒支架；4—恒温管；
5—恒温筒加水口；6—冷凝管；7—恒温筒盖子；
8—水泵进水口；9—水泵出水口；10—温度计；
11—电接点温度计；12—电动机；13—水泵；14—加水口；
15—加热元件线盒；16—两组加热元件；17—搅拌叶片；
18—电子继电器；19—保温层

　　恒温槽采用间歇加热来维持恒温。当体系温度低于指定温度时，它会自动对体系加热；当达到所需温度时，又会自动停止加热。恒温槽采用热容量大和导热性能好的液体作介质，当所需控制的温度为 0~90℃时，以水作为介质。此种恒温槽即称为恒温水浴，它由浴槽、温度调节器、控制器、加热器、搅拌器及温度计组成。

2.4.2.1　温度调节器

水银接点温度计（或称螺旋接触温度计，见图 2-39）是恒温水浴的传感器，用于调节温度，对恒温水浴灵敏度有直接影响。它的上半段是控制温度用的指示装置，下半段是一支水银温度计。后者的毛细管内有一根金属丝与上半端的螺母相连。水银接点温度计的顶端有一块帽形磁铁，转动磁铁时，螺母会带动金属丝沿螺杆上下移动。温度计有两根导线，一根与金属丝和水银相连，另一根与温度控制器相连。

通过旋转帽形磁铁将螺母调到设定位置，如 50℃，这时金属丝的下端位于 50℃ 处。当水银柱上升到 50℃ 时恰与金属丝接触，加热器即停止加热。温度若下降，两者脱离，重新开始加热。

2.4.2.2　温度控制器

温度控制器由继电器和控制电路组成。继电器在接点温度计断路时（水浴温度低于指定温度），使加热电路接通，水浴开始加热。当温度计电路接通后，若温度超过指定值，继电器将加热电路断开，停止加热。上述过程反复发生，使体系保持恒定温度。

2.4.2.3　加热器

根据温度控制范围及恒温槽大小来选择功率适当的加热器。通常在使用时，为了保证精确度，同时又节省时间，可先用大功率的辅助加热器加热，当体系接近所需温度时再用功率适当的加热器来维持恒温。

2.4.2.4　搅拌器

搅拌器的作用是使水浴内各处温度一致。一般采用功率 40W 的电动搅拌器，搅拌速度通过变速器调节。

2.4.2.5　温度计

水银接点温度计的温度标尺刻度不够准确，需要用另一支 1/10℃ 的温度计或更精确的温度计来准确显示水浴的实际温度。

整个水浴的布局应该合理。加热器与搅拌器的距离不宜太远，接点温度计应当置于两者附近，以提高传感器的灵敏度。

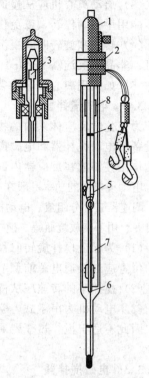

图 2-39　水银接点温度计
1—调节帽；2—磁钢；3—调温转动铁芯；
4—定温指示标杆；5—上铂丝引出线；
6—下铂丝引出线；7—下部温度刻度板；
8—上部温度刻度板

2.4.3　电动设备
2.4.3.1　电动离心机

电动离心机（见图 2-40）常用于沉淀不易过滤的各种黏度较大的溶液、乳浊液、油类溶液及生物制品等的分离。使用普通离心机应注意如下事项。

（1）离心机套管底部预先要放少许棉花或泡沫塑料等柔软物质，以免旋转时打破离心试管。

（2）为使离心机在旋转时保持平衡，离心试管要放在对称位置上。如果只处理一支离心试管，则在对称位置也要放一支装有等量水的离心试管。

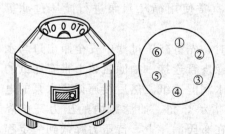

图 2-40　电动离心机

（3）启动离心机应从慢速开始，运转平稳后再转到快速。关机时要任其自然停止转动，决不能用手强制停转，以免伤人。

（4）转速和旋转时间视沉淀性状而定。一般晶形沉淀以 $1000 r \cdot min^{-1}$，离心 $1 \sim 2min$ 即可；非晶形沉淀需 $2000 r \cdot min^{-1}$，$3 \sim 4min$。

（5）如发现离心试管破裂或离心机震动太厉害，应停止使用。

2.4.3.2 电动搅拌器

为使化学反应体系内的物质混合均匀，且温度维持稳定，需要使用搅拌设备，常用的搅拌设备有电动搅拌器和电磁搅拌器两种。前者控制搅拌桨直接在工作物质中搅拌；后者通过电磁作用控制放在反应器内部的搅拌子旋转。

电动搅拌器的功率一般在 $40 \sim 60W$ 左右，变速范围 $700 \sim 6000 r \cdot min^{-1}$，主要由机座、电动机、调速器三部分组成。电动机的主轴配有搅拌卡头，用于轧牢搅拌桨。搅拌机附有十字夹架和万用夹，用于夹放烧瓶等。搅拌桨可根据需要购置或自制。使用时应注意以下事项。

（1）为保证搅拌旋转时稳定、匀速、不摇动，须注意：卡头要牢固轧住搅拌转轴，电动机的位置应在接通电源前调节合适，以免搅拌桨触及反应容器，搅拌桨应转动自如。

（2）搅拌桨的转速应从慢到快逐渐加速，不可过快。

（3）电动机为串激式，空转时速率快，负荷越重转速越慢，不能超负荷使用，以防烧毁，因此不适于搅拌过于黏稠的液体。一般来说，低黏度采用高速搅拌，高黏度采用低速搅拌。

2.4.3.3 电磁搅拌器

电磁搅拌器面上有一用于放置被搅拌容器的金属盘，使用时将搅拌子（在玻璃管或塑料管内密封小铁棒）置于容器内的液体中。金属底盘内有电热丝和云母绝缘层，底盘下有一块永久磁铁与转动电动机相连，电动机带动永久磁铁吸引搅拌子旋转，从而起搅拌作用。电磁搅拌器一般具有加热、控温、电磁搅拌、定时和调速功能。加热温度和搅拌速度由搅拌器面板上的旋钮控制。操作时搅拌速度不宜过快，否则搅拌子旋转速度跟不上转动，转速不匀，甚至跳动。另外，应将容器放在合适位置，使搅拌子不致碰触器壁，而造成搅拌不均匀。

2.4.4 真空泵

在许多化学实验中，要求系统内部的压力低于外界大气压力，这一般需借助真空泵来实现的。实验室中常用的真空泵有水循环泵、机械泵和扩散泵。水循环泵的真空度较低，机械泵的真空度可达 $1 \sim 0.1Pa$，而采用扩散泵可获得小于 $10^{-4} Pa$ 的真空。

2.4.4.1 循环水泵

循环水泵（见图 2-41）是利用电机的转动带动循环水，抽出连接系统中的气体，以达到使系统中压力逐渐降低的目的。目前实验室常使用循环水泵进行减压过滤等操作。

在进行减压过滤时，先将减压过滤中安全瓶出口与水泵抽气管接口之一用橡皮管连接，抽滤瓶装上带有滤纸的布氏漏斗，用少量纯水润湿滤纸。然后接通循环水泵的电源，打开电源开关，指示灯亮。抽滤瓶内的压力开始降低，此时将滤纸紧吸在布氏漏斗上，待压力降低到一定程度后，把溶液和沉淀缓缓倒入漏斗中进行过滤，以及进行

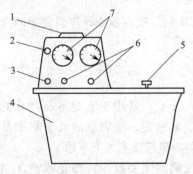

图 2-41　水循环真空泵
1—电动机；2—指示灯；3—电源开关；
4—水箱；5—水箱盖；6—抽气管接口；
7—真空表

沉淀的洗涤。抽滤完毕后，应先拔开抽滤瓶和安全瓶相连的橡皮管，也可以先拿开布氏漏斗，然后再关闭电源，否则，循环水将会倒流。

2.4.4.2 机械泵

常用的机械泵为旋片式油泵（见图 2-42）。气体从真空系统吸入泵的入口，随偏心轮旋转的旋片使气体压缩，再从出口排出，其效率主要取决于旋片与定子之间的密封程度。整个装置都浸在油中，以油作为封闭液和润滑液。使用机械泵时，在抽气口处接一真空橡皮管，使之与实验系统相通即可开始工作。使用时应注意如下事项。

（1）正确判别泵的进、出气口。

（2）操作过程中，随时检查整个系统的密封性。

（3）必要时，在泵的进气口前装置冷凝器、洗气瓶或吸收塔，以除去实验系统产生的易凝结蒸气、腐蚀性气体或挥发性液体。

（4）需停止工作时，先使泵的抽气口与大气连通，后断电停机，以防泵油倒吸。

2.4.4.3 油扩散泵

油扩散泵的工作原理如图 2-43 所示。从沸腾槽来的泵油（硅油）蒸气，通过喷嘴按一定角度以很高速度向下冲击，从真空系统扩散而来的气体或蒸气分子不断受到高速油蒸气分子的作用，富集在下部区域，然后再被前置的机械泵抽走。油分子则被冷凝而流回沸腾槽。为提高真空度，可以串接几级喷嘴，实验室常使用三级扩散泵。

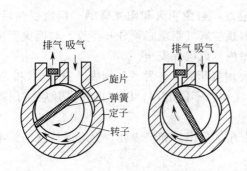

图 2-42　旋片式机械真空泵原理图

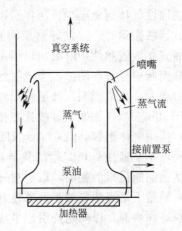

图 2-43　油扩散真空泵原理图

油扩散泵有以下优点：①无毒；②硅油的蒸气压较低，室温下小于 10^{-5} Pa，高于此压力使用可不用冷阱；③油分子量大，能使气体分子有效地加速。缺点是在高温下有空气存在时硅油易分解，且油分子易污染真空系统，因此使用时必须在前置机械泵已抽到 1Pa 时才能开始加热。

2.4.5 气体钢瓶及其使用

2.4.5.1 气体钢瓶

气体钢瓶是储存压缩气体或液化气的高压容器。实验室中常用它直接获得各种气体。钢瓶是用无缝合金钢或碳素钢管制成的圆柱形容器，器壁很厚，容积一般为 40～60L，最高工作压力为 15MPa，最低的也在 0.6MPa 以上。在钢瓶的肩部用钢印打有以下标志：制造厂、制造日期、气瓶型号、编号、气瓶重量、气体容积、工作压力、水压试验压力、水压试验日期及下次送检日期等。钢瓶口内外壁均有螺纹，以连接钢瓶启闭阀门和钢瓶帽。瓶外还装有两个橡胶制的防震圈。钢瓶阀门侧面接头具有左旋或右旋的连接螺纹，可燃性气体为左旋，非可燃性及助燃气体为右旋。为了避免各种钢瓶使用时发生混淆，常将钢瓶漆上不同颜色，并以特定的颜色标明气体的名称和涂刷横条（见表 2-4）。

表 2-4　高压气体钢瓶颜色与标志

气 瓶 名 称	瓶身颜色	字 样	字样颜色	横条颜色
氧气瓶	天蓝	氧	黑	
氢气瓶	深色	氢	红	红
氮气瓶	黑	氮	黄	棕
压缩空气瓶	黑	压缩空气	白	
氨气瓶	黄	氨	黑	
二氧化碳气瓶	黑	二氧化碳	黄	黄
氦气瓶	棕	氦	白	
氯气瓶	草绿	氯	白	
液化石油气瓶	灰	石油气	红	
粗氩气瓶	黑	粗氩	白	白
纯氩气瓶	灰	纯氩	绿	
乙炔气瓶	白	乙炔	红	

2.4.5.2　气体钢瓶安全使用注意事项

(1) 各种高压气体钢瓶必须定期送有关部门检验。一般气体钢瓶至少 3 年必须送检一次，充腐蚀性气体钢瓶至少每两年送检一次，合格者才能充气。

(2) 钢瓶搬运时，要戴好钢瓶帽和橡皮腰圈。要避免撞击、摔倒和激烈振动，以防爆炸。钢瓶直立放置和使用时要加以固定。

(3) 钢瓶应存放在阴凉、干燥、远离热源的地方，避免明火和阳光暴晒。钢瓶受热后，瓶内压力增大，易造成漏气甚至爆炸。可燃气体钢瓶与氧气钢瓶必须分开存放，与明火距离不得小于 10m。氢气钢瓶最好放置在楼外专用小屋内，以确保安全。

(4) 使用气体钢瓶，除 CO_2、NH_3 外，一般要用减压阀。各种减压阀中，只有 N_2 和 O_2 的减压阀可相互通用外，其他的只能用于规定的气体，不能混用，以防爆炸。开启减压阀时，要站在钢瓶接口的侧面，以防被气流射伤。

(5) 钢瓶上不得沾染油类及其他有机物，特别在气门出口和气表处，更应保持清洁。不可用棉麻等物堵漏，以防燃烧引起事故。

(6) 不可将钢瓶内的气体全部用完，一定要保持 0.05MPa 以上的残余压力。可燃性气体应剩余 0.2～0.3MPa，氢气应保留 2MPa 的压力，以防重新充气或以后使用时发生危险。

2.4.5.3　减压阀

由于高压钢瓶内气体的压力一般很高，而实验中使用的气体压力往往比较低，仅靠钢瓶启闭阀门不能稳定调节气体的流出量。因此，使用时通过减压阀使气体压力降至实验所需范围且保持稳压。减压阀一般为弹簧式减压阀，它又分为正作用和反作用两种。现以反作用减压阀——氧气减压阀（又称氧气表）为例作如下介绍，其结构如图 2-44 所示。减压阀的阀腔被减压阀门分为高压室和低压室两部分。前者通过减压阀进口与气瓶连接，气压可由高压表读出，表示钢瓶内的压力；低压室经出口与工作系统连接，气压由低压表给出，低压表的出口压力可由调节螺杆控制。

使用时，先打开钢瓶阀门，然后顺时针转动调节螺杆的手柄 1，手柄压缩主弹簧，进而传动弹簧垫块 3、薄膜 4 和顶杆，将阀门 9 打开，进口的高压气体即由高压气室经阀门节流减压后进入低压室，再经出口通往工作系统。借转动调节螺杆 1，改变阀门开启的高度来调节高压气体的通过量而控制所需的减压压力。当达到所需压力时，停止旋转手柄。停止用气时，先关闭钢瓶阀门，让余气排净。当高压表和低压表均指"0"时，再逆时针转动手柄到最松的位置，使主弹簧恢复自由状态，此时减压阀重新关闭。

减压阀都装有安全阀，当压力超过一定的许可值或减压阀发生故障时安全阀 5 自动开启放气。其他减压阀的原理和结构与氧气减压阀基本上相同，但需注意，各种气体减压阀不能混用。安装减压阀时，应特别注意减压阀与钢瓶螺纹的方向，不要搞反。例如，氢气减压阀为左旋螺纹，否则会损坏螺纹。

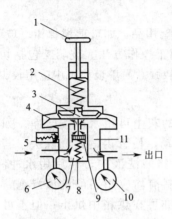

图 2-44　减压阀结构
1—手柄（调节螺杆）；2，8—压缩弹簧；3—弹簧垫块；
4—薄膜；5—安全阀；6—高压表；7—高压气室；
9—减压阀门；10—低压表；11—低压气室

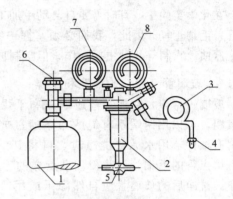

图 2-45　减压阀的安装
1—氧气瓶；2—减压阀；3—导气管；4—接头；
5—减压阀旋转手柄；6—钢瓶阀门；
7—高压表；8—低压表

2.4.5.4　钢瓶使用示例——氧气瓶

按图 2-45 装好氧气减压阀。使用前，逆时针转动减压阀手柄，直至最松位置。此时减压阀关闭，高压表读数指示钢瓶内压力。用肥皂水检查减压阀与钢瓶连接处是否漏气，如不漏气，即可顺时针旋转手柄，减压阀即开启送气，直至达到所需压力时，停止转动手柄。

停止用气时，先关钢瓶阀门，让气体排空。当高压表和低压表均指到"0"时，反时针转动手柄到最松位置，此时减压阀重新关闭。否则，当下次开启钢瓶阀门时，将使高压气体直接冲进充气系统，轻则冲坏设备，重则发生爆炸，还会使减压阀门失灵，致使其失去调节压力的作用。

第3章 化学实验基本操作与基本技术

3.1 简单玻璃工操作和塞子钻孔

在化学实验中，有时需要自己动手加工制作一些玻璃用品，如玻璃搅拌棒、玻璃弯管、滴管、毛细管等。因此，我们必须掌握一些基本的玻璃工操作方法。玻璃工包括切割、拉细、弯曲、吹制等几种主要操作，但吹制玻璃的技术性较强，简单玻璃工中应用较少。

3.1.1 玻璃管（棒）的清洗和干燥

玻璃管（棒）在加工前应洗净和干燥。玻璃管内的灰尘可用水冲洗干净。如果玻璃管较粗，可以用两端系有绳的布条通过玻璃管来回拉动，使管内的污物除去。若玻璃管内附有油污，用水无法洗净时，可将其割断然后浸于铬酸洗液中，最后用水冲洗干净。制备熔点管的毛细管和薄板色谱点样的毛细管，在拉制前均应用铬酸洗液浸泡，再用水洗净。洗净后的玻璃管应自然晾干或用热空气吹干，亦可在烘箱中烘干；但不可用火直接烤干，以防炸裂。

3.1.2 玻璃管（棒）的切割

对于直径为 5~10mm 的玻璃管（棒），可用三棱锉或鱼尾锉进行切割。对较细的玻璃管，可用小砂轮切割。有时用碎瓷片的锐棱代替锉刀，也可收到同样的效果。

当把要切割的位置确定后，把玻璃管（棒）平放在桌子边缘，把锉刀的边棱压在要切割处，左手按在玻璃管（棒）要切割位置的左边，右手握锉刀，用其棱边朝一个方向用力锉出一稍深的锉痕（见图 3-1）。锉痕应与玻璃管（棒）垂直，以使折断后的断面平整。若锉痕不够深，可在原处再锉一下，但锉的方向应相同，锉痕应在同一条直线上。截断玻璃棒时，锉痕应适当深一些。在锉好痕迹后，用两手的拇指抵住锉痕的背面，轻轻向前推，同时向两头拉，玻璃管（棒）就会在锉痕处平整地断开（见图 3-2）。也可在锉痕处稍涂点水，这样会大大降低玻璃强度，折断时更容易。为了安全起见，可在稍离锉痕处用布包住再折断玻璃管（棒）。折断时应注意玻璃管（棒）离眼睛稍远些，即使有玻璃碎屑迸出，也不会伤害眼睛。必要时，可戴上防护镜。

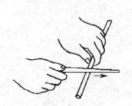 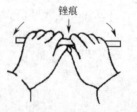 

图 3-1 切割玻璃管示意图   图 3-2 折断玻璃管示意图

对较粗的玻璃管，或者需在玻璃管的近管端处进行截断的玻璃管，可利用玻璃管（棒）骤热或骤冷易裂的性质，来使其断裂。将一末端拉细的玻璃管（棒），在喷灯或煤气灯上加热至白炽成珠状，立即压触到用水滴湿的粗玻璃管或玻璃管近端锉痕处，玻璃管就会立即断开。

　　玻璃管（棒）断裂之处，要及时在火焰上烧圆，否则断口会割破皮肤、胶皮管或塞子。将玻璃管（棒）断口处呈 45°角斜放在氧化火焰的边缘，缓慢转动玻璃管（棒），直至断口熔光圆滑。注意不可烧得太久，以免管口缩小或玻璃管（棒）发生弯曲变形。

3.1.3　拉玻璃管与滴管的制作

　　制作毛细管和滴管时都要用到拉玻璃管的操作。因此，拉玻璃管十分重要，必须熟练掌握。

3.1.3.1　玻璃管的操作要点

　　（1）选择软质、干净、管径为 6～7mm 的玻璃管，截成约 200mm 的一段，将玻璃管中部用氧化焰先小火预热，再调节火焰使其处于氧化焰的最宽处强烈灼烧，同时用双手等速地按同一方向慢慢地转动，使之受热均匀（见图 3-3）。不要偏离火焰，也不要在火焰中拉长和扭曲。当手感觉玻璃管已相当柔软且烧至黄红色时，表明已到"火候"。掌握好"火候"是拉玻璃管的关键，拉细部分越细长，要求玻璃管烧得越柔软。

　　（2）将已烧软的玻璃管移离火焰，趁热边拉边旋转（见图 3-4），使拉细部分的中轴线与原中轴线重合。拉细时，先慢后快，并视其粗细以控制拉细长度。拉完后，应将玻璃管用双手悬提片刻，待玻璃硬化后再将其放在石棉网上。冷却后，在适当部位切断。拉细后的细管极易折断，只需用小砂轮轻轻划一细痕，一只手抵在细痕下，另一只手轻轻向上一拔，即可平整折断。

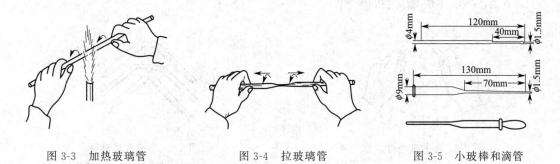

图 3-3　加热玻璃管　　　　　图 3-4　拉玻璃管　　　　　图 3-5　小玻棒和滴管

3.1.3.2　拉制滴管、小玻棒、熔点管和毛细管

　　用锉刀将细管截断，即可得到两只滴管。将滴管的细口用小火焰烧平滑，另一端在氧化焰上烧成暗红色，马上拿出并立即将管口垂直撅到瓷板或石棉网上，最后在石棉网上冷却后套上乳胶帽即成。无机和定性分析所用的滴管规格如图 3-5 所示，用作拉细的玻璃管长约15～20cm 即可。

　　拉小玻棒（在小试管中使用）时，可截取 15cm 长的细玻棒，将中部置于火焰上加热后拉细到直径为 1～2mm 为止。冷却后用小砂轮在细处截断，并将断处熔成小球状即成。

　　拉制熔点管时，要选择干净的 10mm 管径的薄壁软质玻璃管，依照拉制滴管的方法，拉成管径为 0.8～1.2mm、长约 15cm 的毛细管。每根毛细管的两端分别在小火边缘上烧融封口。封好的底端应为不留孔隙的半珠状透明玻璃。使用时从当中截断，内装固体样品，供毛细管法测定熔点用。

　　拉制减压蒸馏用的毛细管时，应选用干净的厚壁玻璃管，拉制方法与熔点管相似，可采用两次拉制法。先按拉制滴管的方法，拉成管径 1.5～2mm 的细管，稍冷后截断；再将细管部分用小火焰加热烧软后，移出火焰迅速拉伸。冷却后截成长约 1cm 的小段备用。

3.1.4 弯玻璃管

弯玻璃管时宜选用壁较厚的玻璃管，加热时不宜将玻璃烧得太软，否则容易变形。弯好的玻璃管应在同一平面上，弯曲处应均匀平滑，保持原有的管径，没有外缘瘪陷、内缘纠结等缺陷（图3-6）。弯好后应随即进行退火处理，即将弯曲部分在弱火中均匀加热片刻，消除内应力，否则在应用时弯曲部位很容易断裂。弯玻璃管的方法如下。

首先，将玻璃管在弱火焰中烤热，然后加大火焰，两手持玻璃管，将需要弯曲处用中等火焰加热，同时缓慢旋转玻璃管，使之受热均匀。将玻璃管斜放于火焰中加热，也可增加其受热面积。如有条件亦可在灯管上套上扁灯头，亦称鱼尾灯头（见图3-7）。当玻璃管受热发出黄红光且变软后，移出火焰，并顺势轻轻弯成所需的角度（见图3-8）。若制作角度较小的弯管时，可分几次完成，以免一次弯得过多而使弯曲部分发生瘪陷或纠结。在分次弯管时，要注意各次的加热部位应稍稍外移，待弯过的玻璃管稍冷后再重新加热，并且每次弯曲应在同一平面上，以免玻璃管弯得歪扭（见图3-9）。

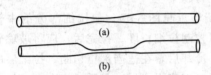

图 3-6 拉细后的玻璃管
（a）良好；（b）不好（管壁受热不均所致）

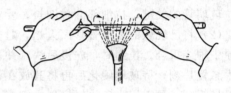

图 3-7 鱼尾灯头加热玻璃管

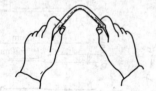

图 3-8 弯曲玻璃管示意

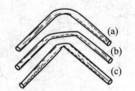

图 3-9 弯成的玻璃管
（a）良好；（b）平口；（c）瘪陷

在进行弯管操作时需注意以下几点。

① 玻璃管应受热均匀，否则不易弯曲并出现纠结和瘪陷现象。玻璃管若受热过度，则会出现厚薄不均以及瘪陷现象。

② 加热玻璃管时，两手旋转速度应一致，否则会发生歪扭。不能在火焰中弯玻璃管。

③ 在加热玻璃管时，不要向外拉或向内推玻璃管，以免管径变得不均。

④ 弯好的玻璃管应放在石棉网上冷却，不可直接放在桌面上或铁架上。

3.1.5 塞子的配置与打孔

化学实验室常用的塞子有玻璃磨口塞、橡皮塞和软木塞。软木塞的优点是不易与有机化合物作用，但易漏气，易被酸、碱腐蚀。而橡皮塞可以把瓶子塞得很紧密，不漏气，并可以耐强碱性物质的侵蚀，但它易被强酸和有机化合物（如汽油、苯、氯仿、丙酮等）侵蚀和溶胀。玻璃磨口塞子适用于除碱和氢氟酸以外的一切盛放液体或固体的瓶子。

使用普通玻璃仪器进行实验时，仪器与仪器之间一般需要通过塞子、玻璃管或橡皮管把它们彼此紧密连接起来，因此塞子的选择、打孔是基础化学实验中最基本的操作之一。

（1）塞子的选择　选择塞子的大小应与仪器的口径相适应，一般要求塞子塞入仪器颈口部分为塞子本身高度的 1/2～2/3，见图 3-10。

选用软木塞时，表面不应有深孔、裂纹。使用前要经过滚压，压滚后软木塞的大小同样应以塞入颈口 1/2～2/3 为宜。

（2）打孔　塞子打孔要与所插入孔内的玻璃管、温度计等的直径适宜，要紧密配合，以免漏气。

打孔用的工具称打孔器，如图 3-11 所示。它是一组不同的金属管，管的一端有柄，另一端很锋利，可用来钻孔。选择打孔器的大小应视软木塞、橡皮塞不同而异。软木塞打孔应选用打孔器的直径比被插入管子的直径略小些。橡皮塞打孔要选用比被插入管子的外径稍大些的打孔器，因橡皮塞有较大的弹性。

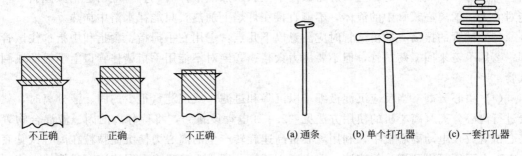

图 3-10　塞子的配置　　　　　　　　图 3-11　打孔器

打孔时，把塞子小的一端朝上，平放在桌面上的一块木板上，左手持塞，右手握住打孔器的柄，并在打孔器前端涂点甘油或水，将打孔器对准选定的位置，以一个方向边用力向下压边转动。打孔要与塞子的平面保持垂直（如图 3-12 所示），不能左右摇动，更不能倾斜，以免把孔钻斜。当孔钻至一半深时，把打孔器按相反方向旋转取出，用通条捅掉打孔器内的塞芯，然后再从塞子的另一面对准原孔位置按同样的操作把孔打透，取出打孔器，捅出塞芯。检查孔道是否合用，如果玻璃

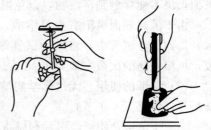

图 3-12　塞子钻孔

管或温度计可以毫不费力插入圆孔内，说明孔太大，圆孔和玻璃管或温度计不够紧密，塞子不能使用；若孔道略小或不光洁时，可用圆锉修整。

（3）玻璃管或温度计插入塞子的方法　可用甘油或水将玻璃管或温度计的前端润湿，一手拿住塞子，另一手捏住温度计或玻璃管（见图 3-13），捏的位置要离插入口近些（一般为 2～3cm），稍用力慢慢旋转插入塞内合适的位置。注意捏玻璃管或温度计的手切勿离插入口太远或用力过猛，以防温度计或玻璃管折断刺破手。

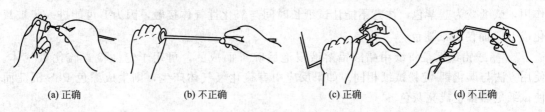

(a) 正确　　　　　(b) 不正确　　　　　(c) 正确　　　　　(d) 不正确

图 3-13　玻璃管插入塞子方法

3.2 试管实验基本技术

试管和离心试管作为化学反应的容器，具有药品用量少、操作灵活、易于观察实验现象的优点，特别适用于元素及其化合物的性质实验。

(1) 试剂的用量　试管中进行的反应，药品用量一般不要求十分准确，只需粗略估计，液体试剂的用量一般在 0.5～2.0mL 之间，固体试剂的用量以能铺满试管底部为宜。在离心试管中进行反应时，试剂的用量应更少一些。

(2) 试管中固体和液体的加热　试管中的固体和液体都可以直接在灯焰上加热（详见 3.3.2 节），但应注意几点：①试管中的液体总量不能超过试管容量的 1/3；②用试管夹夹住试管中上部，加热固体时，管口应略微向下倾斜，加热液体时，管口应向上稍微倾斜，且不能对着人；③离心试管中的液体，不能直接在灯焰上加热，只能在水浴中加热。

(3) 试管的振荡　振荡试管时应注意以下几点：①用右手拇指、食指和中指拿住试管上部；②用手腕来回振荡试管，但不要用力太猛；③绝对不能用手指堵住管口上下摇动或翻转试管。

(4) 离心分离　当反应沉淀极细难以沉降和过滤，或沉淀量很少的固、液分离时，就需要进行离心分离（离心机的使用方法见"2.4.3 电动设备"）。将待分离的固、液混合物置于离心试管放入电动离心机中，利用离心机高速旋转产生的离心力使沉淀颗粒在离心试管底部集中，上面便可得到澄清的溶液。取出离心试管，用小吸管吸出上层清液。吸管伸入溶液前应先排气，切勿在伸入溶液后排气，否则会把沉淀冲起而使溶液变浑。吸管尖口宜刚好进入液面，决不能接触到沉淀物，以免把沉淀吸出。

由于沉淀表面吸附有少量溶液，故必须进行洗涤。洗涤时，将适量洗涤液（如去离子水）加到离心试管中，将离心试管倾斜，用小搅拌棒充分搅拌后再离心分离，吸出上层清夜。沉淀洗涤的次数一般为 2～3 次。

(5) 试纸的使用　无机化学实验中常用的试纸是 pH 试纸、碘化钾-淀粉试纸、醋酸铅试纸等（详见 1.6.1 节）。

① pH 试纸是用纸经多种酸碱指示剂的混合溶液浸泡后晾干而成的。不同 pH 的溶液可使试纸呈现不同的颜色。广泛 pH 试纸用于粗略测定溶液的 pH，测量范围一般是 1～14；精密 pH 试纸的测量精确度较高，测量范围较窄，试纸在 pH 变化较小时就发生颜色变化。使用方法是：将一小块 pH 试纸放在点滴板或白瓷板上，用蘸有待测溶液的玻璃棒接触试纸中部（不能把试纸泡在待测溶液中），试纸被待测溶液润湿变色。试纸变色后要尽快和色阶板比色，确定 pH 或 pH 范围。

② 碘化钾-淀粉试纸是将纸用碘化钾和淀粉混合溶液浸泡后晾干而成的。可用于定性检查一些氧化性气体，如氯气等。使用方法是：用蒸馏水将试纸润湿后卷在玻璃棒顶端，放于试管口，如有待测的氧化性气体逸出，就会溶于试纸上的水中，使 I^- 氧化成 I_2，I_2 与淀粉作用，试纸变为蓝紫色，注意不能让试纸长时间与氧化性气体接触，因为 I_2 可能进一步被氧化成 IO_3^- 而使试纸褪色。

③ 醋酸铅试纸是将纸用醋酸铅溶液浸泡后晾干而成的，可用于定性检查硫化氢气体。使用方法与碘化钾-淀粉试纸相同。如果反应中有硫化氢气体产生，则生成黑色 PbS 沉淀而使试纸呈黑褐色或亮灰色。

(6) 实验现象的观察

① 观察气体的生成。首先观察气体产生的部位。对于固体和液体之间的反应,要注意界面上是否有气体产生;而对于液体和液体之间的反应,要注意液体内部是否有气体逸出。其次要注意气体的颜色和气味,必要时用适当方法检查气体的性质和种类。可使用石蕊试纸或 pH 试纸检查气体的酸碱性,用碘化钾-淀粉试纸检查氧化性气体,用醋酸铅试纸检查硫化氢气体,还可用火柴余烬检查氧气等。

② 观察沉淀的生成或溶解。对于沉淀的生成,主要观察生成的沉淀的颜色、形状、颗粒大小和量的多少。有时为了促进沉淀的生成,利于观察,可用玻璃棒摩擦与溶液接触的试管内壁或振荡溶液。白色的沉淀应在深色的背景下观察,深色的沉淀则应在白色的背景下观察。深色溶液中产生的沉淀,往往难以观察清楚沉淀的颜色,可以进行离心分离并洗涤沉淀后再观察。

沉淀溶解时主要观察沉淀溶解速度的快慢、溶解量的多少,以及溶解时伴随的其他现象。当沉淀溶解比较困难时,可振荡试管或加热,观察是否能使沉淀溶解。

③ 观察溶液颜色的变化。主要观察溶液颜色变化的过程和变化的速度,观察一般在适当的背景下随操作过程进行。当某些反应物有较深颜色时,要注意各种试剂的相对用量。一般深色的反应物用量宜少,以便完全反应,否则会干扰观察反应产物的颜色。

此外,对反应过程中明显的热效应、爆炸、发光等现象,也要注意观察。

3.3　加热和冷却

化学反应往往需要在加热或冷却的条件下进行,而许多基本实验操作也离不开加热或冷却,因此加热和冷却在化学实验中应用非常普遍。

3.3.1　加热装置

在化学实验室中常用的加热热源有酒精灯、酒精喷灯、煤气灯、电炉、电热套、恒温水浴装置以及管式炉和马弗炉等。

3.3.1.1　酒精灯

酒精灯由灯罩、灯芯和灯壶组成,如图 3-14 所示。使用时先要加酒精,即应在灯熄灭情况下,牵出灯芯,借助漏斗将酒精注入,最多加入量为灯壶容积的 2/3。必须用火柴点燃,绝不能用另一个燃着的酒精灯去点燃,以免洒落酒精引起火灾或烧伤(见图 3-15)。熄灭时,用灯罩盖上即可,不要用嘴吹。待片刻后,还应将灯罩再打开一次,以免冷却后盖内负压使以后打开困难。

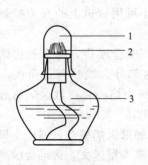

图 3-14　酒精灯
1—灯罩;2—灯芯;3—灯壶

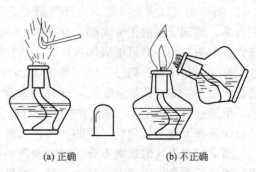

(a) 正确　　　(b) 不正确

图 3-15　点燃的方法

酒精灯提供的温度不高，通常为 300～500℃，适用于不需太高加热温度的实验。灯芯短时温度低，长则高些，所以可根据需要加以调节。

3.3.1.2 酒精喷灯

酒精喷灯有挂式和座式两种（见图 3-16 和图 3-17），它们的使用方法相似。应先在酒精灯壶或储罐内加入酒精，注意在使用过程中不能续加，以免着火。往预热盘中加满酒精并点燃（挂式喷灯应将储罐下面的开关打开，从灯管口冒出酒精后再关上；在点燃喷灯前先打开），等预热盘中的酒精燃烧将完时灯管灼热后，打开空气调节器并用火柴将灯点燃。火焰的大小可通过空气调节器来控制。酒精喷灯是靠汽化的酒精燃烧，所以温度较高，可达 700～900℃。用完后关闭空气调节器，或用石棉板盖住灯口即可将灯熄灭。挂式喷灯不用时，应将储罐下面的开关关闭。

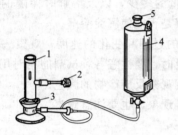
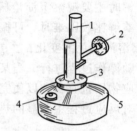

图 3-16　挂式酒精喷灯　　　　　　　　　图 3-17　座式酒精喷灯
1—灯管；2—空气调节器；3—预热盘；　　　1—灯管；2—空气调节器；3—预热盘；
4—酒精储罐；5—储罐盖　　　　　　　　　4—壶盖；5—酒精壶酒精储罐

座式喷灯最多使用半小时，挂式喷灯也不可将罐里的酒精一次用完。若需连续使用，应到时将喷灯熄灭，冷却，添加酒精后再次点燃。

使用时注意灯管必须灼热后再点燃，否则易造成液体酒精喷出引起火灾。

3.3.1.3 煤气灯

在有煤气（天然气）的地方，煤气灯是化学实验室中最常用的加热装置。它的样式虽多，但构造原理基本相同，主要由灯管和灯座组成，如图 3-18 所示。灯管下部有螺旋与灯座相连，并开有作为空气入口的圆孔。旋转灯管，可关闭或打开空气入口，以调节空气进入量。灯座侧面为煤气入口，用橡皮管与煤气管道相连；灯座侧面（或下面）有螺旋形针阀，可调节煤气的进入量。

使用时应先关闭煤气灯的空气入口，将燃着的火柴移近灯口时再打开煤气管道开关，2～3s 后将煤气灯点燃（切勿先开气后点火）。然后调节煤气和空气的进入量，使二者的比例合适，得到分层的正常火焰，如图 3-19 所示。火焰大小可用管道上的开关控制。关闭煤气管道上的开关，即可熄灭煤气灯（切勿吹灭）。

煤气灯的正常火焰分三层（见图 3-19）：外层 1，煤气完全燃烧，称为氧化焰，呈淡紫色；中层 3，煤气不完全燃烧，分解为含碳的化合物，这部分火焰具有还原性，称为还原焰，呈淡蓝色；内层 4，煤气和空气进行混合并未燃烧，称为焰心。正常火焰的最高温度在还原焰顶部上端与氧化焰之间的 2 处，温度可达 800～900℃。

当空气和煤气的比例不合适时，会产生不正常火焰。如果火焰呈黄色或产生黑烟，说明煤气燃烧不完全，应调大空气进入量；如果煤气和空气的进入量过大，火焰会脱离灯管在管口上方临空燃烧，称为临空火焰 [图 3-20(a)]，这种火焰容易自行熄灭；若煤气进入量很小（或煤气突然降压）而空气比例很高时，煤气会在灯管内燃烧，在灯口上方能看到一束细长的火焰（灯管是铜的，火焰常带绿色）并能听到特殊的嘶嘶声，这种火焰叫侵入火焰［图 3-20(b)］，片刻即能把灯管烧热，不小心易烫伤手指。遇到后两种情况时，应关闭煤气阀，重新调节后再点燃。

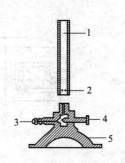

图 3-18　煤气灯的构造
1—灯管；2—空气入口；3—煤气入口；
4—针阀；5—灯座

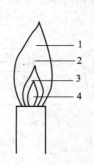

图 3-19　正常的火焰
1—氧化焰；2—最高温处；
3—还原焰；4—焰心

(a) 临空火焰　　(b) 侵入火焰

图 3-20　不正常的火焰

用煤气灯加热玻璃仪器时，应在灯焰上放一块石棉网，使火焰均匀分布在较大的面积上。

煤气中的 CO 有毒，使用时要注意安全。一般煤气中都含有带特殊臭味的报警杂质，漏气时使人很容易觉察。一旦发现漏气，应关闭煤气灯，及时查明漏气的原因并加以处理。

3.3.1.4　电加热装置

实验室中常用的电加热装置主要有电炉、电热板、电加热套、各式各样的恒温水浴装置，以及管式炉和马弗炉等。

(1) 电炉　电炉（见图 3-21）按功率大小有 500W、800W、1000W 等规格。使用时一般应在电炉丝上放一块石棉网，在它上面再放需要加热的仪器，这样不仅可以增大加热面积，而且使加热更加均匀。温度的高低可以通过调压变压器来控制。使用时应注意不要把加热的药品溅在电炉丝上，耐火炉盘上的凹槽要保持清洁，及时清除烧灼的焦烟杂物（要断电操作），以免电炉丝损坏，延长电炉的使用寿命。

电炉做成封闭式的称为电热板。电热板升温速率较慢，且加热是平面的，不适合加热圆底容器，多用作水浴和油浴的热源，也常用于加热烧杯、锥形瓶等平底容器。

(2) 电加热套　电加热套也称电热包，是玻璃纤维包裹着电炉丝织成的"碗状"电加热器（见图 3-22），专为加热圆底容器而设计的，可取代油浴、沙浴对圆底容器加热。温度高低可由控温装置调节，最高温可达 400℃ 左右。使用时应根据容器的大小选择相应的型号。受热容器应悬置在加热套的中央，不能接触包的内壁。加热有机物时，由于它不是明火，因此具有不易引起火灾的优点，热效率也高，在有机实验中常用作蒸馏、回流等操作的热源。在蒸馏或减压蒸馏时，随着瓶内物质的减少，容易造成瓶壁过热，使蒸馏物被烤焦炭化。为避免这种情况发生，宜选用稍大一号的电热套，并设法使它能向下移动。随着蒸馏的进行，用降低电热套的高度来防止瓶壁过热。使用时，应注意切勿将液体溅入电加热套内，以防电加热套腐蚀而损坏。

(3) 管式炉、马弗炉　两者都属于高温电炉。管式炉（见图 3-23）有一管状炉壁，可插入瓷管或石英管，在瓷管内放置盛有反应物的小舟（瓷舟或石英舟等），通过瓷管或石英管可控制反应物在空气或其他气氛中进行高温反应。马弗炉（见图 3-24）的炉膛为正方形或长方形的，要加热的坩埚或其他耐高温容器可直接放入炉膛中加热。管式炉与马弗炉均可加热到 1000℃ 以上，适用于高温下长时间恒温。

（4）微波炉　近年来，微波加热已成为一种较为普遍和方便的加热方法。在一些合成反应的加热中，使用微波进行加热，能量利用率高，加热迅速、均匀，而且可以防止物质在加热过程中的分解变质。

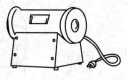
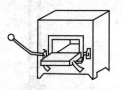

图 3-21　电炉　　　　图 3-22　电加热套　　　　图 3-23　管式炉　　　　图 3-24　马弗炉

3.3.2　加热方法

3.3.2.1　直接和间接加热

加热操作可分为直接加热和间接加热两种。直接加热是将被加热物直接放在热源中进行加热，如在酒精灯上加热试管或在马弗炉内加热坩埚等。间接加热是先用热源将某些介质加热，介质再将热量传递给被加热物，这种方法也称为热浴。热浴的优点是加热均匀，升温平稳，并能使被加热物保持一定温度。常见的热浴有水浴、油浴、沙浴等。

（1）水浴　当被加热物质要求受热均匀，而温度又不能超过 100℃ 时，可用水浴进行加热。若把水浴锅中的水煮沸，用水蒸气加热即成蒸汽浴。水浴加热是在水浴锅上进行的。实验室中常用的水浴锅（图 3-25），其盖子由一组大小不同的同心金属圆环组成。根据要加热的容器大小去掉部分圆环，原则是尽可能增大容器受热面积而又不使容器掉入水浴锅及触到锅底。水浴锅内放水量不要超过其容积的 2/3。下面用电炉等热源加热，热水或蒸汽即可将上面的容器升温（图 3-26）。在水浴加热操作中，应尽可能使水浴中水的表面略高于被加热容器内反应物的液面，这样加热效果更佳。若要使水浴保持一定温度，在要求不太高的情况下，将水浴加热至所需温度后改为小火加热，也可用电子自动控温装置来实现。若温度要求不超过 100℃，可将水煮沸。加热时注意随时补充水浴锅中的水，切勿蒸干。如果加热温度要稍高于 100℃，可以选用无机盐类的饱和水溶液作为热浴液。

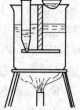
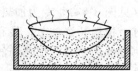

图 3-25　水浴锅　　　　　　图 3-26　水浴加热　　　　　　图 3-27　沙浴

实验室中也常用烧杯代替水浴锅。在烧杯中放一支架，可将试管放入，进行试管的水浴加热（见图 3-26）；在烧杯上放上蒸发皿，也可作为简易的水浴加热装置，进行蒸发浓缩。较先进的水浴加热装置是恒温水浴槽，它采用电加热并带有自动控温装置，可自动调节水浴温度，适用于 80℃ 以下的长时间加热，使用起来方便得多。

（2）油浴　用油代替水浴中的水即成油浴，一般使用温度可达 100～250℃。油浴所能达到的最高温度取决于所用油的种类。透明石蜡油可加热至 200℃，温度再高也不分解，但易燃烧，这是实验室中最常用的油浴油。甘油可加热至 220℃，温度再高会分解。硅油和真空泵油加热至 250℃仍较稳定，但价格贵。使用油浴时，应在油浴中放入温度计观测温度，以便调整加热功率，防止油温过高。使用油浴时要加倍小心，发现严重冒烟时要立即停止加热，防止油浴燃烧。还要注意不要让水滴溅入油浴锅。

在油浴锅内使用电热卷加热，要比用明火加热更为安全，再接入继电器和接触式温度计，就可以实现自动控制油浴温度。

如果用石蜡代替油，加热温度可达 300℃，且冷却后变为固态，便于贮存。

油浴的优点是加热均匀，常用作减压蒸馏和高温反应的热源。缺点是易发生着火和烫伤事故；油蒸气及其分解产物会污染空气，甚至有毒；一些不溶于水的浴油不易从仪器上清洗干净。使用油浴时还应注意：①油浴锅最好加盖。可用石棉板或其他耐热材料做成合适的盖子，减少油蒸气污染空气。②加热温度不要超过浴液的最高使用温度，即必须在浴液的闪燃点以下。如果油浴开始冒烟，可能已接近其闪燃点，应立即停止加热。已发黑变稠的老浴油应及时更换，因它比新油更容易闪燃。③尽量避免用明火加热油浴，一旦起火，热油火焰不易熄灭，故常用电热板加热。

（3）沙浴　在铁盘或金属容器中装入均匀干燥的细沙，将需要加热的容器部分埋入沙中，用煤气灯加热就组成了沙浴（图 3-27）。测量温度时，把温度计埋入容器附近的沙中，注意温度计的水银球不要触及铁盘底。沙浴特点是升温比较缓慢，停止加热后，散热也较慢。加热温度可达数百度。若改用金属碎屑作传热介质，做成金属浴，最高温度可达 800℃。

除水浴、油浴和沙浴外，还有空气浴、盐浴、硫酸浴、合金浴等，这里不一一介绍。

3.3.2.2　液体的加热

（1）在试管中加热液体。少量的溶液，可在试管中加热，管内液体量不应超过试管容积的 1/3。在试管中加热液体时，用试管夹夹持试管的中上部，管口稍向上倾斜（图 3-28），注意管口不要对着人和自己，以免被沸腾的溶液喷出烫伤。加热时，应先加热液体的中上部，再慢慢向下加热底部，并不时上下移动，使各部分液体均匀受热。不可集中加热某一部分，以免造成局部过热，引起暴沸，溶液溅出管外。

（2）加热烧杯、烧瓶中的液体　若液体量较多，可在烧杯、烧瓶或锥形瓶等容器中进行。加热时必须在容器下面垫上石棉网（图 3-29），使容器受热均匀。加热烧瓶时还应该用铁夹将其固定。加热的液体量不应超过烧杯容积的 1/2 和烧瓶容积的 1/3。烧杯加热时还要适当加以搅拌以免暴沸，烧瓶加热时也要视情况放入 1~2 粒沸石。

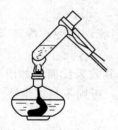

图 3-28　加热试管中的液体

图 3-29　加热烧杯中的液体

（3）蒸发、浓缩与结晶　蒸发、浓缩与结晶是物质制备实验中常用的操作，通过此步操作可将产品从溶液中提取出来。

蒸发浓缩通常在蒸发皿中进行，蒸发皿具有大的蒸发表面，有利于液体的蒸发。蒸发皿里所盛液体量不应超过其容量的 2/3。如果无机物对热稳定，可以直接加热（应先均匀预热），一般情况下采用水浴加热，以使蒸发过程比较温和平稳。注意不要使瓷蒸发皿骤冷，以免炸裂。

3.3.2.3　固体的加热

（1）在试管中加热固体　少量固体可在试管中加热，加热时应用铁架台和铁夹固定试管或用试管夹夹持试管，使管口略向下倾斜（图 3-30），以防止凝结在管口处的水珠倒流到试管灼热处使试管破裂。

较多的固体可放在蒸发皿中加热，但要注意充分搅拌，使固体受热均匀；灯焰也不能太大，以免固体迸溅出来引起损失。

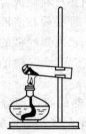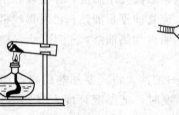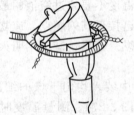

图 3-30　加热试管中的固体　　　　图 3-31　灼烧坩埚　　　　图 3-32　坩埚钳

（2）固体的灼烧　当需要高温灼烧或熔融固体时，可根据所装物料的性质及需加热的温度选用不同材质的坩埚（如瓷坩埚、氧化铝坩埚、金属坩埚等）。加热时，将坩埚置于泥三角上，先用小火预热，在坩埚受热均匀后再慢慢加大火焰灼烧坩埚底部。要用氧化焰灼烧（图 3-31），不要使用还原焰。不仅因为还原焰的温度不够，而且未燃尽的碳粒将结在坩埚外部使坩埚变黑。根据实验要求控制灼烧温度和时间。停止加热稍冷后用预热过的干净的坩埚钳把坩埚夹持到干燥器中冷却。坩埚钳使用后，应使尖端朝上放在桌子上（图 3-32），以保证坩埚钳尖端洁净。

用煤气灯灼烧温度一般可达 700～800℃，若需在更高温度下灼烧可使用马弗炉。用马弗炉可精确地控制灼烧温度和时间。

3.3.3　冷却方法

某些化学反应需要在低温条件下进行，另一些反应需要传递出产生的热量；有的制备操作像结晶、液态物质的凝固等也需要低温冷却，我们可根据所要求的温度条件选择不同的冷却剂（制冷剂）。

最简单的冷却是将盛有被冷却物的容器浸在冷水中或用流动的冷水冷却（如回流冷凝器），可使被制冷物的温度降到接近室温。

需冷至 0℃时，冰-水是最方便的制冷剂。单用碎冰冷却其效果反而不如用冰-水，因冰-水能与埋入其内的容器外壁密切接触，但水也不能加得太多，否则不足以维持 0℃，同时也容易倾翻其中的容器。

如欲得到 0℃以下的温度，可采用冰-无机盐冷却剂，即在冰-水浴中加入适量的无机盐，如 NaCl、$CaCl_2$ 等，其温度可达到 0～－40℃左右。制作冰盐冷却剂时要把盐研细后再与粉碎的冰混合，这样制冷的效果好。冰与盐按不同的比例混合能得到不同的制冷温度。如 $CaCl_2 \cdot 6H_2O$ 与冰按 1∶1、1.25∶1、1.5∶1、5∶1 比例混合，分别达到的最低温度为

−29℃、−40℃、−49℃、−54℃。

干冰-有机溶剂冷却剂，可获得−70℃以下的低温。干冰与冰一样，不能与被制冷容器的器壁有效接触，所以常与凝固点低的有机溶剂（作为热的传导体）一起使用，如异丙醇、丙酮、乙醇、正丁烷、异戊烷等。

利用低沸点的液态气体，可获得更低的温度，如液态氮（一般放在铜质、不锈钢或铝合金的杜瓦瓶中）可达到−195.8℃，而液态氦可达到−268.9℃的低温。使用液态氧、氢时应特别注意安全操作。液氧不要与有机物接触，防止燃烧事故发生；液态氢气化放出的氢气必须谨慎地燃烧掉或排放到高空，避免爆炸事故；液态氨有强烈的刺激作用，应在通风柜中使用。常用制冷剂及其最低制冷温度见表 3-1。

表 3-1　常见制冷剂及其最低制冷温度

制　冷　剂	最低温度/℃	制　冷　剂	最低温度/℃
冰-水	0	$CaCl_2 \cdot 6H_2O$-冰 1∶1	−29
NaCl-碎冰 1∶3	−20	$CaCl_2 \cdot 6H_2O$-冰 1.25∶1	−40
NaCl-碎冰 1∶1	−22	液氨	−33
NH_4Cl-冰 1∶4	−15	干冰	−78.5
NH_4Cl-冰 1∶2	−17	液氮	−195.8

使用液态气体时，为了防止低温冻伤事故发生，必须戴皮（或棉）手套和防护眼镜。一般低温冷浴也不要用手直接触摸制冷剂（可戴橡皮手套）。

应当注意，测量−38℃以下的低温时不能使用水银温度计（Hg 的凝固点为−38.87℃），应使用低温酒精温度计等。

此外，使用低温冷浴时，为防止外界热量的传入，冷浴外壁应使用厚泡沫塑料等隔热材料包裹覆盖。干冰和液氮必须用杜瓦瓶盛放。

3.4　物质的干燥

干燥是除去固体、液体或气体中含有的水分或有机溶剂的操作过程，干燥在化学实验中非常普遍，也十分重要。许多反应必须在无水条件下进行，因而要求原料、溶剂和仪器都必须干燥。液体在蒸馏前需要进行干燥，以防止水与有机物形成恒沸物而增加前馏分，而且水有可能引发一些副反应而影响产物的纯度。在进行分析鉴定之前，也必须使被测物完全干燥，否则将影响测试结果的可靠性。

3.4.1　干燥方法及基本原理
3.4.1.1　物理干燥法

物理干燥法主要是利用加热、冷冻、吸附、分馏、恒沸蒸馏等物理过程达到干燥的目的。这些方法常用于除去相对较大量水分或用于有机溶剂的干燥。

（1）加热、冷冻干燥法　是利用不同温度下的相变，分离低沸点杂质而实现干燥。常用于固体和少数液体试样的干燥，清除试样中吸附水乃至结晶水和有机溶剂。常用设备有电热烘箱、红外烘箱及制冷系统。使用这种方法干燥时，应根据试样本身的热稳定性，选用不同的干燥温度和干燥条件。

（2）吸附干燥法　是利用具有多孔性骨架结构的吸附剂所特有的物理吸附性能，选择性吸附分子直径或截面积小于孔径的分子，而达到试样干燥的目的。典型的干燥用吸附剂有硅胶和分子筛。分子筛是一种硅铝酸盐合成物，其中 $Na_{12}[(AlO_2)_{12}(SiO_2)_{12}] \cdot 27H_2O$ 称 4A

分子筛，其微孔表观直径 4.2Å（1Å＝10^{-10}m）；$Ca_{4.5}Na_3[(AlO_2)_{12}(SiO_2)_{12}] \cdot 30H_2O$ 称为 5A 分子筛或钠钙分子筛，其微孔表观直径为 5Å 左右，它们在室温下对试样中水（直径为 4Å）或小于它们孔径的分子有强烈的吸附作用。在 550℃时又有脱附逸出作用，是一种常用于有机液体脱水的干燥剂。

（3）分馏和共沸蒸馏（也称恒沸干燥）　是有机液体试样中除去少量水或有机溶剂的常用方法。分馏是利用试样与残余溶剂的沸点差，通过蒸馏分离达到清除残余溶剂的目的。共沸蒸馏则是利用试样中残余水或有机溶剂能与其他有机溶剂形成低恒沸组成。该恒沸混合物具有沸点更低并且汽化时两者同时逸出的特点，因此可以带走试样中的残余水和有机溶剂。如乙醇中少量水的清除，可利用加入少量苯与水和乙醇形成低恒沸组成（苯：水：乙醇为 74.1：7.4：18.5，恒沸点为 64.9℃），通过加热汽化恒沸物在 64.9℃时逸出而除去乙醇中的水分。

3.4.1.2　化学干燥法

化学干燥法是利用干燥剂与水发生反应来除去水的。干燥剂又可分为两类：一类是能与水可逆地结合成水合物，因此可再生后反复使用，如无水氯化钙、无水硫酸钙、无水硫酸镁等；另一类干燥剂则与水反应生成新的化合物，如五氧化二磷、氧化钙、金属钠等，此类干燥剂不能反复使用。

3.4.2　液体的干燥

3.4.2.1　干燥剂的选择

干燥液体时，一般是干燥剂直接投入其中，因此选用干燥剂时，要求：①干燥剂不可与被干燥的液体发生化学反应，也不能溶解于其中。例如，碱性干燥剂不能用于干燥酸性物质；氯化钙易与醇、胺及某些醛、酮形成配合物；氧化钙、氢氧化钠等强碱性干燥剂能催化某些醛、酮的缩合及氧化等反应，使酯类发生水解反应等；氢氧化钠（钾）可显著溶解于低级醇。②干燥剂的干燥容量。容量越大，吸水越好。③干燥剂的干燥速度和价格等。常用干燥剂的性能和应用范围见表 3-2。

表 3-2　常用干燥剂的性质和应用范围

干　燥　剂	性　　质	适用化合物的范围
浓硫酸	强酸性	烃、卤烃
五氧化二磷	酸性	烃、卤烃、醚
氢氧化钠	强碱性	烃、醚、氨、胺
氢氧化钾	强碱性	烃、醚、氨、胺
金属钠	强碱性	烃、醚、叔胺
无水碳酸钠	碱性	醇、酮、酯、胺
氧化钙	中性	低级醇、胺
无水氯化钙	中性	烃、烯、卤烃、酮、醚、硝基化合物
无水硫酸镁	中性	醇、酮、醛、酸、酯、卤素、腈、酰胺、硝基化合物
3A、4A、5A 分子筛	中性	各类有机溶剂

3.4.2.2　干燥剂的用量

干燥剂的用量可根据干燥剂的吸水容量和水在被干燥液体中的溶解度来估算。由于在萃取或水洗时，难以把水完全分净，所以在一般情况下，干燥剂的实际用量都大于理论值。另外，对于极性物质和含亲水性基团的化合物，干燥剂需过量一些。但是，干燥剂的用量也不宜过多，因为干燥剂的表面吸附会造成产物的部分损失。干燥剂的一般用量为每 10mL 液体大约加 0.5～1.0g，但因液体的含水量不等，干燥剂的质量、颗粒大小和干燥温度等都有所不同，所以很难规定具体的用量。需要根据具体情况和实际经验，选用适宜的用量。

3.4.2.3　干燥剂的使用方法

选择合适的干燥剂，在不断振荡下使水被干燥剂吸收。用干燥剂干燥液体有机化合物，只能除去少量的水，若试样含有大量水，必须设法事先除去。如果对其要求不高，且水与液体有机化合物的沸点相差又较大时，可考虑用蒸馏或分馏的方法干燥。具体操作中应注意以下几点。

① 干燥前应尽可能把液体中的水分净。

② 干燥应在收口容器中进行。

③ 干燥剂的颗粒要大小适度，太大则表面积小，吸水缓慢；太细又会吸附较多的被干燥液体，且难以分离。

④ 对于含水分较多的液体，干燥时常出现少量水层，必须将此水分层分去或用吸管吸去，再补加一些新的干燥剂。加入适量干燥剂后，应摇荡片刻，然后加瓶塞静置。

⑤ 若发现干燥剂相互黏结，或被干燥液体仍呈浑浊，则应补加干燥剂。若液体在干燥前呈浑浊，干燥后变澄清，则可认为已基本干燥。

⑥ 将已干燥的液体物质用倾析法或通过塞有棉花的玻璃漏斗倒入干燥的容器中。

3.4.3　固体的干燥

（1）晾干　晾干，即在空气中自然干燥。该法最为简便，适合干燥在空气中稳定而又不吸潮的固体物质。干燥时应把被干燥物放在干燥洁净的表面皿或滤纸上，摊成薄层，上覆滤纸。

（2）烘干　烘干可加快干燥速度，对熔点高且遇热不分解的固体，可用普通烘箱或红外干燥箱烘干。必须控制好加热温度，以防样品变黄、熔化甚至分解、炭化。烘干过程中应经常翻动，以防结块。热稳定性差的试样通常在真空恒温干燥箱中进行干燥。

（3）干燥器干燥　易分解或易升华的固体不能采用加热的方式干燥，可置于干燥器内干燥。为了防止吸潮，将已经干燥的物质保存在干燥器内。常用的干燥器有普通干燥器和真空干燥器。普通干燥器方便、实用，但干燥时间较长，效率不高。真空干燥器干燥效率高，其盖上有玻璃活塞，用以抽真空，活塞下端呈弯钩状，口朝上，可防止放气时气流将样品冲散。先将盛有待干燥样品的表面皿或培养皿等器皿放入干燥器内，然后抽真空。真空度不宜过高，为安全起见，干燥器外面最好用铁丝网或布包裹。

干燥器内放何种干燥剂，需要根据被干燥物质和被除去溶剂的性质来确定。干燥器内常用干燥剂及应用范围见表 3-3。

有关气体的干燥见本书"1.8.3 气体的纯化与干燥"。

表 3-3　干燥器内常用干燥剂及应用范围

干　燥　剂	除去的溶剂或其他杂质	干　燥　剂	除去的溶剂或其他杂质
CaO	水、乙酸、硫化氢	P_2O_5	水、醇
无水 $CaCl_2$	水、乙醇	石蜡片	醇、醚、石油醚、苯、氯仿、水
NaOH	水、乙酸、硫化氢、醇、酚	变色硅胶	水
浓 H_2SO_4	水、乙酸、醇	4A 分子筛	水

3.5　固液分离

在化合物制备或分析的过程中，经常要遇到沉淀（晶体）的生成，以及固体与液体的分离问题。本节将简要介绍溶液的蒸发、沉淀和结晶、过滤和洗涤、烘干和灼烧等基本操作。

3.5.1　溶液的蒸发和浓缩

在化学实验中，常通过蒸发以减少溶液的体积，而达到浓缩的目的。例如，当溶液较稀时，为了使溶质从溶液中析出晶体，就需要通过加热蒸发水分，使溶液不断浓缩到一定程度后，冷却即可析出晶体。蒸发浓缩的程度与溶质的溶解度有关，溶解度较大时，表现蒸发到溶液表面出现晶膜时才可停止加热；溶解度较小或高温时溶解度大而室温时溶解度较小，则不需蒸发至出现晶膜就可冷却。蒸发浓缩一般在水浴锅上进行，若溶液很稀，溶质对热的稳定性又较好时，可放在石棉网上直接加热蒸发。开始时，可用大火加热蒸发，当浓缩到一定程度，改用小火，注意控制加热温度，以防溶液暴沸而溅出，然后再放在水浴上加热蒸发。常用的蒸发容器为蒸发皿，皿内盛放的液体不能超过其容量的 2/3。若需浓缩的液体量较多，蒸发皿一次盛不下，则可随水分的不断蒸发而陆续添加。

3.5.2　沉淀和结晶

3.5.2.1　沉淀的制备

为了将某一组分从溶液中分离出来，可以使该组分先形成沉淀，再经过过滤和洗涤实现分离和提纯。制备沉淀可按下列步骤操作。

① 准确称量一定量的试样，将其处理成溶液。根据过量 10% 的比例计算出沉淀剂的实际用量。

② 加入沉淀剂之前，先将试样溶液的体积、pH 或温度都调至所需的情况。制备晶形沉淀时，可将试样溶液适当稀释并加热，以获得颗粒粗大的晶形沉淀。用滴管逐滴、缓慢地加入沉淀剂溶液，边加边搅拌，以防局部浓度过高。搅拌时应均匀，速度不要太快，玻璃棒不要碰到容器底部和内壁。滴管口要接近液面，以免溶液溅出。

③ 对于非晶形沉淀，要用浓的沉淀剂溶液，以较快的速度搅拌和滴加沉淀剂到热的试样溶液中，以得到紧密的沉淀。

④ 当预定量的沉淀剂滴加完后，将溶液静置片刻，让沉淀沉降，再向上层清液滴加 1 滴沉淀剂，观察滴落处是否出现浑浊，以检查沉淀完全与否。如产生浑浊，应再补加沉淀剂，直至不出现浑浊为止；如无浑浊现象，则说明已沉淀完全。注意，玻璃棒要一直放在烧杯内，直至沉淀、过滤、洗涤结束后才能取出，以免试样损失。

⑤ 沉淀操作结束后，晶形沉淀可放置过夜，或将沉淀连同溶液在水浴上加热一定时间进行陈化，然后再过滤。对非晶形沉淀，只需静置几分钟，让沉淀沉降下来即可过滤，不必放置陈化。

3.5.2.2　结晶

溶液中的组分也可以通过生成晶体实现固液分离与提纯。当溶液由于温度或浓度的变化而处于过饱和状态时，溶液中则可能有晶体生成。晶体经过滤和洗涤可以达到分离和提纯的目的。

溶质从溶液中析出晶体的过程称为结晶，析出的晶体颗粒大小与结晶条件有关。当溶液的过饱和度较低时，结晶的晶核少，晶体易长大，可得到较大的晶体颗粒；反之，当溶液的过饱和度较高时，结晶的晶核多，聚集速度快，析出的晶体颗粒较细小。搅拌溶液有利于细小晶体的生成，静置溶液则有利于大晶粒的生成。

3.5.3　过滤和洗涤

常用的沉淀与溶液分离的方法有三种：倾析法、过滤法和离心分离法。

3.5.3.1　倾析法

当沉淀的相对密度较大或晶体颗粒较大时，静置后能较快沉降至容器底部，可用倾析法进行分离和洗涤。其操作方法是待沉淀完全沉降后，把玻璃棒横放在烧杯嘴（如图 3-33 所示），将上层清液沿着玻璃棒缓慢倾入另一烧杯内，使沉淀与溶液分离。如果需要洗涤沉淀时，可加适量洗涤液（如去离子水）充分搅拌、静置沉降后，再倾出洗涤液。重复以上操作 2～3 遍，即可把沉淀洗净。

3.5.3.2　过滤法

过滤法是固、液分离最常用的一种方法。当沉淀和溶液的混合物通过过滤器（如滤纸）时，沉淀留在过滤器上，而溶液通过过滤器流入接受容器中，将沉淀和溶液分离，所得溶液叫做滤液。

图 3-33　倾析法

影响过滤速率的因素有溶液的温度、黏度、过滤时的压力、滤器的孔隙大小，以及沉淀物的性质和状态等。一般说来，热溶液比冷溶液容易过滤；溶液的黏度愈大，愈难过滤；减压过滤比常压过滤快。滤器的孔隙越大过滤速度越快，但小颗粒的沉淀也能通过滤器；滤器孔隙较小，沉淀的颗粒易被留在滤器上，并形成一层密实的滤层，堵塞滤器的孔隙，使过滤难以进行。胶状沉淀能够穿过一般的滤器，应先设法将其破坏后再过滤。因此，应根据沉淀的性状，选用各种型号的滤纸或砂芯漏斗等滤器及不同的过滤方法。常用的过滤方法有常压过滤、减压过滤和热过滤等。

（1）常压过滤　常压过滤最为简便，也是最常用的固-液分离方法。使用普通玻璃漏斗和滤纸进行过滤。此方法适用于过滤胶体沉淀或细小的晶体沉淀，但过滤速度比较慢。

① 滤纸的折叠和漏斗的准备。先根据沉淀的性质选择滤纸，一般粗大晶形沉淀用中速滤纸，细晶或无定形沉淀选用慢速滤纸，沉淀为胶状体时应用快速滤纸。取一张方形或圆形滤纸，按图 3-34 所示，用洁净的手将滤纸轻轻对折两次成四层（折叠时切勿用手指抹滤纸，这样易损坏滤纸，造成沉淀穿滤），把滤纸展开成 60°角的圆锥体，一边为三层，另一边为一层。将滤纸放入漏斗中，使之与漏斗贴紧，滤纸边应低于漏斗边 0.5～1cm。检查滤纸与漏斗是否贴合紧密，否则可适当调整第二次折叠的角度。为了使三层滤纸的那一边能紧贴漏斗壁，可将三层滤纸的外面两层撕去一小角，保存在洁净干燥的表面皿上，留着以后（重量分析中）必要时擦拭烧杯口外或漏斗壁上的少量沉淀。

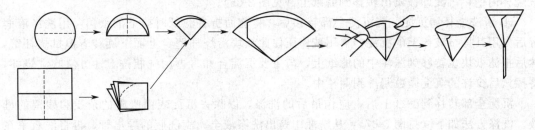

图 3-34　滤纸的折叠

将折好的滤纸放入漏斗，用手按住滤纸三层的一边，从洗瓶吹出少量蒸馏水润湿滤纸，用手指轻压滤纸，使滤纸与漏斗内壁紧贴，其间不应有气泡，否则会影响过滤的速度。加蒸馏水至滤纸边缘，漏斗颈内会自然地充满水形成水柱。形成水柱的漏斗，可借助水柱的重力抽吸漏斗内的液体，使过滤速度加快。如漏斗颈内没形成水柱，可用手指堵住漏斗下口，稍掀起滤纸的一边，用洗瓶向滤纸与漏斗之间的空隙里加水，使漏斗颈和锥体的大部被水充满，然后压紧滤纸边，松开堵住下口的手指，即可形成水柱。若再不行，应考虑换颈细的漏斗。漏斗能否形成水柱的关键是要清洗干净，尤其是沾附了油污时，是绝对形不成水柱的。

如图 3-35 所示，把洁净的漏斗放在漏斗架上，下面放一洁净的承接滤液的容器，使漏斗尖端紧贴器壁，这样可以加快过滤速度，避免溶液溅出。调整漏斗架的高度使漏斗颈的出口不致触及烧杯中的滤液。

② 过滤。一般采用倾析法过滤。过滤时将玻棒贴近三层滤纸一边，待沉淀沉降后，将上层清液先倾入漏斗中，沉淀尽可能留在烧杯中。随后再往烧杯中加入洗涤液，搅起沉淀充分洗涤，再静置，待沉淀沉降后，再倾出清液。这样既可以充分洗涤沉淀，又不致使沉淀堵塞滤纸，从而加快过滤速度。洗涤沉淀时，要注意遵循"少量多次"的原则。这样既可将沉淀洗净，又尽可能地降低了沉淀的溶解损失。要注意，过滤与洗涤必须相继进行，不能间断，否则沉淀干涸了就无法洗净。

过滤时，右手持玻棒，将玻棒垂直立于滤纸三层部分的上方，但不要接触滤纸，以免滤液冲破或玻棒碰破滤纸。左手拿起烧杯，让杯嘴贴着玻棒，慢慢倾斜烧杯，尽量不使沉淀浮起，将上层清液沿玻棒慢慢倾入漏斗。边倾入溶液，玻棒应边逐渐上提，避免玻棒触及液面。当液面离滤纸边缘 5mm 时应停止倾注溶液，待溶液液面下降后，再继续倾注。停止倾注时，烧杯不可马上离开玻棒，应将烧杯嘴沿玻棒向上提 1~2cm 后，慢慢扶正烧杯，然后离开玻棒。这样可使烧杯嘴上的液滴顺玻棒流入漏斗中。烧杯离开玻棒后，再将玻棒放回烧杯中，但玻棒不应放在烧杯嘴处，更不可随意放在桌面上或其他地方，避免沾在玻棒上的少量沉淀丢失和污染。

待烧杯中上层清液过滤完后，用洗瓶（或滴管）沿烧杯壁四周挤入洗涤液约 10~15mL，用玻棒搅动沉淀，充分洗涤，静置，待澄清后，用上面的方式倾出清液。洗涤应按"少量多次"的原则，一般晶形沉淀洗涤 2~3 次即可，胶状沉淀需洗 5~6 次。

③ 沉淀的转移。经过上述洗涤后的沉淀即可转移到滤纸上。往盛有沉淀的烧杯中加入少量洗涤液（加入的量不要超过滤纸能容纳量的 2/3）。用玻棒轻轻搅起沉淀然后立即按上述方法沿玻棒将悬浮液转移到漏斗中的滤纸上。小心将玻棒放回烧杯中，再加少量洗涤液淋洗烧杯，如此反复转移几次，可转移出大部分沉淀。这一步操作必须十分小心，不可损失一滴悬浮液，否则会导致整个分析工作的失败。最后，在漏斗上方慢慢倾斜烧杯，杯嘴向着漏斗，用左手食指将玻棒架在烧杯嘴上，玻棒下端对着三层滤纸，从洗瓶中挤出水流，旋转冲洗烧杯内壁，沉淀即被涮出转移到滤纸上（见图 3-36）。

④ 清洗烧杯和沉淀。待沉淀全部转移后，将前面折叠滤纸时撕下的纸角，用洗涤液润湿后先用其擦拭玻棒上的沉淀，再用玻棒压住此纸块沿烧杯壁自上而下旋转着擦拭烧杯壁，然后把滤纸块也转移到漏斗中的滤纸上，与主要沉淀合并。再用洗瓶按上述方法吹洗烧杯，将擦拭后少许的沉淀微粒涮洗到漏斗中。

沉淀全部转移到滤纸上后，应作最后的洗涤，以除去沉淀表面吸附的杂质和残留的母液。洗涤方法如下（见图 3-37）：从洗瓶中挤出洗涤液至充满洗瓶的导出管，再将洗瓶拿在漏斗上方，挤出细小、缓慢的水流从滤纸上沿开始，慢慢旋转向下淋洗，并借此将沉淀集中到滤纸圆锥体的下部。每次所用洗涤液不要太多，洗涤液的使用应本着"少量多次"的原则，即总体积相同的洗涤液应尽可能分多次洗涤。洗涤时应注意，只有在前一次洗涤液完全流完后，才能进行下一次的洗涤。过滤和洗涤必须连续进行一次完成，不能间隔，否则搁置较久的沉淀干涸结成团块就无法洗涤干净。

洗涤数次以后，为了检查沉淀是否洗净，先将漏斗颈外壁吹洗干净，再用洁净的小试管或表面皿接取约 1mL 滤液，选择灵敏的定性反应来检验沉淀是否洗净（注意：接取滤液时勿使漏斗下端触及下面烧杯中的滤液）。例如，常用 $AgNO_3$ 检验滤液中是否含 Cl^-，若滤液中不再检出 Cl^- 时，即可认为沉淀已洗净。

图 3-35　常压过滤　　　　　　图 3-36　沉淀的转移　　　　　　图 3-37　沉淀的洗涤

（2）减压过滤　减压过滤又称真空过滤或抽滤，其特点是可加速过滤，能使沉淀抽得较干燥。但此法不宜用于过滤颗粒太小的沉淀和胶体沉淀。因为颗粒太小的沉淀易在滤纸上形成一层密实的沉淀，溶液不易透过，使抽滤速度减慢。而胶体沉淀易穿透滤纸，因此都达不到加速过滤的目的。

减压过滤的装置如图 3-38 所示。布氏漏斗是瓷质平底漏斗，中间为具有许多小孔的瓷板，以便使滤液通过滤纸从小孔流出。以橡皮塞将布氏漏斗与吸滤瓶相连接。安装时布氏漏斗下端斜口应正对着吸滤瓶的支管，用耐压橡皮管把吸滤瓶与安全瓶连接上（为防止倒吸，在吸滤瓶和减压系统之间装一个安全瓶），再与减压系统相连。因为减压系统能使吸滤瓶内减压，造成吸滤瓶内与布氏漏斗液面上的压力差，所以过滤速度较快。减压系统最常采用的是水泵（俗称水老鼠）、循环水泵和真空泵。

过滤前，先剪好一张圆形滤纸，滤纸应比漏斗内径略小，但又能盖严漏斗的小瓷孔。把滤纸放入漏斗内，用少量水或所用溶剂润湿滤纸，打开减压系统减压，使滤纸与漏斗贴紧，然后开始抽滤。先用倾析法将溶液沿玻璃棒倒入漏斗中，注意溶液不要超过漏斗总容量的 2/3。最后将沉淀转移至布氏漏斗中，均匀地分布在滤纸上，继续减压吸气，待抽至无液滴滴下时，停止抽滤。这时应先拔下连接吸滤瓶和减压系统的橡皮管，再关闭减压系统，防止倒吸。取下漏斗倒扣在滤纸或表面皿或其他容器上，用吸耳球吹漏斗下口，使滤纸和沉淀脱离漏斗，滤液则从吸滤瓶的上口倾出，不能从支管倒出。滤瓶的支管只作连接减压系统或安全瓶用，不能从其倾出溶液以免弄脏滤液。为了能尽快除去溶剂，在抽滤过程的后期，可用干净的瓶塞、玻璃钉等压紧漏斗中的沉淀。

如所得的沉淀需要洗涤除去吸附的杂质，在停止抽气后，用尽可能少量干净洗涤液使沉淀润湿，以减少溶解损失。让全部沉淀都被洗涤液浸润片刻后，再进行抽气，一般洗涤 1～2 遍即可。如沉淀需多次洗涤，则反复以上操作，洗至达到要求为止。

如果过滤的溶液具有强酸性、强碱性或强氧化性，为了避免溶液和滤纸作用，常采用石棉纤维、玻璃布、的确良布代替滤纸进行过滤。非强碱性溶液可用玻璃砂芯漏斗（如图 3-39 所示）过滤。由于碱易与玻璃作用，所以玻璃砂芯漏斗不宜过滤强碱性溶液。过滤时，不能引入杂质，不能用瓶盖挤压沉淀，其他操作要求基本如上述步骤。另外，在过滤过程中应注意观察滤液是否澄清，若出现不澄清，要查找原因，立即处理。

图 3-38　减压过滤

图 3-39　玻璃砂芯漏斗

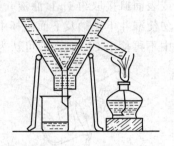

图 3-40　热过滤

（3）热过滤　如果在室温下，溶液中的溶质能结晶析出，而在实验中不希望发生此种现象，这时常采用热过滤法（如图 3-40 所示）。为了能达到最大过滤速度，常采用褶纹滤纸、短颈或无颈漏斗进行过滤。而且漏斗必须预热，以利保温。

褶纹滤纸的折叠方法如图 3-41 所示。先将圆滤纸对折、再对折，然后将 1 对 3，2 对 3，折出 4 和 5 线。用 1 对 4，2 对 5，折出 7 和 6 线。用 1 对 7，2 对 6，折出 9 和 8 线，形成 8 个小平面，将滤纸翻转过来，把每一个小平面从当中向下按，形成对折，叠出折扇的形状，打开滤纸将两侧两个对称的两个小平面按上述方法对折，调整好滤纸放在漏斗中。

  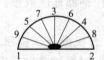 

图 3-41　褶纹滤纸的折叠方法

折叠时，在折纹集中的圆心处不要用力抹擦，以免磨破，只宜用拇指和食指在此处轻压。使用前，应将整个滤纸翻转，并整理成折扇形，再放入漏斗中，让未用手折过的干净一面接触漏斗壁，以免被手指弄脏的一面污染滤液。过滤时需将漏斗预热，如滤液为水溶液时，可将漏斗放在热水中预热，如过滤非水溶液，一般将漏斗放在烘箱中预热，也可用热溶剂预热。之后，将折叠好的滤纸放在预热过的短颈或无颈漏斗中，滤纸的锥顶插入漏斗出口中，滤纸不得高于漏斗上口平面，立即用热溶剂润湿滤纸，迅速将溶液移至滤纸上，滤液收集在锥形瓶中。

如过滤的溶液量较多，或溶质的溶解度对温度极为敏感易结晶析出时，可用热过滤（或保温）漏斗过滤。热过滤漏斗如图 3-40 所示，它是由铜质夹套和普通玻璃漏斗组成的，底部用橡皮塞连接并密封，夹套内充水至 2/3 处。水若太满，加热后可能会溢出。夹套内也可装热水，灯焰放在夹套支管处加热（见图 3-40）。等夹套内的水温升到所需温度便可以过滤热溶液。过滤操作与常压过滤相同。如在过滤过程中，仍有相当多的结晶析出，为减少损失，可用少量热溶剂洗涤结晶，但切忌溶剂用量过多。也可轻轻刮下滤纸上的结晶，用少量热溶剂重新溶解后再行过滤。这种热过滤漏斗的优点是能使待滤液一直保持或接近其沸点，尤其适用于滤去热溶液中的脱色炭等细小颗粒的杂质，缺点是过滤速度慢。

如对非水溶液进行热过滤，漏斗预热后必须先灭掉明火，才能过滤。否则，绝大多数有机溶剂蒸气一遇明火，会立即燃烧而造成着火事故，请实验者切记。

3.5.3.3　离心分离法

当被分离的溶液和沉淀的量很少时，用常规方法过滤会使沉淀沾在滤纸上难以取下，这时可用离心分离法。本法分离速度快，而且有利于迅速判断沉淀是否完全。

　　离心分离法是将盛有待分离的沉淀和溶液装在离心试管或小试管中，放入离心机中高速旋转，使沉淀集中在试管底部，上层为清液。通常使用电动离心机进行离心操作。操作时，应先将离心机的管套底部垫点棉花，然后将盛有沉淀和溶液的离心试管放入离心机管套内，在与之相对称的另一管套内也放入盛有相等体积水的离心试管，以使离心机在旋转时内臂保持平衡，否则易损坏离心机的轴。然后，缓慢启动离心机的调速钮，逐渐加速。当停止离心时，应使离心机自然停止转动，决不能用手强制其停止，否则离心机很容易损坏，而且容易发生危险。

　　电动离心机如有噪声或机身振动很大时，应立即关闭电源，检查和排除故障后再使用。由于离心作用，沉淀紧密聚集于离心试管底部的尖端，溶液则变澄清。离心分离后，用滴管轻轻吸取上层清液，使之与沉淀分开。吸取清液时，先用手指捏紧滴管上的橡皮帽，排除空气，然后将滴管轻轻插入溶液中，再慢慢放松橡皮帽，溶液则慢慢吸入滴管中。随着试管中溶液的减少，将滴管逐渐下移至全部溶液吸入滴管为止。若一次吸不完，可分多次完成。当滴管末端接近沉淀时要特别小心，勿使滴

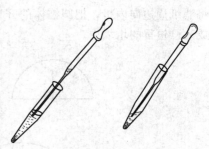

图 3-42　吸取上层清液

管末端接触沉淀（见图 3-42）。如需洗涤沉淀时，可将洗涤液滴入试管，用搅拌棒充分搅拌后，再进行离心分离。如此反复洗涤 2～3 遍即可，每次应尽可能将洗涤液除尽。如果检验是否洗净，其方法是将一滴洗涤液放在点滴板上，加入适当试剂，检查是否还存在应分离出去的离子，决定是否还要进行洗涤。分离溶液用的滴管和玻璃棒，用后要立即用蒸馏水洗净，置于另一盛有蒸馏水的烧杯中待用。

3.5.4　沉淀的烘干和灼烧

3.5.4.1　坩埚的准备

　　沉淀的干燥和灼烧一般在瓷坩埚中进行。先用自来水洗去坩埚中的污物，然后将坩埚放入热盐酸或热铬酸洗液中浸泡 15min 以上，以洗去 Al_2O_3、Fe_2O_3 或油脂。用洁净的玻棒夹出，依次用自来水、纯水涮洗干净，放在洁净的表面皿上，置于电热恒温干燥箱中烘干。洗净烘干后的坩埚不得用手拿取，只能用坩埚钳将其放在干净的表面皿、白瓷板或泥三角上，切勿放在实验台上，以免沾污。坩埚钳的头部若有锈迹，应事先用砂纸磨光洗净，坩埚钳不用时应仰放在白瓷板上。使用坩埚时，必须预先在高温下灼烧至恒重，灼烧坩埚的温度应与灼烧沉淀时的温度相同。坩埚可以用喷灯、煤气灯灼烧，也可以放在温度为 800～1000℃ 的马弗炉中灼烧。第一次灼烧约 30min，取出稍冷却后，转入干燥器中冷却至室温，称量。第二次再灼烧 15～20min，再冷却称量。两次称量之差在 0.3mg 以内时，表示坩埚已恒重。恒重的坩埚应在干燥器中保存备用。

　　夹取灼热的坩埚时，应将坩埚钳预热。灼热的坩埚稍冷后放进干燥器，先不要将干燥器完全盖严，应留一小缝（约 2mm 宽即可，切不可留缝太大），让膨胀的气体逸出，约 1min 后盖严。在冷却过程中可开启两次干燥器盖。一般坩埚需冷却 40～50min 可降至室温，冷却坩埚时，干燥器应先放在实验室 20min，然后再移至天平室内冷却到室温，以保证天平室的温度不受影响。空坩埚与有沉淀的坩埚，每次进行冷却的条件必须基本相同。灼烧过的坩埚冷却到室温后易吸潮，必须快速称量，不允许在干燥器中存放过夜后再称量。此外，还应注意，坩埚必须冷却至室温后才能称量，否则称量结果就不准确。

3.5.4.2　沉淀的包裹

　　沉淀全部转移到滤纸上后，用洁净的药铲或尖头玻棒将滤纸的三层部分挑起两处，然后用洗净的拇指和食指从翘起的滤纸下将其取出。注意手指不要接触沉淀，包裹沉淀时不应把滤纸完全打开。若是晶形沉淀，应包得稍紧些，但不能用手指挤压沉淀。按图 3-43(a)～(e)所示，将滤纸打开成半圆，自右端 1/3 半径处向左折起；再自上边向下折，再自右向左卷成小卷，即折好了滤纸包。用原来不接触沉淀的那部分滤纸将漏斗内壁轻轻擦一下，把可能沾在漏斗上部的沉淀擦下。然后把滤纸包的三层部分朝上放入已恒重的坩埚中，以便炭化和灰化。也可按图 3-43(f)～(h) 所示的方法折叠。当包裹胶状蓬松的沉淀，可在漏斗中用玻棒将滤纸周边向内折，把圆锥体的开口封住，如图 3-44 所示。然后取出，倒转过来尖头朝上放入已恒重的坩埚中。

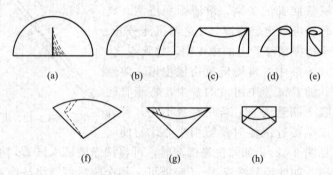

(a)　　(b)　　(c)　　(d)　　(e)

(f)　　　　(g)　　　　(h)

图 3-43　晶形沉淀的两种包裹方法

3.5.4.3　沉淀的烘干和灼烧

　　将装有滤纸包的坩埚斜架在泥三角上，坩埚底部枕在泥三角的一个横边上，坩埚口对着泥三角的顶角〔见图 3-45(a)〕，而图 3-45(b) 的放置方法是不正确的。然后把坩埚盖半掩着倚于坩埚口，这样会使火焰热气反射，有利于滤纸的烘干和炭化。放好后，先用小火来回扫过坩埚，使其缓慢均匀地受热，以防坩埚因骤热而破裂。然后将火焰移至坩埚盖中心之下〔见图 3-45(d)〕，使火焰加热坩埚盖，热空气由于对流而通过坩埚内部，使水蒸气从坩埚上部逸出，将滤纸和沉淀烘干。这一步操作不可过快，尤其对胶状沉淀，因其含水量大，很难一下烘干。如加热太猛，沉淀内部水分会迅速汽化而挟带沉淀溅出坩埚，导致实验失败。待沉淀干燥后，将火焰移至坩埚底部〔见图 3-45(c)〕，继续小火加热，使滤纸炭化变黑。炭化时滤纸开始冒烟，这时要注意不要让滤纸着火燃烧，以免火焰卷起的气流将沉淀微粒扬出而损失。如一旦着火，应立即把加热的火焰移开，同时用坩埚钳把坩埚盖轻轻盖

图 3-44　胶状沉淀的包裹

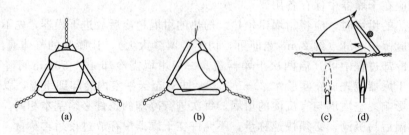

(a)　　　　　(b)　　　　　(c)　　(d)

图 3-45　沉淀和滤纸的干燥

住，火焰就会自行熄灭，切不可用嘴吹灭。稍等片刻后再打开坩埚盖，放好，继续用小火加热，直至滤纸完全炭化不再冒烟。

滤纸全部炭化后，逐渐加大火焰，并使氧化焰包住坩埚，烧至红热，使炭化了的滤纸完全烧成灰，这一过程叫做灰化。当炭黑基本消失、沉淀现出本色后，稍稍转动坩埚，使沉淀在坩埚底轻轻翻动，借此可把沉淀各部分烧透，把包裹住的滤纸残片烧光，并把坩埚壁上的炭黑烧掉。这时可将坩埚直立，用强火灼烧一定时间（视不同沉淀而定），使沉淀转变为称量形式后停火。如 $BaSO_4$ 需 $15 \sim 30min$，$Mg_2P_2O_7$、Al_2O_3、SiO_2、CaO 需 $60min$。灼烧后，让坩埚在泥三角上稍冷（约 $30s$），再放到干燥器中冷却，称量。然后再灼烧 $15min$，冷却，称量至恒重。称量方法与称空坩埚时相同，要求连续两次称量的结果相差在 $0.3mg$ 以内为恒重。

坩埚和沉淀也可在高温电炉中灼烧。滤纸灰化后，用特制的长柄坩埚钳把坩埚移入马弗炉中，将坩埚盖斜盖在坩埚上，留一缝隙，切不要盖严！在实验指定温度下灼烧 $20 \sim 30min$。用马弗炉灼烧的优点是温度易于控制，受热均匀，特别适于批量灼烧。从马弗炉中取出坩埚时，应先将坩埚移至炉门旁边冷却片刻，然后取出放在泥三角架上或石棉网上，稍冷却后再放入干燥器中冷却至室温，称量。再灼烧 $15min$，冷却，称量，直至恒重。

3.6　重结晶与过滤

重结晶是提纯固体物质最常用、最有效的方法之一。当物质的溶解度随温度的升高（或降低）而急剧增加（或减少）时，便可利用重结晶方法进行纯化。从有机合成或从天然有机化合物中得到的纯的固体有机物，往往含有杂质，需要利用重结晶法进行提纯。

重结晶时，用适当溶剂将待提纯的固体物质加热溶解，制成高温下的浓溶液，趁热过滤，除去不溶性固体杂质后，将滤液冷却到室温或室温以下，溶质的溶解度随温度降低而下降，原溶液变成过饱和溶液，这时，溶质就从溶液中以结晶的形式析出。利用溶剂对被提纯物质和杂质的溶解度的不同，使杂质在热滤时被除去或冷却后被留在母液中，从而达到提纯的目的。例如，乙酰苯胺在 $25℃100mL$ 水中溶解 $0.56g$，$100℃$ 时则溶解 $5.2g$。乙酰苯胺中夹杂的乙酸于 $25℃$ 时则全部溶解于水。这样通过一次或多次重结晶将杂质去掉，最后得到纯的产品。

重结晶提纯的方法主要用于提纯杂质含量小于 5% 的固体物质，杂质过多常会影响结晶速率或妨碍结晶的生长。因此，从反应的粗产品直接重结晶是不适宜的，必须先用其他方法进行初步提纯，例如萃取、蒸馏等，然后再用重结晶提纯。此外，若杂质与待提纯物质在溶剂中的溶解行为几乎相同时，重结晶法往往难以达到提纯的目的。重结晶提纯的一般过程如下：

① 将待提纯物溶解于适当的热溶剂中（接近溶剂的沸点），制成浓溶液；

② 热过滤除去不溶性杂质，如颜色较深，可加活性炭煮沸脱色，再趁热过滤；

③ 将上述溶液冷却或蒸发溶剂，使结晶慢慢析出，杂质留在母液中，或使杂质析出，而待提纯物留在溶液中；

④ 减压过滤，分离母液，洗涤除去吸附在晶体表面上的母液，分离出已提纯的物质的晶体或杂质；

⑤ 需要进一步提纯，可重复上述过程。

3.6.1 溶剂的选择

正确选择溶剂，对重结晶操作有很重要的意义。选择溶剂总的指导原则是"相似相溶"原理，即物质易溶解在化学结构与之相似的溶剂中。极性物质易溶于极性溶剂，而难溶于非极性溶剂中，反之也一样。常用的重结晶溶剂及有关性质见表3-4。合适的溶剂必须具备下列条件：①与重结晶物质发生化学反应；②在高温时，重结晶物质在溶剂中的溶解度较大，而在低温时，溶解度应该很小。杂质不溶在热的溶剂中，或者是杂质在低温时极易溶在溶剂中，不随晶体一起析出；③溶剂易挥发（沸点一般在50～85℃范围），容易与结晶分离；④价格低，毒性小，易回收，操作安全。

表 3-4　常用的重结晶溶剂及有关性质

溶　剂	沸点/℃	冰点/℃	相对密度	与水的混溶性	易燃性
水	100	0	1.0	＋	0
甲醇	64.96	<0	0.7914^{20}	＋	＋
乙醇	78.1	<0	0.804	＋	＋＋
冰乙酸	117.9	16.7	1.05	＋	＋
丙酮	56.2	<0	0.79	＋	＋＋＋
乙醚	34.51	<0	0.71	－	＋＋＋＋
石油醚	30～60	<0	0.64	－	＋＋＋＋
乙酸乙酯	77.06	<0	0.90	－	＋＋
苯	80.1	5	0.88	－	＋＋＋＋
氯仿	61.7	<0	1.48	－	0
四氯化碳	76.54	<0	1.59	－	0

注：＋表示混溶性好，＋越多表示易燃性越强。

水是无机固体重结晶的良好溶剂。对已知的无机固体，重结晶时先从手册中查出它在各种温度下的溶解度数据，然后决定重结晶时加热或冷却的温度，再计算出制备高温下饱和溶液所需的水量，然后进行重结晶操作。若经过一次重结晶后纯度不合要求，可继续进行第二次、第三次重结晶，直至合格。

选择溶剂时应根据被提纯物质和杂质的结构、性质及组成，查阅有关资料，利用溶解原理，并常需用少量的样品反复试验，以确定理想的溶剂。其方法是：取 0.1g 欲重结晶的固体放入试管中，加入溶剂并不断振荡。当加入 1mL 时在室温下就溶解，或加热至全沸仍不溶解，补加溶剂到 3mL 时固体仍然不全溶解，这两种溶剂均不适用。如果加入 3mL 溶剂后，沸腾时固体全部溶解，而冷却后又无结晶析出或析出很少结晶，此种溶剂也不适用。只有当固体沸腾时全部溶解，冷却后析出的结晶又快又多，此种溶剂为合适的溶剂。溶剂的溶解能力一般以 5～10mL 溶解 1g 样品、回收率达 80％～90％为佳。

当难以选出一种合适的溶剂时也可采用混合溶剂。混合溶剂一般由两种或两种以上可任意互溶的溶剂按一定比例混合而成，其中一种对被提纯物溶解度较大，而另一种溶解度较小。常用的混合溶剂有：乙醇-水，乙醚-甲醇，乙醇-乙醚，乙醇-丙酮，乙酸-水，丙酮-水，乙醇-氯仿，乙醚-丙酮，乙醚-石油醚，苯-石油醚。

3.6.2 重结晶操作

3.6.2.1 配制热饱和溶液

将粗产品溶于适宜的热溶剂中制成饱和溶液，考虑到后续操作过程中溶剂的自然损失及避免因温度略降而过早析出结晶，一般应在全溶的基础上再补加10％的溶剂。固体的溶解应视溶剂的性质不同选择适当的加热和操作方式，如乙醚作溶剂时必须避免明火加热，用易挥发的有机溶剂溶解应在回流操作下进行。如果用水作溶剂，也可以用烧杯作容器，在烧杯上盖上一表面皿，表面皿的凸面朝下，使蒸气冷凝后将顺凸面回滴到烧杯里。

操作时，将待重结晶的固体置于适当大小的圆底烧瓶或锥形瓶中，装上回流冷凝管，先加入 75％ 计算量的溶剂，放入沸石后加热回流，剩余的溶剂将视物料的溶解情况再逐渐补加。这是因为杂质的含量及性质常会影响物质的溶解度，若一次性投入计算量溶剂，有时会超过实际需要量。对沸点在 85℃ 以下的溶剂，用水浴加热最为方便安全。高沸点的溶剂最好用电热套或油浴加热，若固体未完全溶解，可从冷凝管上端添加溶剂，此时，必须移开火源，防止着火。每次添加溶剂后，加热沸腾片刻，如此反复，直至全部或绝大部分溶解。每次添加溶剂后，应注意观察未溶物的量是否减少以判断溶剂的量是否足够。溶剂加多了，不能形成饱和溶液，冷却后析出的结晶少。溶剂加少了，溶液将形成过饱和溶液，结晶很快析出，热过滤时析出的结晶，会使滤纸孔隙和漏斗颈堵塞而无法过滤，同时也会影响产品的回收率。

例如，称取粗乙酰苯胺 3g，放入 100mL 圆底烧瓶中，加入 1～2 粒沸石，再加 40mL 水，将回流冷凝管安装好，在石棉网上加热至沸。如果溶液中有未溶解的固体或油状（熔融）物存在，可逐渐添加一定量的水，再继续加热至沸，直到所有固体在沸腾下刚刚全部溶解后，再加入约 2mL 水。

3.6.2.2　活性炭脱色及热过滤

若所得溶液混有一些有色杂质，或有时溶液中存在少量树脂状物质或极细的不溶性杂质时，则应在溶液稍冷后加入少量活性炭（用量一般为粗产品质量的 1％～5％），不断搅拌，然后再加热煮沸 5～10min。

脱色后应趁热迅速进行热过滤。热过滤的目的是除去不溶性杂质，在多次重结晶时，这一步可以省略。热过滤若操作不当，过滤中很容易先期析出结晶，结果因返工而极大地影响了回收率。因此，对初学者来说，热过滤是重结晶成败的关键。

热过滤的方法见前一节有关内容。操作过程中，应注意滤器的预热和溶液的保温，并尽可能快速过滤。一般说来，少量溶液常用常压热过滤，大量溶液用减压热过滤为宜。采用减压热过滤时，为了避免脱色炭穿滤，可使用双层滤纸或用硅藻土等助滤剂。硅藻土等助滤剂先用热溶剂调匀，在布氏漏斗滤纸上铺匀后，吸气滤去溶剂，再用少量热溶剂洗涤后抽干。然后，换一干净的吸滤瓶，即可过滤热溶液。减压热过滤时，会因损失部分溶剂而在吸滤瓶中析出晶体。因此，应将滤液重新加热至完全澄清后再冷却结晶。为避免晶体析出，亦可在制备热溶液时加入更多过量的溶剂。

3.6.2.3　冷却、结晶、干燥

大多数情况下，过滤后的滤液冷却数分钟或数小时后，便有晶体析出。产品的纯度与晶体颗粒的大小有关，而颗粒的大小又决定于冷却速度。通常，针状晶体以长约 2～10mm、片状晶体以每边长约 1～3mm 为佳。待提纯物纯度较差时，希望通过重结晶得到较大的晶体颗粒，此时应缓慢冷却，将滤液放在木块等不易传热的表面上，或放在热水浴中慢慢冷却。若希望得到小颗粒晶体，可把滤液放在冷水中，较快冷却。为了提高回收率，常在溶液冷至室温后，用冰浴、冰盐浴或放在冰箱中进一步冷却。但在任何情况下，冷却温度均不能低于所用溶剂的凝固点。

如果冷却后的过饱和溶液没有结晶析出，说明已形成了过冷溶液。此时，需借助诱导结晶的方法来破坏过冷溶液的平衡，使结晶析出。通常可用玻璃棒摩擦烧杯内壁或加入几粒相同物质的晶体到溶液中作晶种促使其析出结晶。如果诱导结晶无效，则可能溶剂的用量过

多，以致冷却后未达到饱和，故应将溶液适当浓缩。若仍然无效，说明溶剂不合适。

待结晶完全析出后，用布氏漏斗抽滤。晶体用少量冷溶剂洗涤1～2次（洗涤时应停止抽气，用溶剂将晶体润湿片刻再抽滤），取出晶体，选用适当的方法干燥。晶体干燥常用的方法有自然干燥、蒸汽浴烘干和红外灯干燥等。

对非吸湿性晶体，重结晶所用的溶剂沸点低且易挥发时，可将晶体平铺在表面皿或培养皿上，在空气中自然晾干。此方法最为简便，但需时较长。因此，在晾干时应在晶体表面盖一层洁净的滤纸防尘。

对熔点在120℃以上的晶体，可将其铺在表面皿上并放在蒸汽浴上，利用蒸汽的热量使溶剂挥发加快干燥速度。但对易吸水潮解的样品不适用。

在实验室中，通常采用红外灯干燥晶体。红外灯与可调变压器连用，可在很宽的温度范围内使用，烘干温度一般控制在晶体熔点20～50℃以下。

重结晶后的产品纯度常根据熔点来确定。若熔点恒定，熔程小，且与文献值一致，说明已被提纯。除测定熔点外，还可用薄层色谱及其他波谱方法进一步证实其纯度。

干燥的产品称重，计算回收率。若为有机溶剂，可以蒸馏重结晶后的母液，以回收有机溶剂，并可计算溶剂回收率。

3.7 升华

升华是指物质在固态时具有相当高蒸气压，当固体受热后不经液态而气化为蒸汽，然后由蒸气遇冷又直接冷凝为固态的过程。容易升华的物质含有不挥发的杂质时，可以用升华方法进行精制。用这种方法制得的产品纯度较高，但操作时间长，损失也较大。常见的具有升华特性的物质见表3-5。

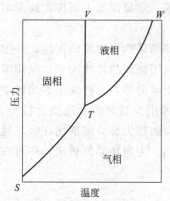

图 3-46 物质的三相平衡图

3.7.1 基本原理

图 3-46 是物质三相平衡图，其中 ST 表示固气两相平衡时固体的蒸气压曲线，T 为三相点，此时固液气三相共存。在三相点温度以下，物质仅有固气两相。升高温度，固态直接汽化；降低温度，气相直接转为固相。因此，升华应在三相点温度以下进行，在一定温度下固体物质的蒸气压等于固体物质表面所受的压力时，此温度即为该物质的升华点。对于同一物质来说，固体化合物表面所受的压力越小，其升华点越低。即外压越小，升华点越低。所以常压下不易升华的物质，可以在减压下进行升华提纯。为了提高升华速度，有时可以通入适量的空气或惰性气体进行升华。一般来讲，在低于熔点温度时的蒸气压应不少于 2.7kPa，这样的物质才能直接升华。

表 3-5 常见易升华的物质

化 合 物	熔点/℃	熔点下的蒸气压/kPa	化 合 物	熔点/℃	熔点下的蒸气压/kPa
二氧化碳(固体)	-57	526.9	苯(固体)	5	4.8
六氯乙烷	186	104	邻苯二甲酸酐	131	1.2
樟脑	179	49.3	萘	80	0.9
碘	114	12	苯甲酸	12	0.8
蒽	218	5.5			

3.7.2　操作方法

图 3-47(a) 为常压下的简易升华装置。在蒸发皿中放入待升华物，铺匀，上覆盖一张多孔滤纸，再倒置一大小合适的玻璃漏斗，漏斗颈部轻塞少许棉花或玻璃纤维，以减少蒸气损失。缓慢加热，温度应控制在物质的熔点以下，慢慢升华。蒸气通过滤纸小孔，冷却后凝结在滤纸上层或漏斗内壁上。必要时，漏斗外壁上可用湿布冷却。

若物质具有较高的蒸气压，可采用图 3-47(b) 的装置。烧杯中盛有样品，上面放有一个大小合适的圆底烧瓶，瓶内通入冷凝水，用于冷却蒸气。样品必须干燥，否则其中的水受热汽化后冷凝瓶底，使固体物质不宜附着。

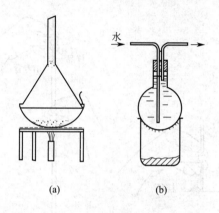
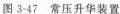

(a)　　　　(b)

图 3-47　常压升华装置

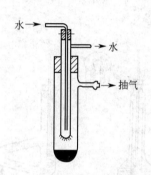

图 3-48　减压升华装置

在常压下不易升华、受热易分解的物质或升华较慢的物质，在减压下升华，往往可以得到满意的结果。例如，萘在熔点 80℃ 时的蒸气压只有 0.93kPa，若要使萘全部转化为蒸气，必须使升华温度在其沸点 218℃ 附近，但此时的蒸气压已超过三相点的蒸气压，蒸气冷凝后即变为液体。为了提高升华效率，可采用在减压下通入少量空气或惰性气体以加快蒸发速度，使浴温控制在萘的熔点以上、沸点以下，提高蒸气压使蒸气冷凝为固体。

减压升华装置（如图 3-48 所示）是由两个大小不同的抽滤管通过橡皮塞组合而成的。操作时先减压，向小抽滤管中通冷凝水，升华物可冷凝于其外壁，再缓慢加热。结束后，应慢慢使体系接通大气，以免气流将升华物吹落。这种装置适于少量物质的升华提纯。

在安装升华装置时应注意，从蒸发面到冷却面间的距离应尽可能短，以便提高升华速度。将升华物研细，适当提高升华温度也能使升华加快。但在任何情况下，升华温度都要低于物质的熔点。

3.8　熔点的测定

3.8.1　熔点的测定方法

纯固态化合物通常都有固定的熔点。在一定压力下，固态和熔融态之间的变化是非常敏锐的，自初熔到全熔（熔程）温度升高不超过 0.5～1℃。如果含有杂质，则会使熔点降低、熔程增宽。当样品为两种熔点相近的有机物的混合物时，例如肉桂酸和尿素，尽管它们各自的熔点均为 133℃，但把它们等量混合，再测其熔点时，则比 133℃ 低很多，而且熔程宽。因此，利用这一特点可进行物质的识别、定性地检验物质的纯度及两个熔点相同的样品是否为同一化合物。

熔点的测定可用毛细管法，即提勒式和双浴式装置（见图 3-49），也可用显微熔点测定仪测定。

3.8.1.1 毛细管法

(1) 熔点管装样

① 首先取长 7～10cm、内径 1.0～1.5mm、一端封闭、另一端有平整开口的毛细管作熔点管。

② 将研细的干燥样品（0.1～0.2g）堆在干燥的表面皿上，将熔点管的开口一端插入粉末堆中，样品即挤入管口，轻轻插几下，以封口端朝下在一竖直的玻璃管中作自由落体几次（见图 3-50），直至样品紧密沉于底部，高 2～3cm 为宜。

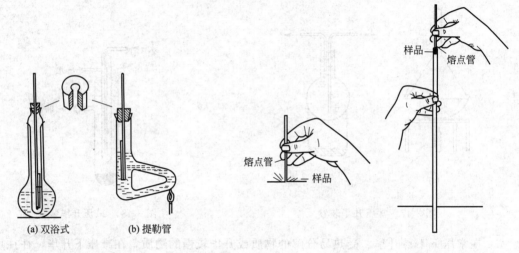

(a) 双浴式   (b) 提勒管

图 3-49　熔点浴   图 3-50　熔点管装样

(2) 熔点浴的安装　熔点浴的设计最重要的是受热均匀，便于控制和观察温度。实验室中常用的熔点浴有两种：提勒管（Thiele）、双浴式。

提勒式熔点测定管装置如图 3-49（b）所示，管中装入浴液，液面位于上支管上沿或略高出即可，不宜过多，以防加热膨胀溢出；管口装有开口橡皮塞，内插温度计，并使水银球位于 b 形管上下两支管中间；熔点管用小橡皮圈固定于温度计下端，也可用浴液黏附于温度计下端，要使样品部位处于水银球的中部（见图 3-51）。

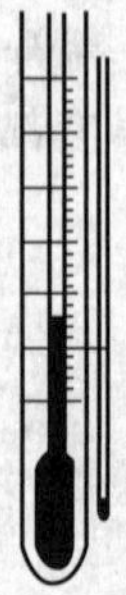

双浴式熔点测定器装置如图 3-49（a）所示，装入约占烧瓶体积 2/3 的浴液。将一试管通过开口橡皮塞插入一烧瓶内，离瓶底 1cm。试管的开口橡皮塞中插入一温度计，其水银球离试管底 0.5cm。试管内也需要加入少量浴液，使插入温度计后其液面高度与烧瓶内液面相平。熔点管固定及位置见图 3-49（a）。

图 3-51　熔点管安装法

提勒熔点测定管使用方便、加热快、冷却也快，可以节省时间，但常因温度计位置和加热部位的变化影响测定的准确度。双浴式熔点测定器测定熔点较为准确。提勒式和双浴式都需要导热的浴液作热导体。选择浴液的依据主要是被测样品熔点的高低，若样品熔点低于 140℃，应选液体石蜡或甘油；样品熔点在 140～220℃时，可选用浓硫酸；若样品熔点超过 220℃时，可用硫酸钾的浓硫酸饱和溶液；也可用硅油，在不汽化、不发烟和不沸腾的情况下测定。

(3) 熔点的测定　安装好以上测定装置后，以小火缓慢加热，开始升温速度可以较快（每分钟上升 3～4℃），当接近样品熔点前 10～15℃时，保持每分钟升温 1℃。注意观察样品熔化的情况和温度计的读数。当毛细管中样品开始塌落、出现凹面并有液相产生时，此时的读数为初始（初熔）温度；当固体全部熔化成液体（全熔）时，此时温度计的读数为终了温度。初始温度和终了温度就是该样品的熔点范围即熔程。

已知样品的熔点要重复测两次，且两次数据相差范围一般不能超过 0.5℃；未知物重复测三次，第一次初测找出熔点的大致范围，第二、第三次细测确定未知物的熔点范围。每次测定都必须用新的熔点管另装样品重新测定，决不能使用已测过熔点的熔点管及样品。重复测定前，应将浴液自然冷却至低于熔点约 30℃后再进行，否则测出的熔点误差很大。要求记录熔点范围，不求平均值。熔点测好后，温度计的读数必须对照温度计校正图进行校正。

测定受热易分解的样品时，可先将熔点管加热至低于熔点约 20℃时，再放入样品进行测定。测定易升华物质的熔点时，应将熔点管上口封闭。

用完的熔点管应放入一小烧杯中统一处理，特别是用浓硫酸作浴液时更要小心。温度计冷却后用废滤纸擦去浴液，再用水洗净，切记不能从提勒管中一拿出就用水冲洗，否则温度计会炸裂。提勒管冷却后用塞子塞好，或将浴液倒回瓶中。

3.8.1.2　显微熔点测定仪

显微熔点测定仪的种类和型号较多，但基本上都是由显微镜、加热平台、温控装置及温度显示等几部分组成。具体的组成和使用可参见有关的说明书。常见的显微熔点测定仪如图3-52 所示。

用显微熔点测定仪可以测定微量及高熔点（350℃）样品的熔点，并可观察样品的晶形及其在加热中变化的过程，如结晶的失水、多晶的变化、升华及分解等。

先将一玻璃载片洗净擦干，放在可移动的支持器内，将微量研细的样品放在玻璃载片上，不可堆积样品，要能从镜孔中看到一个晶体及其外形，并使其位于电热板的中心空洞上，再另取一盖玻片盖住样品。调节镜头，使显微镜的焦点对准样品，以便观察。在电热板的侧孔中插入温度计。开启加热器，用变压器调节加热速度。当温度接近样品熔点时，控制温度上升的速度为每分钟 1～2℃。当样品的晶体棱角开始变圆时，即熔化的开始；晶体形状完全消失而成为一液滴时，即熔化的结束。

测定完成后，停止加热，稍冷后用镊子取下载片，将一厚铝板盖在电热板上，加速冷却，清洗玻片，以备后用。要求重复测定 2～3 次。

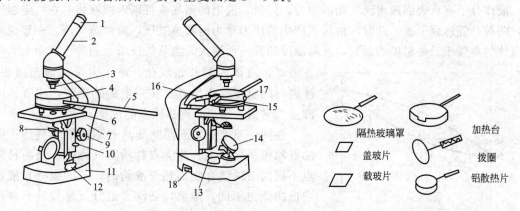

图 3-52　显微熔点测定仪

1—目镜；2—棱镜检偏部件；3—物镜；4—加热台；5—温度计；6—载热台；7—镜身；
8—起偏振件；9—粗动手轮；10—止紧螺钉；11—底座；12—波段开关；13—电位器旋钮；
14—反光镜；15—拨动圈；16—上隔热玻璃；17—地线柱；18—电压表

3.8.2 温度计的校正

新购买的温度计往往存在着一定的误差，经常使用的温度计由于周期性加热冷却，也会有一定的误差，需要对温度计的刻度进行校正。校正方法如下。

(1) 与标准温度计一起在同一液体中测定温度，进行对照，找出偏差值，进行校正　标准温度计是由温度区间的数支较精密的温度计组成的。

(2) 用纯物质的熔点作为校正标准　选择数种纯样品，测出它们的熔点。以测得的熔点与标准熔点的差值为横坐标，以测得的熔点为纵坐标，画出曲线。这样在使用温度计时，即可从曲线上读出温度计的校正值。一些标准样品及熔点列于表 3-6，供校正温度计时选用。

(3) 用蒸馏水和纯冰水的混合物测定零度　将 20mL 蒸馏水放入试管中，用冰盐浴冷却至蒸馏水部分结冰，搅拌生成水-冰混合物，将试管从冰盐浴中取出，再将温度计插入试管，恒定后温度即为 0℃。

表 3-6　常用标准化合物及熔点

样　品	熔点/℃	样　品	熔点/℃	样　品	熔点/℃
水-冰	0	间二硝基苯	90	二苯基羟基乙酸	150
α-萘胺	50	二苯乙二酮	95	水杨酸	159
二苯胺	53	α-萘酚	96	3,5-二硝基苯甲酸	204
对二氯苯	53	乙酰苯胺	114	酚酞	215
苯甲酸苯酯	71	苯甲酸	122	蒽	216
萘	80.5	尿素	132	蒽醌	286

3.9　蒸馏

分离和纯化液体物质最重要的方法是蒸馏。在混合液中，若各组分的沸点不同时，就能够借助蒸馏来进行分离。根据应用条件和分离对象，蒸馏分为简单蒸馏、分馏和水蒸气蒸馏三种类型。简单蒸馏和分馏可在常压下进行，又可在一定真空度下进行，因而又有常压蒸馏和减压蒸馏之分。

3.9.1 简单蒸馏原理

液体分子有自表面逸出到气相的能力，同时，逸出的蒸气也可以返回液体。在一定温度下，两种趋势达到平衡。此时，由蒸气产生的压力称为饱和蒸气压，简称蒸气压。一般说来纯液体的蒸气压只是温度的函数，并随温度的升高而增大。当蒸气压增大到等于液面上大气压力时，液体内部开始汽化，产生大量气泡而沸腾，沸腾时的温度称为沸点。在一定的外压下，纯液体的沸点为常数，这也是测量沸点的依据。

在同一温度下，不同物质具有不同的蒸气压。低沸点物质蒸气压大，高沸点物质蒸气压小。当两种沸点不同的液体混合物加热至沸腾时，不同组分自液相逸出的能力不同，结果，低沸点组分（易挥发）在蒸气中的含量比其在混合液中的含量高，而高沸点组分则相反。也就是说，液体混合物沸腾后，将蒸气再冷凝下来，结果易挥发组分得到了富集，这一过程称为简单蒸馏。利用 A、B 二组分理想混合物溶液的沸点-

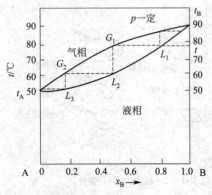

图 3-53　二组分理想混合物相图

组成图（见图3-53）可以方便地说明上述过程。

在图 3-53 中，横坐标为组成（摩尔分数），纵坐标为温度；左边为纯 A，沸点为 t_A，右边为纯 B，沸点为 t_B。由图中可以看出，当组成为 $x_A = 0.20$（$x_B = 0.80$）的液体混合物受热时，随温度上升，直至沸点 t，混合液（组成为 L_1）开始沸腾，产生的蒸气具有相当于 G_1 的组分。显而易见，当 G_1 冷凝到 L_2 时（由图可见，$L_2 = 0.5$），易挥发组分 A 由 $x_A = 0.2$ 增加到 $x_A = 0.5$，即得到了富集。但是，高沸点组分 B 的含量仍然相当高。这说明，一次简单的蒸馏过程不能将上述混合物彻底分离开。然而，在下面三种情况下，简单蒸馏分离混合物的效果是很理想的：①由挥发组分和少量非挥发杂质组成的混合液；②各组分挥发能力差别足够大（沸点差至少为 30℃）的混合液；③从合成产物中蒸出溶剂。在选择简单蒸馏分离液体混合物时，应注意这些适合条件。

3.9.2　简单蒸馏操作

3.9.2.1　蒸馏仪器

实验室中常见的常压蒸馏装置如图 3-54 所示，一般由蒸馏瓶、冷凝管、接受瓶和温度计等组成。

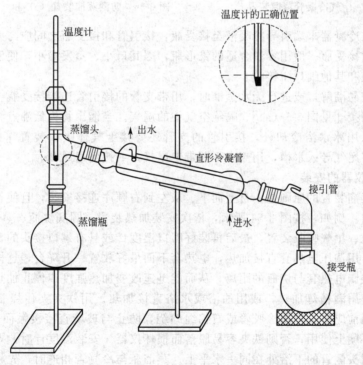

图 3-54　普通蒸馏装置（标准磨口仪器）

蒸馏瓶的大小取决于被蒸馏液体的体积。一般装入的液体量不得超过瓶子容量的 2/3，也不要少于 1/3。如果蒸馏瓶太小，装入液体量过多，当加热沸腾时液体容易冲出蒸馏瓶而进入冷凝管。如果蒸馏瓶太大，蒸馏结束时，则较多的液体残液留在瓶内蒸发不出来，影响产率。

温度计经温度计套插入蒸馏头内。为使温度计的水银球能够完全被蒸气所包围，准确地测出蒸气的温度，温度计水银球的上端应与蒸馏头侧管的下沿处在同一水平上。

冷凝管与蒸馏头的侧管连接，其作用是将蒸气冷凝为液体。一般被蒸馏物沸点在 140℃ 以下时用水冷凝管，高于 140℃ 时用空气冷凝管（见图 3-55）。蒸馏高度挥发性和易燃液体

（如乙醚）时，应选用较长的冷凝管，使蒸气充分冷凝。对沸点较高的液体可选用较短的冷凝管。冷却水通过橡皮管从其夹套的下支管口进入，从上支管口流出，通过橡皮管引入下水道。冷凝管的上支管口应朝上，以保证冷却水充满夹套，达到较好的冷却效果。

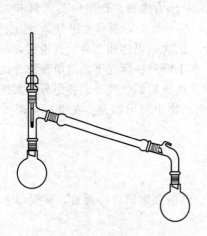

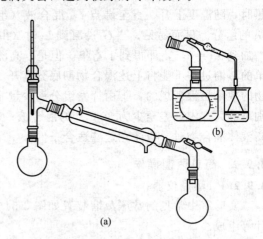

图 3-55 空气冷凝管蒸馏装置　　　　图 3-56 防潮蒸馏装置（a）和气体吸收装置（b）

接引管连在冷凝器末端引导冷凝液至接受瓶，接引管和接受瓶之间应与大气相通，绝不可密闭。常用的接受瓶一般用容量合适的锥形瓶，因其口小、蒸发面小，便于加塞放置。也可以用圆底烧瓶和其他细口瓶接收。

如果馏出液易潮解，或进行无水蒸馏时，用带支管的接引管连接接受瓶。接引管的支管必须与干燥管相接［见图 3-56（a）］，隔绝空气中的湿气。当馏出物为低沸点、易燃或有毒物质时，接受瓶除用冰水浴冷却外，接引管的支管还要接上气体吸收装置［见图 3-56（b）］，或连接橡皮管将尾气导入水槽，用流水不断带走尾气，或接到通风橱。

3.9.2.2 蒸馏仪器的安装

一般安装蒸馏装置的原则是，自上而下、从左到右顺序连接安装，且使整个装置处于一个垂直的平面内。例如，按图 3-54 所示，依次安装加热装置、圆底烧瓶、蒸馏头、冷凝管、接引管、接收瓶、尾气吸收装置，最后再装好磨口温度计或具有螺口接头的普通温度计。

加热装置可用调压电热套直接加热，电热套下面最好放置一升降台，这样可通过调节升降台面的高度控制电热套与烧瓶的距离，从而能迅速改变加热强度或停止加热。也可将烧瓶放在石棉网上使用酒精灯加热，或用油浴或水浴直接加热。用铁夹夹住烧瓶的颈部和冷凝管。铁夹在使用前应将夹口用橡胶管或石棉绳缠绕，防止与玻璃直接接触而使玻璃破裂。S夹的开口一定要朝上使用，否则铁夹容易脱落而损坏仪器。安装温度计时，要使温度计水银球的上端与蒸馏头侧管的下沿处在同一水平上。蒸馏瓶与冷凝管相连时，先将冷凝管夹在铁夹上，铁夹一般夹在冷凝管的中上部，然后调整冷凝管的高低及倾斜度，使之与蒸馏头的支管处于同一直线上，再松开夹冷凝管的铁夹，让冷凝管和蒸馏头支管相连，并把冷凝管下支管的入水口垂直朝下后再夹紧。小心装好通水橡胶管，再装好接引管和接受瓶。

整套装置安装完毕后，要求仪器安装牢固整齐，从正面和侧面观察都应处于同一平面，铁架台位于仪器的背面。

3.9.2.3 蒸馏装置的拆卸

蒸馏完毕后，先将热源撤掉，之后关闭冷凝水，再将温度计取下放好。拆卸仪器的顺序与安装时刚好相反。先把接受瓶取下放好，再取下接引管、冷凝管（包括橡胶管）、蒸馏头，最后将圆底烧瓶取下。橡胶管在取下冷凝管后再卸下，用过的仪器清洗后备用。

3.9.2.4　蒸馏操作

蒸馏装置装好后，取下螺口接头，将要蒸馏的液体（如工业乙醇）通过一长颈漏斗加入圆底烧瓶中。漏斗下端须伸到蒸馏头支管的下面。若液体里有干燥剂或其他固体物质，应在漏斗上放一滤纸，或放一小撮松软的棉花或玻璃毛，以滤去固体。然后往烧瓶中放几根毛细管。毛细管一端封闭，开口端朝下。毛细管的长度应足以使其上端贴靠在烧瓶的颈部。也可放入 2～3 粒沸石代替毛细管。毛细管和沸石均可以防止液体暴沸。沸石是多孔性物质，在加热过程会放出小气泡。这样在不过热的情况下，沸石（或毛细管）产生气泡源，形成汽化中心，使液体在均匀的状态下沸腾，避免暴沸现象发生。应注意一旦停止沸腾或中途停止蒸馏，则原有的沸石（或毛细管）即失效，在再次加热蒸馏前，应待液体温度冷却一段时间后，再补加沸石（或毛细管），否则会引起剧烈的暴沸。

装好温度计，接通冷却水。冷凝水应从冷凝管的下口流入，上口流出。开始加热，起初加热电压可稍高，让温度上升稍快些。当液体沸腾时，应注意观察温度计的读数及蒸气上升的情况。当冷凝的蒸气环由瓶颈逐渐上升到温度计水银球的周围时，温度就很快上升。调节电压控制蒸馏速度，使接引管流出液滴以每秒 1～2 滴为宜。蒸馏速度太快温度计的读数不准确，速度太慢有可能造成蒸气间断现象，使温度计读数不规则。当馏出液从冷凝器流出时记下温度计的读数，在收集最后一滴时记下终了时温度计的读数，此温度范围就是该液体的沸点范围。纯液体的沸点范围约在 $0.5～1\,℃$ 之间，范围过大说明液体不纯。

有时由于液体中含有一部分高沸点物质，在蒸馏完了时，所需要的馏分基本被蒸出，再在原有的温度下加热就不会有馏液蒸出，温度也会下降，此时要停止蒸馏。另外，当烧瓶中仅有少量残液存在时，也应当停止蒸馏不要蒸干，以免烧瓶破裂而引起其他事故发生。

蒸馏完毕，应先停止加热，然后再关闭冷却水，再按顺序拆卸仪器。

3.9.2.5　注意事项

① 常压蒸馏装置一定不能密封，否则液体蒸气压增高，蒸气会冲开连接口，甚至发生爆炸。如果蒸馏装置中所用的接引管无侧管，则接引管和接受瓶之间应留有空隙，以确保蒸馏装置与大气相通。否则，封闭体系受热后会引发事故。

② 当待蒸馏液体的沸点在 $140\,℃$ 以下时，应选用直形冷凝管；沸点在 $140\,℃$ 以上时，就要选用空气冷凝管，若仍用直形冷凝管则易发生爆裂。

③ 蒸馏低沸点易燃液体（如乙醚）时，附近应禁止有明火，绝不能用明火直接加热，也不能用在明火上加热的水浴加热，而应该用预先热好的水浴。在蒸馏沸点较高的液体时，可用明火加热。用明火加热时，烧瓶底部一定要放置石棉网，以防因烧瓶受热不均而炸裂。

④ 无论何时，都不要使蒸馏烧瓶蒸干，以防意外发生。

3.9.3　微量法测定沸点

测定沸点除常量法外还可以用微量法来测定。取一根直径 4～5mm、长 7～8cm 薄壁玻璃管作为沸点测定管，将一端封死，内放待测样品 0.25～0.5mL。管中放一根上端封闭的毛细管（直径约 1mm，长 8～9cm），毛细管的开口浸在样品中。沸点测定管用橡皮圈固定在温度计上，使样品部分紧贴在水银球旁（图 3-57），然后把它放在溶液中，逐渐加热升温。此时有小气泡从毛细管口慢慢冒出，当达到液体沸点时毛细管口有大量的气泡快速而连续冒出，此时温度计的读数就是液体的沸点。这

图 3-57　微量法测沸点装置

样测定往往有误差，为了得到正确的结果，当连续快速气泡冒出时移去热源，在气泡不再外出而刚刚进入毛细管时，记下温度计的读数，此时液体的蒸气压等于外界压力，该温度就是液体的沸点。应用此方法可以检验已知物的纯度和测定未知物的沸点。应注意，具有固定沸点的化合物不一定是纯物。许多由两种或更多组分组成的混合物可以形成共沸物，也具有一定的沸点。

3.10　分馏

分馏与蒸馏一样，是分离和提纯液体有机化合物的一种方法，主要用于分离和提纯沸点很接近的有机液体混合物。例如沸点相差较小时（小于 30℃），用简单的蒸馏方法难以将其分离，此时应考虑用分馏方法。在工业生产上，通过安装分馏塔（或精馏塔）实现分馏操作，而在实验室中，则使用分馏柱，进行分馏操作。分馏在工程上常称为精馏。

3.10.1　理想溶液的分馏原理

所谓理想溶液，是指两种液体在化学上相似但又不互相反应，且能以任何比例完全互溶所形成的一种溶液。在理想溶液中，同种分子间的相互作用与不同分子间的相互作用是一样的，理想溶液服从拉乌尔定律。经常遇到的许多有机溶液可以近似当作理想溶液处理。以下以苯-甲苯为例，说明二元理想溶液的分馏过程（见图 3-58）。

图 3-58 中 A、B 两点分别为苯、甲苯的沸点，上下两条曲线分别为气相线和液相线，相图被气、液线分为三个区，各区的稳定相已标于图中。现假定将苯-甲苯混合液（其中苯的组成为 x_1）蒸馏。当蒸馏瓶中液体温度升高到总压力等于大气压时开始沸腾即 C_1 点，产生蒸气 D_1（相当于苯蒸气组成为 y_1）；当 D_1 冷凝到 C_2 后，液相组成 $x_2 = y_1$。显然，$y_1 > x_1$，即经过一次蒸发-冷凝过程后，易挥发组分苯在蒸气中得到了富集，但此时

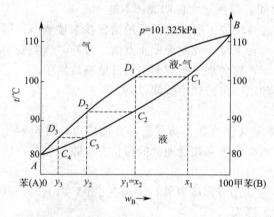

图 3-58　苯-甲苯体系温度-组成曲线

还不是纯苯。也就是说，只用简单的蒸馏（一次蒸馏-冷凝）不能将沸点相差较小的两组分分离完全。如果采用分馏柱，多次重复上述过程，即使 C_2 蒸发到 D_2，再冷凝至 C_3，……，最终接受瓶中会得到几乎纯净的苯。同时，蒸馏瓶内剩下了接近 100% 的甲苯，甲苯再以纯液体形式就可以蒸出。于是，两组分能被较好地分离开。

在上面的分析中，水平线段 C_1D_1、C_2D_2、C_3D_3 等表示蒸发过程；垂直线段 D_1C_2、D_2C_3 等，表示冷凝过程。折线 $C_1D_1C_2$、$C_2D_2C_3$、……，相当于一次简单蒸馏或一次蒸发-冷凝过程。显然，折线的数目愈多，分离效果愈好。我们将折线的数目定义为理论塔板数，用来衡量分馏柱效率的高低。但必须指出，为了叙述方便我们用许多个分立的不连续的步骤来表明上述的分馏过程。实际上进行的是连续的过程，是蒸气在通过分馏柱时连续地与组成变化着的液体接触，从而将液体加热蒸发，液体又将蒸气冷凝。这些连续的过程一般是在柱中的各种填料上来完成的。表 3-7 给出了不同沸点差的两组分混合液完全分离时所需要的理论塔板数，供实际工作时参考。

3.10.2 共沸混合物分馏原理简介

实际上大多数液体混合物体系，由于分子间相互作用复杂，不能当作理想体系处理。例如，在乙醇-水体系中，乙醇和水形成了氢键。因此，无论用具有多少块理论塔板的分馏柱也不能将乙醇和水完全分离。最终总会形成一种含 95.5％乙醇和 4.5％水的均相液体，其沸点 78.15℃，比水或乙醇的沸点都低。像这种具有恒定组成和沸点的液体混合物称为共沸混合物。它的行为类似一个纯化合物，其组成是无法用简单蒸馏或分馏操作予以改变的。其中沸点较任一组分都低的，称为具有最低沸点的共沸混合物；反之，则称为具有最高沸点的共沸混合物。常见的共沸混合物列于表 3-8 和表 3-9。

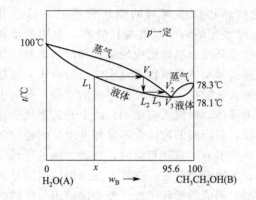

图 3-59 乙醇-水相图

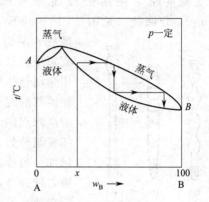

图 3-60 最高恒沸点相图

表 3-7 分离不同沸点差的两组分混合液与所需理论塔板数

沸点差/℃	分离所需的理论塔板数	沸点差/℃	分离所需的理论塔板数
108	1	20	10
72	2	7	30
43	4	4	50
36	5	2	100

表 3-8 常见的最低沸点共沸物

共沸混合物	组成(质量分数)	沸点/℃
乙醇-水	95.6％C_2H_5OH,4.4％H_2O	78.17
苯-水	91.1％C_6H_6,8.9％H_2O	69.4
甲醇-四氯化碳	20.6％CH_3OH,79.4％CCl_4	55.7
乙醇-苯	32.4％C_2H_5OH,67.6％C_6H_6	67.8
苯-水-乙醇	74.1％C_6H_6,7.4％H_2O,18.5％C_2H_5OH	64.9
甲醇-甲苯	72.4％CH_3OH,27.6％$C_6H_5CH_3$	63.7
甲醇-苯	39.5％CH_3OH,60.5％C_6H_6	58.3
环乙烷-乙醇	69.5％C_6H_{12},30.5％C_2H_5OH	64.9
乙酸丁酯-水	72.9％$CH_3COOC_4H_9$,27.1％H_2O	90.7
苯酚-水	9.2％C_6H_5OH,90.8％H_2O	99.5

图 3-59 是乙醇-水体系的相图。利用前面的分析方法不难看出，经过若干次的蒸发-冷凝过程后，最终得到的是共沸混合物 V_3，而不能得到 100％乙醇。

通过类似分析，对具有最高沸点共沸混合物的蒸馏（图 3-60），适当控制恒定温度首先得到低沸点纯组分 B。一旦蒸馏瓶中物料组成达到共沸物组成时，恒定的温度开始上升，共沸混合物开始馏出，此时应改变接受器。最终得到的是纯 B 和共沸物。

表 3-9 常见的最高沸点共沸物

共沸混合物	组成（质量分数）	沸点/℃
丙酮-氯仿	20%CH₃COCH₃,80%CHCl₃	64.7
氯仿-甲乙酮	17% CHCl₃,83% CH₃COCH₂CH₃	79.9
乙酸-二噁烷	77%CH₃COOH,23%C₄H₈O₂	119.5
苯甲醛-苯酚	49%C₆H₅CHO,51%C₆H₅OH	185.6

3.10.3 分馏柱与填料

实验室经常使用的分馏柱有球形分馏柱、维氏（Vcgreax）分馏柱和赫姆帕（Hempl）分馏柱（见图 3-61）。维氏分馏柱的柱体由多组倾斜的刺状管组成，球形分馏柱和赫姆帕分馏柱可填充填料，以增加柱效率。常用的填料有短玻璃管、玻璃珠、瓷环或金属丝制成的圈状和网状填料，使用金属丝作填料时，要选择与待蒸馏物不发生作用的物质。加热使沸腾的混合物蒸气进入分馏柱，由于柱外空气的冷却，蒸气中的高沸点的组分冷却为液体，回流入烧瓶中，故上升的蒸气含易挥发组分的相对量增加，而冷凝的液体含不易挥发组分的相对量增加。当冷凝液流下来与上升的蒸气相遇时，二者之间进行热交换，使高沸点物冷凝，低沸点物蒸发。这样，在分馏柱内反复进行无数次的汽化、冷凝、回流的循环过程，经多次液相与气相的热交换，使低沸点物不断上升而被蒸出，高沸点物不断回流到容器中，从而使沸点不同的物质分开。

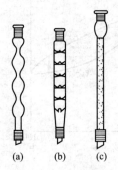

图 3-61 分馏柱
（a）球形分馏柱；（b）维氏分馏柱；（c）赫姆帕分馏柱

在操作过程中，要注意以下两点：①使柱内由下而上温度逐渐降低并保持一定温度梯度，柱顶温度接近于易挥发组分的沸点。蒸馏速度不能太快，通过调控加热温度来产生一定回流比，达到高分离效率。②蒸馏较高沸点物时，为了维持柱内温度平衡，需要对分馏柱加以保温，例如用石棉布将柱子包起来，或缠绕一定匝数的电热丝等。

上述三种分馏柱的效率是较低的，若分馏沸点相距很近的液体混合物须用精密分馏柱装置进行分离。精密分馏的分馏原理与一般分馏的原理相同，采用电加热回流及电控制保温装置。进行分馏时，调好温度使物料沸腾，蒸气上升、冷凝、回流。调整保温温度和电炉温度，待液泛（回流液体在柱内聚集）现象消除后，再控制好温度，使蒸气缓慢升到柱顶进行回流。当柱顶温度恒定时就可以进行收集。

3.10.4 分馏装置与操作

3.10.4.1 分馏装置

分馏装置由蒸馏部分、冷凝部分与接受部分组成，其中的蒸馏部分由蒸馏烧瓶、分馏柱与分馏头组成，比蒸馏装置多一根分馏柱；而冷凝和接受部分与蒸馏装置中的相应部分一样。简单的分馏装置如图 3-62 所示，图 3-63 为精密分馏装置。

分馏装置的安装方法、安装顺序与蒸馏装置的相同。在安装时，要注意保持烧瓶与分馏柱中心轴线上下对齐，不要出现倾斜。同时，将分馏柱用石棉绳、玻璃布或其他保温材料进行包扎，外面可用铝箔覆盖以减少柱内热量的散发，削弱风与室温的影响，保持柱内适宜的温度梯度，提高分馏效率。要准备 3～4 个干燥的、清洁的、已知质量的接受瓶，以收集不同温度馏分的馏液。

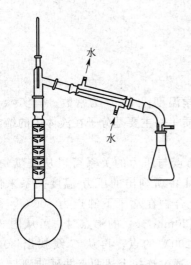

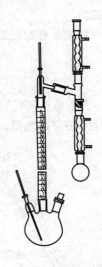

图 3-62 简单分馏装置图   图 3-63 精密分馏装置图

3.10.4.2 分馏操作

按图 3-62 安装分馏装置。将待分馏的混合物加入圆底烧瓶中，加入沸石数粒。采用适宜的热浴加热，当烧瓶内的液体沸腾后，要注意调节浴温，使蒸气慢慢上升，并升至柱顶。在开始有馏出液滴出时，记下时间和温度，调节浴温使蒸出液体的速率控制在每 2～3s 馏出 1 滴为宜。待低沸点组分蒸完后，更换接受器，此时温度可能回落。逐渐升高温度，直到温度稳定，此时所得的馏分称为中间馏分。在第二个组分蒸出时有大量馏液蒸馏出来，温度已恒定，直至大部分蒸出后，更换接受器，此时柱温又会下降。注意不要蒸干，以免发生事故。这样的分馏体系，有可能将混合物的组分进行严格的分馏。如果分馏柱的效率不高，则会使中间馏分大大增加，馏出的温度是连续的，没有明显的阶段性与区分。如果出现这样的问题，要重新选择分馏效率高的分馏柱，重新进行分馏。

要很好地进行分馏必须注意以下几点：①分馏一定缓慢进行，控制好恒定的蒸馏速度，以每 2～3s 馏出 1 滴为宜。②要有相当量的液体自柱内流回到容器内，即要有合适的回流比。一般回流比控制 4∶1，即冷凝液流回蒸馏瓶每 4 滴，柱顶馏出液为 1 滴。③尽量减少分馏柱的热量损失，必要时外加保温套或用石棉布保温。

3.11 减压蒸馏

减压蒸馏又叫真空蒸馏，它是用于分离在常压蒸馏时容易氧化、分解或聚合的有机化合物，特别适合于高沸点（200℃以上）有机化合物的提纯。

3.11.1 减压蒸馏原理

液体的沸点是指液体的蒸气压和外界的压力相等时液体的温度，它随外界压力的变化而变化。如果降低外界的压力，液体的沸点也就相应降低。一般当压力降低到 20mmHg（1mmHg＝133.3Pa）时，其沸点比常压下的沸点低 100～200℃。在真空装置中，通过降低液体的表面压力，使液体在低温下分离出来。这种降低压力进行蒸馏操作的方法就叫做减压蒸馏。减压蒸馏与常压蒸馏、分馏结合起来，连同后面介绍的水蒸气蒸馏，成为分离有机化合物的有力手段。

沸点与压力的关系可近似地用下式表示：

$$\lg p = A + \frac{B}{T} \tag{3-1}$$

式中，p 为液体表面蒸气压；T 为溶液沸腾时的热力学温度；A、B 为常数。但实际上许多物质的沸点变化不遵守此规则。这是由物质的物理性质——主要是分子在液体中的缔合程度所决定的。

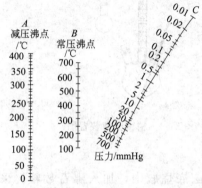

图 3-64 有机化合物的沸点-
压力经验曲线

有机化合物沸点与压力的关系可以从文献中查出，也可以通过图 3-64 中所列出的压力-温度关系来估计沸点值。例如，某化合物在常压下沸点为 200℃，欲求当减压至 4.00kPa（30mmHg）的沸点时，可从图 3-64 中 B 线找出相当于 200℃ 的点，再从 C 线找出 30mmHg（4.00kPa）的点，通过连接上述两点并延伸到与 A 线相交的点为 100℃，这就是该化合物在 30mmHg（4.00kPa）时的近似沸点。

压力对沸点的影响还可以作如下估算：①如果在 30～35mmHg（4.00～4.67kPa）之间进行减压蒸馏，压力每减少 1mmHg，沸点将降低约 1℃；②从常压降至 3332Pa（25mmHg）时，高沸点（250～300℃）化合物的沸点随之下降 100～125℃；③当压力在 3332Pa（25mmHg）以下时，压力每降低一半，沸点下降 10℃。

3.11.2 减压蒸馏装置及操作

3.11.2.1 减压蒸馏装置

减压蒸馏装置通常由蒸馏烧瓶、冷凝管、接受器、水银压力计、干燥塔、缓冲用的吸滤瓶和减压泵组成，实验室常用的减压蒸馏装置如图 3-65 所示。

减压蒸馏装置通常由圆底烧瓶、克氏蒸馏头（也可用圆底烧瓶和蒸馏头之间装配二口连接管 A）、冷凝器、双叉（或多叉）接引管及接受器组成。在蒸馏烧瓶上装配克氏蒸馏头，蒸馏头的直形管装配插有毛细管 C 的螺口接头，侧管装温度计及连接冷凝器。毛细管的下端要插到距瓶底 1～2mm 处，上口用乳胶管连接并装好调节进气用的螺旋夹 D，以调节减压蒸馏时通过毛细管进入蒸馏系统的空气量，从而控制系统真空度的大小，并形成烧瓶中的沸腾中心，同时又起一定的搅拌作用。这样可以防止液体暴沸，使沸腾保持平稳。为防止乳胶管粘连，可在乳胶管内放一段直径约 1mm 的金属丝。接受器 B 通常用蒸馏烧瓶或带磨口的厚壁试管等，因为它们能耐压，但不可用平底烧瓶或锥形瓶作接受器。蒸馏时，若要收集不同的馏分而又要不中断蒸馏，则可用多叉接引管，转动多叉接引管就使不同的馏分流入指定的接受器中。在减压蒸馏装置中，所有的磨口要涂少许真空油脂，仪器要安装严密不能漏气。

接受器（或带支管的接引管）用耐压的厚壁橡皮管与作为缓冲用的吸滤瓶 E 连接起来，吸滤瓶的瓶口上装配一个三孔橡皮塞，一孔连接水银压力计 F，一孔连接两通旋塞 G，另一孔插导管 H。导管的下端应接近瓶底，上端与减压泵连接。

减压泵可用水泵、循环水泵和真空泵。水泵和循环水泵所能达到的最低压力为当时

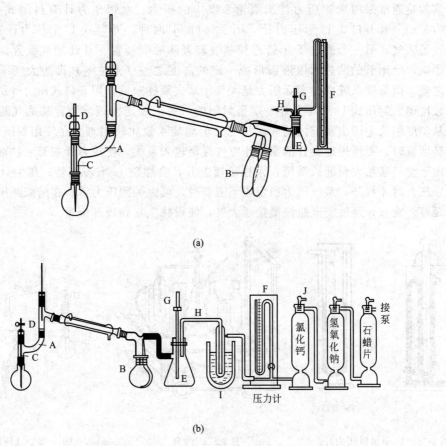

图 3-65　减压蒸馏装置

A—二口连接管；B—接受器；C—毛细管；D—螺旋夹；E—缓冲用的吸滤瓶；
F—水银压力计；G—两通旋塞；H—导管；I—冷却阱；J—干燥塔

水温下的水蒸气压。如水温为 25℃ 时，则水蒸气压为 3.167kPa，这对一般的减压蒸馏已经可以了。真空泵是减压蒸馏的常用设备，其性能决定于泵的机械结构以及真空泵油的质量，好的真空泵能抽至真空度为 13.3Pa。真空泵结构较精密，使用条件要求严格。蒸馏时，如果有挥发性的有机溶剂、水或酸雾都会损坏真空泵，使其性能下降。挥发性有机溶剂一旦被吸入真空泵油后，会增加油的蒸气压，不利于提高真空度。酸性蒸气会腐蚀油泵机件，水蒸气凝结后与油形成乳浊液。因此，在使用时必须十分注意真空泵的保护。

若用水泵或循环水泵抽真空，则不必设置保护装置。当用真空泵进行减压蒸馏时，为防止易挥发的有机溶剂、水汽及酸或碱性物质进入压力计和泵体，污染水银及泵油，影响真空度的测量，应在压力计和真空泵的前面安装保护装置。保护装置由安全瓶 E（用吸滤瓶装配）、冷却阱 I、两个以上干燥塔 J 组成［见图 3-65(b)］。安全瓶 E 上配有两通活塞，一端通大气，具有调节系统压力及放入大气以恢复瓶内大气压力的功能。冷却阱 I 具有冷却进入真空泵中的气体的作用，其置于盛有冷却剂的广口保温瓶中。冷却剂的选择随需要而定，可用冰-水、冰-盐、冰、干冰-乙醇等。干燥塔通常设两个，前一个填装无水氯化钙（或硅胶），后一个填装粒状氢氧化钠。有时为了吸除有机溶剂，可再加一个石蜡片吸收塔。最后一个吸收塔与真空泵相接。

实验室通常采用水银压力计来测量系统中的压力。水银压力计有封闭式 U 形压力计 ［图 3-66(a)］和开口式 U 形压力计 ［图 3-66(b)］两种。开口式 U 形压力计有两个开口，一个连通大气，另一个通过 T 形管连接蒸馏装置和抽气装置。开动抽气装置，由于外界压力的影响，U 形管的两边水银液面形成一定的高度之差（汞柱差）即为大气压力与系统内压力之差，而蒸馏系统内的实际压力是大气压减去汞柱差值。用开口式压力计所测的压力数值比较准确。封闭式 U 形压力计一端是封闭的，另一端连接蒸馏装置和抽气装置，它可以直接从刻度标尺上读出系统内的实际压力，但填装水银比较困难。在使用封闭式 U 形压力计旋转活塞时，要慢慢地旋开活塞，让空气逐渐进入系统，使压力计右臂汞柱徐徐上升。否则，由于空气猛然大量涌入系统，汞柱迅速上升，会撞破 U 形玻璃管。压力计旋塞只在需要观察压力时才打开，系统压力稳定或不需要时，可以关闭压力计。在结束减压蒸馏时，应先缓缓打开旋塞，通过安全瓶慢慢接通大气，使汞柱恢复到顶部位置。

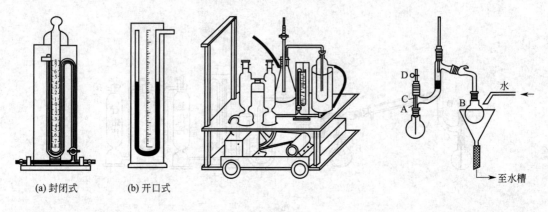

(a) 封闭式 (b) 开口式		
图 3-66 U 形水银压力计	图 3-67 油泵车	图 3-68 减压蒸馏装置
		A—克氏蒸馏头；B—接受器；
		C—毛细管；D—螺旋夹

在化学实验室中，可设计一小推车（如图 3-67 所示）来安放真空泵、保护装置和测压装置。小推车有两层，底层放置真空泵，上层放置其他设备，这样既能缩小安装面积又便于移动。

若蒸馏少量液体，可将冷凝管省掉，而采用如图 3-68 所示的装置。克氏蒸馏头的支管通过真空接引管连接到圆底烧瓶上（作为接受器）。液体沸点在减压下低于 $140\sim150℃$ 时，可使水流到接受器上，进行冷却，冷却水经过下面的漏斗由橡皮管引入水槽。

3.11.2.2 减压蒸馏操作

将减压蒸馏装置按图 3-65 安装好后，要进行密闭性检查和真空度调试。旋紧毛细管上的螺旋夹，旋开安全瓶上的两通活塞使之连通大气，开动真空泵，并逐渐关闭两通活塞，如能达到所要求的真空度，并且还能维持不变，说明减压蒸馏系统没有漏气，密闭性符合要求。若达不到所需的真空度（不是由于水泵或真空泵本身性能或效率所限制），或者系统压力不稳定，则说明系统有漏气的地方，应当对可能产生漏气之处逐一进行检查，包括磨口连接处、塞子或橡皮管的连接是否紧密。必要时，可将减压系统连通大气后，重新用真空脂或石蜡密封，再次检查真空度。若系统内的真空度高于所要求的真空度时，可以旋动安全瓶上的两通活塞，慢慢放入少量空气，以调节至所要求的真空度。待确认无漏气后，慢慢旋开两通活塞，放入空气，解除真空度。

在蒸馏烧瓶中加入待蒸馏的液体，其体积应占烧瓶容积的 $1/3\sim1/2$。关闭安全瓶上的活塞，打开真空泵，通过螺旋夹调节进气量，使之能在烧瓶内冒出一连串小气泡，装置内的压力符合所要求的稳定的真空度。

开通冷却水，将热浴加热，使热浴的温度升至比烧瓶内的液体的沸点高 20℃，以保持馏出速率为每秒 1～2 滴。记录馏出第一滴液滴的温度、压力和时间。若开始馏出物的沸点比预料收集的要低，可以在达到所需温度时转动接引管的位置，使另一个接受器收集目标馏分。蒸馏过程中，应注意观察压力与温度的变化。

蒸馏完毕，或者在蒸馏过程中需要中断实验时，应先将热源撤掉，缓缓旋开毛细管上的螺旋夹，再缓缓地旋开安全瓶上的两通活塞，使空气慢慢地进入装置中，压力慢慢地恢复到常压状态后，方可关闭真空泵及压力计的活塞，最后再拆卸仪器。

3.12　水蒸气蒸馏

水蒸气蒸馏是分离和提纯有机化合物的一种方法。当混合物中含有大量的不挥发的固体或含有焦油状物质时，或在混合物中某种组分沸点很高，在进行普通蒸馏时会发生分解，对这些混合物在利用普通蒸馏、萃取、过滤等方法难于进行分离的情况下，可采用水蒸气蒸馏的方法进行分离和提纯。

3.12.1　水蒸气蒸馏原理

蒸馏和分馏技术适用于分离完全互溶的液体混合物，而要分离完全不互溶物系，水蒸气蒸馏是一种较简便的方法。在两种（A 和 B）完全互不相溶体系（如溴苯和水形成的混合物）中，两组分的性质差别很大，基本上互不影响。其蒸气压与单独存在时一样，只与温度有关，不随另一组分的存在和数量而变化。根据道尔顿分压定律，一定温度下，该体系的蒸气总压等于互不相溶两组分蒸气压之和：

$$p = p_A + p_B \tag{3-2}$$

式中，p 为总的蒸气压；p_A、p_B 分别为水和不溶于水的物质的蒸气压。当总的蒸气压等于外界压力时，此时沸腾的温度即为该混合物的沸点。由于总蒸气压恒大于任一组分的蒸气压，因此，混合物的沸点必定较任一组分的沸点都低。这样在低于 100℃ 的情况下，被蒸馏物就随水蒸气一同蒸出。因为两者不互溶，所以冷凝下来很容易分开。利用上述原理，将不溶于水的有机化合物和水一起蒸馏，不仅降低了体系的沸腾温度，而且还能防止其分解，这种分离方法称为水蒸气蒸馏。水蒸气蒸馏的优点是能在低于 100℃ 的温度下，较容易地得到高温下不稳定或沸点很高的物质，避免其在蒸馏过程中分解。同时，还可用于从焦油状混合物中蒸出反应物。由于混合蒸气中各个分压之比等于它们的摩尔比，即：

$$p_A / p_B = n_B / n_A \tag{3-3}$$

式中，n_A、n_B 为水和被分离物质的物质的量，而 $n_A = m_A / M_A$，$n_B = m_B / M_B$，因此

$$\frac{m_B}{m_A} = \frac{n_B M_B}{n_A M_A} = \frac{p_B M_B}{p_A M_A} \tag{3-4}$$

其中 m 表示质量；M 表示相对分子质量；下标 A 表示水；B 为被分离的物质。

由式(3-4) 可以看出，两种物质在馏出液中的相对质量比与它们的蒸气压及相对分子质量成正比。由于水具有低的相对分子质量和较大的蒸气压，它们的乘积 $p_A M_A$ 很小，这样就有可能分离较高相对分子质量和较低蒸气压的物质。以溴苯为例，它的沸点为 135℃，且与水不相混溶，当和水一起加热至 95.5℃ 时，此时水的蒸气压是 86.1kPa，溴苯的蒸气压为 15.2kPa，它们的总压力为 101.3kPa，于是液体开始沸腾。水和溴苯的相对分子质量分别为

18 和 157，代入式(3-4)，得：

$$\frac{m_B}{m_A} = \frac{p_B M_B}{p_A M_A} = \frac{86.1 \times 18}{15.2 \times 157} = \frac{6.5}{10} \tag{3-5}$$

计算结果说明每蒸出 6.5g 水就可以同时蒸出 10g 溴苯。溴苯在溶液中的组分占 61%。上述关系式只适用于与水不相互溶的物质。实际上，很多化合物在水中或多或少有些溶解，因此计算值只是近似值，如图 3-69 所示。

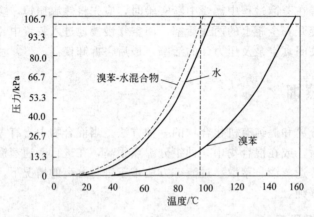

图 3-69　溴苯、水及溴苯-水混合物的蒸气压与温度的关系

从以上例子可以看出，溴苯和水的蒸气压之比为 1:6，而溴苯的相对分子质量比水的大 9 倍，所以馏出液中溴苯的含量较水多。那么，是否相对分子质量越大越好呢？我们知道，相对分子质量越大的物质，一般情况下其蒸气压也越低。虽然某些物质相对分子质量比水大几十倍，但它们在 100℃ 左右时的蒸气压只有 0.012kPa 或者更低，因而不能用于水蒸气蒸馏。利用水蒸气蒸馏来分离提纯物质时，要求该物质在 100℃ 左右时的蒸气压至少在 1.333kPa 左右。如果蒸气压在 0.13～0.67kPa，则其在馏出液中的含量仅占 1%，甚至更低。为了使其在馏出液中的含量增高，就要想办法提高该物质的蒸气压，亦即要提高温度，使蒸气的温度超过 100℃，这样就需用过热水蒸气蒸馏。例如，苯甲醛（沸点 178℃），进行水蒸气蒸馏时，在 97.9℃ 沸腾（此时 $p_A = 93.7$kPa，$p_B = 7.5$kPa），馏出液中苯甲醛占 32.1%。如果用 133℃ 过热水蒸气蒸馏，这时苯甲醛的蒸气压可达 29.3kPa，因而只要有 72kPa 的水蒸气压就可使体系沸腾，因此有

$$\frac{m_B}{m_A} = \frac{72 \times 18}{29.3 \times 106} = \frac{41.7}{100}$$

这样馏出液中苯甲醛的含量就提高到 70.6%。

应用过热水蒸气还具有使水蒸气冷凝少的优点，这样可以省去在盛蒸馏物的容器下加热等操作。为了防止过热蒸汽冷凝，可在盛物的瓶子下用油浴保持和蒸汽相同的温度。在实验操作中，过热蒸汽可应用于在 100℃ 时具有 0.13～0.67kPa 的物质的水蒸气蒸馏。例如，在分离苯酚的硝化产物时，邻硝基苯酚可用一般的水蒸气蒸馏蒸出。在蒸完邻位异构体后，如果提高蒸汽温度，也可以蒸馏出对位产物。

总之，进行水蒸气蒸馏必须具备以下几个条件：①有机化合物不溶于水或难溶于水；②长时间在水中煮沸，不与水起化学反应；③在近 100℃ 时化合物有一定的蒸气压，至少要有 0.663～1.33kPa（5～10mmHg）。

3.12.2　水蒸气蒸馏装置与操作

3.12.2.1　仪器装置

水蒸气蒸馏装置主要由水蒸气发生器和蒸馏装置两部分组成，如图 3-70 所示。它和蒸馏装置相比，增加了水蒸气发生器。

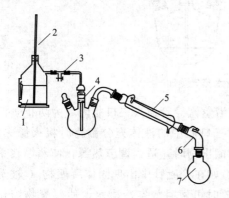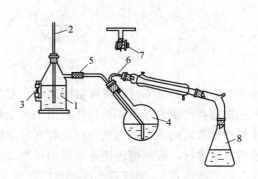

(a) 带磨口的水蒸气蒸馏装置

1—水蒸气发生器；2—安全管；3—T 形管；
4—蒸馏瓶；5—冷凝管；6—接引管；7—接受器

(b) 简便的水蒸气蒸馏装置

1—水蒸气发生器；2—安全管；3—水位计；4—蒸馏瓶；
5—蒸汽导入管；6—蒸汽导出管；7—T 形管，8—接受器

图 3-70　水蒸气蒸馏装置

水蒸气发生器 [图 3-70(b)] 1 通常是由金属（铜或铁）制成，也可用 1000mL 圆底烧瓶代替。发生器中盛水的体积以占容器容量的 2/3～3/4 为宜。发生器瓶口配一软木塞或橡皮塞，塞子上插一根接近发生器底部的长度为 400～500mm、内径约 5mm 的玻璃管 2，作为安全管。当蒸汽通道受阻时，器内的水沿着玻璃管上升，可起报警作用，此时应马上检修。当发生器内压力太大时，水会从管中喷出，以释放系统的内压。当管内喷出水蒸气，表示发生器内水位已接近器底，应马上添加水，否则发生器会烧坏。水的液面可从侧面的水位计观察，可根据水面的高低适时添加水。水蒸气发生器的蒸汽导出管（内径约 8mm）经 T 形三通管和蒸馏瓶的蒸气导入管相连。T 形三通管的下端连接一夹有螺旋夹的橡皮管，以便及时放掉由蒸汽冷凝下来的积水，当蒸汽量过猛或系统内压力骤增或操作结束时，可旋开螺旋夹，释放蒸汽，调节压力或使系统与大气相通。

蒸馏装置部分选用三口或二口圆底蒸馏烧瓶 4 [图 3-70(a)]，为防止飞溅的液体泡沫被蒸汽带入冷凝管，被蒸馏的液体的加入量不要超过烧瓶容积的 1/3。三口瓶上的中口通过螺口接头插入水蒸气导管，蒸汽导管要尽量接近瓶底，以便水蒸气和蒸馏物充分接触并起搅拌作用。三口瓶一侧口安装蒸馏弯头（75°），另一侧口用空心塞塞住，依次连接好冷凝器、接引管、接受器。整个装置要严密，防止蒸汽冒出。蒸馏时发生器和三口瓶都需加热，安装的高度要合适。另外蒸汽导管和 T 形管与发生器的连接要保持平行，距离越短越好，使蒸汽不易冷凝。必要时，可从蒸汽发生器的支管开始至三口瓶的蒸汽通路，用保温材料包扎，以便保温。

少量物质的水蒸气蒸馏可以在圆底烧瓶上装配蒸馏头或克氏蒸馏头来代替三口烧瓶，其装置如图 3-71 所示。

3.12.2.2　水蒸气蒸馏操作

首先检查仪器装置的气密性。将待蒸馏的物质倒入三口瓶中，瓶内的液体不超过其容积的 1/3。发生器内装入约 1/3～2/3 水。松开 T 形管螺旋夹，加热使水蒸气发生器里的水沸

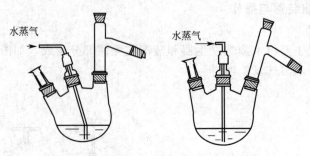

图 3-71　用三口瓶进行水蒸气蒸馏

腾，T 形管开始冒气时，再调紧螺旋夹，使水蒸气沿蒸汽导管通入三口瓶内，为防止蒸汽进入三口瓶被大量地冷凝，三口瓶可用小火加热，当三口瓶中的液体充分翻腾时将火源去掉。注意观察蒸馏的情况，当瓶中混合物充分翻腾、有馏出物时，适当调节热源，使蒸馏在平稳的情况下进行，控制馏出液体速度约每秒 2～3 滴。如在冷凝管中出现固体凝聚物（被蒸馏物有较高的熔点），则应调小冷凝水的进水量，必要时可暂时放空冷凝水，使凝聚物熔化为液态后，再调整进水量大小，使冷凝液能保持流畅无阻。在调节冷却水的进水量时，注意要缓缓地进行，不要操之过急，以免冷凝管骤冷、骤热而破裂。操作过程中，应随时注意安全管中水柱是否异常及三口瓶中的液体是否发生倒吸现象，如有故障，需排除后方可继续蒸馏。当馏出液澄清透明不含油状物时可停止蒸馏。打开螺旋夹，停止加热，关闭水龙头，按与装配时相反的顺序拆卸装置，清洗和干燥玻璃仪器。

在接受器内收集的馏分为两层，底层为油层，上层为水。将馏出液用分液漏斗分离，分出油层后，进行干燥、蒸馏后，可得纯品，称重，计算产率。

3.13　萃取和洗涤

萃取和洗涤是分离和提纯有机化合物常用的操作之一。萃取是指将某种物质从一相转移到另一相的过程。洗涤是将某种不需要的物质从一相转移到另一相的过程。两者在原理上是相同的，所以洗涤实际上也是一种萃取，而目的恰好相反，萃取是从液体或固体混合物中提取所需物质，而洗涤是从混合物中提取出不需要的少量杂质。

萃取的基本原理是利用物质在两种互不相溶的溶剂中的溶解度或分配系数不同而达到分离的目的。萃取可分为液-液萃取、液-固萃取、气-液萃取，本节重点介绍液-液萃取。

3.13.1　基本原理

3.13.1.1　液-液萃取

萃取是以分配定律为基础的。在一定温度、一定压力下，一种物质在两种互不相溶的溶剂 A、B 中的分配浓度之比是一个常数，其关系式为

$$c_A/c_B = 常数 = K \tag{3-6}$$

式中，c_A 和 c_B 分别为每毫升溶剂中所含溶质的质量，g；K 为分配系数。应用分配定律可以计算出每次萃取后被萃取物质在原溶液中的剩余量。

假设：V_0 为原溶液的体积（mL）；w_1、w_2、…、w_n 分别为萃取一次、二次、…、n 次后溶质的剩余量（g）；V 为每次所用萃取剂的体积（mL）。

第一次萃取后：

$$\frac{w_1/V_0}{(w_0-w_1)/V}=K \quad 或 \quad w_1=w_0\frac{KV_0}{KV_0+V} \tag{3-7}$$

w_1 为第一次萃取后溶质的剩余量，第二次萃取后有

$$\frac{w_2/V_0}{(w_1-w_2)/V}=K \quad 或 \quad w_2=w_1\frac{KV_0}{KV_0+V}=w_0\left(\frac{KV_0}{KV_0+V}\right)^2 \tag{3-8}$$

所以经 n 次萃取后溶质的剩余量应为

$$w_n=w_0\left(\frac{KV_0}{KV_0+V}\right)^n \tag{3-9}$$

由上式可知，$\dfrac{KV_0}{KV_0+V}$ 的值永远小于 1。n 值越大，w_n 则越小，说明用相同量的溶剂分 n 次萃取比一次萃取效果好，即少量多次效率高。一般说来，有机化合物在有机溶剂中的溶解度比在水中的溶解度大，所以可以将它们从水溶液中萃取出来。除非分配系数极大，否则用一次萃取是不可能将全部物质移入新的有机相的。但并非萃取次数越多越好，当溶剂总量保持不变时，萃取次数增加，每次使用的溶剂体积就要减少。$n>5$ 时，n 与 V 两个因素的影响就几乎相互抵消了，再增加 n 次，则 w_n/w_{n+1} 的变化不大，可忽略，故一般以萃取三次为宜。

另外，萃取效率还与萃取剂的性质有关。合适的萃取剂的要求：与原溶剂不相混溶，对被提取物质溶解度大，纯度高，沸点低，毒性小，价格低，萃取后易于蒸馏回收。此外，操作方便、不易着火等也是应考虑的条件。

萃取方法用得最多的是从水溶液中萃取有机物，比较常用的溶剂有：乙醚、苯、四氯化碳、氯仿、石油醚、二氯甲烷、二氯乙烷、正丁醇、乙酸乙酯等。难溶于水的物质用石油醚等萃取；易溶于水的物质用乙酸乙酯或其他类似的溶剂萃取；较易溶于水者，用乙醚或苯萃取。但需注意，萃取剂中有许多是易燃的，故在实验室中可少量操作，而在工业生产中则不宜使用。

洗涤常用于在有机物中除去少量酸、碱等杂质。这类萃取剂一般用 5% 氢氧化钠、5% 或 10% 碳酸钠或碳酸氢钠、稀盐酸、稀硫酸和浓硫酸等。酸性萃取剂主要是除去有机溶剂中碱性杂质，而碱性萃取剂主要是除去混合物中酸性杂质，总之使一些杂质成为盐溶于水而被分离。而浓硫酸可应用于从饱和烃中除去不饱和烃、从卤代烷中除去醇及醚等。

3.13.1.2　液-固萃取

液-固萃取是从固体混合物中萃取所需要的物质，它是从天然物如植物中提取固体天然物常用的方法。液-固萃取最简单的方法是把固体混合物研细，放在容器内，加入适当的溶剂，振荡后，用过滤或倾析的方法把萃取液和残留的固体分开。若被提取的物质特别容易溶解，也可把混合物放在有滤纸的玻璃漏斗中，用溶剂洗涤，要萃取的物质就可以溶解在溶剂中而被滤出。如果萃取物的溶解度很小，则宜采用如图 3-72 所示的索氏提取器（Soxbletex-tractor，或称脂肪提取器）来萃取，它是利用溶剂对样品中被提取成分和杂质之间溶解度的不同来达到分离提取的目的，即利用溶剂回流及虹吸原理，使固体有机物连续多次被纯溶剂萃取，它具有较高的萃取效率（如从茶叶中提取咖啡因）。

图 3-72　索氏
提取器

3.13.2　实验方法

3.13.2.1　固体物质的提取

将充分研细的固体物质与适当的溶剂一起放入分液漏斗中进行提取。固

体物质和溶剂也可以放入接好冷凝管的烧瓶中加热回流，然后趁热过滤掉剩余的不溶物。再将提取液蒸发、浓缩，必要时重结晶纯化。为了使提取更完全，上述操作需要重复进行多次。这时最好使用提取器，因其可以通过溶剂回流和虹吸现象，使固体有机物连续多次被溶剂萃取，所以萃取效果更好。

索氏提取器是一种实验室常用的连续液-固提取装置。把固体混合物放入用滤纸做成的套袋内，装入提取器进行提取。低沸点的溶剂置于圆底烧瓶内被加热回流，当溶剂蒸气从冷凝管凝结下来时，滴到固体提取物上，被提取物就溶解在热的溶剂中被提取出来。当溶剂升高到一定高度，侧面的虹吸管发生虹吸作用，含有被提取物的溶剂全部流回到烧瓶中。然后又重新开始蒸发、冷凝、提取、虹吸的过程，重复上述过程无数次后，所要的提取物就会集中在下面的烧瓶里。由于被提取物的沸点比溶剂高或者是固体、产物被集中在烧瓶中，而每一次提取过程中，都是纯溶剂对被提取物的溶解，因而使用的溶剂量较少，且提取效果好。

3.13.2.2　离子的液-液萃取

金属离子在水溶液中是以水合离子形式存在的。由于水的极性较强，用弱极性或非极性有机溶剂很难将水合金属离子萃取出来。一般常在水溶液中加入某种萃取剂，使之与被萃取物离子结合成不带电荷的、难溶于水而易溶于有机溶剂的中性分子。由于萃取剂的加入，改变了被萃取物的状态和性质，使萃取过程由难而易，由不能进行转化为容易进行。

许多有机试剂具有配位基团和成盐基团，能够和金属离子形成中性螯合物，使金属离子可以被有机溶剂萃取、分离或富集。形成的螯合物带有五元环或六元环，因而十分稳定。若选择的萃取剂本身分配系数小、形成的螯合物分配系数大而且较为稳定，这种萃取剂就能使金属离子的萃取效率显著提高。当然，对不同的金属离子，需要选择不同的萃取剂、有机溶剂，并控制不同的 pH 值等条件，来达到较好的分离效果。

金属离子的萃取分离还可以通过加入配合剂，使金属离子形成配阴离子或配阳离子，再与带相反电荷的另一种离子缔合成疏水性的中性分子而被有机溶剂萃取。

在萃取碱土金属、稀有元素时，有时用两种或三种萃取剂协同作用，并形成三元配合物，能获得选择性好、灵敏度高的分离效果。

3.13.3　液-液萃取操作

实验室最常用的萃取仪器是分液漏斗。操作时应选择容积较萃取液体体积大 1 倍以上的分液漏斗。使用前，先将活塞擦干，在离活塞孔稍远处薄薄地涂上一层润滑脂（注意切勿涂得太多或使润滑脂进入活塞孔中，以免沾污萃取液），塞好后把活塞旋转几圈，使润滑脂均匀分布，看上去透明方可使用。上口塞子不能涂润滑脂，以免污染从上口倒出的溶液。一般在使用前于漏斗中放入水振荡，检查上下两个塞子是否渗漏，确认不漏水后才能使用。然后将分液漏斗放在固定于铁架台上的铁圈中，关闭下面的活塞，从上口装入相当于分液漏斗体积 1/5～1/3 的待萃取物水溶液，再加入等体积的有机溶剂，整个液体在分液漏斗中所占的容积不应超过 2/3。如果有机溶剂易燃，必须首先将附近的明火全部熄灭。塞紧塞子，并使塞子的缺口与上口的通气孔错开。取下分液漏斗，用右手手掌顶住漏斗顶部的塞子，左手握住活塞处，拇指压紧活塞，把漏斗放平，前后轻轻地振摇，尽量使两种互不相溶的溶液充分混合（见图 3-73）。开始时，振摇要慢，振摇几次后，将漏斗的上口向下倾斜，下部支管指向斜上方（朝向无人处），左手仍握在活塞支管处，用拇

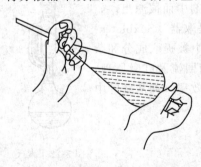

图 3-73　分液漏斗的使用

指和食指旋开活塞，从指向斜上方的支管口释放出漏斗内的压力，也称"放气"。放气时，支管不能对着人，也不能对着明火。振摇时一定要及时放气，尤其是用一些低沸点溶剂（如乙醚）萃取时或用酸、碱溶液洗涤产生气体时，振摇会产生很大的压力，如不及时放气，漏斗内压力将大大超过大气压，就会顶开塞子而出现喷液。待漏斗中过量的气体放出后，将活塞关闭再行振摇。振摇和放气必须交替地反复进行，直到分液漏斗内气体的空间被溶剂蒸气所饱和、放气的压力很小时，再将漏斗剧烈地振摇 $2\sim3min$（注意：如果处理液有强腐蚀性，操作时应采取防护措施）。然后将漏斗放回铁圈中，并将上口塞子的缺口对准漏斗上口的通气孔，使漏斗内部与大气相通，静置。待两层液体完全分开后，慢慢旋开下面的活塞，放出下层液体。分液时一定要尽可能分离干净，有时在两层间可能会出现一些絮状物，也应将它放入水层。然后将上层溶液从分液漏斗的上口倾出，切不可从活塞放出，以免被漏斗颈上残留的下层液体污染。水层能否分离干净，是能否顺利进行干燥的关键，所以分液时一定要仔细。分液时，一般可根据密度来判断哪一层为水层，哪一层为有机层。但有时在萃取过程中密度会发生变化，不好辨认，此时可任取其中一层的少量液体，置于试管中，滴加少量水，如不分层则为水层，否则为有机层。特别要注意，在未确认前，切勿轻易倒掉某一层溶液。将水溶液倒回分液漏斗中，再用新的萃取剂萃取。萃取次数取决于分配系数，一般为 $3\sim5$ 次，合并所有的有机层（萃取液），加入略过量的干燥剂干燥。然后蒸去溶剂，萃取所得产品视其性质可利用蒸馏、重结晶等方法进一步纯化。

在萃取时，可利用"盐析效应"，即在水溶液中先加入一定量的电解质（如氯化钠），以降低有机化合物和萃取溶剂在水溶液中的溶解度，提高萃取效果。

有时某些组分在萃取过程中会形成较稳定的乳浊液，特别是当溶液呈碱性时，很容易产生乳化现象；有时由于两相的相对密度相差较小、溶剂互溶或存在少量轻质沉淀等原因，也可能使两相不能清晰分开，这样很难将它们完全分离。这时可加入食盐，利用盐析作用破坏乳浊液的稳定性。或加入少量消泡剂或戊醇，以及放置较长时间，也可以破坏已形成的乳浊液。有时也用乙醇、磺化蓖麻油等破坏乳化。

当有机化合物在原溶剂中比在萃取剂中更易溶解时，就必须使用大量溶剂并多次萃取。为了减少萃取剂的用量，最好采用连续萃取，其装置有两种：一种适用于自较重的溶液中用较轻的溶剂进行萃取，如用乙醚萃取水溶液；另一种适用于自较轻的溶液中用较重的溶剂进行萃取，如用氯仿萃取水溶液。它们的过程可以明显地从图 3-74(a)、(b) 中看出，图3-74(c) 是兼具 (a)、(b) 功能的装置。

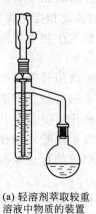

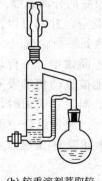

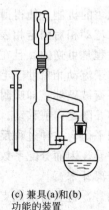

(a) 轻溶剂萃取较重
溶液中物质的装置

(b) 较重溶剂萃取较
轻溶液中物质的装置

(c) 兼具(a)和(b)
功能的装置

图 3-74　连续萃取装置

3.14 色谱分离技术

色谱学是现代分离与分析的重要方法之一，它起源于 1906 年，由俄国植物学家茨维特创立。其后由于科学进步的需要得到了飞速发展，至今报道的各种近代色谱方法已有近 30 种。

色谱法是分离、提纯和鉴定有机化合物的重要方法之一。早期用此法来分离有色物质时，往往得到颜色不同的色带。"色谱"一词由此得名，并沿用至今。此法经不断改进，已成功地发展成为各种类型的色谱分析法。现在色谱法已广泛用于科学研究和工农业生产中，它与经典的分离、提纯方法（如蒸馏、重结晶、升华等）相比，具有微量、高效、灵敏、准确等优点。对于产品的分离、提纯、定性和定量分析以及跟踪反应都是一种方便、快速的方法。

色谱法的基本原理是利用混合物中各组分在某一物质中的吸附或溶解性能（即分配）的不同或其他亲和作用性能的差异，使混合物的溶液流经该物质时进行反复的吸附或分配等作用而将各组分分开。吸附力较小或溶解度较小的组分在该物质（固定相）中移动较快，反之则移动较慢，最终在固定相中形成"谱带"。流动的混合物溶液称为流动相，固定的物质称为固定相。流动相可以是液体也可以是气体，固定相可以是固体吸附剂或涂覆在载体上的液体化合物。根据各组分在固定相中的作用原理不同，色谱可分为吸附色谱、分配色谱、离子交换色谱、排阻色谱等；根据操作条件的不同，又可分为薄层色谱、纸色谱、柱色谱、气相色谱、高效液相色谱等。本节介绍前三种。

3.14.1 薄层色谱

3.14.1.1 原理

薄层色谱（Thin Layer Chromatography，TLC），又称薄层层析。薄层色谱的特点是所需的样品少（几到几十微克，甚至 $0.01\mu g$），分离时间短、效率高，是近年来发展起来的一种微量、快速和简便的分离分析方法。它可用于精制样品、鉴定化合物、跟踪反应进程和柱色谱的摸索最佳条件等方面，特别适用于挥发性较小或在较高温度易发生变化而不能用气相色谱分析的物质。

薄层色谱主要分为吸附色谱和分配色谱两类。对薄层吸附色谱而言，其流动相又称为展开剂或溶剂，固定相也叫吸附剂。由于组分、流动相和固定相三者间既相互联系又存在吸附竞争的机制，使得薄层色谱法有很好的分离效能。当带有组分的流动相接触固定相时，组分和流动相对固定相表面产生吸附竞争，并都可以被吸附。但主要发生物理吸附，因而吸附过程是可逆的，且在一定条件下达到平衡状态。

由于流动相借助于毛细作用源源不断供给、上行，使得组分与流动相对固定相的暂时吸附平衡被破坏，即吸附的组分不断地被流动相解吸下来。解吸下来的组分立即溶解于流动相中并随之向前移动。当遇到新鲜的固定相表面时，又与流动相展开吸附竞争并再次建立瞬间平衡。这种过程反复交替地进行。通常组分中不同物质的结构和性能总是存在某方面的差异，因而分配系数就不同。在上述吸附-解吸过程中，由于各组分的行进速度不同最终被分离开来。

通常，将吸附剂或支持剂涂在一块干净的玻璃板上（也可以用有机膜等）形成一均匀的薄层，经干燥活化后，用管口平整的毛细管吸取少量样品溶液滴加在离薄层板一端约 1cm 薄层板上的起始线处，形成一小圆点，待溶液晾干后，将薄层板放入盛有溶剂（称为展开剂）的展开槽内，使点样一端浸入约 0.5cm。由于吸附剂的毛细作用，展开剂沿薄层板缓缓上升，样品中各组分因在展开溶剂中的溶解性和被吸附剂吸附的程度不同（或在支持剂中的液体的溶解性能不同）随展开溶剂的移动而被分开，在不同的位置形成一个个小斑点。待展开剂前沿上升到距薄层板上端约 1cm 时，将薄层板取出，干燥后用显色剂显色（如果样品无色），记录各斑点中心以及展开剂前沿距原点的距离（见图 3-75），计算比移值 R_f 值：

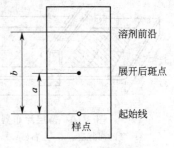

图 3-75　斑点位置的鉴定

$$R_f = \frac{\text{斑点的最高浓度中心至样点中心的距离}}{\text{展开剂前沿至样点中心的距离}} = \frac{a}{b}$$

比移值 R_f 在一定条件下和溶质的分子结构、性能有关，所以不同的溶质在色谱分离过程中比移值是不同的。但对同一溶质在相同的条件下进行色谱分离时，比移值就是一个特有的常数，因而可作为定性分析的依据。

3.14.1.2　实验技术

（1）固定相的选择　硅胶和氧化铝是薄层色谱常用的固定相，两者都属于极性吸附剂。硅胶的吸附性来源于表面的 Si—OH 基，主要用于分离酸性、中性有机物；氧化铝的吸附性来自铝原子上未成键的电子对，多用于分离碱性或中性有机物。

市售的薄层色谱用硅胶有 60G、600GF$_{254}$、60H、60HF$_{254}$ 和 60HF$_{254+366}$ 等品种。其中"G"表示含有 13% 煅石膏（$2CaSO_4 \cdot H_2O$，作为黏合剂）；"H"表示不含黏合剂；F$_{254}$ 表示含有 2% 无机荧光物质，在 254nm 的紫外光照射下发出绿色荧光；F$_{366}$ 表示含 2% 有机荧光剂，在 366nm 紫外光照射下发出绿色荧光；GF$_{254}$ 表示既含黏合剂又含荧光物质。

类似地，薄层用氧化铝也因含黏合剂或荧光物质而有多种型号，分为氧化铝 G、氧化铝 GF$_{254}$ 和氧化铝 HF$_{254}$ 等。

黏合剂除上述的煅石膏（$2CaSO_4 \cdot H_2O$）外，还可用淀粉、羧甲基纤维素钠（CMC）。制备薄层板时，常用 0.5% 左右的羧甲基纤维素钠水溶液。加黏合剂的薄层板称为硬板，不加黏合剂的称为软板。薄层吸附色谱和柱吸附色谱一样，化合物的吸附能力与它们的极性成正比，具有较强极性的化合物吸附较强，因而 R_f 值较小。因此利用化合物极性的不同，用硅胶或氧化铝薄层色谱可将一些结构相近或顺、反异构体分开。各类有机化合物与上述两类吸附剂的亲和力大小次序大致如下：

羧酸＞醇＞伯胺＞酯、醛、酮＞芳香族硝基化合物＞卤代烃＞醚＞烯＞烷烃

（2）制板与活化　薄层板制得好坏直接影响色谱的结果。制备薄层板所用的玻璃板（常用载玻片）必须平整。所铺薄层应尽量均匀而且厚度要一致（0.25～1mm）。否则，在展开时溶剂前沿不齐，分析结果也不易重复。上面介绍的硅胶或氧化铝虽含有无机黏合剂硫酸钙，但在实际使用时硬度不够，特别是需要用铅笔作记号时很不方便。为此，建议在制板时以 0.5%～1% 的羧甲基纤维素钠（CMC）溶液代替水作溶剂与固定相调好，制成的板有较高强度，用铅笔写记号很方便。

薄层板分为干板和湿板。干板一般用氧化铝作吸附剂，涂层时不加水。一般常用湿法制板，对湿板按铺层的方法可分为平铺法、倾注法和浸涂法三种。

制湿板前，首先要制备浆料。称取 3g 硅胶 G，搅拌下慢慢加入到盛有 6～7mL、0.5%～1%CMC 清液的烧杯中，立即用玻棒调成糊状（调糊时间不能太长，一般在 40s～1min 左右，否则硅胶凝结），3g 硅胶约可铺 10cm×3cm 载玻片约 2～3 块。

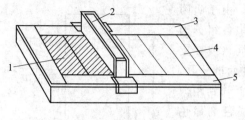

图 3-76 薄层涂布器
1—吸附剂薄层；2—涂布器；3,5—夹玻
板；4—玻璃板 10cm×3cm

① 平铺法。用薄层涂布器（见图 3-76）进行制板，涂层既方便又均匀，是较常用的方法。涂布器为上下开口的长方形有机玻璃槽，正面一块板的底部有一狭缝（狭缝高度为薄层板的厚度），硅胶倒入涂布器后，移动涂布器，浆料从狭缝中流出，可均匀地涂在玻璃板上。

② 倾注法。将调好的浆料倒在玻璃板上，用手摇晃，使其表面均匀平整，然后放在水平的桌子上晾干。这种制板方法厚度不易控制。

③ 浸渍法。将两块干净的载玻片对齐紧贴在一起，浸入浆料中，使玻片上浸涂上一层均匀的吸附剂，取出分开、晾干。

薄层板的活性与含水量有关，含水量越大，活性越低，所以涂好的薄层板在室温晾干后需要加热活化，活化条件根据需要而定。硅胶板一般放在烘箱中逐渐升温至 $105\sim110℃$ 活化 0.5h。氧化铝板在 200℃ 活化 4h 可得活性为 Ⅱ 级的薄层，$150\sim160℃$ 活化 4h 可得活性为 Ⅲ～Ⅳ级的薄层。测定氧化铝板的活性级别是将表 3-10 中的几种染料（各 30mg）分别溶解在 50mL 无水四氯化碳中，各取 0.02mL 点于要测定的薄层板上，用无水四氯化碳展开，测定各染料的 R_f 值，并与表中所列各染料的 R_f 值进行比较，确定其活性级别。

硅胶板的活性可用二甲氨基偶氮苯、靛酚蓝和苏丹红三种染料的氯仿混合液（各 10mg 溶于 1mL 氯仿），以正己烷-乙酸乙酯（9:1）为展开剂进行展开，若三个染料的比移值按上述顺序依次减小，则与Ⅱ级氧化铝相当。氧化铝活性与各偶氮染料比移值关系见表 3-10。

活化好的薄层板应保存在干燥器或干燥箱中备用。

表 3-10 氧化铝活性与各偶氮染料比移值的关系

活性级别 偶氮染料	勃劳克活性级的 R_f 值			
	Ⅱ	Ⅲ	Ⅳ	Ⅴ
偶氮苯	0.59	0.74	0.85	0.95
对甲氧基偶氮苯	0.16	0.49	0.69	0.89
苏丹黄	0.01	0.25	0.57	0.78
苏丹红	0.00	0.10	0.33	0.56
对氨基偶氮苯	0.00	0.03	0.08	0.19

（3）点样 在距薄层板下端约 1cm 处用铅笔轻轻划一横线作为起始线，将样品溶于低沸点溶剂（如丙酮、甲醇、乙醇、氯仿、苯、乙醚和四氯化碳等）配成 1% 左右的溶液，用内径 1mm、管口平的玻璃毛细管或微量注射器点样，垂直轻轻地点在起始线上，注意毛细管不要碰到吸附剂。若溶液太稀，一次点样不够，则可待前一次样点溶剂挥发以后，在原点样处再点第二次。样点直径要控制小于 2mm，点样斑点过大，往往会造成拖尾、扩散等现象影响分离效果。在同一块板上可点多个样，但两个样点间距离不能小于 1～1.5cm，样点与边缘也要保持一定的距离，以避免相互干扰和产生边缘效应。

制备型色谱由于板面积较大，吸附剂层较厚，也可以点成线状。点样时，可用一根弧形毛细弯管，一端轻轻接触薄层板，另一端插入样品溶液，匀速直线移动薄层板，可以在板上得到相当均匀的样品带。

点好样品后，要等溶剂挥发干后才可以进行展开过程。

（4）展开剂的选择和展开 由于制板时已选定了固定相，因此展开剂的选择就成为影响分离效果的主要因素。选择展开剂时，要考虑样品各组分的极性、溶解度和吸附活性等因素。一般情况下，溶剂的展开能力与溶剂的极性成正比。因此所选择展开剂的极性要比分离物质的极性略小。溶剂的极性越大，则对化合物解吸的能力越强，即样品对吸附剂的吸附能力就小，也就是 R_f 值也越大。如果样品中各组分的 R_f 值都较小，则可适量增加极性较大的溶剂。如果在分离过程中发现 R_f 值太小，说明展开剂极性不够，需要考虑加入一种（有时是几种）极性强的展开剂进行调控。这种混合展开剂往往能使分离效果显著地优于单一展开剂。

常用展开剂的极性大小顺序如下：

己烷、石油醚＜环己烷＜四氯化碳＜三氯乙烯＜二硫化碳＜甲苯＜苯＜二氯甲烷＜氯仿＜乙醚＜四氢呋喃＜乙酸乙酯（无水）＜丙酮＜正丁醇＜丙醇＜乙醇＜甲醇＜水＜冰乙酸＜吡啶＜乙酸以上只是大致的顺序，且对硅胶和氧化铝适用。但使用前必须做实验，以实验取得的第一手资料为准。

薄层色谱的展开需在密闭容器内进行。展开过程中，展开缸内始终要使展开剂蒸气处于饱和状态。为使溶剂蒸气迅速达到饱和，可在展开槽内衬一张滤纸。常用的展开槽有长方形盒式和广口瓶式，展开方式有下列几种。

① 上升法。将薄层板垂直放置在盛有展开剂的展开槽中，应注意展开剂高度不能超过 0.5cm，当展开剂上升到距薄层板边缘 1cm 时，迅速取出，并立即记下展开剂前沿的位置，然后在通风橱中晾干。这种方法适用于含黏合剂的硬板。

② 倾斜上行法。如图 3-77 所示无黏合剂的软板应倾斜 15°角，含有黏合剂的硬板可以倾斜 45°～60°角。

③ 下降法。如图 3-78 所示，放在圆底烧瓶中的展开剂通过滤纸或纱布吸在薄层板上端，使展开剂下行至板的下端，并流入展开槽中。这是一种连续展开的过程，适用于 R_f 值小的化合物。

④ 双向展开。此法用于成分复杂、不易分离的样品，使用方形玻璃板制板。将样品点在角上，向一个方向展开，然后转动 90°角，再换另一种展开剂展开。

⑤ 显色。样品经薄层板展开后，若本身带有颜色，溶剂挥发掉后可以直接看到斑点的颜色；若样品无色，就需要显色。

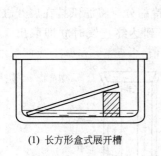

(1) 长方形盒式展开槽

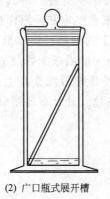

(2) 广口瓶式展开槽

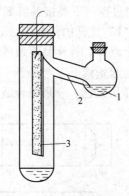

图 3-77　倾斜上行法展开

图 3-78　下降法展开

1—溶剂；2—滤纸条；3—薄层板

对于含有荧光剂（硫化锌镉、硅酸锌、荧光黄）的薄层板在紫外光下观察，展开后的有机化合物的斑点在亮的荧光背景下呈现暗色；也可用卤素斑点试验法来使薄层板显色。这种方法是将几粒碘置于密闭容器中（此容器称为碘缸），待容器充满碘的蒸气后，将展开的薄层板放入碘缸，碘与大多数有机物（烷烃、卤代烷除外）会可逆结合，在数秒钟内化合物的斑点呈现黄棕色。但是，当薄层板上仍含有溶剂时，由于碘蒸气也能与溶剂结合，致使薄层板显淡棕色，而展开后的有机化合物则呈现较暗的斑点。薄层板自碘缸中取出后，碘很快挥发，使所呈现的颜色很快消失，因此显色后应立即用铅笔将斑点的位置标出。薄层色谱可使用腐蚀性的显色剂如浓硫酸、浓盐酸和浓磷酸等显色。另外，根据化合物的特性，还可采用显色剂显色。凡可用于纸色谱的显色剂都可用于薄层色谱，如三氯化铁溶液、水合茚三酮溶液、磷钼酸溶液等。

3.14.1.3 应用

薄层色谱的最大优点是简便、易行、快速且分离效果好。在定性分析、定量分析、监测反应进程、制备纯样品、为柱色谱作条件实验等方面均可使用。

在定性分析中，主要依据 R_f 值。需要注意的是，在吸附剂、展开剂、薄层厚度、温度及其他操作条件尽量保持一致时的定性才有意义。最好用被测样品的标准品于同样条件下做对照，还要至少改变展开剂极性后再复核一次结果才是可靠的。

有机反应的进程，也能很方便地利用薄层色谱来监测。例如，从反应开始时，每隔一定时间，将反应液点在薄层上并展开（以原料纯品作对照）。经显色后，如果检测不到原料斑点说明反应已完全。如果除了产物之外，还有其他斑点，可能是副产物或中间体。由产物斑点面积大小还能定性地估计产率。

3.14.2 纸色谱

纸色谱（纸上层析）是将样品溶液点在滤纸上，滤纸作为载体，吸附在滤纸上的水作为固定相，含有一定比例水的有机溶剂作为流动相。展开时，样品各组分因在固定相（水）和流动相中的分配系数不同而被分开。因此纸色谱属于分配色谱的一种。

作为载体的滤纸是相对分子质量大的多羟基化合物，纸色谱用滤纸要求两面均匀，不含杂质。

纸色谱操作简便，色谱图便于保存，但展开时间长，主要用于多官能团或高极性化合物（如糖、氨基酸）的分析鉴定。纸色谱的操作大致与薄层色谱相似。根据需要将滤纸剪成一定大小的条状，然后用铅笔在距滤纸 2～3cm 处划好起始线"a"（见图 3-79），在另一端画上终止线"b"，用三角板和直尺从中间作一折叠。将其悬挂在放有展开剂的展开缸（见图 3-80）中过夜（不要接触溶剂），用溶剂蒸气饱和。操作过程中不能用手接触起始线"a"与终止线"b"之间的任何部分，以免手上的油脂污染滤纸。用毛细管吸取样品溶液，在滤纸起始线上点样，待样品溶剂挥发后，剪去滤纸条起始线上面手持部分，将滤纸挂在展开缸的挂钩上，起始线下端与展开剂接触，展开剂沿滤纸条上升，当到达终止线时立即取出，晾干。若样品无色，应采用合适的方法显色，并计算各组分的 R_f 值。

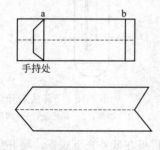

图 3-79 纸色谱用纸的叠法

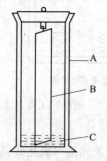

图 3-80 纸色谱筒
A—色谱筒；B—滤纸；C—展开剂

用纸色谱进行分析时，由于影响 R_f 值的因素很多，实验数据与文献数值可能不同，且不易重复，因此点样时，一般要同时点上标准样品作为对照。

3.14.3 柱色谱

3.14.3.1 原理

柱色谱（柱层析）是将固定相填装在玻璃柱中进行分离的一种色谱分析方法。常用的有吸附柱色谱和分配柱色谱两种。固定相以氧化铝或硅胶作为吸附剂的为吸附柱色谱；以硅胶、硅藻土或纤维素作为支持剂，支持剂中吸附的大量液体作为固定相的为分配柱色谱。

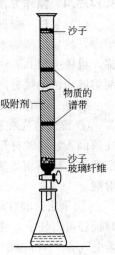

图 3-81 柱色谱

吸附柱色谱是在色谱柱（见图 3-81）内装入固体吸附剂（固定相），将待分离样品的溶液从柱顶加入，并被柱顶的吸附剂吸附，然后从顶部加入洗脱剂（流动相），由于吸附剂对样品各组分的吸附力不同，各组分以不同的速度随洗脱剂向下移动，经过反复的吸附、解吸过程，各组分在色谱柱中按照吸附作用的大小依次形成不同的"色带"。如果样品组分有颜色，则可以直接观察到"色带"。每个"色带"的溶液从柱底部流出，分别收集，则可以得到样品各组分的溶液。

色谱柱中填充的吸附剂的量远远大于薄层色谱，而且根据被分离样品的多少可以选择不同大小的色谱柱，所以柱色谱可以分离比较大量的样品。

3.14.3.2 吸附剂

柱色谱常用的吸附剂有氧化铝、硅胶、氧化镁、碳酸钙和活性炭等。选择的吸附剂绝不能与被分离的物质和展开剂发生化学作用，此外关于吸附剂的选择，在薄层色谱一节中已进行了讨论，但要求吸附剂的粒度大小要均匀。粒度太小、表面积大，吸附能力强，分离效果好，但溶剂流速太慢；若粒度太大，流速快，分离效果差，因此粒度的大小要适当。柱色谱中应用最广泛的是氧化铝，其粒度大小以通过 100～150 目筛孔为宜。色谱用的氧化铝可分为酸性、中性和碱性三种。酸性氧化铝是用 1% 盐酸浸泡后，用蒸馏水洗至悬浮液 pH 为 4～4.5，适用于分离酸性物质，如有机酸类的分离；中性氧化铝 pH 为 7.5，适用于分离中性物质，如醛、酮、醌和酯等类化合物；碱性氧化铝 pH 为 9～10，适用于分离碳氢化合物、生物碱、胺等化合物。吸附剂的活性与其含水量有关，氧化铝的活性分为五级，见表 3-11。

表 3-11 吸附剂活性和含水量的关系

活性等级	一	二	三	四	五
氧化铝含水量/%	0	3	6	10	15
硅胶含水量/%	0	5	15	25	38

制备吸附剂的方法是将氧化铝放在高温炉（350～400℃）内烘烤 3h，得无水氧化铝，然后加入不同量的水分即得不同活性的氧化铝。化合物的吸附性与分子的极性有关，分子极性越强，吸附能力越大。氧化铝对各类化合物的吸附性按以下顺序递减：

酸、碱＞醇、胺、硫醇＞酯、醛、酮＞芳香族化合物＞卤代物、醚＞烯＞饱和烃

柱色谱的分离效果与色谱柱大小和吸附剂的用量也有关系。一般柱中吸附剂的用量为被分离样品的 30～40 倍，若需要可增至 100 倍。柱高与直径之比为 10：1～4：1。实验室常用的色谱柱直径在 0.5～10cm 之间。

3.14.3.3 溶剂和洗脱剂

溶剂的选择通常是从被分离化合物中各组分的极性、溶解度和吸附剂的活性等因素来考

虑，溶剂选择的好坏直接影响到柱色谱的分离效果。

进行柱色谱分离前，要将样品溶解，溶解样品的溶剂极性应比样品小一些。溶剂极性太大，样品不容易被吸附剂吸附。同时，溶剂对样品的溶解度也不能太大，否则也会影响吸附；但也不能太小，溶解度太小，溶剂体积增加，使色带分散。

洗脱剂的选择最好先用薄层色谱方法进行试验，然后将薄层分析方法找到的合适展开剂用于柱色谱。也可以先用极性较大的溶剂洗脱极性较大的化合物。常用洗脱剂的极性顺序与薄层色谱的展开剂的极性大致一样。

3.14.3.4　操作方法

（1）装柱　根据被分离样品的多少选择大小合适的色谱柱。使用前要将玻璃柱用水清洗干净，然后用蒸馏水冲洗、干燥。将洁净干燥的色谱柱垂直固定在铁架上，柱底铺一层玻璃棉，再盖一层 0.5～1cm 厚的石英砂。注意，柱下口的玻璃塞不要涂润滑脂，以防油脂被溶剂溶解而污染被分离的化合物。

装柱一般有湿法和干法两种。

① 湿法。先在柱内加入柱高 1/4 的溶剂，然后用一定量的溶剂将吸附剂调成糊状，从柱顶倒入，同时打开柱下口活塞，控制流速每秒钟 1 滴，用木棒轻轻敲击柱子，使吸附剂慢慢而均匀地下沉，装完后再覆盖 0.5～1cm 厚的沙子。注意，柱内的液面始终要高出吸附剂。

② 干法。装柱时在柱子上套上一个干燥的漏斗，使吸附剂均匀而连续地倒入柱内，同时轻轻敲击柱子，使装填均匀、结实。加完吸附剂后，再加溶剂，使吸附剂全部润湿，并覆盖上 0.5～1cm 厚沙子，并浸泡一段时间再用。一般湿法比干法装得结实均匀。

无论用哪种方法装柱，装柱过程以及装填完毕吸附剂要始终浸泡在溶剂中，装填完后，溶剂液面要高于石英砂，否则柱身干裂，影响分离效果，甚至无法使用。柱身装填要均匀、无气泡、无裂纹，适度紧密，柱顶面的吸附剂和石英砂表面要保持水平。

（2）加样与洗脱　打开色谱柱活塞，当溶剂刚流至石英砂面时关闭活塞，用移液管或长滴管沿柱壁加入样品溶液，再打开活塞，小心放出一些溶剂，使溶液液面降至石英砂面再关闭活塞。用少量溶剂仔细将柱内壁沾附的样品冲洗干净，再将溶液液面放至石英砂面处。然后加入洗脱剂（可在柱上面装一个滴液漏斗，从漏斗不断补充洗脱剂），打开下面的活塞进行洗脱，整个过程柱内应保持一定高度的液面。样品各组分有颜色时，可直接观察收集各组分的洗脱液。若样品各组分为无色，则采用等分收集。然后用薄层色谱分析各收集组分，合并相同组分的溶液，蒸除溶剂，即可得到所分离的各个组分。

3.14.3.5　应用

由于柱色谱操作简单易行，在实验室中常用来分离并制备一定量纯物质。其操作条件，如吸附剂和洗脱剂的选择，组分的流出顺序及流出组分的纯度等，都可以用薄层色谱来探索和检验。薄层色谱快速、方便，摸索出的分离条件往往稍作改变即可用于柱色谱，因而常将两者结合起来使用，在定性、分离、制备一定数量的纯样品方面成为简便易行且有效的方法。

下篇 实 验

第4章 基本操作与基本技能实验

实验一 仪器的洗涤、干燥与玻璃工操作

一、目的与要求

（1）学习并掌握化学实验室的安全知识；熟悉实验室内的水、电、气的走向和开关；学会实验室事故的应急处理。

（2）了解实验室中常用仪器的名称、性能、规格、一般用途和使用注意事项。

（3）熟悉去污粉、铬酸洗液等洗涤剂的特性及使用方法，掌握常用玻璃仪器的洗涤和干燥方法。

（4）弄清煤气灯（或酒精喷灯）的构造并掌握其正确的使用方法；学会玻璃管（棒）的截断、弯曲、拉细、熔烧等操作。

（5）练习配塞子和钻孔操作。

二、预习与思考

（1）预习本书第1章"1.2 化学实验室基本知识"。

（2）预习第1章"1.4 常用玻璃仪器"。

（3）预习第3章"3.3 加热和冷却"中有关加热装置的内容。

（4）预习第3章"3.1 简单玻璃工操作和塞子钻孔"。

（5）思考下列问题：

① 仪器洗涤干净的标志是什么？不同类型的玻璃仪器用什么方法洗涤？

② 铬酸洗液配制时应注意什么？新配制的铬酸洗液是什么状态及颜色？怎样判断铬酸洗液已经失效？

③ 在切割、烧制玻璃管（棒）以及往塞孔内穿进玻璃管等操作中，应注意哪些安全问题？刚灼烧过的灼热玻璃和冷玻璃往往外表难以辨认，如何防止烫伤？

④ 弯曲和熔光玻璃管口时，应如何加热玻璃管？

⑤ 酒精喷灯正常火焰由哪三部分组成？应用哪一部分火焰加热？如何增大玻璃管受热面积？

三、仪器与药品

台秤（精度 0.1g），$K_2Cr_2O_7(s)$，H_2SO_4（浓），常用玻璃仪器，去污粉，酒精灯，毛刷等；酒精喷灯，玻璃棒，玻璃管，橡皮吸头，橡皮塞，塑料瓶（或熔点管），三角锉刀（或小砂轮片），钻孔器等。

四、实验内容

（一）仪器的洗涤与干燥

1. 认领仪器

按照"仪器清单"逐一清点所分发的仪器。在清点的过程中，认真识别仪器的名称、品

种和规格。认真检查分发的仪器是否齐全，如有短缺或破损的仪器，应及时向有关老师补领或换取。仪器清点完毕后，填好清单，交给指导老师。

2. 配制铬酸洗液

铬酸[1]洗液的配制：用台秤称取 5g 工业级 $K_2Cr_2O_7$ 置于烧杯中，加 10mL 水溶解，在搅拌下慢慢加入 100mL 浓硫酸。搅拌均匀后，待用。

3. 洗涤仪器

(1) 把所发的仪器（除金属的外）用自来水洗涤干净。

(2) 把一个烧杯（400mL）、玻璃棒、瓷蒸发皿、量筒、试管 2 支，进一步用去污粉洗涤，然后用自来水漂洗几次，并检查其是否洗净。若符合要求，再用去离子水荡洗三遍。

(3) 把用去污粉洗过的烧杯、试管、量筒进一步用铬酸洗液洗涤（注意洗液用后倒回回收瓶），然后用自来水漂洗几次，并检查其是否洗净。符合要求后，再用去离子水荡洗三遍。

注意：洗涤后的仪器应仔细检查，如果仪器洗涤达不到要求的，应再洗涤直到符合要求为止。

4. 仪器的干燥

(1) 将各类仪器放入橱柜内晾干（按要求合适地放置），备用。

(2) 装好酒精灯（参见第 3 章 "3.3 加热和冷却" 中有关酒精灯的要求操作）。

(3) 将已洗净的试管，用试管夹夹住，在酒精上小火烤干。

(4) 关闭空气调节器，用石棉板盖住灯口将酒精灯熄灭。

（二）玻璃管（棒）的烧制加工

1. 酒精喷灯的使用

(1) 拆装酒精喷灯以弄清其构造。

(2) 观察黄色火焰的形成　往预热盘中加满酒精并点燃（挂式喷灯应将储罐下面的开关打开，从灯管口冒出酒精后再关上；在点燃喷灯前先打开），等预热盘中的酒精燃烧将完时灯管灼热后，打开空气调节器并用火柴将灯点燃。调节空气进入量，使火焰保持适当高度。此时火焰呈黄色。用一个内盛少量水的蒸发皿放在黄色火焰上，皿底逐渐发黑（为什么？）。

(3) 调节正常火焰　调节空气调节器，逐渐加大空气进入量，黄色火焰逐渐变蓝，并出现三层正常火焰。观察各层火焰的颜色。用一张硬纸片竖插入火焰中部，观察其燃烧情况，并给予解释。用一根玻璃管的一端伸入焰心，然后用火柴点燃玻璃管另一端逸出的气体（说明什么？）。

2. 制作搅拌棒

(1) 先用一些玻璃管（棒）反复练习截断玻璃管（棒）的基本操作（切割、折断玻璃管的方法，见 "3.1 简单玻璃工操作和塞子钻孔"）。将截好的玻璃管（棒）的两端放入火焰中慢慢地转动、烧圆，以防止磨损仪器和发生割伤事故。

(2) 截取长 14cm、16cm、18cm（直径约为 4mm）的玻璃棒各一根，并将断口熔烧至圆滑。

3. 制作小搅拌棒和滴管

(1) 练习拉细玻璃管和玻璃棒的基本操作。

(2) 制作小搅拌棒和滴管各两支，规格如图 3-5 所示。制作滴管时，先截取 26cm 长（外径约为 7mm）的玻璃管一支，将玻璃管中间部分加热，并不断旋转，待玻璃管均匀软化后，将其从火焰中取出，在同一水平面上向两旁逐渐拉开到所需的细度，冷却后在拉细部分的中间把玻璃管截成两段。要求玻璃管拉细部分的内径为 1.5~2mm，毛细管长约 7cm，滴管总长 13~15cm。冷却后，套上一个橡皮吸头即制成滴管。

注意：滴管小口一端烧光滑时要特别小心，不能久置于火焰中，以免管口收缩甚至封死。滴管大口一端则应烧软，然后在石棉网上垂直加压（不能用力过大），使管口变厚略向外翻，便于冷却后套上橡皮吸头。制作的滴管规格要求为：从滴管口滴出 20～25 滴水体积约等于 1mL。

4. 弯玻璃管和拉毛细管

（1）练习玻璃管的弯曲，分别弯成 120°、90°、60°角度。玻璃管弯曲部分要保持圆滑，不要瘪陷，将两断口要烧圆。

（2）制作规格如图 4-1 的玻璃弯管一支，留着装配洗瓶用。

（3）取一段洁净的玻璃管，放入火焰中加热并不断转动。当玻璃管被烧得足够软（红黄色）时，将玻璃管从火焰中取出，两手水平拉开，拉到直径为 1～1.5mm 的细度时，一手持玻璃管，使其垂直下垂，冷却定型后，再截成所需长度的毛细管，备用。

（三）塞子钻孔

（1）按塑料瓶口（或提勒式熔点管）直径的大小选取一个合适的橡胶塞，塞子[2]应能塞入瓶口 1/2～2/3 为宜。

（2）按玻璃弯管（或温度计）直径的大小选用一个打孔器[3]，在所选橡皮塞中间钻出一孔。钻孔时，切记左手按紧橡皮塞，以防旋压打孔器时，塞子移动打滑，损伤手指。

（四）装配洗瓶

（1）把制作好的玻璃弯管（或温度计）按图 4-2 所示的方法，边转边插入橡皮塞中去。操作时玻璃管（或温度计）可先蘸些水或甘油等润滑剂以保持润滑，不能硬塞。孔径过小时可用圆锉进行修整，把孔径锉大些，以防玻璃管（或温度计）折断而伤手。

（2）把已插入橡胶塞中的玻璃弯管的下端按图 4-3 所示的要求，在离下口 3cm 处（管若已沾水则需小心烘干）弯一个 150°角，此弯管方向与上部弯管一致并处于同一平面上。完成后，按图 4-3 装配成洗瓶。

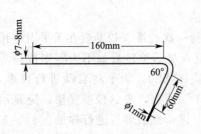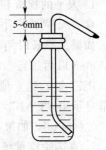

图 4-1　制洗瓶的弯管　　　图 4-2　玻璃管插入塞子的操作　　　图 4-3　塑料洗瓶

五、问题与讨论

（1）应如何判断玻璃器皿是否清洁？

（2）说明使用酒精灯时应注意的事项及理由。

（3）加热过的仪器放置时应注意些什么？为什么？

六、注释

[1] 铬酸洗液有毒，易造成污染，已很少使用。一般能用别的洗涤方法洗干净的仪器，就不要用铬酸洗液。

[2] 选用软木塞时，表面不应有深孔、裂纹。使用前要经过滚压，压滚后软木塞的大小同样应以塞入颈口 1/2～2/3 为宜。软木塞打孔时，所选用的打孔器的直径比被插入管子的直径略小些。

[3] 橡皮塞打孔要选用比被插入管子的外径稍大些的打孔器，因橡皮塞有较大的弹性。

实验二　电子分析天平的使用

一、目的与要求

（1）学会和掌握托盘天平、电子天平的使用方法。

（2）练习称量瓶的使用及初步掌握减量法称取样品。

（3）掌握电子天平的称量方法。

二、预习与思考

（1）预习第2章"2.1 称量仪器"中关于托盘天平、电子天平的基本结构、称量原理和使用方法。

（2）预习第1章"1.3 实验数据的记录与处理"中有关有效数字的概念等内容。

（3）思考下列问题

① 怎样使用托盘天平？使用时应该注意哪些事项？

② 如发现电子天平的位置不水平，应该怎样调节？能否不调节就进行称量？

③ 减量称量法是怎样进行的？有何优点？

④ 使用电子天平应该注意哪些问题？

三、实验原理

化学实验中根据不同的称量要求，常用托盘天平、普通化学天平和分析天平称量。有关称量仪器的构造和称量原理及使用方法等参见"2.1 称量仪器"。

四、仪器与药品

托盘天平（精度0.1g），电子天平（精度0.1mg），称量瓶，烧杯（50mL），表面皿，角匙；石英砂，金属片，蜡光纸。

五、实验内容

1. 天平的检查和调节

拿去天平罩子后，检查天平是否水平，天平内是否清洁。

如果天平长时间没有用过，或天平移动过位置，应进行一次校准。校准要在天平通电预热30min以后进行。程序是：调整水平，按下"开/关"键，显示稳定后如不为零则按一下"TARE"键，稳定地显示"0.0000g"后。按一下校准键（CAL），天平将自动进行校准，屏幕显示出"CAL"，表示正在进行校准。10s左右，"CAL"消失，表示校准完毕，应显示出"0.0000g"，如果显示不正好为零，可按一下"TARE"键，然后即可进行称量。

2. 直接法称量练习

在分析天平上先称出蜡光纸的质量 m_1，然后将已预先在台秤上粗称过的金属片放在蜡光纸上，称出总质量 m_2，则（$m_2 - m_1$）即为金属片的质量，记下所称质量。

3. 固定质量称量练习

称取0.5000g石英砂试样两份。

（1）取两只洁净干燥的表面皿，分别在电子天平上称出其质量（准确至0.1mg），记录称量数据。

（2）用角匙将石英砂试样慢慢加到表面皿的中央，直至试样量达到0.5000g为止（要求称量的误差范围≤0.2mg），记录称量数据和试样的实际质量。反复练习2～3次。

（3）在上述称量的基础上，继续加入500mg试样，要求称量的误差范围≤0.2mg，反复练习2～3次。

4. 减量法称量练习

称取 0.3~0.4g 试样两份。

(1) 取两个洁净、干燥的小烧杯（标上编号），分别在分析天平上称其质量（准确至 0.1mg），记下质量。

(2) 从干燥器中取出一只装有试样（约 1.2g）的称量瓶，再在电子分析天平上准确称量，记下质量为 m_1。用一洁净的纸条套在称量瓶上，用手取出称量瓶，再用一小块纸块裹住瓶盖，打开瓶盖，用瓶盖轻轻敲击称量瓶口边缘，转移试样 0.3~0.4g（约 1g 试样的 1/3）于上面已称出质量的第一个烧杯中。再准确称取称量瓶质量为 m_2，则（m_1-m_2）即为试样的质量。以同样的方法转移试样 0.3~0.4g 于第二只小烧杯中，然后称出称量瓶和剩余试样重为 m_3，则（m_2-m_3）为第二份试样于第二个烧杯中增加的质量，要求称量的绝对误差值小于 0.5mg。

(3) 分别准确称出两个烧杯和试样的质量，记录为 m_4 和 m_5。

(4) 检验称量结果

① 看（m_1-m_2）之质量是否等于第一个烧杯中增加的质量，（m_2-m_3）之质量是否等于第二个烧杯中增加的质量，如不等求其差值，要求称量的绝对值小于 0.5mg。

② 再看倒入烧杯中的两份试样质量是否符合要求的称量范围（0.3~0.4g 之间）。

③ 如不符合要求，应认真分析原因，再做称量练习，并进行计时，检验自己称量操作正确和熟练的程度。经过 3 次称量练习后，称量一个试样的时间要求为：固定质量称量法在 2min 之内；减量称量法在 3min 之内，且倾样次数不超过 3 次，连续称两个样的时间不超过 5min。

5. 天平称量后的检查

每次做完实验后，都必须做好称量后的天平检查工作，检查内容与称量前的天平检查相同。检查后请指导老师复查签名，然后罩好天平罩。

六、数据记录及计算

按表 4-1 的格式记录所得的称量数据。

表 4-1　称量数据记录

样　品	(容器+试样)质量/g	容器质量/g	试样质量/g
金属片			
试样 1			
试样 2			

七、问题与讨论

(1) 试样的称量方法有哪几种？怎样操作？各有何优缺点？

(2) 在用减量法称量样品的过程中，若称量瓶内的样品吸潮，对称量会造成什么误差？若试样倾入烧杯内再吸潮，对称量是否有影响？为什么？

(3) 减量法倾倒样品时，为什么不允许用手直接接触称量瓶（包括打开盖子及倾倒样品）？应怎样正确操作？

(4) 在实验中记录称量数据应准至几位？为什么？

实验三　滴定分析基本操作练习

一、目的与要求

(1) 学会移液管、酸式滴定管和碱式滴定管的洗涤和使用方法。

（2）练习滴定操作，学会正确判断酸碱滴定的终点。

（3）熟悉甲基橙和酚酞指示剂的使用和终点颜色变化，初步掌握酸碱指示剂的选择方法。

（4）掌握有效数字、精密度和准确度的概念。

二、预习与思考

（1）预习第 2 章"2.2 度量仪器"中有关移液管、滴定管和滴定操作等内容。

（2）思考下列问题

① 滴定管装入溶液后，如果没有将下端尖管气泡赶尽就读取液面读数，对实验结果有何影响？

② 滴定过程如何避免：碱式滴定管橡皮道内形成气泡；酸式滴定管旋塞漏液。

③ 滴定结果发现以下问题，它们对结果有何影响？

a. 滴定管末端液滴悬而不落；

b. 在锥形瓶壁上液滴没有用蒸馏水冲下；

c. 滴定管未洗净，管壁内挂有液滴。

三、实验原理

酸碱滴定是利用酸和碱的中和反应，测定酸或碱浓度的一种定量分析方法。当酸和碱刚好完成中和（滴定达到终点）时，有

$$nc_{酸} \times V_{酸} = mc_{碱} \times V_{碱}$$

式中，n 是 1mol 酸所含 H^+ 的物质的量；m 是 1mol 碱所含 OH^- 的物质的量；$c_{酸}$、$c_{碱}$ 分别为酸、碱溶液的溶度；$V_{酸}$、$V_{碱}$ 分别为消耗的酸、碱溶液的体积。因此，如果取一定体积的待测定浓度的酸（碱）溶液，用标准碱（酸）溶液（已知其标准浓度）滴定，达到终点后就从所用的碱（酸）溶液的体积以及标准碱（酸）溶液的浓度由上式即可计算出待测的酸（碱）溶液的浓度。

中和滴定的终点可借助于指示剂的颜色变化来确定。指示剂本身是一种弱酸或弱碱，在不同的 pH 范围可显示出不同的颜色。例如酚酞，变色范围为 pH＝8.0～10.0，在 pH＝8.0 以下为无色，10.0 以上显红色，8.0～10.0 之间显粉红色。又如甲基红，变色范围为 pH＝4.4～6.2，pH＝4.4 以下显红色，6.2 以上显黄色，4.4～6.2 之间显橙色或橙红色。再如甲基橙溶液，其变色范围为 pH＝3.1～4.4。

滴定时应根据不同的反应体系选用适当的指示剂，以减少滴定误差。强碱滴定强酸时，常用酚酞溶液作指示剂；强酸滴定强碱时，常用甲基红或甲基橙溶液作指示剂。显然利用指示剂的变色来确定滴定的终点与酸碱中和时的等当点（当碱溶液和酸溶液中和达到两者的当量数相同时称等当点）可能不一致。例如，以强碱滴定强酸，在等当点时 pH 应等于 7.0，而用酚酞作指示剂它的变色范围是 8.0～10.0。这样滴定至终点（溶液由无色变为粉红色）时就需要多消耗一些碱，因而就可能带来滴误差。但是，根据计算这种滴定终点与等当点不相一致所引起误差是很小的，对测定酸碱的浓度影响很小。

四、仪器与药品

（1）仪器　碱式滴定管（50mL），酸式滴定管（50mL），移液管（25.00mL），锥形瓶，烧杯，滴定台，滴定管夹，洗耳球，洗瓶。

（2）药品　HCl（0.1mol·L^{-1}）（未知液），标准 NaOH（0.1000mol·L^{-1}）（已知浓度），NaOH（0.1mol·L^{-1}，未知液），标准 HCl（0.1000mol·L^{-1}，已知浓度），酚酞 0.1%，甲基橙 0.1%（或甲基红 0.1%）。

五、实验内容

（1）按照第 2 章 "2.2 度量仪器" 中有关移液管、滴定管和滴定操作的内容，弄清移液管和滴定管的洗涤和操作方法。洗净移液管、碱式滴定管、酸式滴定管、烧杯。

（2）用标准浓度的 NaOH 滴定未知浓度的 HCl 溶液。用标准浓度的 NaOH 溶液将已洗净的碱式滴定管润洗 3 遍，每次用 5～6mL 溶液润洗，然后将 NaOH 溶液注入碱式滴定管内，使液面略高于 "0.00" 刻度线。挤压橡皮管，使多余的液体流出，同时赶尽管内气泡，置于滴定管架上。这时滴定管内溶液的弯液面应在 "0.00" 刻度或略低处。

（3）用未知浓度的 HCl 溶液将已洗净的 25mL 移液管润洗 3 遍，然后准确移取 25.00mL HCl 溶液放入洁净的锥形瓶内，加入 2～3 滴 0.1% 酚酞指示剂。取下滴定管，准确读取管内液面刻度的初读数（V_0），然后用右手持锥形瓶，左手拇指和食指挤压玻璃球外橡皮管，使玻璃球靠向一侧，另一侧则出现一条空隙，使 NaOH 逐滴滴入瓶内。为了使溶液混合均匀，滴定过程中要不断摇动锥形瓶，使瓶内溶液转动。

滴定初始，溶液滴出速度可稍快些（但不能使之滴水成线），此时瓶内溶液的粉红色会很快褪去。当接近终点时，粉红色褪去很慢，此时应逐滴逐滴加入（应待粉红色褪去后再滴加），必要时只能挤出液珠挂在尖嘴（半滴）或更少些（1/4 滴）（注意，不要滴下），用锥形瓶内斜面靠下液滴，再用去离子水冲洗下去，直到溶液由无色变为粉红色，经摇晃半分钟左右不褪色，即可认为已达终点。此时取下滴定管，准确读取末读数（V_1）。滴定前与滴定后的液面读数之差（$V_1 - V_0$），即为滴定过程中所用去的 NaOH 溶液的体积（V_{NaOH}）。

用同样步骤重复上述滴定操作两次，直到三次实验结果 V_{NaOH} 相差不超过 0.05mL 为止。

在碱管滴定操作过程中还应注意以下几点：

① 滴定前后碱式滴定管的玻璃尖嘴内不应有气泡、尖嘴外不应有液珠。

② 滴定时碱管的玻璃珠下端橡皮管不要被手压或扭曲，以免尖嘴存有气泡。

③ 滴定时滴定管的尖嘴要伸进锥形瓶至斜面位置，以免溶液滴到瓶外或瓶口上，不便冲洗。

④ 移液时右手拿移液管，左手拿洗耳球（左撇子操作者则相反）。

⑤ 溶液吸到移液管的刻度以上时，左手要端起装溶液的烧杯（瓶）（稍倾斜），移液管尖嘴要离开液面，同时尖嘴要紧靠杯（瓶）壁，拇指和中指轻微左右转动管身使溶液均匀下降到刻度线。

⑥ 移液管的液体流入锥形瓶后，移液管尖嘴要靠在锥形瓶内壁竖直停留片刻（约 15s）。每次移液时，停留时间均应保持一致。

⑦ 在滴定过程中，酸、碱溶液可能局部残留在锥形瓶内壁上。因此，快到终点时应用塑料洗瓶中的去离子水把溶液冲洗下去，以免引起滴定误差。

⑧ 滴定到终点时，还需全面冲洗锥形瓶内壁一次。

⑨ 由于空气中的二氧化碳影响，达到终点的溶液放久后仍会褪色。

（4）按表 4-2 的格式记录所得的碱滴定酸的实验数据并计算。

（5）用标准浓度的 HCl 滴定未知浓度的 NaOH 溶液。用标准浓度的 HCl 溶液将已洗净的酸式滴定管润洗 3 遍，每次用 5～6mL 溶液润洗，然后将 HCl 溶液注入酸式滴定管内，使液面略高于 "0.00" 刻度线。旋开玻璃旋塞，使液体快速流出，赶尽旋塞下端的气泡。调整滴定管内的弯液面至 "0.00" 刻度或略低处，置于滴定管架上。

（6）另取一支 25mL 移液管，用未知浓度的 NaOH 溶液将其润洗 3 遍，然后准确移取 25.00mL 未知浓度的 NaOH 放入洁净的锥形瓶内，加入 2～3 滴甲基橙（或甲基红）指示

表 4-2 NaOH 溶液滴定 HCl 溶液 （指示剂：酚酞）

内 容 记 录 ＼ 滴定编号	1	2	3		
标准 NaOH 溶液浓度/mol·L^{-1}					
滴定前溶液液面读数(V_0)/mL					
滴定后溶液液面读数(V_1)/mL					
标准 NaOH 溶液用量($V_{NaOH}=V_1-V_0$)/mL					
HCl 溶液用量(V_{HCl})/mL					
HCl 溶液浓度/mol·L^{-1}					
HCl 溶液平均浓度/mol·L^{-1}					

剂。取下滴定管，准确读取管内液面刻度的初读数（V_0），然后用右手持锥形瓶，左手拇指、食指和中指旋转旋塞，使 HCl 溶液逐滴滴入瓶内。为了使溶液混合均匀，滴定过程中要不断摇动锥形瓶，使瓶内溶液转动。当接近终点时，应逐滴滴加，必要时通过控制旋塞使液珠挂在尖嘴（半滴）或更少些（1/4 滴）（注意，不要滴下），用锥形瓶内斜面靠下，再用去离子水冲洗下去，直到溶液颜色由黄色变为橙色或橙红色时，即可认为已达终点。此时应尽快取下滴定管（以免溶液滴漏），准确读取末读数（V_1）。滴定前与滴定后的液面读数之差（V_1-V_0），即为滴定过程中所用去的 HCl 溶液的体积（V_{HCl}）。

用同样步骤重复上述滴定操作两次，直到三次实验结果 V_{HCl} 相差不超过 0.05mL 为止。

在酸管滴定操作过程中还应注意以下几点：

① 同碱管操作中的①、③～⑧等点。

② 旋塞涂凡士林时要尽量少，转动旋塞看到有光泽的薄薄一层即可，太多会造成尖嘴堵塞或漏液。

③ 开关旋塞时，旋塞要向手心方向抓紧，注意手掌心不要碰到旋塞，以免碰松旋塞，造成漏液。

④ 滴定过程手指不要离开控制旋塞。

（7）按表 4-3 的格式记录所得的酸滴定碱的实验数据并计算。

表 4-3 HCl 溶液滴定 NaOH 溶液 （指示剂：甲基橙）

内 容 记 录 ＼ 滴定编号	1	2	3		
标准 HCl 溶液浓度/mol·L^{-1}					
滴定前溶液液面读数(V_0)/mL					
滴定后溶液液面读数(V_1)/mL					
标准 HCl 溶液用量($V_{HCl}=V_1-V_0$)/mL					
NaOH 溶液用量(V_{HCl})/mL					
NaOH 溶液浓度/mol·L^{-1}					
NaOH 溶液平均浓度/mol·L^{-1}					

六、问题与讨论

（1）怎样洗涤移液管？为什么最后要用需要移取的溶液洗涤移液管？滴定管和锥形瓶是否也需要用同样方法洗涤？

（2）在滴定管中装入溶液后，为什么要把管内气泡赶尽？滴定前后如有气泡对实验结果各有什么影响？

（3）在移液过程中，移液管内溶液流完后，移液管为什么要竖直靠瓶壁片刻？否则实验结果会有什么影响？

（4）几次滴定，为什么滴定管内的液面初读数应在相近的位置？

（5）滴定管、移液管及容量瓶是滴定分析中量取溶液体积的三种量器，记录时应记准几位有效数字？

实验四　摩尔气体常数的测定

一、目的与要求

（1）加深对理想气体状态方程式和分压定律的理解和应用。

（2）了解一种测定摩尔气体常数方法及其操作，验证常温下的 R 值为常数。

（3）学习运用实验数据的处理方法。

二、实验原理

根据理想气体状态方程式 $pV=nRT$，可求得气体常数 R 的表达式，即 $R=pV/nT$，其数值可以通过实验来确定。本实验通过金属镁与稀盐酸反应置换出氢气来测定气体常数 R 的数值，其反应式为

$$Mg+2HCl \longrightarrow MgCl_2+H_2 \uparrow$$

根据理想气体状态方程式，在一定的温度和压力下，一定量的镁与过量的盐酸反应，测定反应所放出的气体，就可以计算摩尔气体常数 R 的数值。

准确称取一定质量的镁条 $m(Mg)$，使之与过量的稀盐酸作用，在实验温度 T 和压力 p 下可测得被置换出来氢气的体积 $V(H_2)$，氢气的物质的量 $n(H_2)$ 可由参加反应的镁条的质量求得。由于氢气是以排水集气法收集，氢气中混有水蒸气，因此总压力要扣除水的饱和蒸气压 $p(H_2O)$ 才得到氢气的分压 $p(H_2)$，即 $p(H_2)=p-p(H_2O)$。

实验温度 T 和压力 p 分别由温度计和气压计测得，实验温度下的水的饱和蒸气压可从数据表中查得。把以上数据代入，即可求得 R 值。

$$R=\frac{p(H_2)V(H_2)}{n(H_2)T}=\frac{p(H_2)V(H_2)M(Mg)}{m(Mg)\times(t+273.15)}$$

式中，t 是以摄氏度为单位的室温读数；$M(Mg)$ 为镁的相对原子质量。

本实验也可用稀硫酸和镁条反应或用铝或锌反应来测摩尔气体常数 R 的数值。

三、仪器与药品

（1）仪器　分析天平，测定气体常数的实验装置（见图 4-4，包括铁架台、量气管、反应试管、导气管、水准瓶等），100mL 量筒，15mL 吸量管，温度计。

（2）药品与材料　镁条（分析纯），HCl（6.0mol·L^{-1}），砂纸。

四、实验内容

（1）用电子天平准确称取 2 份已用砂纸擦去表面氧化膜的光亮镁条，每份质量在 0.0300～0.0400g（准确至 0.0001g，若为铝片称取 0.0200g，若是锌片称取 0.0800g）。

（2）按图 4-4（a）将装置连接好，打开

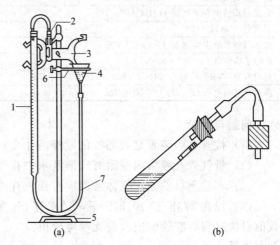

图 4-4　测定摩尔气体常数的装置

1—量气管；2—反应试管；3—蝴蝶夹；4—水准瓶（三角漏斗）；5—铁架台；6—铁圈；7—导液管

反应试管的橡皮塞，由水准瓶往量气管内装水[1]至略低于"0"刻度位置，上下移动水准瓶以赶尽胶管和量气管内的气泡，然后将反应试管接上并塞紧塞子。

(3) 检查装置的气密性。把水准瓶下移一段距离，如果气管内液面只在初始时稍有下降，此后维持液面不变（观察 3～4min 以上），即表明该装置不漏气。如果液面不断下降，应检查各接口处是否严密。反复试验、调整，直至确定不漏气为止。

(4) 把水准瓶移回原位，取下反应试管，用小量筒小心沿试管的一边管壁注入 3mL 盐酸（6mol·L^{-1}）。注意切勿沾污要贴镁条的另一边管壁，然后将镁条用水稍微湿润后贴于试管壁一边合适的位置上，确保镁条既不与酸接触又不触及试管塞 [图 4-4(b)]。然后检查量气管内液面是否处于略低于"0"刻度的位置，再次检查装置的气密性。

(5) 将水准瓶靠近量气管，使两液面保持同一水平，记下量气管液面位置（读至 0.01mL）。将试管 2 略微倾斜抬高，使镁条落入盐酸溶液中，再将反应试管放回原处，这时反应产生的氢气进入量气管中，管中的水被压入导液管 7 内。为避免量气管内压力过大，可不断调节下移水准瓶，使两液面大体保持在同一水平。

(6) 反应完毕后，待量气管冷却到室温[3]，然后使水准瓶与量气管内液面处于同一水平，记录液面位置（读至 0.0x mL）。1～2min 后，再记录一次液面的位置，直至两次读数一致，即表明管内气体温度已与室温相同。记下室温和大气压。

取下反应管，换另一镁条重复实验一次。

五、数据记录和处理

按表 4-4 的格式记录所得的实验数据，并根据前述公式计算出测定结果。

表 4-4　气体常数测定实验数据和结果处理

项　　目	第一次实验	第二次实验
室温/℃		
大气压/Pa		
镁条质量 m/g		
镁的物质的量 $n(\text{Mg})$/mol		
氢气体积 V/mL		
氢气的物质的量 $n(\text{H}_2)$/mol		
室温时水的饱和蒸气压 $p(\text{H}_2\text{O})$/Pa		
氢气分压 $p(\text{H}_2)$/Pa		
摩尔气体常数实验值 R/J·mol^{-1}·K^{-1}		
R 的平均值/J·mol^{-1}·K^{-1}		
相对误差[3]$(R-8.314)\times100\%/8.314$		
实验相对偏差[4]$(R-R_平)\times100\%/R_平$		

六、问题与讨论

(1) 检查实验装置是否漏气的原理是什么？如果实验装置漏气将会带来什么样的误差？

(2) 量气管及胶管内壁附有气泡及水中有气泡对实验结果会有什么影响？怎样排除？

(3) 实验测得的通用气体常数应有几位有效数字？本实验产生误差的主要原因有哪些？

(4) 设在 273K 和 101kPa 下，试求算 Mg 的质量（mg）与氢气体积（mL）之比，这个数值对快速判断实验的成败有无参考价值？

七、注释

[1] 本实验装入测定装置中的水最好应在室温下放置 1d 以上，不能直接用自来水，以防溶于自来水中的小气泡附着在量气管内壁，难以排除。

[2] 在等待反应管的温度降至室温时，应使量气管内液面与水准瓶液面保持基本相平的位置，以免在

量气管内形成正或负的压差而加速氢气的泄漏。

［3］指误差在真实结果中所占的百分率，即相对误差 $=\dfrac{|个别测定值-真实值|}{真实值}\times100\%$。

［4］指测定偏差在测得平均值中所占的百分率，即相对偏差 $=\dfrac{|测定值-平均值|}{平均值}\times100\%$。

实验五　氯化钠的提纯

一、目的与要求

（1）学会用化学方法提纯粗食盐，同时为进一步精制成试剂级纯度的氯化钠提供原料。

（2）熟练台秤的使用，练习溶解、沉淀、常压过滤、减压过滤、蒸发浓缩、结晶和干燥等基本操作。

（3）了解 Ca^{2+}、Mg^{2+}、SO_4^{2-} 等离子的定性鉴定。

二、预习与思考

（1）预习"第 3 章 化学实验基本操作与基本技术"中有关溶解、结晶、固液分离、干燥等内容。

（2）预习第 1 章"1.6 试纸与滤纸"中有关 pH 试纸的内容。

（3）思考下列问题

① 粗食盐为什么不能像硫酸铜那样利用重结晶的方法进行纯化？

② 在浓缩 NaCl 溶液时应注意哪些问题？

③ 在除去 Ca^{2+}、Mg^{2+}、SO_4^{2-} 时为何要先加 $BaCl_2$ 溶液，然后加 Na_2CO_3？

④ 杂质离子的沉淀为何需在加热至近沸的条件下进行？

⑤ 在提纯粗食盐过程中，K^+ 将在哪一步操作中除去？

三、实验原理

化学试剂或医药用的 NaCl 都是以粗食盐为原料提纯的。粗食盐中含有泥沙等不溶性杂质及 K^+、Ca^{2+}、Mg^{2+}、SO_4^{2-} 等可溶性杂质。将粗食盐溶于水后，用过滤的方法可以除去不溶性杂质。Ca^{2+}、Mg^{2+}、SO_4^{2-} 等离子需要用化学方法才能除去。因为 NaCl 的溶解度随温度的变化不大，不能用重结晶的方法纯化。

一般先在食盐溶液中加入稍过量的 $BaCl_2$ 溶液，溶液中的 SO_4^{2-} 便转化为难溶的 $BaSO_4$ 沉淀而除去。过滤掉 $BaSO_4$ 沉淀之后的溶液，再加入 NaOH 和 Na_2CO_3 溶液，Ca^{2+}、Mg^{2+} 及过量的 Ba^{2+} 生成沉淀。有关的离子方程式如下：

$$SO_4^{2-}+Ba^{2+}=\!=\!=BaSO_4\downarrow$$
$$Ca^{2+}+CO_3^{2-}=\!=\!=CaCO_3\downarrow$$
$$Ba^{2+}+CO_3^{2-}=\!=\!=BaCO_3\downarrow$$
$$2Mg^{2+}+2OH^-+CO_3^{2-}=\!=\!=Mg_2(OH)_2CO_3\downarrow$$

过量的 Na_2CO_3 溶液用 HCl 将溶液调至微酸性以中和 OH^- 和破坏 CO_3^{2-}。

$$OH^-+H^+=\!=\!=H_2O$$
$$CO_3^{2-}+2H^+=\!=\!=CO_2\uparrow+H_2O$$

粗食盐中的 K^+ 仍留在溶液中。由于 KCl 溶解度比 NaCl 大，而且在粗食盐中含量少，在最后的浓缩结晶过程中，绝大部分仍留在母液中而与氯化钠分离。

四、仪器与药品

（1）仪器　台秤，温度计，循环水泵，吸滤瓶，布氏漏斗，普通漏斗，烧杯，蒸发皿。

(2) 药品与材料　粗食盐（工业），HCl（2.0mol·L^{-1}，6.0mol·L^{-1}），NaOH（2.0mol·L^{-1}），BaCl$_2$（1.0mol·L^{-1}），Na$_2$CO$_3$（1.0mol·L^{-1}），（NH$_4$）$_2$C$_2$O$_4$（饱和），镁试剂[1]（对硝基偶氮间苯二酚）。滤纸，pH试纸。

五、实验内容

1. 粗食盐的提纯

(1) 粗食盐的溶解　在台秤上称取5.0g的粗食盐，放入烧杯（100mL或150mL）中，加入25mL去离子水，用酒精灯加热、搅拌使粗食盐溶解。

(2) 除去泥沙及SO$_4^{2-}$　在近沸的粗食盐溶液中，边搅拌边滴加1.0mol·L^{-1} BaCl$_2$溶液直至SO$_4^{2-}$沉淀完全为止（约加2mL BaCl$_2$溶液）。为了检验SO$_4^{2-}$是否沉淀完全，可将酒精灯移开，停止搅拌，待沉淀沉降后，倾斜烧杯，沿烧杯壁滴加1~2滴1.0mol·L^{-1} BaCl$_2$溶液于上层清液中，观察是否有白色浑浊产生。若无浑浊生成，说明SO$_4^{2-}$已沉淀完全；如有白色浑浊生成，则要继续滴加BaCl$_2$溶液，直到沉淀完全为止。然后继续加热近沸约5min（加热时烧杯要盖上表面皿，同时要注意溶液的量，必要时须适量补充水分，以防食盐析出），使沉淀颗粒长大，便于过滤。用三角漏斗常压过滤到另一烧杯中，保留滤液，弃去沉淀。

(3) 除去Ca^{2+}、Mg^{2+}、Ba^{2+}等离子　在加热至近沸的温度下，一边搅拌一边往滤液中约加入1mL 2.0mol·L^{-1} NaOH溶液和3mL 1.0mol·L^{-1} Na$_2$CO$_3$溶液加热至近沸。同上述方法，用Na$_2$CO$_3$溶液检验沉淀是否完全。继续加热煮沸约5min。用三角漏斗直接常压过滤到蒸发皿中，保留滤液，弃去沉淀。

(4) 溶液pH值的调节　在滤液中逐滴加入2.0mol·L^{-1} HCl溶液，经充分搅拌后，用玻棒蘸取溶液，滴在点滴板上的pH试纸上检测，直至溶液呈微酸性（pH=4~5）之间为止。

(5) 蒸发、浓缩　将调节好溶液pH的蒸发皿直接放在铁圈上，用酒精灯加热，同时不断搅拌，蒸发浓缩至溶液呈稀粥状为止，但不要将溶液蒸干。

(6) 结晶、减压过滤、干燥　让浓缩液冷却至室温（用手触摸不感觉热），用布氏漏斗减压过滤，抽气约1~2min后漏斗无滤液滴下时，将晶体移回至蒸发皿，用小火（移动火源方法）或蒸发皿放在石棉网上加热，用玻棒炒动、烘干（注意防止溅跳）。冷却后，称其质量并计算得率。

2. 产品的检验

称取粗食盐和提纯后的产品NaCl各1.0g，放入烧杯中加入约5mL去离子水使之溶解，然后各分成三份，盛于试管中，按下面方法对照检验它们的纯度。

(1) SO$_4^{2-}$的检验：加入2滴1.0mol·L^{-1} BaCl$_2$溶液，观察有无白色BaSO$_4$沉淀生成。

(2) Ca^{2+}的检验：加入2滴0.5mol·L^{-1}（NH$_4$）$_2$C$_2$O$_4$溶液，观察有无白色的CaC$_2$O$_4$沉淀生成。

(3) Mg^{2+}的检验：加入2~3滴2.0mol·L^{-1} NaOH溶液，使呈碱性，再加入几滴镁试剂（对硝基偶氮间苯二酚）。如有蓝色絮状沉淀生成，表示有Mg^{2+}存在。若溶液仍为紫色，表示无Mg^{2+}存在。

六、实验结果

(1) 产品外观　①粗盐_____；②精盐_____。

(2) 得率

$$得率 = \frac{精盐质量(g)}{粗盐质量(g)} \times 100\%$$

（3）产品纯度检验　按表 4-5 进行。

表 4-5　实验现象记录及结论

检验项目	检　验　方　法	粗盐溶液的实验现象	精盐溶液的实验现象
SO_4^{2-}	加入 2 滴 $1.0 mol \cdot L^{-1}$ $BaCl_2$ 溶液		
Ca^{2+}	加入 2 滴 $0.5 mol \cdot L^{-1}$ $(NH_4)_2C_2O_4$ 溶液		
Mg^{2+}	加入 2～3 滴 $2.0 mol \cdot L^{-1}$ NaOH 溶液和几滴镁试剂		
结　　论			

七、问题与讨论

（1）过量的 Ba^{2+} 如何除去？

（2）能否用 $CaCl_2$ 代替毒性大的 $BaCl_2$ 来除去食盐中的 SO_4^{2-}？

（3）粗食盐提纯过程中，为什么要加 HCl 溶液将 pH 调至 4～5 之间？

（4）如果溶液的 pH<4 或 pH>5，则对产品有何影响？

（5）怎样检验 Ca^{2+}、Mg^{2+}？

八、注释

［1］镁试剂（对硝基偶氮间苯二酚）是一种染料，在碱性溶液中呈红紫色，在酸性溶液中为黄色。Mg^{2+} 与镁试剂在碱性介质反应生成蓝色螯合物，使溶液呈天蓝色。由镁试剂检验 Mg^{2+} 极为灵敏，最低检出浓度为 10^{-5}。

实验六　蒸馏及沸点的测定

一、目的与要求

（1）学习蒸馏的基本原理，掌握简单蒸馏的实验操作方法。

（2）了解常用蒸馏装置拆装原则。

（3）学习有机化合物折射率的测定方法，理解折射率测定的意义。

二、预习与思考

（1）预习第 3 章"3.9 蒸馏"。

（2）预习第 2 章"2.3.5 阿贝折射仪"。

（3）查阅乙醇和乙醚的沸点、折射率等物理常数。

（4）思考下列问题

① 装、拆蒸馏装置时应注意哪些问题？

② 蒸馏时，蒸馏瓶内所盛的液体量应为多少？为什么？

③ 蒸出液的速度应为多少为宜？

④ 使用阿贝折射仪时，应注意哪些问题？

三、实验原理

蒸馏是分离、提纯液态有机化合物的最重要、最常用的方法之一。蒸馏是将液体混合物加热至沸腾，使其汽化，然后将蒸气冷凝为液体的过程。在同一温度下，不同的物质具有不同的蒸气压，低沸点的物质蒸气压大，高沸点的物质蒸气压小。当两种沸点不同的物质加热至沸腾时，低沸点物质在蒸气中的含量比在混合液体中的高，而高沸点组分则相反。因此，通过蒸馏，低沸点组分首先蒸出来，沸点较高的组分后蒸出，留在蒸馏器中的为不挥发，从而达到分离的目的。利用简单蒸馏分离液态混合物时，两种液态有机化合物的沸点应相差较大（至少相差30℃以上）时，才可得到较好的分离效果。

在一定的大气压下，纯粹的液体物质具有一定的沸点，其沸程（沸点范围）较短（0.5～1℃），而混合物的沸程较长，因而根据液体物质的沸点，蒸馏操作既可用来定性地鉴定化合物，也可以用来判定物质的纯度。

液态有机化合物的蒸气压随温度的上升而增大，当蒸气压与大气压相等时，液体开始沸腾，此时的温度就是该化合物的沸点。据此，可用微量法测定液体物质的沸点。外界压力增大，液体沸腾时的蒸气压加大，沸点升高；相反，若减少外界的压力，则沸腾时的蒸气压也降低，沸点就降低。作为一条经验规律，在0.1MPa（760mmHg）附近时，多数液体当压力下降1.33kPa（10mmHg），沸点下降0.5℃。在较低压力时，压力降低一半，沸点约下降10℃。常压下进行蒸馏时，由于大气压往往不是恰好为0.1MPa，因而严格说来，应对观察到的沸点加上校正值，但由于偏差一般都很小，即使大气压相差2.7kPa，这项校正值也不过±1℃左右，因此可以忽略不计。

纯的液体有机化合物在一定的压力下具有一定的沸点，但是具有固定沸点的液体不一定都是纯粹的化合物，因为某些有机化合物常和其他组分形成二元或三元共沸混合物，它们也有一定的沸点。因此，具有恒定沸点的液体并非都是纯化合物。

由于物质的沸点随外界大气压的改变而变化，因此在讨论或报道一个化合物的沸点时，一定要注明测定沸点时的大气压，以便与文献值比较。

沸点的测定方法，根据样品用量的不同分为常量法（蒸馏法）与微量法。常量法测沸点可结合蒸馏操作进行。微量法测定沸点其装置如图3-57所示，加热装置与熔点测量装置相同。

折射率是物质的物理常数之一。折射率不仅作为物质纯度的标志，也可用来鉴定未知物。物质的折射率随入射波长的不同而变化，也随测定时温度的不同而变化。

四、仪器与药品

（1）仪器　蒸馏烧瓶，接液管，温度计，接受器，直形冷凝管[1]，电热套，玻璃漏斗，提勒管，玻璃毛细管，沸点管；阿贝折射仪。

（2）药品与材料　工业乙醇，沸石，橡皮圈。

五、实验内容

1. 工业乙醇的蒸馏

按图3-54安装好仪器。蒸馏装置安装完毕，检查各部位连接处是否紧密不漏气。将30mL浅黄色浑浊的工业乙醇[2]倒入50mL的蒸馏瓶中。加料时用玻璃漏斗或沿着没有支管的瓶颈壁将待蒸馏的液体小心倒入，注意勿使液体从支管流出。加入2～3粒沸石，塞好带有温度计的塞子。再一次检查仪器是否装配严密，必要时作最后的调整。通入冷却水[3]，然后用电热套或水浴加热。开始时加热功率可稍大些，并注意观察蒸馏瓶中的现象和温度计读数的变化。当瓶内液体开始沸腾时，蒸气上升，温度计读数略有上升。当蒸气到达温度计水银球部位时，温度计读数急剧上升，这时可适当调小加热功率，让水银球上的液滴和蒸气达到平衡并流入冷凝器，然后再控制加热以调节蒸馏速度[4]，使接液管流出的液滴以每秒1～2滴为宜。当温度计读数上升至77℃并稳定时，取下前馏分接受器，换上一个已称重的干燥洁净的锥形瓶作接受器[5]，保持电热套的电压，收集77～79℃的馏分。当瓶内只剩下少量（约0.5～1mL）液体时，若维持原来的加热速度，温度计的读数会突然下降，此时即可停止蒸馏。注意，不应将蒸馏瓶内液体完全蒸干。称量所收集馏分的质量或量其体积，并计算回收率。

2. 低沸点化合物——乙醚的蒸馏

按图 4-5 装置仪器。在筒形分液漏斗中放置 50mL 的乙醚，先放下一些到 25mL 蒸馏瓶中，加入 2～3 粒沸石，塞好带有温度计的塞子，通入冷凝水，然后用预热好的水浴（约 60℃）加热蒸馏，收集 34～36℃ 馏分。注意，不可将瓶内液体完全蒸干。称量所收集馏分的质量或量其体积，并计算回收率。测定乙醚的折射率。

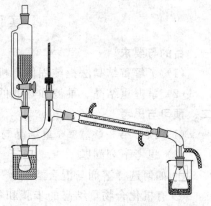

蒸馏完毕，停止加热，移走热源，待稍冷却后关闭冷却水，拆除仪器，其顺序与装配时相反。

纯粹乙醚的沸点 34.5℃，折射率 n_D^{20} 1.3526。

图 4-5　易燃溶剂连续蒸馏装置

3. 微量法测定沸点

按图 3-57 及微量法测定沸点的操作步骤（见第 3 章 "3.9.3 微量法测定沸点"），测定 95% 乙醇的沸点，记录所测得的数据，并与常量法比较。

95% 乙醇的沸点为 78.2℃。

4. 折射率的测定

分别取 3～4 滴乙醇和乙醚蒸馏液，测定其折射率（n）。折射率的测定方法见第 2 章 "2.3.5 阿贝折射仪"。

六、问题与讨论

（1）什么叫沸点？液体的沸点和大气压有什么关系？文献上记载的某物质的沸点温度是否即为你所在地的沸点温度？

（2）蒸馏时为什么蒸馏瓶所盛液体的量不应超过容积的 2/3 也不应少于 1/3？

（3）蒸馏时加入沸石的作用是什么？如果蒸馏前忘加沸石，能否立即将沸石加至将近沸腾的液体中？当重新进行蒸馏时，用过的沸石能否继续使用？

（4）为什么蒸馏时最好控制馏出液的速度为每秒 1～2 滴为宜？

（5）如果液体具有恒定的沸点，那么能否认为它是单纯物质？

（6）在蒸馏装置中，温度计水银球的位置为什么既不能插在液面上，也不能置于蒸馏烧瓶的支管口上？

（7）测定沸点时，为什么不能加热过猛？

（8）用微量法测定沸点，把最后一个气泡刚欲缩回至内管瞬间的温度作为该化合物的沸点，为什么？

七、注释

［1］蒸馏液体沸点在 140℃ 以下时，用直形冷凝管冷凝，沸点在 140℃ 以上者，用水冷凝管冷凝时，在冷凝管接头处容易爆裂，故应改用空气冷凝管（高沸点化合物用空气冷凝管已可达到冷却目的）。蒸馏低沸点易燃易吸潮的液体时，在接液管的支管处连一干燥管，再从后者出口处接一胶管通入水槽或室外，并将接受瓶在冰水浴中冷却。

［2］95% 乙醇为一共沸混合物，而非纯粹物质，它具有一定的沸点和组成，不能借普通蒸馏法进行分离。

［3］冷却水的流速以能保证蒸气充分冷凝为宜。通常只需保持缓缓的水流即可。

［4］蒸馏时火力不能太大，否则易在瓶颈处造成过热现象，将使温度计读数偏高。另外，如加热火力太小，蒸气达不到支管口处，蒸馏进行太慢，温度计的水银球不能被蒸气充分浸润而使温度计的读数偏低或不规则。

［5］蒸馏有机溶剂均应用小口接受器，如锥形瓶等。

实验七 重 结 晶

一、目的与要求

（1）了解重结晶法提纯固体有机化合物的原理和意义。

（2）掌握重结晶、抽滤和热滤的操作方法。

二、预习与思考

（1）预习第 3 章"3.6 重结晶与过滤"中有关热滤、抽滤以及滤纸折叠的方法等内容。

（2）思考下列问题

① 如何选择溶剂与混合溶剂？

② 有机化合物重结晶的步骤和各步的目的是什么？

③ 活性炭加入应注意什么问题？

④ 减压抽滤应注意什么问题？

⑤ 用溶剂洗涤在布氏漏斗中的固体时应注意什么事项？

⑥ 如何防止重结晶过程中的着火问题？

⑦ 用抽气过滤收集固体时，为什么在关闭水泵前要先拔开水泵和抽滤瓶之间的联结或先打开安全瓶通大气的活塞？

三、实验原理

重结晶是混合物中各组分在某种溶剂中的溶解度不同，而使它们互相分离的方法。重结晶是纯化、精制固体物质尤其是有机化合物的最有效的手段之一。例如，从有机反应中分离出的固体有机化合物往往是不纯的，其中常夹杂一些反应副产物、未作用的原料及催化剂等少量杂质，就可以利用重结晶的方法除去这些杂质。

重结晶的一般过程为：先将粗产品溶于适当的热溶剂中制成饱和溶液（若固体有机物的熔点较溶剂沸点低，则应制成在熔点温度以下的饱和溶液），并趁热过滤除去不溶性杂质。如溶液中含有有色杂质，可加适量活性炭煮沸、脱色，再趁热过滤。将滤液冷却或蒸发溶剂，使结晶从过饱和溶液中慢慢析出。减压抽气过滤，从母液中分离出结晶，洗涤，干燥，得重结晶产品。测定其熔点，如发现其纯度不符合要求时，可重复上述操作，直至熔点不再改变为止。

重结晶过程中，溶剂的选择极为关键，要求溶剂必须具备下列条件：

① 不与被提纯物质起化学反应；

② 被提纯物质的溶解度必须随温度的升高、降低应有显著差别，在较高温度时，溶解度较大，而在室温或更低的温度时溶解度很小；

③ 对可能存在的杂质，在冷溶剂中溶解度很大（可把杂质留在母液中待结晶后分离除去）或在热溶剂中溶解度很小（可在热过滤时被滤去）；

④ 溶剂易挥发，但沸点不宜过低，易与结晶分离除去；

⑤ 能给出较好的结晶。

此外，还应考虑溶剂的价格、来源、毒性和易燃性等因素。常用的重结晶溶剂为水、乙醇、丙酮、氯仿、石油醚、乙酸和乙酸乙酯等。在几种溶剂同样都合适时，则应根据结晶的回收率、操作难易、溶剂毒性的大小、易燃程度和价格等来选择。如果单一溶剂达不到要求时，可选用混合溶剂。混合溶剂一般由两种能以任何比例互溶的溶剂组成，其中一种较易溶解结晶，另一种较难。常用的混合溶剂有乙醇-水、乙醇-丙酮、乙醇-氯仿、乙醚-丙酮、丙酮-水、乙醚-石油醚等。

　　对于杂质含量较高的样品，直接用重结晶纯化，往往达不到预期的效果。一般认为，杂质含量高于 5% 的样品，必须采用其他方法（如萃取、水蒸气蒸馏或减压蒸馏等）进行初步提纯后，再进行重结晶。

四、仪器与药品

　　(1) 仪器　150mL 锥形瓶，石棉网，玻璃棒，漏斗，布氏漏斗，抽滤装置，圆底烧瓶，回流冷凝管。

　　(2) 药品　萘，苯甲酸，活性炭。

五、实验内容

1. 苯甲酸的重结晶

　　取 3 g 粗苯甲酸[1]置于 150mL 锥形瓶中，加入 70mL 水。石棉网上加热至沸，并用玻棒不断搅动使固体溶解。此时若有尚未完全溶解的固体，可继续加入少量热水，至完全溶解后，再多加 2~3mL 水[2]（总量约 80~90mL）。移去火源，稍冷后加入少许活性炭[3]，稍加搅拌后继续加热微沸 5~10 min。

　　事先在烘箱中烘热无颈漏斗[4]，过滤时趁热从烘箱中取出，把漏斗安置在铁圈上，于漏斗中放一预先叠好的折叠滤纸，并用少量热水润湿。将上述热溶液通过折叠滤纸，迅速地滤入 150mL 烧杯中。每次倒入漏斗中的液体不要太满，也不要等溶液全部滤完后再加。在过滤过程中，应保持溶液的温度。为此，可将未过滤的溶液继续用小火加热以防冷却。待所有的溶液过滤完毕后，用少量热水洗涤锥形瓶和滤纸。

　　滤毕，用表面皿将盛滤液的烧杯盖好，放置一旁，稍冷后，用冷水冷却以使结晶完全。如要获得较大颗粒的结晶，可在滤完后将滤液中析出的结晶重新加热使溶，于室温下放置，让其慢慢冷却、结晶。

　　结晶完成后，用布氏漏斗抽滤（滤纸先用少量冷水润湿，抽气吸紧），使结晶与母液分离，并用玻塞挤压，使母液尽量除去。拔下抽滤瓶上的橡皮管（或打开安全瓶上的活塞），停止抽气。加少量冷水至布氏漏斗中，使晶体润湿（可用刮刀使结晶松动），然后重新抽干，如此重复 1~2 次，最后用刮刀将结晶移至表面皿上，摊开成薄层，置空气中晾干或在干燥器中干燥，称重并计算收率。测定干燥后精制产物的熔点，并与粗产物熔点作比较。

2. 萘的重结晶

　　在装有回流冷凝管的 50mL 圆底烧瓶或锥形瓶中（见图 4-6），放入 3g 粗萘[5]，加入 30mL 70% 乙醇和 1~2 粒沸石。接通冷凝水后，在水浴上加热至沸[6]，并不时振摇瓶中物，以加速溶解。若所加的乙醇不能使粗萘完全溶解，则应从冷凝管上端继续加入少量 70% 乙醇（注意添加易燃溶剂时应先灭去火源），每次加入乙醇后应略为振摇并继续加热，观察是否可完全溶解。待完全溶解后，再多加一些（乙醇量为 35mL 左右），然后熄灭火源。移开水浴，稍冷后加入少许活性炭，并稍加摇动。再重新在水浴上加热煮沸数分钟。趁热用预热好的无颈漏斗和折叠滤纸过滤，用少量热的 70% 乙醇润湿折叠滤纸后，将上述萘的热溶液滤入干燥的 100mL 锥形瓶中（注意这时附近不应有明火），滤完后用少量热 70% 乙醇洗涤容器和滤纸。盛滤液的锥形瓶用软木塞塞好，自然冷却，最后再用冰水冷却。用布氏漏斗抽滤（滤纸应先用 70% 乙醇润湿、吸紧），用少量 70% 乙醇洗涤，抽干后将结晶移至表面皿上。放在空气中晾干或放在干燥器中，待干燥后测熔点、称重并

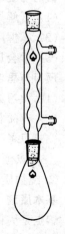

图 4-6　回流装置

计算回收率。

六、问题与讨论

(1) 简述有机化合物重结晶的步骤和各步的目的。

(2) 某一有机化合物进行重结晶时，最适合的溶剂应该具有哪些性质？

(3) 加热溶解重结晶粗产物时，为何先加入比计算量（根据溶解度数据）略少的溶剂，然后渐渐添加至恰好溶解，最后再多加少量溶剂？

(4) 为什么活性炭要在固体物质完全溶解后加入？又为什么不能在溶液沸腾时加入？

(5) 将溶液进行热过滤时，为什么要尽可能减少溶剂的挥发？如何减少其挥发？

(6) 在布氏漏斗中用溶剂洗涤固体时应注意些什么？

(7) 用有机溶剂重结晶时，在哪些操作上容易着火？应该如何防范？

七、注释

[1] 苯甲酸在水中的溶解度见下表：

$t/℃$	4	17.5	30	40	75	100
溶解度/g·$(100mL)^{-1}$	0.18	0.21	0.42	0.60	2.2	5.88

[2] 每次加入 3~5mL 热水，若加入溶剂加热后并未能使未溶物减少，则可能是不溶性杂质，此时可不必再加溶剂。但为了防止过滤时有晶体在漏斗中析出，溶剂用量可比沸腾时饱和溶液所需的用量适当多一些。

[3] 活性炭由木炭、果壳、木屑等制成，常含少量磷酸、钙和锌元素等。根据脱色对象不同，选用不同型号的活性炭。如要在酸性溶液中使用，最好先用盐酸处理，即将活性炭用 1∶1 的盐酸煮沸 2~3h，再用蒸馏水稀释抽滤，用热蒸馏水洗至无酸性后烘干。活性炭绝对不可加到正在沸腾的溶液中，否则将发生暴沸现象！加入活性炭的量约相当于样品量的 1%~5%。

[4] 无颈漏斗或短颈漏斗即截去颈的普通玻璃漏斗。也可用预热好的热滤漏斗，漏斗夹套中充水约为其容积的 2/3 左右。

[5] 萘的溶解度：0.003^{25}（水），$9.5^{19.5}$（乙醇），49^{16}（苯）。

[6] 萘的熔点较 70%乙醇的沸点为低，因而加入不足量的 70%乙醇加热至沸后，萘已呈熔融状态而非溶解，这时还应继续加热并加溶剂直至熔融的萘完全溶解。

实验八 熔点的测定与温度计校正

一、目的与要求

(1) 了解熔点测定的基本原理及应用。

(2) 掌握毛细管法、显微熔点仪测定熔点的操作方法和温度计的校正方法。

(3) 学会用熔点定性地判断化合物的纯度。

二、预习与思考

(1) 预习第 3 章"3.8 熔点的测定"。

(2) 查阅相关化合物的物理常数。

(3) 思考下列问题

① 熔点测定应注意哪些问题？

② 纯物质熔程短，熔程短的是否一定是纯物质？为什么？

三、基本原理

熔点是固体化合物的重要物理常数。固体化合物在大气压力下固相与液相达到平衡时的温度称为该化合物的熔点。这时固相和液相的蒸气压相等。

　　由于纯物质一般都有固定的熔点，而且固体物质从初熔到全熔的温度范围（称为熔程）很窄，一般不超过 0.5～1℃。但如果样品中含有杂质，就会导致熔点下降、熔程变宽。因此，通过测定熔点，观察熔程，可以很方便地鉴别未知物，并判断其纯度。大多数有机化合物的熔点都在 300℃以下，故熔点是鉴定固体有机化合物的一个重要物理常数。

　　如果两种固体有机物具有相同或相近的熔点，可以用混合熔点法来鉴别它们是否为同一化合物。如果它们为同一化合物，则熔点不变。如果是不同的化合物，通常测出的熔程较长，熔点下降并明显低于两个化合物中任一个的熔点（也有例外）。

　　测定熔点的方法较多，较常用的有毛细管熔点测定法，该方法仪器简单、样品量少，操作方便。此外，还有用显微熔点仪测定熔点。用这两种方法测定熔点时，温度计上的熔点读数与真实熔点之间常有一定的偏差，原因是多方面的，但温度计的影响是一个重要因素。如一般温度计中的毛细管孔径不一定是很均匀的，有时刻度也不很精确。温度计刻度划分有全浸式和半浸式两种。全浸式温度计的刻度是在温度计的汞线全部均匀受热的情况下刻出来的，而在测熔点时仅有部分汞线受热，因而露出的汞线温度当然较全部受热时为低。另外经长期使用的温度计，玻璃也可能发生体积变形而使刻度不准。因此，若要精确测定物质的熔点，就须校正温度计。校正温度计的方法有比较法和定点法两种（具体见第 3 章"3.8 熔点的测定"）。

四、仪器与药品

　　(1) 仪器　提勒管，酒精灯，温度计，玻璃管，毛细管若干，玻棒，表面皿，橡皮圈；熔点测定仪。

　　(2) 药品　尿素（AR），肉桂酸（AR），萘（AR），二苯胺（AR），苯甲酸（AR），水杨酸（AR），对苯二酚（AR）。

五、实验内容

　　(1) 已知化合物熔点的测定　按照第 3 章"3.8 熔点的测定"的操作方法测定下列化合物的熔点：①二苯胺（mp 54～55℃）；②萘（mp 80.55℃）；③苯甲酸（mp 122.4℃）；④水杨酸（mp 159℃）；⑤对苯二酚（mp 173～174℃）；⑥肉桂酸（mp 133℃）。

　　用熔点仪测定上述化合物的熔点。

　　(2) 温度计校正曲线　记录所测得的数据，作出校正曲线。

　　(3) 鉴别未知物　先测定由教师提供的未知物的熔点，再测定未知物与尿素的混合物（约 1∶1）的熔点，确定该未知物是尿素（mp 132.7℃）还是肉桂酸。

六、问题与讨论

　　(1) 测定熔点时，若遇下列情况，将产生什么结果？

　　①熔点管壁太厚；②熔点管底部未完全封闭，尚有一针孔；③熔点管不洁净；④样品未完全干燥或含有杂质；⑤样品研得不细或装得不紧密；⑥样品装得过多或过少；⑦加热太快。

　　(2) 已知 A、B、C 三种白色结晶的有机固体都在 149～150℃熔化。A 与 B 1∶1 的混合物在 130～139℃熔化；A 与 C 1∶1 的混合物在 149～150℃熔化。那么 B 与 C 1∶1 的混合物在什么样的温度范围内熔化呢？你能说明 A、B、C 是同一种物质吗？

实验九　萃　取

一、目的与要求

　　(1) 了解萃取的基本原理。掌握萃取的基本操作技术。

（2）了解如何正确选择萃取剂。

二、预习与思考

（1）预习第 3 章"3.13 萃取和洗涤"。

（2）思考下列问题

① 萃取过程应注意哪些问题？

② 选择合适的萃取剂的原则是什么？常用的萃取剂有哪些？

③ 用分液漏斗分离两相液体时，应如何分离？为什么？

④ 在萃取时一旦发生乳化现象应怎样解决？

三、实验原理

萃取是有机化学实验中用来提取或纯化有机化合物的常用操作之一。萃取是利用物质在两种不互溶（或微溶）的溶剂中的溶解度或分配系数不同而达到分离、提取或纯化的目的。应用萃取可以从固体或液体中提取出所需的物质，也可以用来洗去混合物中少量的杂质。通常将前者称为"抽取"或"萃取"，将后者称为"洗涤"。

在萃取时，要注意萃取剂的选择。通常萃取剂的选择应根据被萃取物的溶解度而定，同时要易于与溶质分开，故最好用低沸点的溶剂。一般难溶于水的物质用石油醚作萃取剂，较易溶于水的物质用苯或乙醚作萃取剂，易溶于水的物质用乙酸乙酯或类似的物质作萃取剂。比较常用的溶剂有：乙醚、苯、四氯化碳、氯仿、石油醚、二氯甲烷、二氯乙烷、正丁醇、醋酸酯等。洗涤常用于在有机物中除去少量酸、碱等杂质。这类萃取剂一般用 5％氢氧化钠、5％或 10％碳酸钠或碳酸氢钠、稀盐酸、稀硫酸等。酸性萃取剂主要是除去有机溶剂中的碱性杂质，而碱性萃取剂主要是除去混合物中的酸性杂质，总之使一些杂质成为盐溶于水而被分离。

液-液萃取的实验操作方法见本书第 3 章"3.13.3 液-液萃取的操作"。

四、仪器与药品

苯甲酸，间硝基苯胺，浓盐酸，10％ NaOH 溶液，乙醚；锥形瓶（125mL），量筒（10mL），碱式滴定管，分液漏斗（125mL）。

五、实验内容

用萃取法分离一种二组分混合物：0.7g 苯甲酸和 0.7g 间硝基苯胺。

（1）将二组分混合物样品溶于 35～40mL 乙醚中，随后将该溶液转入 125mL 分液漏斗中。用 8mL 浓盐酸溶于 37mL 水中配制成溶液，分三次进行萃取，最后再用 10mL 蒸馏水萃取一次，合并四次萃取液（酸液），放置待处理。每次萃取时，要振荡漏斗，使两液层充分接触。振荡时，用右手食指的末关节按住玻璃塞子慢慢将其倒置，反复倒转，使混合物受到缓和振摇。每隔几秒钟将漏斗倒置使活塞朝上，小心打开活塞，让蒸气排出，以解除分液漏斗内的压力。重复振荡，注意每次应及时打开活塞，排出气体。振荡数次后，将分液漏斗放在铁环上，静置，使乳浊液分层。待分液漏斗中的液体分成清晰的两层之后，进行分离。注意下层液体应经活塞放出，上层液体应从上口倒出。操作时应先把上口的盖子打开，把分液漏斗的下端斜口靠近接受器的内壁，旋开活塞，放出下层液体。

（2）用以上相同的操作方法，将剩下的乙醚溶液每次用 15mL 10％NaOH 溶液萃取三次，并用 10mL 蒸馏水再萃取一次，合并四次萃取液（碱液），放置待处理。

（3）向酸液中加入 10％NaOH 将其调至碱性（pH＝12 左右），冷却后抽滤，固体用少量水洗涤。

（4）向碱液中加入浓盐酸，将其调至酸性（pH＝2 左右），冷却后抽滤，固体用少量水洗涤。

(5) 根据上述实验结果，计算萃取效率。

(6) 将所得到的苯甲酸进行重结晶，测其熔点。

六、问题与讨论

(1) 用分液漏斗萃取溶液中的化合物，影响萃取效率的因素有哪些？怎样选择萃取剂？

(2) 在分液漏斗中萃取水溶液，请问萃取剂的密度大于 $1.0 g \cdot cm^{-3}$ 和小于 $1.0 g \cdot cm^{-3}$ 的分别在哪一层？

(3) 若用溶剂乙醚、氯仿、己烷或苯萃取水溶液，它们将在上层还是下层？

(4) 用分液漏斗萃取时，为什么要放气？

实验十　色谱技术

一、目的与要求

(1) 学习色谱技术的原理和应用。

(2) 掌握薄层板的制备和柱色谱的装填。

(3) 了解薄层吸附色谱展开剂的选择。

(4) 学习用色谱法分离和鉴定化合物的操作技术。

二、预习与思考

(1) 预习第 3 章 "3.14 色谱分离技术"。

(2) 思考下列问题

① 色谱技术的基本原理是什么？

② 色谱如何分类？其有哪些应用？

三、实验原理

色谱法的基本原理是利用混合物中各组分在某一物质中的吸附或溶解性能（即分配）的不同，或其他亲和作用性能的差异，使混合物的溶液流经该物质，进行反复的吸附或分配等作用，从而将各组分分开。其中流动的体系称为流动相。流动相可以是气体，也可以是液体。固定不动的物质称为固定相，可以是固体吸附剂，也可以是液体（吸附在支持剂上）。根据组分在固定相中的作用原理不同，可分为吸附色谱、分配色谱、离子交换色谱、排阻色谱等；根据操作条件的不同，又可分为薄层色谱、柱色谱、纸色谱、气相色谱及高效液相色谱等。流动相的极性小于固定相极性时为正相色谱，而流动相的极性大于固定相时为反相色谱。

1. 薄层色谱

薄层色谱（thin layer chromatography，TLC），它是一种固-液吸附色谱，流动相借助于毛细作用源源不断供给、上行，使得组分与流动相对固定相的暂时吸附平衡被破坏，即吸附的组分不断地被流动相解吸下来。解吸下来的组分立即溶解于流动相中并随之向前移动。当遇到新鲜的固定相表面时，又与流动相展开吸附竞争并再次建立瞬间平衡。这种过程反复交替地进行。通常组分中不同物质的结构和性能总是存在某方面的差异，因而分配系数就不同。在上述吸附-解吸过程中，因行进速度不同最终被分离开来。

2. 柱色谱

柱色谱（柱上层析）常用的有吸附柱色谱和分配柱色谱两类。前者常用氧化铝和硅胶作固定相。在分配柱色谱中以硅胶、硅藻土和纤维素作为支持剂，以吸收较大量的液体作固定相，而支持剂本身不起分离作用。

吸附柱色谱通常在玻璃管中填入表面积很大、经过活化的多孔性或粉状固体吸附剂。当待分离的混合物溶液流过吸附柱时，各种成分同时被吸附在柱的上端。当洗脱剂流下时，由于不同化合物吸附能力不同，往下洗脱的速度也不同，于是形成了不同层次，即溶质在柱中自上而下按对吸附剂亲和力大小分别形成若干色带，再用溶剂洗脱时，已经分开的溶质可以从柱上分别洗出收集；或者将柱吸干，挤出后按色带分割开，再用溶剂将各色带中的溶质萃取出来。对于柱上不显色的化合物分离时，可用紫外光照射后所呈现的荧光来检查，或在用溶剂洗脱时，分别收集洗脱液，逐个加以检定。将洗脱剂蒸发，就可以获得单一纯净的物质。

有关薄层色谱、柱色谱、纸色谱的基本原理和应用参见本书第 3 章 "3.14 色谱分离技术"。

四、仪器与药品

（1）仪器　台秤，烘箱，干燥器，烧杯（50mL），量筒（10mL），广口瓶（150mL），载玻片（7.5cm×2.5cm），毛细管；酸式滴定管（25mL），锥形瓶（50mL），长颈漏斗，滴液漏斗，量筒（10mL），玻璃棒。

（2）药品　1%偶氮苯的苯溶液，0.5%苏丹Ⅲ的苯溶液，2%间硝基苯胺的苯溶液，硅胶 G，无水苯-乙酸乙酯混合溶剂（9∶1）；石英砂，中性氧化铝（100～200 目），乙醇（70%），甲基橙，亚甲基蓝。

五、实验内容

1. 间硝基苯胺、偶氮苯和苏丹Ⅲ的分离

间硝基苯胺、偶氮苯和苏丹Ⅲ由于三者极性不同，利用薄层色谱（TLC）可以将三者分离。

间硝基苯胺　　　偶氮苯　　　　　　　苏丹Ⅲ

（1）薄层板的制备　取 7.5cm×2.5cm 左右的载玻片 5 片，洗净，晾干。在 50mL 烧杯中，放置 3g 硅胶 G，逐渐加入水溶液 8mL，调成均匀的糊状，用滴管吸取此糊状物，涂于上述洁净的载玻片上，用食指和拇指拿住带浆的载玻片，在玻璃板或水平的桌面上做上下轻微的颠动，并不时转动方向，制成薄厚均匀、表面光洁平整的薄层板[1]。将已涂好硅胶 G 的薄层板置于水平的玻璃板上，在室温放置 0.5 h 后，移入烘箱中，缓慢升温至 110℃，恒温 0.5h，取出，稍冷后置于干燥器中备用。

（2）点样　取 2 块用上述方法制好的薄层板，分别在距一端 1cm 处用铅笔轻轻划一横线作为起始线。取管口平整的毛细管插入样品溶液中，在一块板的起点线上点 5%间硝基苯胺的苯溶液和 1%的偶氮苯的苯溶液[2]两个样点。在第二块板的起点线上点 1%苏丹Ⅲ的苯溶液和混合液两个样点，样点间相距 1～1.5cm。如果样点的颜色较浅，可重复点样，重复点样前必须待前次样点干燥后进行。样点直径不应超过 2mm。

（3）展开　用 9∶1 的无水苯-乙酸乙酯为展开剂。待样点干燥后，小心放入已加入展开剂的 250mL 广口瓶中进行展开。瓶的内壁贴一张高 5cm，环绕周长约 4/5 的滤纸，下面浸入展开剂中，以使容器内被展开剂蒸气饱和。点样一端应浸入展开剂约 0.5cm[3]。盖好瓶塞，观察展开剂前沿上升至离板的上端 1cm 处取出，尽快用铅笔在展开剂上升的前沿处划一记号[4]，晾干后观察分离的情况，比较三者 R_f 值的大小。

2. 甲基橙与亚甲基蓝的分离

(1) 装柱（湿法）　用 25mL 酸式滴定管做色谱柱，垂直装置，以 50mL 锥形瓶作洗脱液的接受器。把一小团脱脂棉放在干燥色谱柱底部，用玻璃棒轻轻塞于孔中（切勿太紧），再在脱脂棉上盖一层厚 0.5cm 的石英砂（洗净干燥过）或置上一张内径略小的滤纸，关闭活塞。向柱内倒入 70％乙醇至柱高 3/4 处，打开活塞，控制滴出速度为每秒 1 滴，用锥形瓶收集滴下的溶剂，通过一干燥的长颈玻璃漏斗慢慢加入 10g 色谱用的中性氧化铝。用橡皮塞或手指轻轻敲打柱身，使填装紧密均匀[5]，不断补充乙醇，勿使氧化铝柱层变干[6]，让溶剂流动一些时候，至氧化铝顶部不再下降，在上面加一层 0.5cm 厚的石英砂[7]或将一张内径略小滤纸盖在氧化铝层顶部，以保护氧化铝层平面。

(2) 展开和洗脱　取甲基橙和亚甲基蓝溶液各 4 滴于一小试管内，混匀备用。甲基橙和亚甲基蓝的结构式如下：

甲基橙　　　　　　　　　　　　　　　　　　　　亚甲基蓝

当溶剂液面下降至石英砂面或与滤纸面相近时（勿使滤纸变干），关闭活塞，用滴管将上述混合液小心加入柱顶，打开活塞，当液面下降与石英砂面滤纸相近时，关闭活塞，再加入 2mL 70％乙醇，重复上述操作两次，然后小心加入足量 70％乙醇，打开活塞，使滴下速度为 1～2 滴/秒。

蓝色的亚甲基蓝首先向柱下移动，甲基橙则留在柱子上端。当蓝色的亚甲基蓝快从柱子里开始流出时，更换一个接受器立即计量收集（用量筒）。继续洗脱，至滴出液体近无色为止（即蓝色液全部流出后），再换一接受器，改用水洗脱至橙色的液体开始滴出，用另一接受器计量收集被洗脱甲基橙水溶液，直至无色为止。这样两种组分就被分开了。

实验结束后，将氧化铝从柱顶倒置倒出，把柱子洗净备用。

六、问题与讨论

(1) 在一定的操作条件下为什么可利用 R_f 值来鉴定化合物？

(2) 在混合物薄层色谱中，如何判定各组分在薄层上的位置？

(3) 展开剂的高度若超过了点样线，对薄层色谱有何影响？

(4) 制薄层板时，厚度对样品展开有什么影响？

(5) 为什么极性大的组分要用极性大的溶剂洗脱？

(6) 色谱柱子中若有气泡或填装不均匀，将给分离造成什么样的结果？应如何避免？

七、注释

[1] 制板时要求薄层平滑均匀。为此，宜将吸附剂调得稍稀些，尤其是制硅胶板时，更是如此。否则吸附剂调得很稠，就很难做到均匀。另一个制板的方法是：在一块较大的玻板上，放置二块 3mm 厚的长条玻板，中间夹一块 2mm 厚的薄层板用载玻片，倒上调好的吸附剂，用宽于载玻片的刀片或油灰刮刀顺一个方向刮去。倒料多少要合适，以便一次刮成。

[2] 点样用的毛细管必须专用，不得弄混。点样时，使毛细管液面刚好接触到薄层板即可，切勿点样过重而使薄层破坏，点样过量会影响分离效果。点与点之间距离 1cm 左右。

[3] 展开剂不超过点样线。

［4］取出薄板应立即在展开剂前沿画出记号，如不注意，展开剂挥发后，无法确定其上升的高度。也可先画出前沿，待展开剂到达立即取出。

［5］色谱柱填装紧与否对分离效果很有影响，若松紧不均，特别是有断层时，影响流速和色带的均匀，但如果装柱时过分敲击，色谱柱填装过紧，又使流速太慢。

［6］为了保持柱内的均一性，必须使整个吸附剂浸泡在溶剂或溶液中。否则，当柱内溶剂或溶液流干时，就会柱身干裂，影响渗滤和显色的效果。

［7］也可不加石英砂，但加液时要沿壁慢慢加入，以避免将氧化铝溅起。

第5章　物质的基本性质与分析实验

实验十一　解离平衡与缓冲溶液

一、目的与要求

（1）加深对解离平衡、同离子效应、盐类水解等概念和原理的理解。

（2）学习缓冲溶液的配制方法，并试验其缓冲作用。

（3）掌握酸碱指示剂及 pH 试纸的使用方法。

（4）学习使用酸度计。

二、预习与思考

（1）预习解离平衡、同离子效应、盐类水解和缓冲溶液的相关概念和原理。

（2）预习第 2 章 "2.3.1 酸度计" 和第 3 章 "3.2 试管实验基本技术"。

（3）思考下列问题

① 同离子效应对弱电解质的电离度有什么影响？

② 什么是缓冲溶液？它具有哪些特性？

③ 测定 pH 有哪些方法？何种方法精确度最好？

④ 使用酸度计时应注意哪些问题？

三、实验原理

1. 同离子效应

强电解质在水中全部解离。弱电解质在水中部分解离。在一定温度下，弱酸、弱碱的解离平衡如下：

$$HA(aq) + H_2O(l) \rightleftharpoons H_3O^+(aq) + A^-(aq)$$

$$B(aq) + H_2O(l) \rightleftharpoons BH^+(aq) + OH^-(aq)$$

在弱电解质溶液中，加入与弱电解质含有相同离子的另一强电解质时，解离平衡向生成弱电解质的方向移动，使弱电解质的解离度减小，这种现象称为同离子效应。例如，HAc 的解离度会因加入 NaAc 或 HCl 而下降。

2. 盐的水解

强酸强碱在水中不水解。强酸弱碱盐（如 NH_4Cl）水解，溶液呈酸性；强碱弱酸盐（如 NaAc）水解，溶液呈碱性；弱酸弱碱盐（如 NH_4Ac）水解，溶液的酸碱性取决于相应弱酸或弱碱的相对强弱。例如

$$NH_4^+(aq) + H_2O(l) \rightleftharpoons NH_3 \cdot H_2O(aq) + H^+(aq)$$

$$Ac^-(aq) + H_2O(l) \rightleftharpoons HAc(aq) + OH^-(aq)$$

$$NH_4^+(aq) + Ac^-(aq) + H_2O(l) \rightleftharpoons NH_3 \cdot H_2O(aq) + HAc(aq)$$

水解反应是酸碱中和反应的逆反应，中和反应是放热反应，水解反应是吸热反应，因此升高温度和稀释溶液都有利于水解反应的进行。在水解平衡中，增加或减少反应物（或生成物）的量也会使平衡发生移动。例如

$$Bi^{3+} + Cl^- + H_2O \rightleftharpoons BiOCl(s) + 2H^+$$

为了防止水解，可在系统中加入酸，使 $c(H^+)$ 增大，抑制平衡右移。

当强酸弱碱盐与强碱弱酸盐混合时，将加剧两种盐的水解。例如

$$Al^{3+} + 3HCO_3^- \rightleftharpoons Al(OH)_3(s) + 3CO_2(g)$$

$$2Cr^{3+} + 3CO_3^{2-} + 3H_2O \rightleftharpoons 2Cr(OH)_3(s,灰绿色) + 3CO_2(g)$$

$$2NH_4^+ + CO_3^{2-} + H_2O \rightleftharpoons 2NH_3 \cdot H_2O + CO_2(g)$$

3. 缓冲溶液

由弱酸（或弱碱）及其盐等共轭酸碱对所组成的溶液（如 HAc-NaAc，$NH_3 \cdot H_2O$-NH_4Cl，NaH_2PO_4-Na_2HPO_4 等），其 pH 不会因加入少量酸、碱或少量水稀释而发生显著变化，具有这种性质的溶液称为缓冲溶液。

由弱酸及其盐组成的缓冲溶液的 pH 可用下式计算：

$$pH = pK_a^{\ominus}(HA) - \lg \frac{c(HA)}{c(A^-)}$$

由弱碱及其盐所组成的缓冲溶液的 pH 的计算公式为：

$$pH = 14 - pK_b^{\ominus}(B) + \lg \frac{c(B)}{c(BH^+)}$$

缓冲溶液的缓冲能力与组成缓冲溶液的弱酸（或弱碱）及其共轭碱（或酸）的浓度有关，当弱酸（或弱碱）与它的共轭碱（或酸）浓度较大时，其缓冲能力较强。此外，缓冲能力还与 $c(HA)/c(A^-)$ 或 $c(B)/c(BH^+)$ 有关，当比值为 $0.1 \sim 10$ 时，缓冲溶液具有较大的缓冲作用。

缓冲溶液的 pH 可以 pH 试纸或 pH 计来测定。

四、仪器与药品

（1）仪器 酸度计，复合玻璃电极，量筒（10mL，50mL 或 100mL）5 个，烧杯（50mL 或 100mL）4 个，点滴板，试管若干，试管架，石棉网，酒精灯。

（2）药品 HCl（$0.10\text{mol} \cdot L^{-1}$，$1.0\text{mol} \cdot L^{-1}$，$2.0\text{mol} \cdot L^{-1}$），HAc（$0.10\text{mol} \cdot L^{-1}$，$1.0\text{mol} \cdot L^{-1}$），$HNO_3$（$6.0\text{mol} \cdot L^{-1}$）；NaOH（$0.10\text{mol} \cdot L^{-1}$），$NH_3 \cdot H_2O$（$0.10\text{mol} \cdot L^{-1}$，$1.0\text{mol} \cdot L^{-1}$）；NaCl（$0.10\text{mol} \cdot L^{-1}$），NaAc（$0.10\text{mol} \cdot L^{-1}$，$1.0\text{mol} \cdot L^{-1}$），$Na_2CO_3$（$1.0\text{mol} \cdot L^{-1}$），$NaHCO_3$（$0.50\text{mol} \cdot L^{-1}$），$NH_4Cl$（$0.10\text{mol} \cdot L^{-1}$，$1.0\text{mol} \cdot L^{-1}$），$Al_2(SO_4)_3$（$0.10\text{mol} \cdot L^{-1}$），$CrCl_3$（$0.10\text{mol} \cdot L^{-1}$），$BiCl_3$（$0.10\text{mol} \cdot L^{-1}$），$Fe(NO_3)_3$（s），$NH_4Ac$（s），酚酞，甲基橙。

（3）材料 石蕊试纸，pH 试纸。

五、实验内容

1. 同离子效应

（1）在试管中加入约 1mL $0.10\text{mol} \cdot L^{-1}$ $NH_3 \cdot H_2O$ 溶液和 1 滴酚酞溶液，摇匀，溶液显什么颜色？再加入少量的 NH_4Ac(s)，摇匀，溶液的颜色有何变化？写出反应方程式，并简要解释之。

（2）在试管中加入约 1mL $0.10\text{mol} \cdot L^{-1}$ HAc 溶液和 1 滴甲基橙溶液，摇匀，溶液显什么颜色？再加入少量 NH_4Ac(s)，摇匀，溶液的颜色有何变化？写出反应方程式，并简要解释之。

2. 盐类的水解

（1）用精密 pH 试纸分别检验 $0.10\text{mol} \cdot L^{-1}$ NaAc 溶液、$0.10\text{mol} \cdot L^{-1}$ NH_4Cl 溶液、$0.10\text{mol} \cdot L^{-1}$ NaCl 溶液及去离子水[1]的 pH，所得结果与计算值作比较。解释 pH 各不相同的原因。

（2）在试管中加入 2mL 1.0mol·L^{-1} NaAc 溶液和 1 滴酚酞溶液，摇匀，溶液显什么颜色？再将溶液加热至沸，溶液的颜色有何变化？试解释之。

（3）在试管中，加入少量 Fe(NO)$_3$(s)，用 5mL 左右去离子水溶解后观察其颜色。然后将溶液分成 3 份于 3 支试管中，将其中 1 份留作比较用，在第 2 支试管中加入几滴 6.0mol·L^{-1} HNO$_3$ 溶液摇匀，将第 3 支试管用小火加热。分别观察两支试管溶液颜色的变化并与第 1 支试管进行比较。解释实验现象。

（4）在试管中加入 3 滴 0.10mol·L^{-1} BiCl$_3$ 溶液后，再加入约 2mL 去离子水，观察现象。再逐滴滴入 2.0mol·L^{-1} HCl 溶液，观察有何变化，写出离子反应方程式。

（5）在 1 支装有约 1mL 0.10mol·L^{-1} Al$_2$(SO)$_3$ 溶液的试管中，加入 1mL 0.50mol·L^{-1} NaHCO$_3$ 溶液，有什么现象？用什么方法证明产物是 Al(OH)$_3$，而不是 Al(HCO$_3$)$_3$？写出反应的离子方程式。

（6）在 1 支装有 1mL 0.10mol·L^{-1} CrCl$_3$ 溶液的试管中，加入 1mL 1.0mol·L^{-1} Na$_2$CO$_3$ 溶液，观察现象，写出反应的离子方程式。

（7）在 1 支装有 1mL 0.10mol·L^{-1} NH$_4$Cl 溶液的试管中，加入 1mL 1.0mol·L^{-1} Na$_2$CO$_3$ 溶液，并立即用润湿的红色石蕊试纸在试管口检验是否有氨气生成（可将试管微热后观察）。写出反应的离子方程式。

3. 缓冲溶液

（1）缓冲溶液的配制及其 pH 的测定。按表 5-1 和表 5-2 配制 4 种缓冲溶液，1~3 号缓冲溶液用精密 pH 试纸分别测定其 pH。第 4 号缓冲溶液用酸度计测定其 pH。

（2）缓冲溶液缓冲作用的试验。在用酸度计测定第 4 号缓冲溶液的 pH 后，往该溶液中加入 0.50mL（约 10 滴）0.10mol·L^{-1} HCl 溶液，摇匀，用酸度计测定其 pH；随后再加入 1.0mL（约 20 滴）0.10mol·L^{-1} NaOH 溶液，摇匀，再测定其 pH。记录这三次的测定结果，并与计算值进行比较。用 50mL 去离子水替代 4 号缓冲溶液，重复以上实验，记录测定结果并与 4 号缓冲溶液的实验结果进行比较。

表 5-1 缓冲溶液的配制和测定

编号	配制溶液及试剂用量（用量筒各准确量取 2.0mL）	pH（试纸测定）	pH（计算）
1	NH$_3$·H$_2$O(1.0mol·L^{-1})+NH$_4$Cl(0.10mol·L^{-1})		
2	HAc(0.10mol·L^{-1})+NaAc(1.0mol·L^{-1})		
3	HAc(1.0mol·L^{-1})+NaAc(0.10mol·L^{-1})		

表 5-2 缓冲溶液的作用

编号	配制溶液试剂及用量（用量筒各准确量取 25.0mL）	pH（酸度计测定）	pH（计算）
4	HAc(0.10mol·L^{-1})+NaAc(0.10mol·L^{-1})		
	加入 0.50mL HCl 溶液(0.1mol·L^{-1})(约 10 滴)		
	加入 1.0mL NaOH 溶液(0.1mol·L^{-1})(约 20 滴)		
5	量取 50mL 的去离子水		
	加入 0.50mL NaOH 溶液(0.1mol·L^{-1})(约 10 滴)		
	加入 1.0mL HCl 溶液(0.1mol·L^{-1})(约 20 滴)		

六、问题与讨论

（1）实验室中配制 BiCl$_3$ 溶液时，能否将固体 BiCl$_3$ 直接溶于去离子水中？应当如何配制？

（2）使用 pH 试纸测定溶液的 pH 时，怎样才是正确的操作方法？

（3）影响盐类水解的因素有哪些？

七、注释

[1] 去离子水的 pH 往往低于 7.0，这是因为空气中或多或少地含有一些酸性气体如 CO_2 等，它溶于水解离而显酸性。实验室所用的去离子水 pH 约在 6.5，若用这样的去离子水配制溶液时，pH 也表现出程度不同的偏差，所以在测定盐类溶液的 pH 时，可同时测定去离子水的 pH 以资比较。

实验十二　配合物与沉淀-溶解平衡

一、目的与要求

（1）掌握配合物的生成和离解，以及配离子与简单离子的区别。

（2）加深理解配合物的组成和稳定性，了解配合物形成时的特征。

（3）加深理解沉淀-溶解平衡和溶度积的概念，掌握溶度积规则及其应用。

（4）学习利用沉淀反应和配位溶解的方法分离常见混合阳离子。

（5）学习离心机的使用和固液分离的操作方法。

二、预习与思考

（1）预习有关配合物的组成、稳定性以及配位平衡移动的原理。

（2）预习有关难溶电解质的沉淀生成、溶解和转化等内容。

（3）预习第 3 章 "3.2 试管实验基本技术"。

（4）思考下列问题

① 什么叫做配位化合物？什么叫做配位剂？什么叫做螯合剂？

② 配位化合物有哪些应用？

③ 沉淀生成和溶解的条件是什么？

④ 根据溶度积规则怎样判断沉淀的先后顺序？沉淀转化的一般规律是什么？

三、实验原理

1. 配位化合物与配位平衡

配位化合物（简称配合物）的组成一般可分为内界和外界两个部分。中心离子与一定数目的配位体组成配合物的内界（一般为配离子或分子）；配合物除中心离子和配位体以外的部分为外界。内界和外界以离子键结合，在水溶液中完全解离；而配离子很稳定，在水溶液中像弱电解质一样分步解离，即配离子在溶液中存在着配合和解离平衡，如

$$Cu^{2+} + 4NH_3 \Longrightarrow [Cu(NH_3)_4]^{2+}$$

可用稳定常数 $K_f^{\ominus}$ 来描述配离子的稳定性。对于相同类型的配离子，$K_f^{\ominus}$ 数值愈大，配离子就愈稳定。和所有化学平衡一样，当条件改变时，配位平衡会发生移动。

当简单离子（或化合物）形成配离子（或配合物）后，其某些性质会发生改变，如颜色、溶解性、酸性以及氧化还原性等。

在水溶液中，配合物的生成反应主要有配位体的取代反应和加合反应，例如：

$$[Fe(NCS)_n]^{3-n} + 6F^- \Longrightarrow [FeF_6]^{3-} + nSCN^-$$

$$HgI_2(s) + 2I^- \Longrightarrow [HgI_4]^{2-}$$

螯合物又称内配合物，它是由中心离子和多基配位体配合而成的具有环状结构的配合物，它比一般的配合物稳定，很多金属螯合物具有特征的颜色。螯合物的环上有几个原子，就称为几元环，一般五元环和六元环的螯合物比较稳定。

2. 沉淀-溶解平衡

在含有难溶电解质（$A_m B_n$）晶体的饱和溶液中，难溶电解质与溶液中相应离子间的平

衡称为沉淀-溶解平衡，可用通式表示如下：

$$A_mB_n(s) \rightleftharpoons mA^{n+}(aq) + nB^{m-}(aq)$$

在一定的温度下，沉淀的生成或溶解可以根据溶度积规则来判断。当体系中离子浓度的幂的乘积大于溶度积常数，即 $Q > K_{sp}^{\ominus}$ 时有沉淀生成，平衡向左移动；当 $Q < K_{sp}^{\ominus}$ 时，无沉淀生成，或平衡向右移动，原来的沉淀溶解；当 $Q = K_{sp}^{\ominus}$ 时，处于平衡状态，溶液为饱和溶液。

设法降低难溶电解质溶液中某一相关离子的浓度，可以将沉淀溶解。溶解沉淀的常见方法有酸、碱溶解法，氧化还原溶解法，配位溶解法，沉淀转化溶解法和多元溶解法等。

如果溶液中含有两种或两种以上的离子都能与逐滴加入的某种离子（称为沉淀剂）反应，生成沉淀时，沉淀析出的先后顺序决定于所需沉淀剂浓度的大小，所需沉淀剂浓度较小的离子先沉淀析出，然后所需沉淀剂浓度较大的离子开始析出沉淀，这种先后沉淀的现象称为分步沉淀。例如，在含有 S^{2-} 和 CrO_4^{2-} 的混合溶液中逐滴加入含 Pb^{2+} 的溶液或者在含有 Ag^+ 和 Pb^{2+} 的混合溶液中逐滴加入含 CrO_4^{2-} 的溶液，都会产生分步沉淀的现象。对于相同类型的难溶电解质，可以根据其 $K_{sp}^{\ominus}$ 的相对大小来判断沉淀析出的先后顺序。对于不同类型的难溶电解质，则要根据计算所需沉淀剂浓度的大小来判断沉淀析出的先后顺序。

使一种溶解度较大的难溶电解质转化为另一种溶解度较小的更难溶电解质，即将一种沉淀转化为另一种沉淀，称为沉淀的转化。例如，锅炉垢层的成分是 $CaSO_4$，由于垢层致密，且难溶于稀酸，可用 Na_2CO_3 将 $CaSO_4$ 转化成 $CaCO_3$，然后用酸清洗。为保证锅炉不被酸腐蚀，酸中需加适量的缓蚀剂，如 HCl 中加六亚甲基四胺（俗名乌洛托品）。两种沉淀间相互转化的难易程度要根据沉淀转化反应的标准平衡常数确定。

利用沉淀反应和配位溶解可以分离溶液中的某些离子。例如，为了分离溶液中的 Ag^+、Ba^{2+}、Mg^{2+} 等混合离子，可先加入盐酸使 Ag^+ 生成 AgCl 沉淀从溶液中析出来。再在清液中加入稀 H_2SO_4，使 Ba^{2+} 生成 $BaSO_4$ 沉淀，从溶液中分离出来，而 Mg^{2+} 则留在溶液中。这样就达到三种离子分离的目的。用分离过程示意图表示如下：

四、仪器与药品

(1) 仪器 点滴板，试管，试管架，石棉网，酒精灯，电动离心机。

(2) 药品 HCl（$2.0mol \cdot L^{-1}$，$6.0mol \cdot L^{-1}$，浓），HNO_3（$2.0mol \cdot L^{-1}$，浓），H_3BO_3（$0.10mol \cdot L^{-1}$）；NaOH（$2.0mol \cdot L^{-1}$），$NH_3 \cdot H_2O$（$2.0mol \cdot L^{-1}$，$6.0mol \cdot L^{-1}$）；KI（$0.020mol \cdot L^{-1}$，$0.10mol \cdot L^{-1}$，$2.0mol \cdot L^{-1}$），KBr（$0.10mol \cdot L^{-1}$），K_2CrO_4（$0.10mol \cdot L^{-1}$），KSCN（$0.10mol \cdot L^{-1}$），$K_4[Fe(CN)_6]$（$0.10mol \cdot L^{-1}$），NaF（$0.50mol \cdot L^{-1}$），NaCl（$0.10mol \cdot L^{-1}$），Na_2S（$0.10mol \cdot L^{-1}$），Na_2SO_4（$0.50mol \cdot L^{-1}$），$Na_2S_2O_3$（$1.0mol \cdot L^{-1}$，饱和），Na_2CO_3（饱和），Na_2H_2Y（$0.10mol \cdot L^{-1}$），$CaCl_2$（$0.10mol \cdot L^{-1}$，$0.50mol \cdot L^{-1}$），$BaCl_2$（$0.10mol \cdot L^{-1}$），$Ba(NO_3)_2$（$0.10mol \cdot L^{-1}$），$MgCl_2$（$0.10mol \cdot L^{-1}$），$FeCl_3$（$0.10mol \cdot L^{-1}$），$Fe(NO_3)_3$（$0.10mol \cdot L^{-1}$），$(NH_4)_2Fe(SO_4)_2$（$0.10mol \cdot L^{-1}$），$CoCl_2$（$0.10mol \cdot L^{-1}$），$NiSO_4$（$0.10mol \cdot L^{-1}$），$CuSO_4$（$0.10mol \cdot L^{-1}$），$AgNO_3$（$0.10mol \cdot L^{-1}$），$Zn(NO_3)_2$（$0.10mol \cdot L^{-1}$），$Hg(NO_3)_2$（$0.10mol \cdot L^{-1}$），$HgCl_2$（$0.10mol \cdot L^{-1}$），$SnCl_2$（$0.10mol \cdot L^{-1}$），$Al(NO_3)_3$（$0.10mol \cdot L^{-1}$），$Pb(NO_3)_2$（$0.10mol \cdot L^{-1}$），$Pb(Ac)_2$

$(0.010 mol \cdot L^{-1})$；$NaNO_3(s)$；H_2O_2（3%），甘油（或甘露醇），无水乙醇，丁二酮肟。

（3）材料　铜片，锌片，硫脲，pH 试纸。

五、实验内容

1. 配合物的生成及颜色的改变

（1）在 2 滴 $0.10 mol \cdot L^{-1}$ $Fe(NO_3)_3$ 溶液中加入 1 滴 $0.10 mol \cdot L^{-1}$ KSCN 溶液，观察溶液颜色的变化。再加入几滴 $0.50 mol \cdot L^{-1}$ NaF 溶液振荡试管，观察有何变化？写出反应方程式并解释之。

（2）在 $0.10 mol \cdot L^{-1}$ $K_4[Fe(CN)_6]$ 溶液和 $0.10 mol \cdot L^{-1}$ $(NH_4)_2Fe(SO_4)_2$ 溶液中分别滴加 $0.10 mol \cdot L^{-1}$ KSCN 溶液，观察溶液是否发生变化。

（3）在试管中加入几滴 $0.10 mol \cdot L^{-1}$ $CuSO_4$ 溶液，再逐滴滴加 $6.0 mol \cdot L^{-1}$ $NH_3 \cdot H_2O$ 溶液至过量，然后将溶液分成 3 份，一份加入 $2.0 mol \cdot L^{-1}$ NaOH 溶液，一份加入 $0.10 mol \cdot L^{-1}$ $BaCl_2$ 溶液，另一份加入少许无水乙醇，观察现象。写出有关反应方程式。

（4）在试管中加入 2 滴 $0.10 mol \cdot L^{-1}$ $NiSO_4$ 溶液，再逐滴滴加 $6.0 mol \cdot L^{-1}$ $NH_3 \cdot H_2O$ 溶液，观察溶液的颜色变化。然后再加入 2 滴丁二酮肟试剂[1]，观察生成物的颜色和状态。

2. 配位平衡的移动

（1）在几滴 $0.10 mol \cdot L^{-1}$ NaCl 溶液中加入 $0.10 mol \cdot L^{-1}$ $AgNO_3$ 溶液，离心分离，弃去上清液，向沉淀中加入 $2.0 mol \cdot L^{-1}$ $NH_3 \cdot H_2O$ 溶液，沉淀是否溶解？为什么？若再加几滴 $2.0 mol \cdot L^{-1}$ HNO_3 溶液，又有何现象。

（2）在 1 支试管中加入 2～3 滴 $0.10 mol \cdot L^{-1}$ $AgNO_3$ 溶液，然后按下列步骤进行实验，观察每步现象的变化，根据难溶电解质溶度积和配离子稳定常数解释现象，并写出各步实验的离子反应方程式。

① 逐滴加入 $0.10 mol \cdot L^{-1}$ Na_2CO_3 溶液至沉淀生成；

② 逐滴加入 $2.0 mol \cdot L^{-1}$ $NH_3 \cdot H_2O$ 溶液至沉淀刚溶解；

③ 逐滴加入 $0.10 mol \cdot L^{-1}$ NaCl 溶液至沉淀生成；

④ 逐滴加入 $6.0 mol \cdot L^{-1}$ $NH_3 \cdot H_2O$ 溶液至沉淀刚溶解；

⑤ 逐滴加入 $0.10 mol \cdot L^{-1}$ KBr 溶液至沉淀生成；

⑥ 逐滴加入 $1.0 mol \cdot L^{-1}$ $Na_2S_2O_3$ 溶液至沉淀刚溶解；

⑦ 逐滴加入 $0.10 mol \cdot L^{-1}$ KI 溶液至沉淀生成；

⑧ 逐滴加入 $Na_2S_2O_3$ 溶液（饱和）至沉淀刚溶解；

⑨ 逐滴加入 $0.10 mol \cdot L^{-1}$ Na_2S 溶液至沉淀生成。

（3）在 1 支试管中加入几滴 $0.10 mol \cdot L^{-1}$ Na_2S 溶液，再逐滴加入 $0.10 mol \cdot L^{-1}$ $Hg(NO_3)_2$ 溶液至沉淀生成，离心分离弃去上清液；在沉淀中加入几滴浓 HNO_3，观察沉淀是否溶解？再加几滴浓 HCl，沉淀有何变化？写出反应方程式。

3. 螯合物的形成及 pH 的改变

（1）取一条完整的 pH 试纸，滴上半滴甘油（或甘露醇）溶液，在距离甘油扩散边缘 $0.5 \sim 1.0 cm$ 处滴上半滴 $0.10 mol \cdot L^{-1}$ H_3BO_3 溶液，待溶液扩散与甘油扩散区重叠时，记录下未重叠处甘油、H_3BO_3 及它们重叠区的 pH。说明 pH 变化的原因并写出反应方程式。

（2）用 $0.10 mol \cdot L^{-1}$ $CaCl_2$ 溶液和 $0.10 mol \cdot L^{-1}$ Na_2H_2Y 溶液，重复（1）的实验，说明 pH 变化的原因，并写出反应方程式。

4. 配合物形成时中心离子氧化还原性的改变

（1）在 2～3 滴 0.10mol·L^{-1} CoCl$_2$ 溶液中，滴加 3％ H$_2$O$_2$ 溶液，观察有何变化？

（2）在 2～3 滴 0.10mol·L^{-1} CoCl$_2$ 溶液中加几滴 1.0mol·L^{-1} NH$_4$Cl 溶液，再滴加 6.0mol·L^{-1} NH$_3$·H$_2$O 溶液，观察现象。然后滴加 3％ H$_2$O$_2$ 溶液，观察溶液颜色的变化，和实验（1）比较，有何不同？写出有关的反应方程式。

（3）在试管中放入一小片铜屑，加入 2～3mL 6.0mol·L^{-1} HCl 溶液，加热至沸，离开火源，观察是否有气泡生成？

（4）在试管中放入一小片铜屑，加入 2～3mL 6.0mol·L^{-1} HCl 溶液，再加入一小勺硫脲，加热至沸，离开火源，观察是否有氢气气泡生成？

5．沉淀的生成与溶解

（1）在 3 支试管中各加入 2 滴 0.01mol·L^{-1} Pb(Ac)$_2$ 溶液和 2 滴 0.02mol·L^{-1} KI 溶液，振荡试管，观察有无沉淀生成？在第 1 支试管中加入 5mL 去离子水，振荡试管，观察现象；在第 2 支试管中加少量 NaNO$_3$(s)，振荡，观察现象；在第 3 支试管中加入过量的 2.0mol·L^{-1} KI 溶液，观察现象。分别上述实验解释现象。

（2）在 2 支试管中各加入 2 滴 0.10mol·L^{-1} Na$_2$S 溶液和 2 滴 0.10mol·L^{-1} Pb(NO$_3$)$_2$ 溶液，注意观察沉淀的颜色。在 1 支试管中加入 6.0mol·L^{-1} HCl 溶液，另 1 支试管中加入 6.0mol·L^{-1} HNO$_3$ 溶液，振荡试管，观察现象。写出反应方程式。

（3）在试管中加入几滴 0.10mol·L^{-1} K$_2$CrO$_4$ 溶液和几滴 0.10mol·L^{-1} Pb(NO$_3$)$_2$ 溶液，注意观察沉淀的颜色。

（4）在试管中加入几滴 0.10mol·L^{-1} K$_2$CrO$_4$ 溶液和几滴 0.10mol·L^{-1} AgNO$_3$ 溶液，注意观察沉淀的颜色。

（5）在试管中加入几滴 0.10mol·L^{-1} NaCl 溶液和几滴 0.10mol·L^{-1} AgNO$_3$ 溶液，注意观察沉淀的颜色。

注：以上（2）～（5）实验，沉淀颜色可用来判断下面分步沉淀实验的沉淀先后。

6．分步沉淀

（1）在 1 支离心试管中加入 1 滴 0.10mol·L^{-1} Na$_2$S 溶液和 2 滴 0.10mol·L^{-1} K$_2$CrO$_4$ 溶液，用去离子水稀释至 5mL，摇匀。先加入 1 滴 Pb(NO$_3$)$_2$ 溶液（0.10mol·L^{-1}），摇匀后用离心机分离，观察离心试管底部沉淀的颜色；然后再向上清液中滴加 0.10mol·L^{-1} Pb(NO$_3$)$_2$ 溶液，观察此时生成的沉淀的颜色。指出前后两种沉淀各是什么物质？并说明两种沉淀先后析出的理由，写出反应方程式。

（2）在 1 支离心试管加入 2 滴 0.10mol·L^{-1} AgNO$_3$ 溶液和 2 滴 0.10mol·L^{-1} Pb(NO$_3$)$_2$ 溶液，用去离子水稀释至 5mL，摇匀。逐滴加入 0.10mol·L^{-1} K$_2$CrO$_4$ 溶液（注意，每加 1 滴后，都要充分摇匀），观察先后出现沉淀的颜色有何不同？指出各是什么物质？写出反应方程式并解释之。

7．沉淀的转化

（1）在试管中加入 6 滴 0.1mol·L^{-1} AgNO$_3$ 溶液，再加入 3 滴 0.1mol·L^{-1} K$_2$CrO$_4$ 溶液，观察现象。然后再逐滴加入 0.10mol·L^{-1} NaCl 溶液，充分振荡，观察有何变化。写出反应方程式，并计算沉淀转化反应的标准平衡常数。

（2）在 2 支离心试管中，各加入 1mL 0.50mol·L^{-1} CaCl$_2$ 溶液和 1mL 0.50mol·L^{-1} Na$_2$SO$_4$ 溶液，振荡，生成沉淀（若无沉淀生成，用玻棒摩擦试管内壁，至沉淀生成），离心分离，弃去上清液。在 1 支含有沉淀的试管中，加入 1mL 2.0mol·L^{-1} HCl 溶液，观察沉淀是否溶解；在另 1 支含有沉淀的试管中加入 1mL 饱和 Na$_2$CO$_3$ 溶液，充分振荡试管

（或用玻棒搅松沉淀），使沉淀转化，离心分离，弃去上清液，用去离子水洗涤沉淀 1～2 次，离心分离，弃去上清液，然后在沉淀中加入 1mL 2.0mol·L^{-1} HCl 溶液，观察沉淀是否溶解？

8. 沉淀的溶解

（1）在 2 支试管中均分别加入 0.5mL 0.10mol·L^{-1} MgCl$_2$ 溶液和数滴 2.0mol·L^{-1} NH$_3$·H$_2$O 溶液至沉淀生成。在 1 支试管中加入几滴 2.0mol·L^{-1} HCl 溶液，观察沉淀是否溶解；在另 1 支试管中加入数滴 1.0mol·L^{-1} NH$_4$Cl 溶液，观察沉淀是否溶解。写出有关反应方程式并解释每步实验现象。

（2）在 1 支试管中加入 2 滴 0.010mol·L^{-1} Pb(Ac)$_2$ 溶液和 2 滴 0.020mol·L^{-1} KI 溶液，再加入 0.5mL 去离子水，最后向该试管中加入少量 NaNO$_3$(s)，振荡试管，直到沉淀消失。写出有关反应方程式，解释沉淀溶解的原因。

9. 沉淀法分离混合离子

（1）在 1 支离心试管加入 0.10mol·L^{-1} AgNO$_3$ 溶液、0.10mol·L^{-1} Fe(NO$_3$)$_3$ 溶液、0.10mol·L^{-1} Al(NO$_3$)$_3$ 溶液各 3 滴。向该混合溶液中加入几滴 2.0mol·L^{-1} HCl 溶液，有什么沉淀析出？离心分离后，在上清液中再加入 1 滴 2.0mol·L^{-1} HCl 溶液检验，若无沉淀析出，表示能形成难溶氯化物的离子已经沉淀完全。将上清液转移到另一支离心试管中，逐滴加入过量的 2.0mol·L^{-1} NaOH 溶液，振荡并适当加热，有什么沉淀析出？离心分离后，在上清液加入 1 滴 2.0mol·L^{-1} NaOH 溶液检验，若无沉淀生成，表示能形成难溶氢氧化物的离子已沉淀完全。将上清液再转移另一支试管中。此时三种离子已经分开。写出分离过程示意图。

（2）某溶液中含有 Ba^{2+}、Pb^{2+}、Fe^{3+}、Zn^{2+} 等离子，试设计方法分离之。图示分离步骤，写出有关的反应方程式。

六、问题与讨论

（1）将 2 滴 0.10mol·L^{-1} AgNO$_3$ 溶液和 2 滴 0.10mol·L^{-1} Pb(NO$_3$)$_2$ 溶液混合并稀释到 5mL 后，再逐滴加入 0.10mol·L^{-1} K$_2$CrO$_4$ 溶液时，哪种沉淀先生成？为什么？

（2）计算 CaSO$_4$ 沉淀与 Na$_2$CO$_3$ 溶液（饱和）反应的标准平衡常数。用平衡移动原理解释 CaSO$_4$ 沉淀转化为 CaCO$_3$ 沉淀的原因。

（3）HgS 不溶于单一酸，但却能溶于王水，为什么？

（4）锌能从 FeSO$_4$ 溶液中置换出铁，却不能从 K$_4$[Fe(CN)$_4$] 溶液中置换出铁，为什么？

（5）衣服上沾有铁锈时，常用草酸去洗，试说明其中的原理。

七、注释

[1] Ni^{2+} 在弱碱性条件下加入丁二酮肟生成难溶于水的鲜红色螯合物沉淀二丁二酮肟合镍（Ⅱ）：

简写为 Ni^{2+} +2HDMG+2NH$_3$ ⟶ Ni(DMG)$_2$(s)+2NH$_4^+$

实验十三　氧化还原反应与电化学

一、目的与要求

(1) 了解原电池的组成，学习用酸度计测定原电池电动势的方法。

(2) 加深理解电极电势与氧化还原反应的关系。

(3) 了解介质的酸碱性对氧化还原反应方向和产物的影响。

(4) 了解反应物浓度和温度对氧化还原反应速率的影响。

(5) 掌握浓度对电极电势的影响。

(6) 了解电解的基本原理及影响电解产物的主要因素。

二、预习与思考

(1) 预习有关氧化还原反应、原电池和电解的基本概念和基本原理。

(2) 预习第 2 章 "2.3.1 酸度计" 中有关测量原电池电动势的方法。

(3) 思考下列问题：

① 影响电极电势的因素有哪些？

② 盐桥有什么作用？应如何选用盐桥以适应不同的原电池？

③ 原电池与电解池有何区别？

三、实验原理

对于一个能自发进行的氧化还原反应，可以通过适当的装置把化学能转化为电能，这种装置称为原电池。由于组成原电池的两个电极均有一定的电极电势 (φ)，则原电池具有电动势 (E)。原电池的电动势 $E = \varphi_正 - \varphi_负$，因此，通过测定原电池电动势，可以得到相应的电极电势。由于原电池本身有内阻，放电时产生内压降，用伏特计测得的端电压，仅是外电路的电压，而不是原电池的电动势。准确的原电池电动势应采用 "对消法" 在电位计上测量。若用 pH 计的 mV 挡来测，由于 pH 计的 mV 部分具有高阻抗，使测量回路中通过的电流极小，原电池的内压降近似为零。所以，所测得的外电路的端电压可近似地作为原电池的电动势。

电极电势的相对大小反映了电极中氧化态物质和还原态物质在水溶液中氧化还原能力的相对强弱。一个电对的电极电势代数值越大，其氧化态的氧化能力越强，而还原态的还原能力就越弱；反之，其电极电势代数值越小，其氧化态的氧化能力越弱，而还原态的还原能力就越强。

浓度与电极电势的关系可用能斯特（Nernst）方程表示，在 298.15K 时，方程式为：

$$\varphi = \varphi^{\ominus} - \frac{0.05917}{n} \lg \frac{c(还原态)}{c(氧化态)}$$

还原态或氧化态物质浓度的变化均会改变电极电势的数值，当有沉淀或配合物生成时，能显著地影响电极电势，甚至会改变反应的方向。溶液的 pH 也会影响某些电对的电极电势或氧化还原反应的方向。介质的酸碱性会影响某些氧化还原反应的产物，如在酸性、中性和强碱性溶液中，MnO_4^- 的还原产物分别为 Mn^{2+}、MnO_2 和 MnO_4^{2-}。

电流通过电解质溶液时，在电极上引起的化学变化称为电解。电解时电极电势的高低、离子浓度的大小、电极材料等因素都可以影响两极上的电解产物。

四、仪器与药品

(1) 仪器　pH 计或伏特计，5mL 井穴板，烧杯，量筒，表面皿，酒精灯，石棉网，水浴锅，盐桥[1]。

（2）药品 H_2SO_4（2.0mol·L^{-1}，3.0mol·L^{-1}），HCl（0.10mol·L^{-1}），$H_2C_2O_4$（0.10mol·L^{-1}），NaOH（2.0mol·L^{-1}，6.0mol·L^{-1}），$NH_3·H_2O$（6.0mol·L^{-1}），KBr（0.10mol·L^{-1}），$KMnO_4$（0.010mol·L^{-1}），KIO_3（0.10mol·L^{-1}），KI（0.020mol·L^{-1}，0.10mol·L^{-1}），$K_2Cr_2O_7$（0.10mol·L^{-1}），$K_3[Fe(CN)_6]$（0.010mol·L^{-1}），Na_2SO_3（0.10mol·L^{-1}），Na_2SiO_3（0.50mol·L^{-1}），乌洛托品 $[(CH_2)_6N_4]$（20%），$CuSO_4$（0.10mol·L^{-1} 0.50mol·L^{-1}），$ZnSO_4$（0.10mol·L^{-1}，0.50mol·L^{-1}），$Cr_2(SO_4)_3$（0.10mol·L^{-1}），$(NH_4)_2Fe(SO_4)_2$（0.10mol·L^{-1}），$Pb(NO_3)_2$（0.50mol·L^{-1}），$HgCl_2$（0.10mol·L^{-1}），$FeCl_3$（0.10mol·L^{-1}），H_2O_2（3%），CCl_4，酚酞，淀粉溶液。

（3）试液（Ⅰ） 取410mL 30% H_2O_2 溶液，加水稀释至1000mL，存于棕色瓶中。

（4）试液（Ⅱ） 称取42.8g KIO_3 加入适量水，加热溶解，冷却后加入40mL 2.0mol·L^{-1} H_2SO_4，加水稀释至1000mL，存于棕色瓶中。

（5）试液（Ⅲ） 称取0.3g可溶性淀粉，用少量水调成糊状，加入到沸水中，然后加入3.4g $MnSO_4$ 和15.6g丙二酸 $[CH_2(COOH)_2]$，搅拌溶解，加水稀释至1000mL，存于棕色瓶中。

（6）材料 铜片，锌片，铝片，铅粒，铁钉（丝）；铜片电极，锌片电极，铁片电极，石墨电极，镍铬丝，干电池，滤纸片，铜丝。

五、实验内容

1. 原电池的组成和电动势的测定

在一只井穴板的对角相邻位置穴中分别倒入约1/2容积的0.10mol·L^{-1} $CuSO_4$、0.10mol·L^{-1} $ZnSO_4$、0.10mol·L^{-1} $(NH_4)_2Fe(SO_4)_2$，再分别插入相应的金属电极，用饱和KCl盐桥连接两个穴，组成铜-锌、铜-铁、锌-铁原电池，用pH计的mV挡（或伏特计）测量其近似的电动势，并与计算值比较。对铜-锌原电池，测量时用导线将铜片和锌片分别与pH计的正、负极相接，另两个电池的接法可类推。注意，保留这些溶液于下面实验中继续使用。

2. 浓度、介质对电极电势的影响

（1）浓度对电极电势的影响 在上述实验基础上，在搅拌下，先往0.10mol·L^{-1} $CuSO_4$ 溶液中滴加6.0mol·L^{-1} $NH_3·H_2O$ 至生成的沉淀恰好溶解（溶液为深蓝色），再测铜-锌原电池的电动势，有何变化？然后再往0.10mol·L^{-1} $ZnSO_4$ 溶液中滴加6.0mol·L^{-1} $NH_3·H_2O$ 至生成的沉淀刚好溶解时，再测铜-锌原电池的电动势，又有何变化？为什么？根据以上电池电动势的测量结果，你能得出什么结论？

（2）介质对电极电势的影响 在一井穴皿中，约按1∶1的量加入0.10mol·L^{-1} $Cr_2(SO_4)_3$ 和0.10mol·L^{-1} $K_2Cr_2O_7$ 至约1/2容积，往另一孔穴中加入3% H_2O_2 至约1/2容积，再分别插入石墨棒电极，架入盐桥，组成原电池，用pH计（或伏特计）测定其电动势并记录之。往 $Cr_2O_7^{2-}/Cr^{3+}$ 电对中滴加几滴3.0mol·L^{-1} H_2SO_4 溶液再测其电动势；再往 $Cr_2O_7^{2-}/Cr^{3+}$ 电对中滴加6.0mol·L^{-1} NaOH溶液至沉淀生成又溶解，再测其电动势。试简单解释其电动势变化的原因（此测定速度要快，因浓度变化电动势变化较大）。

3. 电极电势与氧化还原反应的关系

（1）取两支试管分别加入0.5mL 0.50mol·L^{-1} $Pb(NO_3)_2$ 和0.5mL 0.50mol·L^{-1} $CuSO_4$ 溶液，再各放入一小片用砂纸擦净的锌片，放置一段时间后，观察锌片表面和溶液颜色有何变化？

(2) 取两支试管分别加入 $0.5mL$ $0.50mol \cdot L^{-1}$ $ZnSO_4$ 和 $0.5mL$ $0.50mol \cdot L^{-1}$ $CuSO_4$ 溶液，各放入一小粒已用砂纸擦净的铅粒，放置一段时间后，观察铅粒表面和溶液颜色有何变化？

根据 (1)、(2) 的实验结果，确定锌、铅、铜还原性的相对大小。

(3) 在试管中加入 10 滴 $0.020mol \cdot L^{-1}$ KI 溶液和 2 滴 $0.10mol \cdot L^{-1}$ $FeCl_3$ 溶液，摇匀后加入 $1mL$ CCl_4，充分振荡，观察 CCl_4 层的颜色变化。写出反应方程式。

(4) 用 $0.10mol \cdot L^{-1}$ KBr 溶液代替 (3) 中 KI 溶液进行上述同样的实验。

根据 (3)、(4) 的实验结果，比较 Br_2/Br^-、I_2/I^-、Fe^{3+}/Fe^{2+} 三个电对的电极电势的相对大小，并指出其中最强的氧化剂和还原剂各是什么？

(5) 中间价态物质的氧化还原反应

① 在一支试管中加入 5 滴 $0.10mol \cdot L^{-1}$ KI 溶液，加入 2 滴 $2.0mol \cdot L^{-1}$ H_2SO_4 溶液酸化，再加入几滴 3‰ H_2O_2 和 $1mL$ CCl_4，充分振荡，观察 CCl_4 层的颜色有无变化？在另一支试管中加入 2 滴 $0.010mol \cdot L^{-1}$ $KMnO_4$ 溶液和 2 滴 $2.0mol \cdot L^{-1}$ H_2SO_4 酸化，再加入几滴 3‰ H_2O_2，观察现象。两支试管现象有何不同，指出 H_2O_2 在反应中各起什么作用？

② 取 $10mL$ 试液 (Ⅰ) 倒入烧杯，然后各取 $10mL$ 试液 (Ⅱ)、试液 (Ⅲ) 倒入烧杯，摇晃烧杯，观察溶液颜色的反复变化情况，试解释之。

4. 介质的酸碱性对氧化还原反应的影响

(1) 在试管中加入 10 滴 $0.10mol \cdot L^{-1}$ KI 和 2～3 滴 $0.10mol \cdot L^{-1}$ KIO_3 溶液，振荡，观察有无变化？再加几滴 $2.0mol \cdot L^{-1}$ H_2SO_4，观察有无变化？再逐滴加入 NaOH $(2.0mol \cdot L^{-1})$ 使溶液呈碱性，又有何现象？写出反应方程式，解释每步反应的现象，并指出介质的酸碱性对上述氧化还原反应的影响。

(2) 在 3 支试管中各加入 2 滴 $0.010mol \cdot L^{-1}$ $KMnO_4$ 溶液，再分别加入 5 滴 $2.0mol \cdot L^{-1}$ H_2SO_4、H_2O、$2.0mol \cdot L^{-1}$ NaOH，使它们分别呈酸性、中性、碱性溶液，再分别向各试管加入 10 滴 $0.10mol \cdot L^{-1}$ Na_2SO_3，观察各试管的现象。写出反应方程式。

5. 浓度、温度对氧化还原反应速率的影响

(1) 在两支试管中分别加入 3 滴 $0.50mol \cdot L^{-1}$ $Pb(NO_3)_2$ 溶液和 $1.0mol \cdot L^{-1}$ $Pb(NO_3)_2$ 溶液，各加入 30 滴 $1.0mol \cdot L^{-1}$ HAc 溶液，混匀后，再逐滴加入 $0.50mol \cdot L^{-1}$ Na_2SiO_3 溶液约 26～28 滴，摇匀，用蓝色石蕊试纸检查溶液仍呈弱酸性。在 90℃ 的水浴中加热至试管中出现乳白色透明乳胶，取出试管，冷却至室温，在两支试管中同时插入表面积相同的锌片，观察两支试管中"铅树"生长速率的快慢，并解释之。

(2) 在 A、B 两支试管中各加入 10 滴 $0.010mol \cdot L^{-1}$ $KMnO_4$ 溶液，再滴几滴 $2.0mol \cdot L^{-1}$ H_2SO_4 酸化；在 C、D 两试管中各加入 $1mL$ $0.10mol \cdot L^{-1}$ $H_2C_2O_4$ 溶液，将 A、C 两试管放入水浴中加热几分钟后，将 A 倒入 C，同时将 B 倒入 D 中，观察 C、D 两试管中的溶液何者先褪色，并解释之。

6. 金属的腐蚀与防止

(1) 在井穴板穴内放一片铝片，在铝片上滴 1 滴 $0.10mol \cdot L^{-1}$ $HgCl_2$ 溶液，当铝片出现灰色时用滤纸（或棉花）吸干溶液，将铝片置于空气中，观察白色絮状物生成。试解释之。

(2) 在试管中加入 $1mL$ $0.10mol \cdot L^{-1}$ HCl 溶液，再放入一粒（片）纯锌粒（片），观察现象。再插入 1 根铜丝与锌粒（片）接触，观察前后现象有何不同？

(3) 取 2 支无锈或已去锈（用酸去锈，清水洗净）的铁钉（丝），分别放入两支试管中，

在 1 支试管中加入数滴乌洛托品（20%）。然后各加入 1mL 0.10mol·L^{-1} HCl 和几滴 0.010mol·L^{-1} K$_3$[Fe(CN)$_6$]，观察现象有何不同？

7. 电解

将一小片滤纸置于表面皿上，并滴上 1 滴 0.10mol·L^{-1} KI 溶液、1 滴酚酞溶液和 1 滴淀粉溶液使之湿润。在干电池的正、负极上分别连接一根镍铬丝作电极，将这两根电极同时插在滤纸片上（距离约 1cm），稍后，观察滤纸片上两极出现的现象。写出两电极反应的半反应式。

六、问题与讨论

（1）通过实验，总结哪些因素会影响电极电势？怎样影响？

（2）KMnO$_4$ 与 Na$_2$SO$_3$ 溶液进行氧化还原反应时，在酸性、中性、碱性介质中的产物各是什么？写出反应的离子方程式。

（3）在 Cu-Zn 原电池中，当减小 Cu^{2+} 浓度时，原电池的电动势是变大还是变小？当减小 Zn^{2+} 浓度时，原电池的电动势又是如何变化的？为什么？

七、注释

[1] 盐桥的制作：把 2g 琼脂放入 100mL 饱和 KCl 溶液中，小火加热全溶后，用滴管吸取之并灌入至 U 形管中，注意不能有气泡进入，冷却凝固后即可使用。不用时要保存在饱和 KCl 溶液中。

实验十四　弱酸解离常数和解离度的测定

一、目的与要求

（1）掌握弱酸解离常数与解离度的测定方法。加深对弱电解质平衡的理解。

（2）掌握 pH 计（酸度计）的正确使用方法。

（3）掌握移液管的使用方法。熟悉容量瓶的使用方法。

二、预习与思考

（1）预习弱酸在水溶液中解离平衡的基本原理。

（2）预习第 2 章"2.2 度量仪器"中有关移液管、容量瓶及其使用方法。

（3）预习第 2 章"2.3.1 酸度计"。

（4）思考下列问题

① 本实验测定 HAc 解离常数的原理是什么？

② 移液管有何用途？使用时应注意哪些问题？

③ 使用容量瓶时应注意哪些问题？

三、实验原理

HAc 是一元弱酸，在水溶液中存在着下列解离平衡：

$$HAc(aq) \rightleftharpoons H^+(aq) + Ac^-(aq)$$

一定温度下，标准平衡常数的表达式为：

$$K_a^\ominus = \frac{c(H^+)c(A^-)}{c(HA)}$$

式中各浓度项均为平衡浓度。若 HAc 的起始浓度为 c，解离度为 α，在 HAc 溶液中，$c(H^+) = c(Ac^-)$，$c(HAc) = 1 - c(H^+)$，则：

$$\alpha = \frac{c(H^+)}{c}, K_a^\ominus = \frac{c^2(H^+)}{c - c(H^+)} = \frac{c\alpha^2}{1 - \alpha}$$

当 $\alpha < 5\%$ 时，
$$K_a^{\ominus} \approx \frac{c^2(H^+)}{c} \approx c\alpha^2$$

在一定的温度下，用酸度计测定不同浓度 HAc 溶液的 pH，由 pH $=-\lg c(H^+)$ 求出相应的 $c(H^+)$，从而计算出不同浓度下 HAc 的解离度和解离常数。

四、仪器与药品

(1) 仪器　pHS-25 型酸度计，酸式滴定管，移液管，烧杯（50mL）；温度计。

(2) 药品　HAc（约 $0.2\text{mol} \cdot L^{-1}$，准确浓度）。

五、实验内容

1. 配制不同浓度的醋酸溶液

用移液管或酸式滴定管分别取 2.50mL、5.00mL 和 25.00mL 已知准确浓度（约 $0.2\text{mol} \cdot L^{-1}$）的 HAc 溶液于三个已编号的 50mL 容量瓶中，用去离子水稀释至刻度并摇匀。算出这三瓶 HAc 溶液的浓度。

2. 测定醋酸溶液的 pH

分别取三个容量瓶中的 HAc 溶液和未稀释的 HAc 溶液各约 25mL 于四个清洁干燥的 50mL 烧杯中，按由稀到浓的顺序，用酸度计[1]分别测出它们的 pH[2]，记录数据和室温。

pH 测定结束后，关闭电源，拆下复合 pH 电极[3]并洗净，小心套上复合 pH 电极的电极帽。

3. 数据记录和处理

按表 5-3 的格式，记录实验中所测得的各溶液的 pH，并计算结果。

六、问题与讨论

(1) 为什么要按溶液浓度由稀到浓的顺序来测定溶液的 pH？

(2) 实验中应如何保护 pH 电极？

(3) 若所用的 HAc 溶液的浓度极稀时，能否用 $K_a^{\ominus} \approx c^2(H^+)/c$ 求解离常数？

(4) 根据实验结果，总结解离度、解离常数和 HAc 溶液浓度的关系。

表 5-3　各溶液的 pH 和计算结果

溶液编号	$c/\text{mol} \cdot L^{-1}$	pH	$c(H^+)/\text{mol} \cdot L^{-1}$	α	解离常数 $K_a^{\ominus}$	
					测定值	平均值
1						
2						
3						
4						

七、注释

[1] 测量不同浓度 HAc 溶液的 pH 之前，需先用标准缓冲溶液定位，具体操作见第 2 章 "2.3.1 酸度计"。本实验用 $0.05\text{mol} \cdot L^{-1}$ 邻苯二甲酸氢钾溶液作标准缓冲溶液。下面将该标准缓冲溶液在不同温度下的 pH 列出，供使用时参考。

温度/℃	0	10	20	25	30	35	40	50	60
$0.05\text{mol} \cdot L^{-1}$ 邻苯二甲酸氢钾溶液的 pH	4.01	4.00	4.00	4.01	4.01	4.02	4.03	4.06	4.10

[2] 将所需测定的溶液分别装入烧杯后，应按由稀到浓的顺序在同一台 pH 计上测定 pH。测定的时间间隔不宜太长，以防止由于电压波动对 pH 读数产生的影响。

[3] pH 计也可使用玻璃电极和饱和甘汞电极作为工作电极测定溶液的 pH。

实验十五　酸碱溶液的配制和浓度的比较

一、目的与要求

(1) 熟练滴定管的洗涤、使用及滴定操作，学会准确地确定终点的方法。

(2) 掌握酸碱标准溶液的配制和浓度的比较。

(3) 熟悉甲基橙和酚酞指示剂的使用和终点的变化。掌握酸碱指示剂的选择方法。

二、预习与思考

(1) 预习第2章"2.2度量仪器"中有关移液管、滴定管和滴定操作的内容。

(2) 预习酸碱滴定的基本原理和滴定曲线。

(3) 预习第1章"1.3实验数据的记录与处理"中有关误差与数据处理的内容。

(4) 查阅"附录4常用指示剂"。

(5) 思考下列问题

① 如何正确使用酸碱滴定管？应如何选择指示剂？

② 用NaOH溶液滴定HAc溶液时，使用不同指示剂对于滴定结果有何影响？

③ 以观察溶液中指示剂颜色变化来确定滴定终点是否准确？应如何准确判断或确定终点？

三、实验原理

浓盐酸易挥发，固体NaOH容易吸收空气中水分和CO_2，因此不能直接配制准确浓度的HCl和NaOH标准溶液，只能先配制近似浓度的溶液，然后用基准物质标定其准确浓度。也可用另一已知准确浓度的标准溶液滴定该溶液，再根据它们的体积比求得该溶液的浓度。

酸碱指示剂都具有一定的变色范围。$0.1 mol \cdot L^{-1}$ NaOH和HCl[1]溶液的滴定（强酸与强碱的滴定），反应速度快，其突跃范围为pH 4～10，应当选用在此范围内变色的指示剂，例如甲基橙或酚酞等。NaOH溶液和HAc溶液的滴定，是强酸与弱酸的滴定，其突跃范围处于碱性区域，应选用在此区域内变色的指示剂（如酚酞）。

四、仪器与药品

(1) 仪器　酸式和碱式滴定管（50mL），锥形瓶（250mL）。

(2) 药品　浓盐酸，NaOH(s)，HAc（$0.1 mol \cdot L^{-1}$），甲基橙指示剂（0.1%），酚酞指示剂（0.2%），甲基红指示剂（0.2%）。

五、实验内容

1. $0.1 mol \cdot L^{-1}$ HCl溶液和$0.1 mol \cdot L^{-1}$ NaOH溶液的配制[1]

(1) HCl溶液配制[2]　通过计算求出配制500mL $0.1 mol \cdot L^{-1}$ HCl溶液所需浓盐酸（相对密度1.19，约$6 mol \cdot L^{-1}$）的体积。然后，用小量筒量取此量的浓盐酸，加入水中[3]，并稀释成500mL，贮于玻塞细口瓶中，充分摇匀。

(2) NaOH溶液配制[4]　通过计算求出配制500mL $0.1 mol \cdot L^{-1}$ NaOH溶液所需的固体NaOH的质量，在台秤上迅速称出（NaOH应置于什么器皿中称量？为什么？），置于烧杯中，立即用1000mL水溶解，配制成溶液，贮于具橡皮塞的细口瓶中，充分摇匀。

试剂瓶应贴上标签，注明试剂名称、配制日期、用者姓名，并留一空位以备填入此溶液的准确浓度。在配制溶液后均须立即贴上标签，注意应养成此习惯。

长期使用的NaOH标准溶液，最好装入下口瓶中，瓶口上部最好装一碱石灰管（为什么？）。

2. NaOH 溶液与 HCl 溶液的浓度的比较

按照第 2 章 "2.2 度量仪器" 中介绍的方法洗净酸、碱滴定管各一支（检查是否漏水）。先用去离子水将滴定管涮洗 2～3 次，然后用配制好的少量盐酸标准溶液将酸式滴定管涮洗 2～3 次，再于管内装满该酸溶液；用少量 NaOH 标准溶液将碱式滴定管涮洗 2～3 次，再于管内装满该碱溶液。然后排除两滴定管管尖空气泡。

分别将两滴定管液面调节至 0.00 刻度线或稍下处，静置 1min 后，精确读取滴定管内液面位置，并立即将读数记录在实验报告本上。

取 250mL 锥形瓶一只，洗净后放在碱式滴定管下，以每分钟 10mL 的速度放出约 20mL NaOH 溶液于锥形瓶中，加入 1 滴甲基橙指示剂，用 HCl 溶液滴定锥形瓶中的碱，同时不断摇动锥形瓶，使溶液均匀，待接近终点[5]时，酸液应逐滴或半滴滴入锥形瓶中，挂在瓶壁上的酸可用去离子水淋洗下去，直至溶液由黄色恰好变为橙色为止，即为滴定终点。读取并记录 NaOH 溶液及 HCl 溶液的精确体积。反复滴定几次，记下读数，分别求出体积比（V_{NaOH}/V_{HCl}），直至三次测定结果的相对平均偏差在 0.2% 之内，取其平均值。

以酚酞为指示剂，用 NaOH 溶液滴定 HCl 溶液，终点由无色变为微红色，其他步骤同上。

3. 以 NaOH 溶液滴定 HAc 溶液时使用不同指示剂的比较

用移液管吸取 3 份 25mL 0.1mol·L^{-1} HAc 溶液于 3 个 250mL 锥形瓶中，分别以甲基橙、甲基红、酚酞为指示剂进行滴定，并比较 3 次滴定所用 NaOH 溶液的体积。

六、数据记录和结果处理

数据记录及报告示例[6]如表 5-4 和表 5-5 所示。

七、问题与讨论

（1）配制酸碱标准溶液时，为什么用量筒量取盐酸和用台秤称取固体 NaOH，而不用移液管和分析天平？配制的溶液浓度应取几位有效数字？为什么？

（2）玻璃器皿是否洗净，如何检验？滴定管为什么要用标准溶液涮洗 3 遍？锥形瓶是否要烘干？为什么？

（3）滴定时，指示剂用量为什么不能太多？用量与什么因素有关？

（4）为什么不能用直接配制法配制 NaOH 标准溶液？

（5）用 HCl 溶液滴定 NaOH 标准溶液时是否可用酚酞作指示剂？

表 5-4　NaOH 溶液与 HCl 溶液的浓度的比较

记　录　项　目	序　次		
	1	2	3
NaOH 溶液终读数(V_1)/mL			
NaOH 溶液初读数(V_0)/mL			
NaOH 溶液用量 $V_{NaOH}(V_1-V_0)$/mL			
HCl 溶液终读数(V_3)/mL			
HCl 溶液初读数(V_2)/mL			
HCl 溶液用量 $V_{HCl}(V_3-V_2)$/mL			
V_{NaOH}/V_{HCl}			
$\bar{V}_{NaOH}/V_{HCl}$			
个别测定的绝对偏差			
相对平均偏差			

表 5-5 以 NaOH 溶液滴定 HAc 溶液时使用不同指示剂的比较

记录项目	指 示 剂		
	甲基橙	甲基红	酚酞
NaOH 终读数/mL			
NaOH 初读数/mL			
V_{NaOH}/mL			
$V_橙 : V_红 : V_酚$（以 $V_酚$ 为 1）			

八、注释

[1] 此处 $0.1mol \cdot L^{-1}$ NaOH 和 $0.1mol \cdot L^{-1}$ HCl 应表示为 $c(NaOH) = 0.1mol \cdot L^{-1}$ 和 $c(HCl) = 0.1mol \cdot L^{-1}$。本章中物质的基本单元均选用分子（或离子），故简化表示如上。

[2] HCl 标准溶液通常用间接法配制，必要时也可以先制成 HCl 和水的恒沸溶液，此溶液有精确的浓度，由此恒沸溶液加准确的一定量水，可得所需浓度的 HCl 溶液。

[3] 分析实验中所用的水，一般均为纯水（蒸馏水或去离子水），故除特别指明者外，所说的"水"，意即"纯水"。

[4] 固体氢氧化钠极易吸收空气中的 CO_2 和水分，所以称量必须迅速。市售固体氢氧化钠常因吸收 CO_2 而混有少量 Na_2CO_3，以致在分析结果中引入误差，因此在要求严格的情况下，配制 NaOH 溶液时必须设法除去 CO_3^{2-}，常用方法有如下两种：

① 在平台上称取一定量固体 NaOH 于烧杯中，用少量水溶解后倒入试剂瓶中，再用水稀释到一定体积（配成所要求浓度的标准溶液），加入 $1\sim2mL$ 20% $BaCl_2$ 溶液，摇匀后用橡皮塞塞紧，静置过夜，待沉淀完全沉降后，用虹吸管把清液转入另一试剂瓶中，塞紧，备用。

② 饱和的 NaOH 溶液（50%）具有不溶解 Na_2CO_3 的性质，所以用固体 NaOH 配制的饱和溶液，其中 Na_2CO_3 可以全部沉降下来。在涂蜡的玻璃器皿或塑料容器中先配制饱和的 NaOH 溶液，待溶液澄清后，吸取上层溶液，用新煮沸并冷却的水稀释至一定浓度。

[5] 滴定液加入的瞬间，锥形瓶中溶液出现红色，渐渐褪至黄色，表示接近终点。

[6] 可按表 5-4 和表 5-5 格式进行数据记录和处理。在预习时要求在实验记录本上画好表格和做好必要的计算。实验过程中把数据记录在表中，实验后完成计算及讨论。

实验十六 酸碱标准溶液浓度的标定

一、目的与要求

（1）熟练滴定操作和减量法称量。

（2）学会酸碱溶液浓度的标定方法。

（3）初步掌握酸碱指示剂的选择方法。

二、预习与思考

（1）预习第 2 章"2.2 度量仪器"。

（2）预习酸碱滴定法的基本原理和常用酸碱指示剂变色原理及范围。

（3）思考下列问题

① 标定 NaOH 的基准物质常见的有哪几种？

② 本实验选用的基准物质是什么？与其他基准物质比较，它有什么显著的优点？

三、实验原理

酸碱标准溶液是采用间接法配制的，其浓度必须依靠基准物质来标定，也可根据酸碱溶液中已标出其中之一浓度，然后按照它们的体积比 V_{NaOH}/V_{HCl} 来计算出另一种标准溶液的浓度。

(1) 酸标准溶液浓度的标定 标定酸的基准物常用无水碳酸钠或硼砂。用碳酸钠作基准物时，由于 Na_2CO_3 易吸收空气中的水分，因此，采用市售基准试剂级的 Na_2CO_3 时应预先于 180℃下使之充分干燥，并保存于干燥器中，先将其置于 180℃的烘箱中干燥 2～3h，然后置于干燥器内冷却备用。标定时以甲基橙为指示剂，反应式如下：

$$Na_2CO_3 + HCl \Longrightarrow 2NaCl + CO_2 \uparrow + H_2O$$

以硼砂 $Na_2B_4O_7 \cdot 10H_2O$ 为基准物时，反应产物是硼酸 H_3BO_3（$K_a^{\ominus} = 5.7 \times 10^{-10}$），溶液呈微酸性，可选用甲基红作指示剂，反应如下：

$$Na_2B_4O_7 + 2HCl + 5H_2O \Longrightarrow 2NaCl + 4H_3BO_3$$

(2) 碱标准溶液浓度的标定 标定碱的基准物常用的有邻苯二甲酸氢钾（$KHC_8H_4O_4$）或草酸（$H_2C_2O_4 \cdot 2H_2O$）。水溶性的有机酸也可选用，如苯甲酸（C_6H_5COOH）、琥珀酸（$H_2C_4H_4O_4$）和氨基磺酸（H_3NSO_3H）等。

邻苯二甲酸氢钾的结构式为 （结构式图：苯环连 COOH 和 COOK），其中只有一个可电离的 H^+，它的酸性较弱（$K_2^{\ominus} = 2.9 \times 10^{-6}$），标定时的反应式为：

$$KHC_8H_4O_4 + NaOH \Longrightarrow KNaC_8H_4O_4 + H_2O$$

反应产物是邻苯二甲酸钾钠，在水溶液中显微碱性，因此可用酚酞作指示剂。邻苯二甲酸氢钾通常于 100～125℃时干燥 2h 后备用。干燥温度不宜过高，否则会引起脱水而成为邻苯二甲酸酐。邻苯二甲酸氢钾作为基准物的优点是：①易于获得纯品；②易干燥，不吸湿；③摩尔质量大，可相对降低称量误差。

草酸 $H_2C_2O_4 \cdot 2H_2O$ 是二元酸，相当稳定，相对湿度在 5%～95% 时不会风化失水。由于其 $K_{a1}^{\ominus}$ 和 $K_{a2}^{\ominus}$ 相近，不能分步滴定，反应产物为 $Na_2C_2O_4$，在水溶液中呈微碱性，也可采用酚酞为指示剂。标定反应为：

$$H_2C_2O_4 + 2NaOH \Longrightarrow Na_2C_2O_4 + 2H_2O$$

四、仪器与药品

(1) 仪器 电子分析天平，酸式滴定管（50mL），碱式滴定管（50mL），锥形瓶（250mL），烧杯，量筒。

(2) 药品与试剂 HCl 标准溶液（0.1mol·L^{-1}），NaOH 标准溶液（0.1mol·L^{-1}），邻苯二甲酸氢钾（AR），0.1%甲基橙指示剂，0.1%酚酞指示剂，0.2%甲基红指示剂。

五、实验内容

1. 0.1mol·L^{-1}HCl 溶液和 0.1mol·L^{-1}NaOH 溶液的配制

参见实验十五。

2. 0.1mol·L^{-1}NaOH 标准溶液浓度的标定

用减量法准确称取 3 份已在 105～110℃烘烤 1h 以上的分析纯的邻苯二甲酸氢钾，每份 0.4～0.6g，放入 250mL 锥形瓶或烧杯中，用 50mL 经煮沸冷却的去离子水使之溶解（如果没有完全溶解，可稍微加热）。冷却后加入 2 滴酚酞指示剂，用待标定的 NaOH 标准溶液滴定呈微红色，摇动后 30s 内不褪色即为终点。

根据邻苯二甲酸氢钾的质量 m 和消耗 NaOH 标准溶液的体积 V_{NaOH}，按下式计算 NaOH 标准溶液的浓度 c_{NaOH}：

$$c_{NaOH} = \frac{m}{V_{NaOH} \times 0.2042}$$

三份测定的相对平均偏差应小于 0.2%，否则应重新测定。

3. 0.1mol·L^{-1} HCl 标准溶液浓度的标定

用减量法准确称取已烘干的无水 Na$_2$CO$_3$ 3 份，每份约为 0.15～0.2g，分别置于 3 只 250mL 锥形瓶中，加水约为 30mL，温热，摇动使之溶解，加入 1 滴甲基橙为指示剂，以 0.1mol·L^{-1} HCl 标准溶液滴定至溶液由黄色转变为橙色。读取读数，记下 HCl 标准溶液的耗用量。根据 Na$_2$CO$_3$ 的质量 m 和消耗 HCl 溶液的体积 V_{HCl}，按下式计算出 HCl 标准溶液的浓度 c_{HCl}：

$$c_{HCl} = \frac{m \times 2000}{M_{Na_2CO_3} V_{HCl}}$$

每次标定的结果与平均值的相对偏差不得大于 0.2%，否则应重新标定。

六、数据记录和结果处理

(1) 将每次滴定所用 NaOH 溶液的体积记录在表 5-6 中。

(2) 计算 NaOH 溶液的浓度，结果也记录在表 5-6 中。

(3) 计算实验结果的相对平均偏差。

(4) HCl 标准溶液的标定数据和结果处理的记录格式可参阅表 5-6 自行设计。

表 5-6 NaOH 标准溶液的标定

记 录 项 目	序 次				
	1	2	3		
称量瓶＋KHC$_8$H$_4$O$_4$（前）/g					
称量瓶＋KHC$_8$H$_4$O$_4$（后）/g					
KHC$_8$H$_4$O$_4$ 的质量/g					
NaOH 溶液终读数（V_3）/mL					
NaOH 溶液初读数（V_2）/mL					
NaOH 溶液用量 $V_{NaOH}(V_3-V_2)$/mL					
c_{NaOH}/mol·L^{-1}					
$\bar{c}_{NaOH}$/mol·L^{-1}					
个别测定的绝对偏差					
相对平均偏差					

七、问题与讨论

(1) 溶解基准物所用水的体积的量度，是否需要准确，为什么？

(2) 本实验中使用的锥形瓶，其内壁是否要预先干燥？为什么？

(3) 用邻苯二甲酸氢钾为基准物标定 0.1mol·L^{-1} NaOH 溶液时，基准物称取应如何计算？

(4) 用邻苯二甲酸氢钾标定 NaOH 溶液时，为什么用酚酞而不用甲基橙为指示剂？

(5) 用 Na$_2$CO$_3$ 为基准物标定 HCl 溶液时，为什么不用酚酞作指示剂？

(6) 标定 NaOH 标准溶液的基准物质常用的有哪几种？本实验选用的基准物质是什么？与其他基准物质比较，它有什么显著的优点？

(7) 称取 NaOH 及 KHC$_8$H$_4$O$_4$ 各用什么天平？为什么？

实验十七 EDTA 标准溶液的配制和标定

一、目的与要求

(1) 学习 EDTA 标准溶液的配制和标定方法。

(2) 掌握配位滴定的原理，了解配位滴定的特点。

（3）了解金属指示剂的特点，熟悉钙指示剂、二甲酚橙指示剂的使用。

二、预习与思考

（1）预习配位滴定法的基本原理。

（2）预习 EDTA 的相关性质以及标准溶液配制和标定的原理及方法。

（3）预习金属指示剂的性质和作用原理。

（4）思考下列问题

① 为什么通常使用乙二胺四乙酸二钠盐配制 EDTA 标准溶液，而不用乙二胺四乙酸？

② 配位滴定法与酸碱滴定法相比，有哪些不同点？操作中应注意哪些问题？

三、实验原理

乙二胺四乙酸（简称 EDTA，常用 H_4Y 表示）难溶于水，常温下其溶解度为 $0.2g \cdot L^{-1}$（约 $0.0007 mol \cdot L^{-1}$），在化学分析实验中通常使用其二钠盐配制标准溶液。乙二胺四乙酸二钠盐的溶解度为 $120g \cdot L^{-1}$，可配成 $0.3 mol \cdot L^{-1}$ 以上的溶液，其水溶液的 $pH \approx 4.8$，通常采用间接法配制标准溶液。

标定 EDTA 溶液常用的基准物有 Zn、ZnO、$CaCO_3$、Bi、Cu、$MgSO_4 \cdot 7H_2O$、Hg、Ni、Pb 等。通常选用其中与被测物组分相同的物质作基准物，这样，滴定条件较一致，可减小误差。

EDTA 溶液若用于测定 CaO、MgO 的含量，则宜用 $CaCO_3$ 为基准物。首先可加 HCl 溶液，其反应如下：

$$CaCO_3 + 2HCl \Longrightarrow CaCl_2 + CO_2 \uparrow + H_2O$$

然后把溶液转移到容量瓶中并稀释，制成钙标准溶液。吸取一定量钙标准溶液，调节酸度至 $pH \geqslant 12$，用钙指示剂，以 EDTA 溶液滴定至溶液由酒红色变为纯蓝色，即为终点。其变色原理如下：

钙指示剂（常以 H_3Ind 表示）在水溶液中按下式离解：

$$H_3Ind \Longrightarrow 2H^+ + HInd^{2-}$$

在 $pH \geqslant 12$ 的溶液中，$HInd^{2-}$ 与 Ca^{2+} 形成比较稳定的配离子，其反应如下：

$$HInd^{2-} + Ca^{2+} \Longrightarrow CaInd^- + H^+$$
（纯蓝色）　　　　　　（酒红色）

所以在钙标准溶液中加入钙指示剂时，溶液呈酒红色。当用 EDTA 溶液滴定时，由于 ED-TA 能与 Ca^{2+} 形成比 $CaInd^-$ 配离子更稳定的配离子，因此在滴定终点附近 $CaInd^-$ 配离子不断转化为较稳定的 CaY^{2-} 配离子，而钙指示剂则被游离了出来，其反应可表示如下：

$$CaInd^- + H_2Y^{2-} + OH^- \Longrightarrow CaY^{2-} + HInd^{2-} + H_2O$$
（酒红色）　　　　　　　　　　　　（无色）　　（纯蓝色）

用此法测定钙时，若有 Mg^{2+} 共存〔在调节溶液酸度为 $pH \geqslant 12$ 时，Mg^{2+} 将形成 $Mg(OH)_2$ 沉淀〕，则 Mg^{2+} 不仅不干扰钙的测定，而且使终点比 Ca^{2+} 单独存在时更敏锐。当 Ca^{2+}、Mg^{2+} 共存时，终点由酒红色到纯蓝色，当 Ca^{2+} 单独存在时则由酒红色到紫蓝色。所以测定单独存在的 Ca^{2+} 时，常常加入少量 Mg^{2+}。

EDTA 溶液若用于测定 Pb^{2+}、Bi^{3+}，则宜以 ZnO 或金属锌为基准物，以二甲酚橙为指示剂。在 $pH = 5 \sim 6$ 的溶液中，二甲酚橙指示剂本身显黄色，与 Zn^{2+} 的配合物呈紫红色。EDTA 与 Zn^{2+} 形成更稳定的配合物，因此用 EDTA 溶液滴定至近终点时，二甲酚橙被游离了出来，溶液由紫红色变为黄色。

配合滴定中所用的水应不含 Fe^{3+}、Al^{3+}、Cu^{2+}、Ca^{2+}、Mg^{2+} 等杂质离子。

四、仪器与药品

(1) 仪器　台秤，电子分析天平，酸式滴定管（50mL），锥形瓶（250mL），移液管（25mL），容量瓶（250mL），烧杯（100mL，150mL），试剂瓶（1000mL）。

(2) 药品

① 以 $CaCO_3$ 为基准物时所用试剂：乙二胺四乙酸二钠（固体，AR），$CaCO_3$（固体，GR 或 AR），$NH_3 \cdot H_2O$（1+1），镁溶液（溶解 1g $MgSO_4 \cdot 7H_2O$ 于水中，稀释至 200mL），NaOH 溶液（10%）。

② 以 ZnO 为基准物时所用试剂：乙二胺四乙酸二钠（固体，AR），ZnO（GR 或 AR），$NH_3 \cdot H_2O$（1∶1），二甲酚橙指示剂（0.2%），六亚甲基四胺溶液（20%），HCl（1∶1）。

五、实验内容

1. 0.01 mol·L^{-1} EDTA 标准溶液的配制

在台秤上称取乙二胺四乙酸二钠 2g，溶解于少量去离子水中，稀释至 500mL，如浑浊，应过滤。转移至 1000mL 细口瓶中，摇匀。

2. 以 $CaCO_3$ 为基准物标定 EDTA 溶液

(1) 0.01mol·L^{-1} 标准钙溶液的配制　将碳酸钙基准物置于称量瓶中，在 110℃ 干燥 2h，于干燥器中冷却后，准确称取 0.2~0.3g（称准至小数点后第四位，为什么？）于小烧杯中，加少量水润湿，盖上表面皿，在从杯嘴边逐滴加入（注意！为什么？）[1] 数毫升 HCl 溶液（1∶1）至完全溶解后，用水把可能溅到表面皿上的溶液淋洗入杯，加热近沸以除去 CO_2，待冷却后移入 250mL 容量瓶中，稀释至刻度，摇匀。

(2) EDTA 标准溶液的标定　用移液管移取 25.00mL 标准钙溶液于 250mL 锥形瓶内，加水 25mL、镁溶液 2mL、NaOH（10%）5mL 及少量（约米粒大小）钙指示剂，摇匀后，用 EDTA 标准溶液滴定[2] 至由酒红色变至纯蓝色，即为终点。

3. 以 ZnO 为基准物标定 EDTA 标准溶液

(1) 锌标准溶液的配制　准确称取在 800~1000℃ 灼烧过（20min 以上）的基准物 ZnO 0.5~0.6g 于 100mL 烧杯中，用少量水润湿，然后逐滴加入 HCl 溶液（1+1），边加边搅至完全溶解为止。然后，将溶液定量转移入 250mL 容量瓶中，稀释至刻度并摇匀。

(2) 标定　移取 25mL 锌标准溶液于 250mL 锥形瓶内，加约 30mL 去离子水、2~3 滴二甲酚橙指示剂，先加 $NH_3 \cdot H_2O$（1+1）至溶液由黄色刚变橙色（不能多加），然后滴加 20% 六亚甲基四胺至溶液呈稳定的紫红色后再多加 3mL，用 EDTA 标准溶液滴定至溶液由紫红色变为亮黄色，即为终点。

六、数据记录和结果处理

(1) 记录实验中每次滴定所用 EDTA 溶液的体积。

(2) 计算 EDTA 标准溶液的浓度和相对平均偏差。

七、问题与讨论

(1) 用 HCl 溶液溶解 $CaCO_3$ 基准物时，操作中应注意些什么？

(2) 以 $CaCO_3$ 为基准物标定 EDTA 溶液时，加入镁溶液的目的是什么？

(3) 以 $CaCO_3$ 为基准物，以钙指示剂为指示剂标定 EDTA 溶液时，应控制溶液的酸度为多少？为什么？应怎样控制？

(4) 以 ZnO 为基准物，以二甲酚橙为指示剂标定 EDTA 溶液浓度的原理是什么？溶液的 pH 应控制在什么范围？若溶液为强酸性，应怎样调节？

八、注释

[1] 为防止反应过于激烈而产生 CO_2 气泡，使 $CaCO_3$ 飞溅而损失。

［2］配位反应进行的速度较慢（不像酸碱反应能在瞬间完成），故滴定时加入 EDTA 溶液的速度不能太快，在室温低时，尤要注意。特别是近终点时，应逐滴加入，并充分振摇。此外，配位滴定中，加入指示剂的量是否适当对于终点的观察十分重要，宜在实践中总结经验，加以掌握。

实验十八　水的硬度的测定（配位滴定法）

一、目的与要求

（1）了解水的硬度的概念和常用的硬度表示方法。

（2）掌握 EDTA 法测定水的硬度的原理和方法。

（3）掌握铬黑 T 和钙指示剂的应用，了解金属指示剂的特点。

二、预习与思考

（1）预习 EDTA 标准溶液的配制和标定。

（2）预习 EDTA 法测定水的硬度的原理和方法。

（3）了解金属指示剂的作用原理及选择。

（4）思考下列问题

① 本实验所使用的 EDTA 应该采用何种指示剂标定？最适当的基准物质是什么？

② 用 EDTA 法测定水的硬度时，哪些离子的存在有干扰？如何消除？

三、实验原理

水的硬度对饮用水和工业用水关系极大，是水质分析的常规项目。水的硬度[1]主要指水中可溶性钙盐和镁盐的含量，含量高的称为硬水，含量低的水称为软水。硬度有暂时硬度和永久硬度之分。

暂时硬度的水中含有钙、镁的酸式碳酸盐，遇热即成碳酸盐沉淀而失去其硬性。其反应如下：

$$Ca(HCO_3)_2 \xrightarrow{\triangle} CaCO_3(沉淀完全) + H_2O + CO_2 \uparrow$$

$$Mg(HCO_3)_2 \xrightarrow{\triangle} MgCO_3(沉淀不完全) + H_2O + CO_2 \uparrow$$
$$\begin{array}{l} | + H_2O \\ \longrightarrow Mg(OH)_2 \downarrow + CO_2 \uparrow \end{array}$$

永久硬度的水中含有钙、镁的硫酸盐、氯化物、硝酸盐，在加热时亦不沉淀（但在锅炉运行温度下，溶解度低的可析出而成为锅垢）。

水的硬度的测定通常分为总硬度（简称总硬）和钙、镁硬度（钙硬、镁硬）的测定两种。前者是测定水中的 Ca、Mg 总量，后者是分别测定水中 Ca 和 Mg 的含量。

水中钙、镁离子含量，可用 EDTA 法测定。钙硬测定原理与以 $CaCO_3$ 为基准物标定 EDTA 标准溶液浓度相同。总硬度则以铬黑 T（EBT）或酸性铬蓝 K-萘酚绿 B（K-B）为指示剂，控制溶液酸度为 pH≈10，以 EDTA 标准溶液滴定之。若水样中存在有 Fe^{3+}、Al^{3+}、Cu^{2+}、Zn^{2+}、Pb^{2+} 等微量杂质离子时，可用三乙醇胺、Na_2S 掩蔽之。由 EDTA 溶液的浓度和用量，可算出水的总硬，由总硬减去钙硬即为镁硬。

水的硬度的表示方法有多种，随各国的习惯而有所不同。有将水中的盐类都折算成 $CaCO_3$ 而以 $CaCO_3$ 的量作为硬度标准的；也有将盐类折算成 CaO 而以 CaO 的量来表示的。表 5-7 列出了一些国家水硬度单位的换算关系。我国主要采用两种表示方法：①用 $CaCO_3$ 含量表示；②以度（°）计，以每升水中含 10mg CaO 为 1 度（°），即 1 硬度单位表示十万份水中含 1 份 CaO，1°=10×10⁻⁶ CaO。

$$硬度(°) = \frac{c_{EDTA} \times V_{EDTA} \times \dfrac{M_{CaO}}{1000}}{V_{水}} \times 10^5$$

式中，c_{EDTA} 为 EDTA 标准溶液的浓度，$mol \cdot L^{-1}$；V_{EDTA} 为滴定时用去的 EDTA 标准溶液的体积，mL（若此量为滴定总硬时所耗用的，则所得硬度为总硬；若此量为滴定钙硬时所耗用的，则所得硬度为钙硬）；$V_{水}$ 为水样体积，mL；M_{CaO} 为 CaO 的摩尔质量，$g \cdot mol^{-1}$。

表 5-7　一些国家水硬度单位换算

硬度单位	$1mol \cdot L^{-1}$	1德国硬度	1法国硬度	1英国硬度	1美国硬度
$1mol \cdot L^{-1}$	1.00000	2.8040	5.0050	3.5110	50.050
1 德国硬度	0.35663	1.0000	1.7848	1.2521	17.848
1 法国硬度	0.19982	0.5603	1.0000	0.7015	10.000
1 英国硬度	0.28483	0.7987	1.4255	1.0000	14.255
1 美国硬度	0.01998	0.0560	0.1000	0.0702	1.000

通常把水的硬度分为五种类型：0°～4°为极软水；4°～8°为软水；8°～16°为微硬水；16°～30°为硬水；大于 30°为极硬水。生活饮用水要求总硬度不超过 25°。各种工业用水对硬度有不同的要求，如锅炉用水必须是软水。因此，测定水的总硬度有很重要的实际意义。

四、仪器与药品

（1）仪器　电子分析天平，酸式滴定管（50mL），锥形瓶（250mL），移液管（25mL），容量瓶（250mL），烧杯（100mL，150mL）。

（2）药品　EDTA 标准溶液（$0.01mol \cdot L^{-1}$），NH_3-NH_4Cl 缓冲溶液（pH≈10）[2]，NaOH 溶液（10%），钙指示剂，铬黑 T（EBT）指示剂[3]。

五、实验内容

（1）总硬的测定　量取澄清的水样 25 mL[4]（用什么量器？为什么？），放入 250mL 或 500mL 锥形瓶中，加 5mL 去离子水，加入 5mL NH_3-NH_4Cl 缓冲溶液[5]，摇匀。再加入 2 滴铬黑 T 固体指示剂，摇匀，此时溶液呈酒红色，以 $0.01mol \cdot L^{-1}$EDTA 标准溶液滴定至纯蓝色，即为终点。

（2）钙硬的测定　量取澄清水样 25mL，放入 250mL 锥形瓶中，加 4mL 10% NaOH 溶液，摇匀，再加入约 0.01g 钙指示剂，再摇匀。此时溶液呈酒红色。用 $0.01mol \cdot L^{-1}$ EDTA标准溶液滴定至呈纯蓝色，即为终点。

（3）镁硬的确定　由总硬减去钙硬即得镁硬。

六、数据记录和结果处理

（1）记录实验中每次滴定所用 EDTA 标准溶液的体积。

（2）计算总硬、镁硬和钙硬及相对平均偏差。

七、问题与讨论

（1）如果只有铬黑 T 指示剂，能否测定 Ca^{2+} 含量，如何测定？

（2）Ca^{2+} 和 Mg^{2+} 与 EDTA 的配合物，哪个稳定？为什么滴定 Mg^{2+} 时要控制 pH=10，而滴定 Ca^{2+} 则需控制 pH=12～13？

（3）当水样中 Mg^{2+} 含量低时，以铬黑 T 作指示剂测定水中 Ca^{2+}、Mg^{2+} 总量，终点不明晰，因此常在水样中先加少量 MgY^{2-} 配合物，再用 EDTA 滴定，终点就敏锐。这样做对测定结果有无影响？请说明其原理。

八、注释

[1] 水的硬度原先是指沉淀肥皂的程度。水中的钙盐、镁盐是使肥皂沉淀的主要原因，铁、铝、锰、锶、锌等离子也有影响。由于一般较清洁的水中钙、镁离子的含量远高于其他离子，故常只以钙、镁含量计算。

[2] 称取 20g NH_4Cl 溶于水，加 100mL 浓 $NH_3 \cdot H_2O$，加 Mg-EDTA 配合物 0.4g，用水稀释至 1L。

[3] EBT 与 100g 固体 NaCl 混合研细，保存备用。

[4] 此取样量仅适用于硬度按 $CaCO_3$ 计算为 $(10\sim250)\times10^{-6}$ 的水样。若硬度大于 $250\times10^{-6}CaCO_3$，则取样量应相应减少。

[5] 硬度较大的水样，在加缓冲溶液后常析出 $CaCO_3$、$(MgOH)_2CO_3$ 微粒，使滴定终点不稳定。遇此情况，可于水样中加入适量稀 HCl 溶液，振摇后，再调至近中性，然后加缓冲溶液，则终点稳定。

实验十九　高锰酸钾溶液的标定和过氧化氢含量的测定

一、目的与要求

(1) 掌握高锰酸钾标准溶液的配制方法和保存条件。
(2) 掌握用 $Na_2C_2O_4$ 作基准物标定高锰酸钾溶液浓度的原理、方法及滴定条件。
(3) 掌握应用高锰酸钾法测定双氧水中 H_2O_2 含量的原理和方法。

二、预习与思考

(1) 预习氧化还原滴定曲线及终点确定的相关知识。
(2) 了解氧化还原滴定中反应条件对滴定的影响。
(3) 思考下列问题
① 配制 $KMnO_4$ 标准溶液时应注意些什么？
② 在标定 $KMnO_4$ 标准溶液过程中，需要注意哪些实验条件的控制？
③ H_2O_2 有什么重要性质，使用时应注意些什么？

三、实验原理

市售的 $KMnO_4$ 常含有少量杂质，如硫酸盐、氯化物及硝酸盐等，因此不能用精确称量的 $KMnO_4$ 来直接配制准确浓度的溶液。$KMnO_4$ 的氧化能力强，易和水中的有机物、空气中的尘埃及氨等还原性物质作用，并能自行分解，其分解反应如下：

$$4KMnO_4 + 2H_2O = 4MnO_2\downarrow + 4KOH + 3O_2\uparrow$$

分解速率随溶液的 pH 而改变。在中性溶液中，分解很慢，但 Mn^{2+} 和 MnO_2 能加速 $KMnO_4$ 的分解，见光分解更快。由此可见，$KMnO_4$ 溶液的浓度容易改变，必须正确地配制和保存。因此，配制好的 $KMnO_4$ 标准溶液应呈中性且不含 MnO_2，并放在棕色瓶内避光保存。这样，浓度就比较稳定，放置数月后浓度大约只降低 0.5%。但是如果长期使用，仍应定期标定。

$KMnO_4$ 标准溶液常用还原剂草酸钠 $Na_2C_2O_4$ 作基准物来标定。$Na_2C_2O_4$ 不含结晶水，容易精制。用 $Na_2C_2O_4$ 标定 $KMnO_4$ 溶液的反应如下：

$$2MnO_4^- + 5C_2O_4^{2-} + 16H^+ = 2Mn^{2+} + 10CO_2\uparrow + 8H_2O$$

反应开始较慢，待溶液中产生 Mn^{2+} 后，由于 Mn^{2+} 的催化作用使反应加快。滴定温度应控制在 $75\sim85℃$，不应低于 $60℃$，否则反应速度太慢。但温度太高，草酸又将分解。由于 MnO_4^- 为紫红色，Mn^{2+} 为无色，因此滴定时可利用 MnO_4^- 本身的颜色指示滴定终点。

过氧化氢在工业、生物、医药、卫生等方面应用广泛。例如，利用 H_2O_2 的氧化性漂白毛、丝织物；医药卫生上常用它消毒杀菌；纯 H_2O_2 用作火箭燃料的氧化剂；工业上利用

大学化学实验

H_2O_2 的还原性除去氯气。由于过氧化氢有着广泛的应用，常需要测定它的含量。商品双氧水中 H_2O_2 的含量，可用高锰酸钾法测定。在酸性溶液中，H_2O_2 被 MnO_4^- 定量氧化而生成氧气和水，其反应如下：

$$5H_2O_2 + 2MnO_4^- + 6H^+ \rightleftharpoons 2Mn^{2+} + 5O_2\uparrow + 8H_2O$$

此滴定在室温时可在 H_2SO_4 或 HCl 介质中顺利进行，但和滴定草酸一样，滴定开始时反应较慢，待 Mn^{2+} 生成后，由于 Mn^{2+} 的催化作用加快了反应速率。

生物化学中，也常利用此法间接测定过氧化氢酶的活性。在血液中加入一定量的 H_2O_2，由于过氧化氢酶能使过氧化氢分解，作用完后，在酸性条件下用 $KMnO_4$ 标准溶液滴定剩余的 H_2O_2，就可以了解酶的活性。

四、仪器与药品

(1) 仪器　台秤，电子天平，酸式滴定管 (50mL)，锥形瓶 (250mL)，移液管 (25mL)，吸量管 (5mL)，容量瓶 (250mL)，烧杯 (150mL)，漏斗，量筒，棕色试剂瓶。

(2) 药品　$KMnO_4$ (s, AR)，$Na_2C_2O_4$ (AR 或基准试剂)，H_2SO_4 溶液 (1mol·L^{-1})。

五、实验内容

1. 0.02 mol·L^{-1} $KMnO_4$ 溶液的配制

称取计算量的 $KMnO_4$(s) 溶于适量[1]的水中，盖上表面皿[2]，加热至沸并保持微沸状态 20～30min (随时加水以补充因蒸发而损失的水)。冷却后，在暗处放置 7～10d。然后用玻璃砂芯漏斗或玻璃纤维过滤除去 MnO_2 等杂质。滤液贮于洁净的玻塞棕色试剂瓶中，放置暗处保存。如果溶液经煮沸并在水浴上保温 1h，冷却后过滤，则不必长期放置，就可立即标定其浓度。

2. $KMnO_4$ 溶液浓度的标定

准确称取 0.2g 左右经烘过的 $Na_2C_2O_4$ 基准物置于 250mL 的锥形瓶中，加水约 20mL 使之溶解，再加 H_2SO_4 溶液 (1mol·L^{-1})[3] 30mL 并加热至 75～85℃[4]，立即用待标定的 $KMnO_4$ 溶液进行滴定[5] (不能沿瓶壁滴入)。开始滴定的速度应当很慢 (即加入 1 滴 $KMnO_4$ 溶液待紫色消失后，再加另 1 滴)，待溶液中产生 Mn^{2+} 后，反应速度加快，可适当滴快些，但仍必须逐滴加入[6]，直至溶液呈粉红色经 30s 不褪色，即为终点[7]。注意滴定结束时的温度不应低于 60℃。

重复测定 2～3 次。根据滴定所消耗的 $KMnO_4$ 溶液体积和 $Na_2C_2O_4$ 基准物的质量，计算 $KMnO_4$ 溶液的浓度。

3. H_2O_2 含量的测定

用移液管移取 25.00mL 双氧水[8]稀释液 3 份，分别置于三个 250mL 锥形瓶中，各加 15mL H_2SO_4 溶液 (1mol·L^{-1}) 于锥形瓶中，用 0.02mol·L^{-1} $KMnO_4$ 标准溶液滴定[9]至溶液呈粉红色 30s 不褪，即为终点。记录滴定所消耗的 $KMnO_4$ 标准溶液[9]的体积，计算原装双氧水中 H_2O_2 的含量及相对平均偏差。

六、问题与讨论

(1) 配制 $KMnO_4$ 标准溶液时为什么要把 $KMnO_4$ 水溶液煮沸一定时间 (或放置几天)？配好的 $KMnO_4$ 为什么要过滤后才能保存？过滤时是否能用滤纸？

(2) 配好的 $KMnO_4$ 溶液为什么要装在棕色玻璃瓶中 (如果没有棕色瓶应该怎么办?) 放置暗处保存？

(3) 用 $Na_2C_2O_4$ 标定 $KMnO_4$ 溶液浓度时，为什么必须在过量的 H_2SO_4 (可以用 HCl

或 HNO_3 吗？）存在下进行？酸度过高或过低有无影响？为什么要加热至 75～80℃后才能滴定？溶液温度过高或过低有什么影响？

（4）用 $KMnO_4$ 溶液滴定 $Na_2C_2O_4$ 溶液时，$KMnO_4$ 溶液为什么一定要装在玻塞滴定管中？为什么第一滴 $KMnO_4$ 溶液加入后红色褪去很慢，以后褪色较快？

（5）装 $KMnO_4$ 溶液的烧杯放置较久后，杯壁上常有棕色沉淀（是什么？），不容易洗净，应该怎样洗涤？

（6）在测定中 H_2O_2 与 $KMnO_4$ 的化学计量关系如何？如何计算双氧水中 H_2O_2 的含量？

（7）用 $KMnO_4$ 法测定 H_2O_2 时，能否用 HNO_3、HCl 或 HAc 控制酸度？为什么？

七、注释

[1] 根据测定的需要，可配制 500mL 或 1000mL $KMnO_4$ 溶液。

[2] 加热及放置时，均应盖上表面皿，以免尘埃及有机物等落入。

[3] $KMnO_4$ 作氧化剂，通常是在强酸溶液中反应，滴定过程中若发现产生棕色浑浊（是酸度不足引起的），应立即加入 H_2SO_4 补救，但若已经达到终点，则加 H_2SO_4 已无效，这时应该重做实验。

[4] 加热可使反应加快，但不应加热至沸腾，否则容易引起部分草酸分解。正确的温度是 75～80℃（手触烧杯壁感觉烫），在滴定至终点时，溶液的温度不应低于 60℃。

[5] $KMnO_4$ 溶液应该装在玻塞滴定管中（为什么？）。由于 $KMnO_4$ 溶液颜色很深，不易观察溶液弯月面的最低点，因此应该从液面最高边缘上读数。

[6] 滴定时，第一滴 $KMnO_4$ 溶液褪色很慢，在第一滴 $KMnO_4$ 溶液没有褪色以前，不要加入第二滴，等几滴 $KMnO_4$ 溶液已经起作用之后，滴定的速度就可以稍快些，但不能让 $KMnO_4$ 溶液像流水似的流下去，近终点时更需小心缓慢滴入。

[7] $KMnO_4$ 滴定的终点是不太稳定的，这是由于空气中含有还原性气体及尘埃等杂质，落入溶液中能使 $KMnO_4$ 慢慢分解，而使粉红色消失，所以经过 30s 不褪色即可认为已达到终点。

[8] 原装 H_2O_2 质量浓度约为 30％，密度约为 1.1g·cm^{-3}。吸取 1.00mL 30％ H_2O_2 或者移取 10.00mL 3％ H_2O_2 均可。

[9] 用乙酰苯胺或其他有机物作稳定剂的 H_2O_2，用此法分析结果不很准确，采用碘量法或铈量法测定较合适。

实验二十　硫代硫酸钠标准溶液的标定和硫酸铜含量的测定

一、目的与要求

（1）掌握 $Na_2S_2O_3$ 溶液的配制方法和保存条件。

（2）了解标定 $Na_2S_2O_3$ 溶液浓度的原理和方法。

（3）掌握用碘量法测定铜的基本原理和方法。

二、预习与思考

（1）预习 $Na_2S_2O_3$ 溶液的配制和标定方法。

（2）预习碘量法的基本原理、分析方法、指示剂和方法的误差来源及消除方法。

（3）思考下列问题

① 标定 $Na_2S_2O_3$ 溶液的基准物质有哪些？以 $K_2Cr_2O_7$ 标定 $Na_2S_2O_3$ 时，终点的亮绿色是什么物质的颜色？

② 淀粉指示剂的用量如何要求？

③ 碘量法测定铜为什么一定要在弱酸性溶液中进行？

④ 碘量法测定铜时，为什么要加入 NH_4HF_2？滴定临近终点时，为什么要加入 KSCN

溶液？为什么又不能过早加入？

三、实验原理

碘量法是基于 I_2 的氧化性和 I^- 的还原性进行测定的方法，其基本反应式是：

$$I_2 + 2S_2O_3^{2-} = S_4O_6^{2-} + 2I^-$$

碘量法用的标准溶液主要有硫代硫酸钠和碘标准溶液两种。通常标定 $Na_2S_2O_3$ 标准溶液比较方便。硫代硫酸钠（$Na_2S_2O_3 \cdot 5H_2O$）一般都含有少量杂质，如 S、Na_2SO_3、Na_2SO_4、Na_2CO_3 及 NaCl 等，同时还容易风化和潮解，因此不能直接配制准确浓度的溶液。$Na_2S_2O_3$ 溶液易受空气和微生物等的作用而分解。

（1）溶解的 CO_2 的作用 $Na_2S_2O_3$ 在中性或碱性溶液中较稳定，当 pH<4.6 时即不稳定。溶液中含有 CO_2 时，它会促进 $Na_2S_2O_3$ 分解：

$$Na_2S_2O_3 + H_2CO_3 \longrightarrow NaHSO_3 + NaHCO_3 + S\downarrow$$

此分解作用一般发生在溶液配成后的最初 10d 内。分解后一分子 $Na_2S_2O_3$ 变成了一分子 $NaHSO_3$，一分子 $Na_2S_2O_3$ 只能和一个碘原子作用，而一分子 $NaHSO_3$ 却能和二个碘原子作用，因此从反应能力看溶液的浓度增加了。以后由于空气的氧化作用，浓度又慢慢减小。

在 pH=9~10 时，硫代硫酸盐溶液最为稳定，所以可在 $Na_2S_2O_3$ 溶液中加入少量 Na_2CO_3。

（2）空气的氧化作用

$$2Na_2S_2O_3 + O_2 \longrightarrow 2Na_2SO_4 + 2S\downarrow$$

（3）微生物的作用 这是使 $Na_2S_2O_3$ 分解的主要原因。为了避免微生物的分解作用，可加入少量 HgI_2（$10mg \cdot L^{-1}$）。

为了减少溶解在水中的 CO_2 和杀死水中微生物，应用新鲜的去离子水配制溶液并加入少量 Na_2CO_3（浓度约为 0.02%），以防止 $Na_2S_2O_3$ 分解。

日光会促进 $Na_2S_2O_3$ 溶液分解，所以 $Na_2S_2O_3$ 溶液应贮于棕色瓶中，放置暗处，经 8~14d 后再标定。长期使用的溶液，应定期标定。若保存得好，可每两月标定一次。

通常用 $K_2Cr_2O_7$ 作基准物标定 $Na_2S_2O_3$ 溶液的浓度。$K_2Cr_2O_7$ 先与 KI 反应析出 I_2：

$$Cr_2O_7^{2-} + 6I^- + 14H^+ = 2Cr^{3+} + 3I_2 + 7H_2O$$

析出的 I_2 再用 $Na_2S_2O_3$ 标准溶液滴定：

$$I_2 + 2S_2O_3^{2-} = S_4O_6^{2-} + 2I^-$$

这个标定方法是间接碘量法的应用。

在弱酸性溶液中，Cu^{2+} 与过量的 KI 作用，生成 CuI 沉淀，同时析出定量的 I_2，其反应式如下：

$$2Cu^{2+} + 4I^- = 2CuI\downarrow + I_2$$

$$I_2 + I^- = I_3^-$$

析出的 I_2 以淀粉为指示剂，用 $Na_2S_2O_3$ 标准溶液滴定，

$$I_2 + 2S_2O_3^{2-} = S_4O_6^{2-} + 2I^-$$

由此可以计算出铜的含量。Cu^{2+} 与 I^- 的反应是可逆的，任何引起 Cu^{2+} 浓度减小或引起 CuI 溶解度增加的因素均使反应不完全。为了促使反应实际上能趋于完全，必须加入过量的 KI。过量的 KI 可使 Cu^{2+} 的还原更完全，而且可以使生成的 I_2 以 I_3^- 形式存在，减少 I_2 的挥发损失。但是由于 CuI 沉淀强烈地吸附 I_3^-，会使测定结果偏低。通常的办法是加入 KSCN，使 CuI（$K_{sp}^{\ominus}=1.1\times10^{-12}$）转化为溶解度更小的 CuSCN 沉淀（$K_{sp}^{\ominus}=4.8\times10^{-15}$）

$$CuI + SCN^- = CuSCN\downarrow + I^-$$

这样不但可以释放出被吸附的 I_3^-，而且反应时再生成的 I^- 可与未反应的 Cu^{2+} 发生作用。在这种情况下，可以使用较少的 KI 而能使反应进行得更完全。但是 KSCN 只能在接近终点时加入，否则因为 I_2 的量较多，会明显地为 KSCN 所还原而使结果偏低：

$$SCN^- + 4I_2 + 4H_2O \Longrightarrow SO_4^{2-} + 7I^- + ICN + 8H^+$$

为了防止铜盐水解，反应必须在酸性溶液中进行。Cu^{2+} 被 I^- 还原的 pH 一般控制在 3~4 之间。酸度过低，Cu^{2+} 氧化 I^- 的反应进行得不完全，结果偏低，而且反应速度慢，终点拖长；酸度过高，则 I^- 被空气氧化为 I_2 的反应为 Cu^{2+} 催化，使结果偏高。

大量 Cl^- 能与 Cu^{2+} 配位，I^- 不易从 $Cu(II)$ 的氯配合物中将 $Cu(II)$ 定量还原，因此最好用硫酸而不用盐酸（少量的盐酸不干扰）。Fe^{3+} 能氧化 I^-，对测定有干扰：

$$2Fe^{3+} + 2I^- \Longrightarrow 2Fe^{2+} + I_2$$

加入 NH_4HF_2 可掩蔽 Fe^{3+} 消除干扰，同时 NH_4HF_2 是一种很好的缓冲溶液，可使溶液的 pH 控制在 3~4 之间。

矿石或合金中的铜也可以用碘量法测定，但必须设法防止其他能氧化 I^- 的物质（如 NO_3^-、Fe^{3+} 等）的干扰。防止的方法是加入掩蔽剂以掩蔽干扰离子（例如使 Fe^{3+} 生成 FeF_6^{3-} 配离子而掩蔽），或在测定前将它们分离除去。若有 As(V)、Sb(V) 存在，应将 pH 调至 4，以免它们氧化 I^-。

四、仪器与药品

(1) 仪器　台秤，电子天平，称量瓶，研钵，烧杯（250mL），容量瓶（250mL），碘量瓶或具塞锥形瓶（250mL），量筒，酸式滴定管（棕色，50mL），移液管（25mL），烧杯（100mL，150mL），试剂瓶（250mL）。

(2) 药品　$Na_2S_2O_3 \cdot 5H_2O(s)$，$Na_2CO_3(s)$，KI(s)，淀粉溶液（1%），$K_2Cr_2O_7$（AR 或基准试剂）；KI 溶液（10%），HCl 溶液（2mol·L^{-1}），酚酞溶液（1%），KSCN 溶液（10%）。

五、实验内容

1. $0.05mol·L^{-1} Na_2S_2O_3$ 溶液的配制[1]

称取 12.5g $Na_2S_2O_3 \cdot 5H_2O$ 于 500mL 烧杯中，加入 300mL 新制备的去离子水，待完全溶解后，加入 0.2g Na_2CO_3，然后用新制备的去离子水稀释至 1L，贮于棕色瓶中，在暗处放置 7~14d 后标定。

2. $0.05 mol·L^{-1} Na_2S_2O_3$ 溶液浓度的标定

准确称取已烘干的 $K_2Cr_2O_7$ 0.55~0.65g 于小烧杯中，加入 10~20mL 水使之溶解[2]，定容成 250mL，后移取 25mL 于锥形瓶中，再加入 20mL 10% KI 溶液（或 2g 固体 KI）和 6mol·L^{-1} HCl 溶液 5mL，混匀后用表面皿盖好，放在暗处 5min[3]。用 0.05mol·L^{-1} $Na_2S_2O_3$ 溶液滴定到呈浅黄绿色。加入 1% 淀粉溶液 1mL[4]，继续滴定至蓝色变绿色，即为终点[5]。根据 $K_2Cr_2O_7$ 的质量及消耗的 $Na_2S_2O_3$ 溶液体积，计算 $Na_2S_2O_3$ 溶液的浓度。

3. 硫酸铜含量的测定

取 25.00mL $CuSO_4$ 溶液，加水 20mL，加入 10% KI 溶液 7~8mL，立即用 $Na_2S_2O_3$ 标准溶液滴定至呈浅黄色。然后加入 1% 淀粉溶液 1mL，继续滴定到呈浅蓝色。再加入 5mL 10% KSCN 溶液（可否用 NH_4SCN 代替？），摇匀后溶液蓝色转深，再继续滴定到蓝色恰好消失为终点（此时溶液为 CuSCN 米色悬浮液）。平行测定 3 份，由实验结果计算硫酸铜的含铜量及相对平均偏差。

六、问题与讨论

（1）如何配制和保存浓度比较稳定的 $Na_2S_2O_3$ 标准溶液？

（2）硫酸铜易溶于水，为什么溶解时要加硫酸？

（3）用 $K_2Cr_2O_7$ 作基准物标定 $Na_2S_2O_3$ 溶液时，为什么要加入过量的 KI 和 HCl 溶液？为什么放置一定时间后才加水稀释？如果：①加 KI 溶液而不加 HCl 溶液；②加酸后不放置暗处；③不放置或少放置一定时间即加水稀释，会产生什么影响？

（4）为什么用 $Na_2S_2O_3$ 滴定 I_2 溶液时必须在将近终点之前才加入淀粉指示剂？

（5）马铃薯和稻米等都含淀粉，它们的溶液是否可用作指示剂？

（6）淀粉指示剂的用量为什么要多达 1mL（1%），和其他滴定方法一样，只加几滴行不行？

（7）标定 $Na_2S_2O_3$ 溶液的基准物质有哪些？以 $K_2Cr_2O_7$ 标定 $Na_2S_2O_3$ 时，终点的亮绿色是什么物质的颜色？

七、注释

[1] 一般分析使用 $0.1mol \cdot L^{-1}$ $Na_2S_2O_3$ 标准溶液，如果选择的测定实验需用 $0.05mol \cdot L^{-1}$（或其他浓度）$Na_2S_2O_3$ 溶液，则此处应配制 $0.05mol \cdot L^{-1}$（或其他浓度）的标准溶液。

[2] 如果 $Na_2S_2O_3$ 溶液浓度较稀，标定用的 $K_2Cr_2O_7$ 称取量较小时，可采用大样的办法，即称取 5 倍量（按消耗 20~30mL $Na_2S_2O_3$ 计算的量）的 $K_2Cr_2O_7$ 溶于水后，配制成 100mL 溶液，再吸取 20mL 进行标定。

[3] $K_2Cr_2O_7$ 与 KI 的反应条件不是立刻完成的，在稀溶液中反应更慢，因此应等反应完成后再加水稀释。在上述条件下，大约经 5min 反应即可完成。

[4] 淀粉指示剂若加入过早，则大量的 I_2 与淀粉结合成蓝色物质，这一部分 I_2 不容易与 $Na_2S_2O_3$ 反应，因而使滴定发生误差。

[5] 滴定完了的溶液放置后会变蓝色。如果不是很快变蓝（经过 5~10min），那就是由于空气氧化所致。如果很快而又不断变蓝，说明 $K_2Cr_2O_7$ 和 KI 的作用在滴定前进行得不完全，溶液稀释得太早。遇此情况，实验应重做。

实验二十一 氯化物中氯含量的测定（莫尔法）

一、目的与要求

（1）学习 $AgNO_3$ 标准溶液的配制和标定方法。

（2）掌握沉淀滴定法中以 K_2CrO_4 为指示剂测定氯离子的方法和原理。

二、预习与思考

（1）预习沉淀反应的基本原理和特点。

（2）预习银量法滴定基本原理和终点的确定及相关知识。

（3）以 K_2CrO_4 作指示剂时，指示剂浓度过大或过小对测定有何影响？

（4）滴定过程需注意哪些实验条件的控制？

三、实验原理

某些可溶性氯化物中氯含量的测定常采用莫尔（Mohr）法。此方法是在中性或弱碱性溶液中，以 K_2CrO_4 为指示剂，用 $AgNO_3$ 标准溶液进行滴定。由于 AgCl 的溶解度比 Ag_2CrO_4 的小，因此溶液中首先析出 AgCl 沉淀，当 AgCl 定量沉淀后，过量 $AgNO_3$ 溶液即与 CrO_4^{2-} 生成砖红色 Ag_2CrO_4 沉淀，指示终点的到达。反应式如下：

$$Ag^+ + Cl^- == AgCl\downarrow \text{（白色）} \qquad K_{sp}^\ominus = 1.8 \times 10^{-10}$$

$$2Ag^+ + CrO_4^{2-} \rightleftharpoons Ag_2CrO_4 \downarrow （砖红色）\qquad K_{sp}^{\ominus} = 2.0 \times 10^{-12}$$

滴定必须在中性或弱碱性溶液中进行，最适宜的 pH 范围为 6.5～10.5。酸度过高，不产生 Ag_2CrO_4 沉淀，过低，则形成 Ag_2O 沉淀。如果有铵盐存在，溶液的 pH 需控制在 6.5～7.2 之间。

指示剂的用量对滴定终点的准确判断有影响，一般用量以 $5 \times 10^{-3} mol \cdot L^{-1}$ 为宜。

凡是能与 Ag^+ 生成难溶化合物或配合物的阴离子都干扰测定，如 PO_4^{3-}，AsO_4^{3-}，SO_3^{2-}，S^{2-}，CO_3^{2-} 及 $C_2O_4^{2-}$ 等离子，其中 S^{2-} 可生成 H_2S，经加热煮沸而除去；SO_3^{2-} 可经氧化成 SO_4^{2-} 而不发生干扰。大量 Cu^{2+}、Ni^{2+}、Co^{2+} 等有色离子将影响终点的观察。凡是能与 CrO_4^{2-} 生成难溶化合物的阳离子也干扰测定，如 Ba^{2+}、Pb^{2+} 与 CrO_4^{2-} 分别生成 $BaCrO_4$ 和 $PbCrO_4$ 沉淀，但 Ba^{2+} 的干扰可借加入过量 Na_2SO_4 而消除。

Al^{3+}、Fe^{3+}、Bi^{3+}、Zr^{4+} 等高价金属离子，在中性或弱碱性溶液中易水解产生沉淀，也不应存在。若存在，改用佛尔哈德法测定氯含量。

四、仪器与药品

(1) 仪器　台秤，电子天平，滴定管（50mL），移液管（25mL），锥形瓶（250mL），试剂瓶（棕色），烧杯。

(2) 药品　$AgNO_3$（CP 或 AR），NaCl（基准试剂）[1]，K_2CrO_4（5%）。

五、实验内容

1. $0.025 mol \cdot L^{-1}$ $AgNO_3$ 溶液的配制

在台秤上称取配制 500mL $0.025 mol \cdot L^{-1}$ $AgNO_3$ 溶液所需固体 $AgNO_3$，溶于 500mL 不含 Cl^- 的水中，将溶液转入棕色细口瓶中，置于暗处保存，以减缓因见光而分解的作用。

2. $0.025 mol \cdot L^{-1}$ $AgNO_3$ 溶液的标定

准确称取所需 NaCl 基准试剂（需准确称量到小数点后第几位?）置于烧杯中，用水溶解，转入 250mL 容量瓶中，加水稀释至刻度，摇匀。

用移液管准确移取 25.00mL NaCl 标准溶液（也可直接称取一定量 NaCl 基准物质）于锥形瓶中，加 25mL 去离子水[2]、0.5mL 5% K_2CrO_4 溶液，在不断摇动下，用 $AgNO_3$ 溶液滴定至白色沉淀中出现砖红色，即为终点[3]。

根据 NaCl 标准溶液的浓度和滴定所消耗的 $AgNO_3$ 标准溶液体积，计算 $AgNO_3$ 标准溶液的浓度。

3. 试样分析

准确称取一定量氯化物试样于烧杯中，加水溶解后，转入 250mL 容量瓶中，加水稀释至刻度，摇匀。用移液管准确移取 25.00mL 氯化物试液于 250mL 锥形瓶中，加入 25mL 去离子水、0.5mL 5% K_2CrO_4 溶液，在不断摇动下，用 $AgNO_3$ 标准溶液滴定至白色沉淀中出现砖红色即为终点。平行测定 3 份，计算试样中氯的含量及相对平均偏差。

实验完毕后，将装 $AgNO_3$ 溶液的滴定管先用蒸馏水冲洗 2～3 次，再用自来水洗净，以免 AgCl 残留于管内。

六、问题与讨论

(1) $AgNO_3$ 溶液应装在酸式滴定管中还是碱式滴定管中？为什么？

(2) 滴定中对 K_2CrO_4 指示剂的用量是否要控制？为什么？应如何控制？

(3) 滴定中试液的酸度宜控制在什么范围？为什么？怎样调节？有 NH_4^+ 存在时，在酸度上为什么要有所不同？

(4) 试将沉淀滴定法指示剂的用量与酸碱指示剂、氧化还原指示剂及金属指示剂的用量作比较，并说明其差别的原因。

（5）NaCl 基准物为什么要经加热处理才能使用？如用未经处理的 NaCl 来标定 AgNO₃ 溶液，将产生什么影响？

七、注释

[1] 在 500～600℃高温炉中灼烧 30min 后，置于干燥器中冷却。也可将 NaCl 置于带盖的瓷坩埚中，加热并不断搅拌，待爆裂声停止后，继续加热 15min，将坩埚放入干燥器中冷却后使用。

[2] 沉淀滴定中，为减少沉淀对被测离子的吸附，一般滴定的体积以大些为好，故须加水稀释试液。

[3] 银为贵金属，含 AgCl 的废液应回收处理。

实验二十二　混合碱中总碱度的测定（双指示剂法）

一、目的与要求

（1）掌握双指示剂法测定混合碱的原理和方法。

（2）了解不同类型的滴定应如何选择指示剂及混合指示剂的使用和优点。

（3）正确掌握容量仪器的使用和操作方法。

二、预习与思考

（1）预习本书第 2 章 "2.2 度量仪器"。

（2）查阅附录中有关常用指示剂的内容。

（3）预习双指示剂的种类与使用范围。

（4）思考下列问题

① 测定混合碱的总碱度能否用酚酞作指示剂？为什么？

② 甲基橙、甲基红及甲基红-溴甲酚绿混合指示剂的变色范围各为多少？

③ 混合指示剂优点是什么？

三、实验原理

混合碱是 Na_2CO_3 与 NaOH 或 $NaHCO_3$ 与 Na_2CO_3 的混合物，欲测定同一份试样中各组分的含量，可用 HCl 标准溶液滴定。根据滴定过程中 pH 变化的情况，选用两种不同的指示剂分别指示第一、第二化学计量点的到达，即常称为 "双指示剂法"。此法简便、快捷，在生产实践中被广泛应用。有关反应如下：

$$NaOH + HCl \longrightarrow NaCl + H_2O$$

$$Na_2CO_3 + HCl \longrightarrow NaCl + NaHCO_3$$

$$NaHCO_3 + HCl \longrightarrow NaCl + CO_2 \uparrow + H_2O$$

在混合碱试液中加入酚酞指示剂，此时溶液呈现红色。用 HCl 标准溶液滴定时至红色恰好变为无色（第一化学计量点 pH=8.3）。设滴定体积 V_1 mL，则试液中 NaOH 完全被中和，所含的 Na_2CO_3 则被中和一半。再加入甲基橙指示剂，继续用 HCl 标准溶液滴定，使溶液由黄色转变为橙色即为终点（第二化学计量点 pH=3.9），设此步所消耗的 HCl 体积为 V_2 mL，这时 Na_2CO_3 的另一半也被中和完全。

显然，如果 $V_1 = V_2$，即试样不含 $NaHCO_3$；若 $V_2 > V_1$，则表明试样中含有 $NaHCO_3$。若 $V_1 > V_2$ 时，试样为 Na_2CO_3 与 NaOH 混合物，则混合物中各组分含量 x 的计算式如下：

$$x_{NaOH} = \frac{(V_1 - V_2) \times c_{HCl} \times M_{NaOH}}{V_{试}}$$

$$x_{Na_2CO_3} = \frac{2V_2 \times c_{HCl} \times M_{Na_2CO_3}}{2V_{试}}$$

如果要求测定混合碱的总碱量，通常是以 Na_2O 的含量来表示总碱度，计算式如下：

$$x_{Na_2O} = \frac{(V_1 + V_2) \times c_{HCl} \times M_{Na_2O}}{2V_{试}}$$

双指示剂法的传统指示剂是先用酚酞，后用甲基橙。由于酚酞变色不很敏锐，人眼观察这种颜色变化的灵敏性稍差些，因此也常用甲酚红-百里酚蓝混合指示剂。该指示剂变色点 pH 为 8.3，酸型为黄色，碱型为紫色。pH＝8.2 时为玫瑰色，pH＝8.4 时为清晰的紫色，变色敏锐。用 HCl 标准溶液滴定至溶液由紫色变为粉红色，即为终点。

四、仪器与药品

（1）仪器　酸式滴定管（50mL），移液管（25mL），锥形瓶（250mL），量筒。

（2）药品　HCl 标准溶液（0.1mol·L^{-1}），酚酞指示剂（0.2％乙醇溶液），甲基橙指示剂（0.1％），混合碱试液。

五、实验内容

1. 0.1 mol·L^{-1} HCl 溶液的标定

参见实验十六。

2. 混合碱的测定

用移液管平行移取 25.00mL 混合碱试液 3 份于锥形瓶中，加酚酞指示剂 1～2 滴，用上述已标定好的 HCl 溶液滴定，边滴加边充分摇动，滴定至溶液由红色恰好褪至无色为止，记下所用 HCl 标准溶液的体积 V_1。然后，再往滴定管中加入 HCl 标准溶液，调节液面至 0.00 刻度或稍下处，加入 1～2 滴甲基橙于锥形瓶中，此时溶液呈黄色，继续用 HCl 标准溶液滴定至溶液呈橙色[1]，记下所用 HCl 标准溶液的体积 V_2。平行测定 3 次。

计算混合碱中各组分的含量（以 g·L^{-1} 表示）及相对平均偏差。

六、问题与讨论

（1）碱液中的 NaOH 及 Na_2CO_3 含量是怎样测定的？

（2）欲测混合碱中总碱度，应选用何种指示剂？

（3）无水 Na_2CO_3 基准物质若保存不当，吸收了少量水分，用此基准物标定盐酸溶液浓度时有何影响？

（4）试分析本实验中误差主要来源。

七、注释

[1] 接近终点时，一定要充分摇动，以防止形成 CO_2 的过饱和溶液而使终点提前到达。

第6章 物质的提取、制备与物化量的测定实验

实验二十三 由胆矾精制五水硫酸铜

一、目的与要求

(1) 巩固托盘天平的使用方法。

(2) 了解重结晶提纯物质的原理。

(3) 练习和巩固常压过滤、减压过滤、蒸发浓缩和重结晶等基本操作。

二、预习与思考

(1) 预习本书"第3章 化学实验基本操作与基本技术"中有关水浴加热、蒸发浓缩、固液分离和重结晶等基本操作内容。

(2) 思考下列问题

① 如果用烧杯代替水浴锅进行水浴加热时,怎样选用合适的烧杯?

② 在减压过滤操作中,如果 a. 开循环水泵开关之前先把沉淀转入布氏漏斗;b. 结束时先关循环水泵开关,各会产生何种影响?

③ 在除硫酸铜溶液中的 Fe^{3+} 时,pH 值为什么要控制在 3.0 左右?加热溶液的目的是什么?

三、基本原理

$CuSO_4 \cdot 5H_2O$ 俗名蓝矾、胆矾或孔雀石,为蓝色透明三斜晶体。它易溶于水,而难溶于乙醇,在干燥空气中缓慢风化,将其加热至 230℃,失去全部结晶水而成为白色的无水 $CuSO_4$。$CuSO_4 \cdot 5H_2O$ 用途广泛,是制取其他铜盐的主要原料,常用作印染工业的媒染剂、农业的杀虫剂、水的杀菌剂、木材的防腐剂,也是电镀铜的主要原料。

$CuSO_4 \cdot 5H_2O$ 的制备方法有许多种,如电解液法、废铜法、氧化铜法、白冰铜法、二氧化硫法。本实验是以工业硫酸铜为原料,精制五水硫酸铜。首先用过滤法除去工业硫酸铜原料中的不溶性杂质。用过氧化氢将溶液中的硫酸亚铁氧化为硫酸铁,并使三价铁在 pH≈ 3.0(注意不要使溶液的 pH≥4,若 pH 过大,会析出碱式硫酸铜沉淀,影响产品的质量和产率)时全部水解为 $Fe(OH)_3$ 沉淀而除去。溶液中的可溶性杂质可根据 $CuSO_4 \cdot 5H_2O$ 的溶解度随温度升高而增大的性质,用重结晶法使它们留在母液中,从而得到较纯的$CuSO_4 \cdot 5H_2O$ 晶体。

四、仪器和药品

(1) 仪器 托盘天平,pH 试纸,布氏漏斗,抽滤瓶,滤纸,pH 试纸。

(2) 药品 工业硫酸铜,NaOH($2.0mol \cdot L^{-1}$),H_2O_2(3%),H_2SO_4($2.0mol \cdot L^{-1}$),乙醇(95%)。

五、实验内容

1. 初步提纯

(1) 称取 15.0g 粗硫酸铜于烧杯中,加入约 60mL 水,加热、搅拌至完全溶解,减压过滤以除去不溶物。

(2) 滤液用 $2.0mol \cdot L^{-1}$ NaOH 调节至 pH≈3.0,滴加入 3% H_2O_2(约 2mL,若

Fe^{2+} 含量高需多加些）。如果溶液的酸度提高，需再次调整 pH 值。加热溶液至沸腾，数分钟后趁热常压过滤。

（3）将滤液转入蒸发皿内，加入 $2\sim3$ 滴 $2.0mol \cdot L^{-1}$ H_2SO_4 使溶液酸化（pH＝1），水浴加热，蒸发浓缩到液面出现晶膜时停止。冷至室温，减压过滤，抽干，称重。计算产率。

2. 重结晶

将上述产品放于烧杯中，按每克产品加 1.2 mL 去离子水的比例加入去离子水。加热，使产品全部溶解。趁热常压过滤。滤液冷至室温，再次减压过滤。用少量乙醇（95%）洗涤晶体 $1\sim2$ 次，取出晶体，晾干，称重。计算产率。

六、问题与讨论

（1）在粗 $CuSO_4$ 溶液中 Fe^{2+} 杂质为什么要氧化成 Fe^{3+} 后再除去？为什么要调节溶液的 pH＝3？pH 值太大或太小有何影响？

（2）为什么要在精制后的 $CuSO_4$ 溶液中加硫酸调节溶液至强酸性？

（3）固液分离有哪些方法？根据什么情况选择固液分离的方法？

实验二十四　硫酸亚铁铵的制备

一、目的与要求

（1）了解复盐的一般特征和制备方法。

（2）练习水浴加热、溶解、常压过滤、减压过滤、蒸发、结晶、干燥等基本操作。

（3）学习用目测比色法检验产品质量。

二、预习与思考

（1）预习"第 3 章化学实验基本操作与基本技术"中有关水浴加热、蒸发浓缩、结晶和固液分离等内容。

（2）思考下列问题

① 本实验中前后两次用水浴加热的目的有何不同？

② 在计算硫酸亚铁铵的产率时，是根据铁的用量还是硫酸铵的用量？铁的用量过多对制备硫酸亚铁铵有何影响？

三、实验原理

硫酸亚铁铵又称莫尔盐（商品名称），是浅蓝绿色单斜晶体。它的六水合物 $(NH_4)_2SO_4 \cdot FeSO_4 \cdot 6H_2O$ 在空气中比一般的亚铁盐稳定，不易被空气氧化，易溶于水但难溶于乙醇。在定量分析中常用作氧化还原滴定法的基准物。

由硫酸铵、硫酸亚铁和硫酸亚铁铵在水中的溶解度数据[1]可知，在 $0\sim60℃$ 的温度范围内，硫酸亚铁铵在水中的溶解度比组成它的每一组分的溶解度都小。因此，很容易从浓的 $FeSO_4$ 和 $(NH_4)_2SO_4$ 混合溶液中制得结晶的莫尔盐。

金属铁屑与稀硫酸作用，制得硫酸亚铁溶液：

$$Fe + H_2SO_4 =\!=\!= FeSO_4 + H_2 \uparrow$$

往硫酸亚铁溶液加入硫酸铵溶液，则生成溶解度较小的硫酸亚铁铵复盐晶体：

$$FeSO_4 + (NH_4)_2SO_4 + 6H_2O =\!=\!= (NH_4)_2SO_4 \cdot FeSO_4 \cdot 6H_2O$$

加热浓缩混合溶液，冷至室温，便析出浅蓝绿色的硫酸亚铁铵复盐。

如果溶液的酸性减弱，则亚铁盐（或铁盐）中的 Fe^{2+} 与水作用的程度将会增大。在制

备 $(NH_4)_2SO_4 \cdot FeSO_4 \cdot 6H_2O$ 过程中，为了使 Fe^{2+} 不与水作用，溶液需保持足够的酸度。

目测比色法是确定杂质含量的一种常用的方法，在确定杂质含量后便能定出产品的级别。将产品配制成溶液，与标准溶液进行比色，如果产品溶液的颜色比某一标准溶液的颜色浅，就确定杂质含量低于该标准溶液中的含量，即低于某一定的限度，所以这种方法又称为限量分析。

本实验仅做莫尔盐中 Fe^{3+} 的限量分析，即用目测比色法估计产品中所含杂质 Fe^{3+} 的含量。由于 Fe^{3+} 能与 SCN^- 生成红色的配合物 $[Fe(SCN)]^{2+}$，当红色较深时，表明产品中含杂质 Fe^{3+} 较多；当红色较浅时，表明产品中含 Fe^{3+} 较少。所以，只要将所制备的硫酸亚铁铵晶体与 KSCN 溶液在比色管中配制成待测溶液，将它所呈现的红色与含一定 Fe^{3+} 量的所配制标准 $[Fe(SCN)]^{2+}$ 溶液的红色进行比较，根据红色深浅程度相仿情况，即可知待测溶液中杂质 Fe^{3+} 的含量，从而确定产品的等级。

四、仪器与药品

(1) 仪器　锥形瓶 (150mL)，烧杯 (150mL 1 个，500mL 1 个)；量筒 (10mL 1 个，50mL 1 个)，托盘天平，酒精灯，漏斗，漏斗架，布氏漏斗，吸滤瓶，蒸发皿，表面皿，温度计，比色管，比色管架，水浴锅，滤纸。

(2) 药品　H_2SO_4 ($3.0mol \cdot L^{-1}$)，HCl ($2.0mol \cdot L^{-1}$)，NaOH ($1.0mol \cdot L^{-1}$)，Na_2CO_3 ($1.0mol \cdot L^{-1}$)，KSCN ($1.0mol \cdot L^{-1}$)，Fe^{3+} 的标准溶液三份[2]，乙醇 (95%)，铁屑，$(NH_4)_2SO_4(s)$，pH 试纸。

五、实验步骤

1. 铁屑的净化 (除去油污)

由机械加工过程得到的铁屑油污较多，可用碱煮的方法除去。称取 2g 铁屑，放入 150mL 锥形瓶中，加入 20mL $1.0mol \cdot L^{-1}$ Na_2CO_3 溶液，加热约 10min，以除去铁屑表面的油污。用倾析法除去碱液，用水洗净铁屑 (如果用纯净的铁屑，可省去这一步)。

2. 硫酸亚铁的制备

往盛有铁屑的锥形瓶中加入约 25mL $3mol \cdot L^{-1}$ H_2SO_4 溶液，放在水浴中加热 (在通风橱中进行)，当反应进行到不再产生气泡时，表示反应基本完成 (约需 30min)。在加热过程中，应经常取出锥形瓶振摇，并适当添加少量去离子水，以补充被蒸发掉的水分，防止 $FeSO_4$ 结晶出来。用普通漏斗趁热过滤，滤液直接盛接于洁净的蒸发皿中。用热的去离子水洗涤锥形瓶和残渣，将留在锥形瓶及滤纸上的残渣取出，收集在一起，用滤纸吸干后称其质量 (如残渣量极少，可不收集)。算出已作用的铁屑的质量，并据此计算溶液中 $FeSO_4$ 的理论产量。

3. 硫酸铵饱和溶液的制备

根据已作用的铁的质量和反应中的物量关系，计算出所需 $(NH_4)_2SO_4(s)$ 的质量和室温下配制硫酸铵饱和溶液所需的 H_2O 的体积[2]。根据计算结果，在烧杯中配制 $(NH_4)_2SO_4$ 的饱和溶液。

4. 硫酸亚铁铵的制备

将 $(NH_4)_2SO_4$ 饱和溶液倒入到盛 $FeSO_4$ 溶液的蒸发皿中，混合均匀后，用 pH 试纸检验溶液的 pH 是否为 1~2，若酸度不够，用 $3.0mol \cdot L^{-1}$ H_2SO_4 溶液调节。

在水浴上蒸发混合溶液，浓缩至表面出现晶体膜为止 (注意蒸发过程中不宜搅动)。自水浴锅上取下蒸发皿，静置，让溶液自然冷却至室温，即有硫酸亚铁铵晶体析出。用布氏漏斗减压过滤，抽滤至干。用少量乙醇淋洗晶体两次（此时应继续抽气过滤），以除去晶体表面附着的水分。继续抽干，取出晶体放在表面皿上晾干。称重，并计算理论产量和产率。产率计算公式如下：

$$产率 = \frac{实际产量（g）}{理论产量（g）} \times 100\%$$

5. 产品检验

（1）Fe^{3+} 标准溶液的配制（实验室配制） 往 3 支 25mL 的比色管中各加入 2.0mL 2.0mol·L^{-1} HCl 溶液和 0.5mL 1.0 mol·L^{-1} KSCN 溶液，再用移液管分别移入 0.0100mg·L^{-1} Fe^{3+} 标准溶液 5mL、10mL、20mL，最后用去离子水稀释到刻度（25.00mL），摇匀，制成含 Fe^{3+} 量不同的标准溶液。这三支比色管中所对应的各级硫酸亚铁铵药品规格分别为：①25mL 溶液中含 Fe^{3+} 0.05mg，符合Ⅰ级品标准；②25mL 溶液中含 Fe^{3+} 0.10mg，符合Ⅱ级品标准；③25mL 溶液中含 Fe^{3+} 0.20mg，符合Ⅲ级品标准。

（2）Fe^{3+} 的限量分析 用烧杯将去离子水煮沸 5min，以除去溶解的氧，盖好，冷却备用。称取 1.00g 制备的硫酸亚铁铵产品，置于 25mL 比色管中，加入 10mL 备用的去离子水，用玻棒搅拌使产品溶解，再加入 2.0mL 2.0mol·L^{-1} HCl 溶液和 0.5mL 1.0mol·L^{-1} KSCN 溶液，然后用备用的去离子水稀释至刻度，摇匀。将其与已配制好的标准溶液进行目测比色，以确定产品的等级。

在进行比色操作时，可在比色管下衬以白瓷板。为了消除周围光线的影响，可用白纸条包住比色管盛装溶液那部分四周，从上往下观察，对比溶液颜色的深浅程度来确定产品的等级。

若 1.00g 莫尔盐试样溶液的颜色，与Ⅰ级试剂的标准溶液的颜色相同或略浅，便可将其确定为Ⅰ级产品，其中 Fe^{3+} 的含量 $= \dfrac{0.05}{1.00 \times 1000} \times 100\% = 0.005\%$，Ⅱ级和Ⅲ级产品以此类推。

六、数据记录和处理

将实验数据及处理结果记录在表 6-1 中。

表 6-1 实验数据记录

已作用的铁的质量/g	(NH₄)₂SO₄饱和溶液		FeSO₄·(NH₄)₂SO₄·6H₂O			
	(NH₄)₂SO₄ 质量/g	H₂O 体积/mL	理论产量/g	实际产量/g	产率/%	级别

七、问题与讨论

（1）为什么硫酸亚铁溶液和硫酸亚铁铵溶液都要保持较强的酸性？

（2）进行目测比色时，为什么要用含氧较少的去离子水来配制硫酸亚铁铵溶液？

（3）在蒸发硫酸亚铁铵溶液过程中，为什么有时溶液会由浅蓝绿色逐渐变为黄色？应如何处理？

（4）制备硫酸亚铁铵时，为什么要采用水浴加热法？

八、注释

[1] 几种盐的溶解度数据列在表 6-2 中。

表 6-2　几种盐的溶解度数据　　　单位：g·(100g H₂O)⁻¹

盐（相对分子质量）　温度/℃	10	20	30	40
(NH₄)₂SO₄(132.1)	73.0	75.4	78.0	81.0
FeSO₄·7H₂O(277.9)	37	48.0	60.0	73.3
FeSO₄·(NH₄)₂SO₄·6H₂O(392.1)	—	36.5	45.0	53.0

[2] 标准 Fe^{3+} 溶液的制备：准确称取 0.0864g 分析纯硫酸高铁铵 $Fe(NH_4)(SO_4)_2·12H_2O$ 溶于 3mL 2.0mol·L⁻¹ HCl 溶液中，再全部移入 1000mL 容量瓶中，用去离子水稀释至刻度，摇匀。

[3] 实验中所用的固体 $(NH_4)_2SO_4$ 的纯度必须很高，可用 AR 级。否则，会影响最终产品的级别。

实验二十五　生姜中生姜油的提取

一、目的与要求

(1) 学习水蒸气蒸馏的原理。

(2) 掌握水蒸气蒸馏的操作方法。

二、预习与思考

(1) 预习第 3 章"3.12 水蒸气蒸馏"。

(2) 思考下列问题

① 水蒸气蒸馏时，如何判断有机物已完全蒸出？

② 水蒸气蒸馏时，随着蒸汽的导入，蒸馏瓶中液体越积越多，以致有时液体会冲入冷凝管中，如何避免这一现象？

三、实验原理

1. 基本原理

水蒸气蒸馏是分离和纯化有机化合物的常用方法之一，常用于下列几种情况：①反应混合物中含有大量树脂状杂质或不挥发性杂质；②要求除去易挥发的有机物；③从较多固体反应混合物中分离出被吸附的液体产物；④某些有机物在达到沸点时容易被破坏，采用水蒸气蒸馏可在 100℃ 以下蒸出。使用这种方法时，被提纯物质应该具备下列条件：不溶（或几乎不溶）于水，在沸腾下长时间与水共存而不起化学变化；在 100℃ 左右时必须具有一定的蒸气压（一般要有 0.663~1.33kPa 或 5~10mmHg）。

一般说来，在反应物中混有大量树脂状或焦油状物时，用水蒸气蒸馏的效果较一般蒸馏或重结晶为好。有时反应产生两种或几种有机化合物，当其中一种具备上面条件时，用此种方法可获得满意的效果。

此外，在实际操作过程中，常应用过热水蒸气蒸馏以提高馏出液中化合物的含量。当某化合物分子的摩尔质量很大，而其蒸气压过低（仅具有 133~666Pa 或 1~5mmHg），这时就可用过热水蒸气蒸馏提纯。为了防止过热蒸汽冷凝，须保持盛蒸馏物烧瓶的温度与蒸汽的温度相同。具体操作时，可在蒸汽导管和烧瓶之间串连一段铜管（最好是螺旋形的）。铜管下用火焰加热，以提高蒸汽的温度，烧瓶再用油浴保温，也可用图 6-1 所示的装置来进行。其中 A 是为了除去蒸汽中冷凝下来的液滴，B 处是用几层石棉纸裹住的硬质玻管，下面用鱼尾灯焰加热。C 是温度计套管，内插温度计。烧瓶外用油浴或空气浴

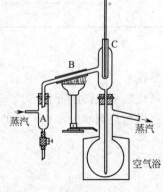

图 6-1　过热水蒸气蒸馏装置

178

维持和蒸汽一样的温度。

应用过热水蒸气还具有使水蒸气冷凝少的优点，这样可以省去在盛蒸馏物的容器下加热等操作。为了防止过热蒸汽冷凝，可在盛物的瓶下以油浴保持和蒸汽相同的温度。

在实验操作中，过热蒸汽可应用于在 100℃时具有 0.13～0.67kPa 的物质。例如在分离苯酚的硝化产物中，邻硝基苯酚可用一般的水蒸气蒸馏蒸出。在蒸完邻位异构体后，如果提高蒸汽温度，也可以蒸馏出对位产物。

少量物质的水蒸气蒸馏，可用克氏蒸馏瓶（头）代替圆底烧瓶，装置如图 6-2 所示。有时也可直接利用进行反应的三口瓶来代替圆底烧瓶更为方便，如图 3-71 所示。水蒸气蒸馏的基本原理、蒸馏装置和操作方法详见第 3 章 "3.12 水蒸气蒸馏"。

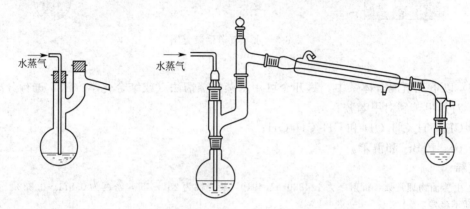

图 6-2　用克氏蒸馏瓶（头）进行少量物质的水蒸气蒸馏

2. 从生姜中提取生姜油

生姜的化学组成较为复杂，目前已从中发现了 100 多种化学成分，总体可归属为生姜精油、姜辣素和二苯基庚烷三大类成分。生姜经水蒸气蒸馏、溶剂萃取法等可从生姜中提取生姜精油，其主要成分为倍半萜烯类化合物和氧化倍半萜烯，其余主要是单萜烯类化合物和氧化单萜烯类。倍半萜烯类化合物主要为 α-姜烯、β-红没药烯、芳基-姜黄、α-法呢烯和 β-倍半水芹烯。其中认为单萜烯组分对姜的呈香贡献最大。氧化倍半萜烯含量较少，但对姜的风味特征贡献较大。

生姜精油是透明、浅黄到橘黄可流动的液体，在水蒸气蒸馏时，高沸点的生姜油和低沸点的水一起被蒸出和冷凝下来。生姜油形成的油滴分散在水的介质中，易用乙酸乙酯从水萃取出来，然后蒸去乙酸乙酯即可得到基本纯净的生姜油[1]。

四、仪器与药品

水蒸气蒸馏装置 1 套。50g 生姜，30mL 乙酸乙酯，无水硫酸镁。

五、实验内容

(1) 在 150mL 圆底烧瓶中加入已切成细条的 50g 生姜，加入适量水（不超过烧瓶体积的 1/2）。安装好水蒸气蒸馏装置（见图 6-3），加热，待有水蒸气生成时关闭 T 形夹。

(2) 蒸馏约 1h 后可收集约 50～60mL 水-生姜油蒸馏液，将蒸馏液转移至分液漏斗中，用乙酸乙酯萃取 3～5 次，每次用量 10mL。合并这几次萃取的乙酸乙酯萃取液，并用无水硫酸镁干燥，静置 15min 以上，滤去干燥剂，用水浴蒸去乙酸乙酯，即可得到生姜油。称重，计算产率。

六、问题与讨论

(1) 含有硝基苯、苯胺的混合液体，能否利用化学方法及水蒸气蒸馏的方法将二者

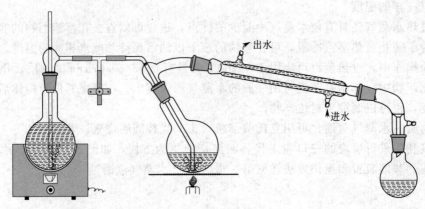

图 6-3　水蒸气蒸馏装置图

分离？

（2）以下几组混合体系中，哪几个可用水蒸气蒸馏法（或结合化学方法）进行分离？

① 对氯甲苯和对甲苯胺；

② $CH_3CH_2CH_2OH$ 和 CH_3CH_2OH；

③ Fe、$FeBr_3$ 和溴苯。

七、注释

[1] 生姜油物理常数：折射率为 $1.4880 \sim 1.4940$，旋光性为 $28° \sim 45°$，密度为 $0.871 \sim 0.882g \cdot mL^{-1}$。化学性质不稳定。

实验二十六　从茶叶中提取咖啡因

一、目的与要求

（1）学习从茶叶中提取咖啡因的基本原理和方法。

（2）通过实验，加深对从天然产物中分离、提取产物的理解和认识。

（3）学习用升华法提纯有机物的基本原理和操作技术。

（4）熟练掌握萃取、重结晶、蒸馏、回流、减压蒸馏等操作技术。

二、预习与思考

（1）预习第 3 章 "3.7 升华"。

（2）思考：①升华操作时为何要缓缓加热？②在升华操作时应注意哪些问题？

三、实验原理

1. 升华基本原理

升华是固体有机化合物提纯的又一种方法。由于不是所有固体都具有升华的性质，因此，它仅适用于以下情况：①被提纯的固体化合物具有较高（高于 $2.67kPa$）的蒸气压，在低于熔点时就可以产生足够的蒸气，使固体不经过熔融状态就直接变为气体，从而达到分离的目的；②固体化合物中杂质的蒸气压较低，有利于分离。升华操作比重结晶简便，常可得到较高纯度的产物，但操作时间长，损失也较大，一般不适合大量产品的提纯，在实验室里只用于较少量（$1 \sim 2g$）物质的纯化。

升华是指有较高蒸气压的固体化合物，在受热时不经过熔融状态直接转变成为气体，气体遇冷又直接变成固体的过程。因此，用升华方法提纯固体化合物时，就是根据固体混合物的蒸气压或挥发度不同，将不纯的固体化合物在熔点温度以下加热，利用产物蒸气压高、杂质蒸气压低的特点，使产物不经过液体过程而直接汽化，遇冷后固化（杂质则不固化）来达到分离固体混合物的目的。在常压下不易升华的物质，可利用减压进行升华。

在升华时，利用通入少量空气或惰性气体，可以加速蒸发，同时使固体化合物的蒸气离开加热面易于冷却，但不宜通入过多的空气或其他气体，以免造成产品的损失。升华速率与被升华固体化合物的表面积成正比，因此被升华的固体愈细愈好。

进行升华操作时，应注意下列几个问题：

① 升华温度一定要控制在固体化合物熔点以下，加热要均匀且升温要慢；

② 被升华的固体化合物一定要干燥，如有溶剂将会影响升华后固体的凝结；

③ 滤纸上的孔应尽量大一些，以便蒸气上升时能顺利通过滤纸，在滤纸的上面和漏斗中结晶，否则将会影响晶体的析出；

④ 减压升华停止抽滤时，一定要先打开安全瓶上的放空阀，再关泵，否则循环泵内的水会倒吸入吸滤管中，造成实验失败。

2. 天然产物的提取

凡从天然植物或动物资源衍生出来的物质称为天然产物。人类对存在于自然界的有机化合物一直有着浓厚的兴趣，许多天然产物显示了惊人的生理效能，可以用作为药物。例如，从植物中提取出的生物碱——奎宁曾经从疟疾的肆疟中拯救了千百万人的生命，吗啡碱是一个最早使用的镇痛剂。另一些植物则产生有价值的调味品、香料和染料。早期有机化学的研究主要是围绕天然产物的分离和鉴定展开的，即使在今天，寻求具有特殊结构与性质并用于人类健康的天然产物化学仍然是有机化学一个十分活跃的领域。

天然产物种类繁多，根据它们的结构特征一般可分为四大类，即碳水化合物、类脂化合物、萜类和甾族化合物及生物碱，其中生物碱是种类和变化最多的含氮碱性有机化合物。

天然产物的分离提纯和鉴定是一项颇为复杂的工作。有机化学中常用的萃取、蒸馏、结晶等提纯方法曾经在分离天然产物过程中发挥了重要的作用，现在各种色谱手段如薄层色谱、柱色谱、气相色谱及高压液相色谱等已越来越多地用于天然产物的分离和提纯。质谱、红外、紫外、核磁共振等波谱技术与化学方法结合，已使天然产物结构测定大为方便。仿效天然产物进行的各种合成也取得了引人注目的成果。

3. 从茶叶中提取咖啡因

茶叶是一种含有丰富活性物质的天然产物。除了它是最佳的天然饮料而为人们所喜爱外，制茶过程的下脚料或级别不高的茶叶末等还可用于开发各种有益于人类的产品。咖啡因就是其中具有代表性的一种。

茶叶中含有多种生物碱，其中以咖啡因（caffeine，又称咖啡碱）为主，约占 1%～5%。另外，还含有 11%～12% 的丹宁酸（又称鞣酸），0.6% 的色素、纤维素、蛋白质等。咖啡因是弱碱性化合物，易溶于氯仿（12.5%）、水（2%）及乙醇（2%）等。在苯中的溶解度为 1%（热苯为 5%）。丹宁酸易溶于水和乙醇，但不溶于苯。

咖啡因是杂环化合物嘌呤的衍生物，它的化学名称是 1,3,7-三甲基-2,6-二氧嘌呤，其结构式如下：

嘌呤　　　　　　咖啡因（1,3,7-三甲基-2,6-二氧嘌呤）

含结晶水的咖啡因为无色针状结晶粉末，味苦，能溶于水、乙醇、丙酮、氯仿等，微溶于石油醚。在 100℃ 时即失去结晶水，并开始升华，120℃ 时升华相当显著，至 178℃ 时升华很快。无水咖啡因的熔点为 238℃。

从茶叶中提取咖啡因，往往利用适当的溶剂（氯仿、乙醇、苯等）在脂肪提取器中连续抽提，然后蒸去溶剂即得粗咖啡因。粗咖啡因还含有其他一些生物碱和杂质，可利用升华进一步提纯。

工业上，咖啡因主要通过人工合成制得。它具有刺激心脏、兴奋大脑神经和利尿等作用，因此可作为中枢神经兴奋药。它也是复方阿司匹林（APC）等药物的组分之一。

咖啡因可以通过测定熔点及光谱法加以鉴别。此外，还可以通过制备咖啡因水杨酸盐衍生物进一步得到确证。咖啡因作为碱，可与水杨酸作用生成水杨酸盐，其熔点为 137℃。

$$\text{咖啡因} + \text{水杨酸} \longrightarrow \text{咖啡因水杨酸盐}$$

咖啡因　　　　水杨酸　　　　　　　　　　　咖啡因水杨酸盐

四、仪器与药品

（1）仪器　索氏提取器一套，50mL 烧杯，圆底烧瓶。

（2）药品　茶叶，95％乙醇，氯仿，碳酸钙。

五、实验内容

1. 连续萃取法

（1）将一张长、宽各 12～13cm 的方形滤纸卷成直径略小于索氏提取器[1]［见图 6-4

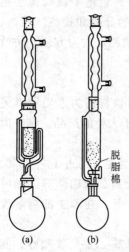

图 6-4　提取装置

（a）］提取腔内径的滤纸筒[2]，一端用棉线扎紧。称取 5g 茶叶末放入筒内，压实。在茶叶上盖一张小圆滤纸片，将滤纸筒上口向内折成凹形。将滤纸筒放入提取腔中，使茶叶装载面低于虹吸管顶端。装上回流冷凝管，在索氏提取器的烧瓶中加入 60mL 95％乙醇，投入两粒沸石。

（2）用水浴加热烧瓶，乙醇沸腾后蒸气经侧管升入冷凝管，冷凝下来的液滴滴入滤纸筒中。当液面升至刚超过虹吸管的顶端时，液体即经虹吸管流回烧瓶中。连续提取 2～3h，至提取液颜色很淡时为止。当最后一次虹吸刚刚过后，立即停止加热。

（3）稍冷后改成蒸馏装置，用水浴加热蒸出大部分乙醇（回收）。将瓶中残液趁热倒入蒸发皿中，加入 4g 研细的生石灰粉末[3]，拌匀。将蒸发皿放在一只大小合适并装有适量水的烧杯口上，用蒸汽浴蒸干，再移至石棉网上用小火焙炒片刻，务必使水分全部除去[4]。

（4）将粉末放入 50mL 干燥的烧杯中，铺均匀，中间隔着一张穿有许多小孔的圆形滤纸，然后将大小合适并通有冷凝水的圆底烧瓶盖在上面［如图 3-47（b）所示］，用沙浴[5]小心加热升华[6]。当纸上出现许多针状结晶时，停止加热，冷至 100℃ 左右，小心移开烧瓶和滤纸，仔细地把在纸上的咖啡因用小刀刮下，并收集起来。必要时，残渣经拌和后，再小心升华一次。将收集的咖啡因称量并计算产率。纯粹咖啡因的熔点为 238℃（文献值）。

脱脂棉

（a）　（b）

(5) 咖啡因的定性检验：取少量咖啡因，配成饱和溶液，加入等体积的 KI-I$_2$ 溶液，再加入 2～3 滴稀盐酸，即产生红棕色沉淀；加入过量的 NaOH 时，沉淀又溶解。

$$C_8H_{10}N_4O_2 + 2I_2 + KI + HCl \longrightarrow [C_8H_{10}N_4O_2] \cdot HI \cdot 2I_2 \downarrow + KCl$$

（红棕色）

$$[C_8H_{10}N_4O_2] \cdot HI \cdot 2I_2 + NaOH \longrightarrow C_8H_{10}N_4O_2 + 2I_2 + NaI + H_2O$$

本实验约需 4～6 h。

2. 浸取法

在 250mL 烧杯中加入 100mL 水和碳酸钙粉末 3～4g。称取 10g 茶叶，用纱布包好后放入烧杯中煮沸 30min，取出茶叶，压干，趁热抽滤，用蒸发皿将滤液浓缩至约 20mL，冷至室温后用等量的氯仿萃取两次，合并两次提取液。在通风橱内将提取液蒸发并蒸干[7]，而后进行升华实验（步骤同上）。

六、问题与讨论

(1) 本实验为什么要用索氏提取器？它与浸取法相比有什么优点？

(2) 影响咖啡因提取率的因素有哪些？

(3) 在进行升华操作时应注意哪些问题？

七、注释

[1] 可按图 6-4(b) 所示，用恒压滴液漏斗代替索氏提取器，即在恒压滴液漏斗底部垫上极薄一层脱脂棉，不用滤纸套。在回收提取液时，可直接加热，将提取液蒸至恒压滴液漏斗中而不用放出，停止加热后可从上端将其倾至回收瓶即可。

[2] 滤纸套的大小既要紧贴器壁，又能方便取放。纸套上面盖滤纸或脱脂棉，以保证回流液均匀浸透被萃取物。用滤纸包茶叶时要防止漏出而堵塞虹吸管。

[3] 生石灰起吸水和中和作用，以除去部分酸性杂质。

[4] 如留有少量水分，会在下一步升华开始时带来一些烟雾，污染器皿。

[5] 如无沙浴，也可用简易空气浴加热升华，即将蒸发皿底部稍离开石棉网进行加热，并在附近悬挂温度计指示升华温度。

[6] 在萃取回流充分的情况下，升华操作是实验成败的关键。升华过程中始终都需用小火间接加热，温度太高会使产物发黄，纯度降低。注意温度计应放在合适的位置，使之能正确反映出升华的温度。

[7] 也可将提取液移入蒸馏瓶，用水浴加热减压蒸馏回收氯仿。

实验二十七　乙酰苯胺的制备

一、目的与要求

(1) 掌握制备酰胺的原理和方法。

(2) 掌握从固体粗产物中除去水溶性杂质的方法，并用重结晶进一步纯化。

二、预习与思考

(1) 理解反应机理。查阅相关物质的物理常数。

(2) 根据相关物质的物理和化学性质，理解反应条件及产物纯化的原理。

(3) 预习第 3 章"3.6 重结晶与过滤"和"3.9 蒸馏"。

(4) 思考下列问题

① 为什么可以用分馏柱来除去反应所生成的水？

② 除了用水作溶剂重结晶提纯乙酰苯胺外，还可以选用其他什么溶剂？

三、实验原理

芳胺的酰化在有机合成中有着重要的作用。作为一种保护措施，一级和二级芳胺在合成中通常被转化为它们的乙酰基衍生物，以降低芳胺对氧化的敏感性，使其不被反应试剂所破坏；同时，氨基经酰化后，降低了氨基在亲电取代反应（特别是卤化）中的活化能力，使其由很强的第Ⅰ类定位基变为中等强度的第Ⅰ类定位基，也使反应由多元取代变为有用的一元取代；由于乙酰基的空间效应，往往选择性地生成对位取代产物。在某些情况下，酰化可以避免氨基与其他功能基或试剂（如 RCOCl、—SO₂Cl、HNO₂ 等）之间发生不必要的反应。在合成的最后步骤，氨基很容易通过酰胺在酸碱催化下水解游离出来。

芳胺可用酰氯、酸酐或与冰醋酸加热来进行酰化。冰醋酸易得、价格便宜，但需要较长的反应时间，适合于规模较大的制备。酸酐一般来说是比酰氯更好的酰化试剂。用游离胺与纯乙酸酐进行酰化时，常伴有二乙酰胺［ArN(COCH₃)₂］副产物的生成。但如果在醋酸-醋酸钠的缓冲溶液中进行酰化，由于酸酐的水解速度比酰化速度慢得多，可以得到高纯度的产物。但这一方法不适于硝基苯胺和其他碱性很弱的芳胺的酰化。

乙酰苯胺为无色晶体，具有退热镇痛作用，是较早使用的解热镇痛药。它也是磺胺类药物合成中重要的中间体。本实验采用两种方法合成乙酰苯胺。

(1) 用冰醋酸为酰基化试剂，其反应式为

$$CH_3COOH + C_6H_5NH_2 \xrightarrow[100\sim110℃]{Zn(少)} CH_3CONHC_6H_5 + H_2O$$

(2) 用醋酸酐为酰基化试剂，反应式如下：

$$C_6H_5NH_2 \xrightarrow{HCl} C_6H_5^+NH_3Cl^- \xrightarrow[CH_3COONa]{(CH_3CO)_2O} C_6H_5NHCOCH_3 + 2CH_3COOH + NaCl$$

四、仪器与药品

(1) 仪器　圆底烧瓶（50mL），刺形分馏柱，温度计，接引管，接受瓶，布氏漏斗，抽滤瓶，熔点管，烧杯（500mL），锥形瓶（500mL）。

(2) 药品与材料　5.1g（5mL，0.055mol）苯胺，7.9g（7.5mL，0.13mol）冰醋酸，锌粉；5.6g（5.5mL，0.066mol）苯胺，7.5g（7.3mL，0.073mol）醋酸酐，9.0g（0.065mol）结晶醋酸钠（CH₃COONa·3H₂O），5mL浓盐酸；活性炭。

五、实验内容

1. 用冰醋酸为酰基化试剂

在 50mL 圆底烧瓶中，加入 5mL 苯胺[1]、7.5mL 冰醋酸[2]及少许锌粉（约 0.1g）[3]，装上一支短的包有石棉绳的刺形分馏柱[4]（见图 6-5），在其上端装一温度计，通过支管、接引管与接受瓶相连，接受瓶外部用冷水浴冷却。

将圆底烧瓶在石棉网上用小火加热，使反应物保持微沸约 15min。然后逐渐升高温度，当温度计读数达到 100℃ 左右时，支管即有液体流出。维持温度在 100～110℃ 之间反应约 1.5h，生成的水及大部分醋酸已被蒸出[5]，此时温度计读数下降，表示反应已经完成[6]，在搅拌下趁热将反应物倒入 100mL 冰水中[7]，冷却后抽滤析出固体，用冷水洗涤。粗产物用水重结晶[8]，产量 4.5～5g。计算产率，测定熔点（113～114℃），用红外光谱法检查产品的纯度。本方法实验约需 4h。

2. 用醋酸酐为酰基化试剂

在 500mL 烧杯中，溶解 5mL 浓盐酸于 120mL 水中，在搅拌下加入 5.6g 苯胺[9]，待苯胺溶解后，再加入少量活性炭，将溶液煮沸 5min，趁热滤去活性炭及其他不溶性杂质。将滤液转移到 500mL 锥形

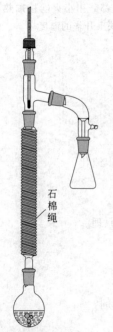

图 6-5　分馏装置

石棉绳

瓶中，冷却至 50℃，加入 7.3mL 醋酸酐，振摇使其溶解后，立即加入事先配制好的 9g 结晶醋酸钠溶于 20mL 水的溶液，充分搅拌后，将混合液置于冰浴中冷却，使其结晶。减压过滤，用少量冷水洗涤，干燥后称重，产量约 5～6g，熔点 113～114℃。产物可用水重结晶。纯粹乙酰苯胺的熔点为 114.3℃。本方法实验约需 2～3h。

六、问题与讨论

(1) 在本实验 1 中，反应时为什么要控制分馏柱上端的温度在 100～110℃之间？温度过高或过低有什么不好？

(2) 在本实验 1 中，根据理论计算，反应完成时应产生几毫升水？为什么实际收集的液体远多于理论量？

(3) 用醋酸直接酰化和用醋酸酐酰化各有什么特点？除此之外，还有哪些乙酰化试剂？

(4) 在实验 2 中，用醋酸酐进行乙酰化时，加入盐酸和醋酸钠的目的是什么？

七、注释

[1] 久置的苯胺因为氧化颜色较深有杂质，会影响乙酰苯胺的质量，故最好用新蒸的苯胺。

[2] 冰醋酸具有腐蚀性。取用时要小心，如果触及皮肤应立即用大量水冲洗。

[3] 加入锌粉的目的，是防止苯胺在反应过程中被氧化，生成有色的杂质，只要少量即可。

[4] 因属小量制备，最好用微量分馏管代替刺形分馏柱。分馏管支管用一段橡皮管与一玻璃弯管相连，玻管下端伸入试管中，试管外部用冷水浴冷却。

[5] 收集醋酸及水的总体积约为 2.5mL。

[6] 在液面上方可观察到雾状蒸气。

[7] 反应物冷却后，固体产物立即析出，沾在瓶壁不易处理。故须趁热在搅拌下倒入冷水中，以除去过量的醋酸及未作用的苯胺（它可成为苯胺醋酸盐而溶于水）。

[8] 乙酰苯胺在水中的溶解度见表 6-3。

表 6-3　乙酰苯胺的溶解度

t/℃	20	25	50	80	100
溶解度/g·(100mL 水)$^{-1}$	0.46	0.56	0.84	3.45	5.5

[9] 自制的苯胺中有少量硝基苯，用盐酸使苯胺成盐后，可用分液漏斗分出硝基苯油珠。

实验二十八　乙酸正丁酯的制备

一、目的与要求

(1) 学习酯化反应的基本原理和酯的制备方法。

(2) 掌握提高可逆反应转化率的实验方法。

(3) 巩固分液、洗涤、蒸馏、干燥和分水器的使用等基本操作。

二、预习与思考

(1) 预习羧酸及其衍生物的反应和制备方法。

(2) 预习第 3 章 "3.9 蒸馏" 和 "3.13 萃取和洗涤"。

(3) 思考下列问题

① 在本实验中，除了生成乙酸正丁酯外，还会有哪些副产物？采用什么方法可以提高酯的产率？

② 在本实验中，醋酸的用量是否可以过量？为什么？

③ 硫酸在反应中起什么作用？

三、实验原理

羧酸酯是一类在工业和商业上用途广泛的化合物。可由羧酸和醇在催化剂存在下直接酯化来进行制备，或采用酰氯、酸酐和腈的醇解，有时也可利用羧酸盐与卤代烷或硫酸酯的反应。

酸催化的直接酯化是工业和实验室制备羧酸酯最重要的方法，常用的催化剂有硫酸、氯化氢和对甲苯磺酸等。

$$
R\text{—}C(\!=\!O)\text{—OH} + HOR' \underset{}{\overset{H^+}{\rightleftharpoons}} R\text{—}C(\!=\!O)\text{—}OR' + H_2O
$$

酸的作用是使羰基质子化从而提高羰基的反应活性。

$$
R\text{—}C(\!=\!O)\text{—OH} \overset{H^+}{\rightleftharpoons} R\text{—}C(\!=\!{}^+OH)\text{—OH} \overset{R'OH}{\rightleftharpoons} R\text{—}C(\text{OH})(\!{}^+\!\text{—}R')\text{—}OH H
$$

$$
R\text{—}C(\!=\!O)\text{—}OR' \overset{-H^+}{\rightleftharpoons} R\text{—}C(\!=\!{}^+OH)\text{—}OR' + H_2O \rightleftharpoons R\text{—}C(\text{OH})({}^+OH_2)\text{—}OR'
$$

整个反应是可逆的，为了使反应向有利于生成酯的方向移动，通常采用过量的羧酸或醇，或者除去反应中生成的酯或水，或者二者同时采用。

根据质量作用定律，酯化反应平衡混合物的组成可表示为：

$$
K_E = \frac{[\text{酯}][\text{水}]}{[\text{酸}][\text{醇}]}
$$

对于乙酸和乙醇作用生成乙酸乙酯的反应，平衡常数 $K_E \approx 4$，即用等物质的量的原料进行反应，达到平衡后只有 2/3 的羧酸和醇转变为酯。

由于平衡常数在一定温度下为定值，故增加羧酸和醇的用量无疑会增加酯的产量，但究竟使用过量的酸还是过量的醇，则取决于原料是否易得、价格及过量的原料与产物容易分离与否等因素。

理论上催化剂不影响平衡混合物的组成，但实验表明，加入过量的酸，可以增大反应的平衡常数。因为过量酸的存在，改变了体系的环境，并通过水合作用除去了反应中生成的部分水。

在实践中，提高反应收率常用的方法是除去反应中形成的水，特别是大规模的工业制备中。在某些酯化反应中，醇、酯和水之间可以形成二元或三元最低恒沸物，也可以在反应体系中加入能与水、醇形成恒沸物的第三组分，如苯、四氯化碳等，以除去反应中不断生成的水，达到提高酯产量的目的。这种酯化方法，一般称为共沸酯化。究竟采取什么措施，要根据反应物和产物的性质来确定。

酯化反应的速率明显地受羧酸和醇结构的影响，特别是空间位阻。随着羧酸 α 及 β 位取代基数目的增多，反应速率可能变得很慢甚至完全不起反应。对位阻大的羧酸最好先转化为酰氯，然后再与醇反应，或在叔胺的催化下，利用羧酸盐与卤代烷反应。

酰氯和酸酐能迅速地与伯醇及仲醇反应生成相应的酯；叔醇在碱存在下，与酰氯反应生成卤代烷，但在叔胺（吡啶、三乙胺）存在下，可顺利地与酰氯发生酰化反应。酸酐的活性低于酰氯，但在加热的条件下可与大多数醇反应，酸（硫酸、二氯化锌）和碱（叔胺、醋酸钠等）的催化可促进酸酐的酰基化。

酯在工业和商业上大量用作溶剂。低级酯一般是具有芳香气味或特定水果香味的液体，自然界许多水果和花草的芳香气味，就是由于酯存在的缘故。酯在自然界以混合物的形式存在。人工合成的一些香料就是模拟天然水果和植物提取液的香味经配制而成的。

乙酸正丁酯的制备是以醋酸和正丁醇为原料，在浓硫酸催化下反应制得。由于酯化反应为可逆反应，本实验利用分水器将生成的产物水不断从反应体系中移走，促使平衡不断右移，以提高反应的转化率。其反应式如下：

$$CH_3COOH + CH_3CH_2CH_2CH_2OH \xrightarrow{H^+} CH_2COOCH_2CH_2CH_2CH_3 + H_2O$$

四、仪器与药品

(1) 仪器　圆底烧瓶，分水器，球形冷凝管，直形冷凝管，蒸馏头，温度计，分液漏斗，锥形瓶，蒸馏烧瓶。

(2) 药品　9.3g（11.5mL，0.125mol）正丁醇，7.5g（7.2mL，0.125mol）冰醋酸，浓硫酸，10%碳酸钠溶液，无水硫酸镁。

五、实验内容

在干燥的 100mL 圆底烧瓶中，装入 11.5mL 正丁醇和 7.2mL 冰醋酸，再加入 3～4 滴浓硫酸[1]，混合均匀，投入沸石，然后安装分水器及回流冷凝管，接通冷却水，并在分水器中预先加水至略低于支管口（如图 6-6 所示）。电热套上加热回流，反应一段时间后把水逐渐分去[2]，保持分水器中水层液面在原来的高度。约 40min 后不再有水生成，表示反应完毕。停止加热，记录分出的水量[3]。冷却后卸下回流冷凝管，把分水器中分出的酯层和圆底烧瓶中的反应液一起倒入分液漏斗中。用 10mL 水洗涤，分去水层。酯层用 10mL 10%碳酸钠溶液洗涤，试验是否仍有酸性（如仍有酸性怎么办？），分去水层。将酯层再用 10mL 水洗涤一次，分去水层，将酯层倒入小锥形瓶中，加少量无水硫酸镁干燥。

将干燥后的乙酸正丁酯倒入干燥的 30mL 蒸馏烧瓶中（注意不要把硫酸镁倒进去！），加入沸石，安装好蒸馏装置，在电热套或石棉网上加热蒸馏。收集 124～126℃的馏分（前后馏分倒入指定的回收瓶中），产量 10～11g。用阿贝折射仪测定其折射率。实验所需时间约 4h。

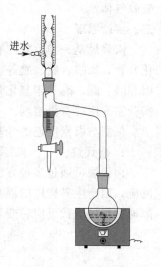

进水

图 6-6　实验装置

纯乙酸正丁酯是无色液体，沸点 126.1℃，d_4^{20} 0.882，n_D^{20} 1.3941。

六、注释

[1] 浓硫酸在反应中起催化作用，故只需少量。

[2] 本实验利用恒沸混合物除去酯化反应中生成的水。表 6-4 列出了正丁醇、乙酸正丁酯和水可能形成的几种恒沸混合物。

表 6-4　几种恒沸混合物的沸点和组成

恒沸混合物		沸点/℃	组成(质量分数)/%		
			乙酸正丁酯	正丁醇	水
二元	乙酸正丁酯-水	90.7	72.9		27.1
	正丁醇-水	93.0		55.5	44.5
	乙酸正丁酯-正丁醇	117.6	32.8	67.2	
三元	乙酸正丁酯-正丁醇-水	90.7	63.0	3.0	29.0

[3] 根据分出的总水量，可以粗略地估计酯化反应完成的程度。

实验二十九　正溴丁烷的制备

一、目的与要求

（1）掌握从醇制取卤代烃的基本原理和方法。

（2）掌握通过共沸蒸馏提取粗产物、液体有机物的洗涤、干燥等基本操作。

（3）学习带有吸收有害气体装置的回流操作。

二、预习与思考

（1）预习卤代烃的性质和有关反应，理解 S_N2 反应机理。

（2）预习第 3 章 "3.13 萃取和洗涤"。

（3）预习第 3 章 "3.4 物质的干燥" 中有关液体干燥的内容。

（4）思考下列问题

① 本实验应根据哪种药品的用量计算理论产率？

② 本实验在回流冷凝管上为何要安装吸收装置？吸收什么气体？还可以用什么液体来吸收气体？

三、实验原理

卤代烃是一类重要的有机合成中间体。通过卤代烷的亲核取代反应，能制备多种有用的化合物，如腈、胺、醚等。在无水乙醚中，卤代烃与金属镁作用制备的 Grignard 试剂，可以和醛、酮、酯等羰基化合物及二氧化碳反应，用来制备不同结构的醇和羧酸。多卤代物是实验室常用的有机溶剂。

根据与卤素所连的烃基的结构，卤代烃可分为卤代烷、卤代烯和芳香族卤代物。

1. 卤代烷

卤代烷可通过多种方法和试剂进行制备。烷烃的自由基卤化和烯烃与氢卤酸的亲电加成反应，因产生异构体的混合物而难以分离。实验室制备卤代烷最常用的方法是将结构对应的醇通过亲核取代反应转变为卤代物，常用的试剂有氢卤酸、三卤化磷和氯化亚砜。例如：

$$n\text{-}C_4H_9OH + HBr \xrightarrow[95\%]{H_2SO_4} n\text{-}C_4H_9Br + H_2O$$

$$t\text{-}C_4H_9OH + HCl \xrightarrow[85\%]{25\,℃} t\text{-}C_4H_9Cl + H_2O$$

$$3n\text{-}C_4H_9OH + PI_3 \xrightarrow[90\%]{} 3n\text{-}C_4H_9I + H_3PO_3$$

$$n\text{-}C_5H_{11}OH + SOCl_2 \xrightarrow[80\%]{吡啶} n\text{-}C_5H_{11}Cl + SO_2 + HCl$$

醇与氢卤酸的反应是制备卤代烷最方便的方法，根据醇的结构不同，反应存在着两种不同的机理，叔醇按 S_N1 机理，伯醇则主要按 S_N2 机理进行。

$$(CH_3)_3COH + HCl \rightleftharpoons (CH_3)_3C\overset{+}{\underset{|}{\underset{H}{O}}}\text{—}H + Cl^-$$

$$(CH_3)_3C\overset{+}{\underset{|}{\underset{H}{O}}}\text{—}H \longrightarrow (CH_3)_3C^+ + H_2O$$

$$(CH_3)_3C^+ + Cl^- \longrightarrow (CH_3)_3CCl \quad S_N1$$

$$RCH_2OH + H_2SO_4 \rightleftharpoons \ RCH_2\overset{+}{\underset{H}{O}}-H + HSO_4^-$$

$$\overset{R}{\underset{}{}} \quad Br^- + CH_2\overset{+}{-}OH_2 \longrightarrow RCH_2Br + H_2O \quad S_N2$$

酸的作用主要是促使醇首先质子化，将较难离去的基团—OH 转变成较易离去的基团 H_2O，加快反应速率。

需要指出，消去反应与取代反应是同时存在的竞争反应，对于仲醇，还可能存在着分子重排反应。因此，针对不同的反应对象，可能存在着醚、烯烃或重排的副产物。

醇与氢卤酸反应的难易随所用的醇的结构与氢卤酸不同而有所不同。反应的活性次序为：

$$叔醇 > 仲醇 > 伯醇，\ HI > HBr > HCl$$

叔醇在无催化剂存在下，室温即可与氢卤酸进行反应；仲醇需温热及酸催化以加速反应；伯醇则需要更剧烈的反应条件及更强的催化剂。

醇转变为溴化物也可用溴化钠及过量的浓硫酸代替氢溴酸。

$$n\text{-}C_4H_9OH + NaBr + H_2SO_4 \overset{\triangle}{\longrightarrow} n\text{-}C_4H_9Br + NaHSO_4 + H_2O$$

但这种方法不适于制备相对分子质量较大的溴化物，因高浓度的盐降低了醇在反应介质中的溶解度。相对分子质量较大的溴化物可通过醇与干燥的溴化氢气体在无溶剂条件下加热制备，通过三溴化磷与醇作用也是有效的方法。

氯化物常用溶有二氯化锌的浓盐酸与伯醇和仲醇作用来制备，伯醇则需与用二氯化锌饱和的浓盐酸一起加热。氯化亚砜也是实验室制备氯化物的良好试剂，它具有无副反应、产率及纯度高及便于提纯等优点。

碘化物很容易由醇与氢碘酸反应来制备，更经济的方法是用碘和磷（三碘化磷）与醇作用，也可以用相应的氯化物或溴化物与碘化钠在丙酮溶液中发生卤素交换反应。由于有更便宜和易得的氯化物和溴化物，一般在合成中很少用到碘化物，然而液态的碘甲烷由于操作方便却是相应的氯甲烷和溴甲烷很难代替的，卤甲烷的沸点为：氯甲烷－24℃；溴甲烷 5℃；碘甲烷 43℃。

2. 芳香族卤代物

芳香族卤代物是指卤素直接与苯环相连接的化合物。它可以通过苯或取代苯在 Lewis 酸的催化下与卤素发生亲电取代反应来进行制备。

$$\text{（苯）} + Br_2 \xrightarrow[\text{或 FeBr}_3]{Fe} \text{（溴苯）} + HBr$$

常用的催化剂有三卤化铁、三氯化铝等。由于无水溴化铁极易吸水，不便保存，实验中通常用铁屑作催化剂，后者与溴在反应中产生溴化铁。整个取代反应的历程是：

$$2Fe + 3Br_2 \longrightarrow 2FeBr_3$$

$$FeBr_3 + Br_2 \rightleftharpoons Br^+[FeBr_4]^-$$

$$\text{（苯）} + Br^+ \rightleftharpoons \left[\text{（中间体）}\right] \longrightarrow \text{（溴苯）} + H^+$$

$$FeBr_4^- + H^+ \longrightarrow FeBr_3 + HBr$$

苯的溴化反应是一个放热反应，实际操作中，为了避免反应过于剧烈，减少副产物二溴苯的生成，通常使用过量的苯并将溴慢慢滴加到苯中，增大溴的比例有利于二溴苯的生成。水的存在很容易使溴化铁水解，使反应难以进行，所以反应时所用试剂和仪器均应是无水和干燥的。为了避免卤素与苯环的加成，反应应该避光进行。

氯苯也可用类似的方法制备，碘苯只有在氧化剂存在下，反应才能顺利进行。

$$2\ \text{⟨苯⟩} + I_2 + [O] \xrightarrow[87\%]{HNO_3} 2\ \text{⟨碘苯⟩} + H_2O$$

芳香族卤化物也可通过重氮盐间接制备。

3. 卤素对烯丙型及苯甲型化合物 α-H 的取代

实验室制备烯丙型和 α-溴代烷基苯可以用 N-溴代丁二酰亚胺（简称 NBS）作试剂进行，例如：

$$\text{⟨环己烯⟩} + \underset{NBS}{\text{⟨NBr⟩}} \xrightarrow[\substack{CCl_4,\triangle \\ 82\%\sim87\%}]{\text{过氧化苯甲酰}} \text{⟨溴代环己烯⟩} + \text{⟨NH⟩}$$

这是一个通过光照或加过氧化物引发的自由基反应。NBS 在反应混合物中微量的酸性杂质或湿气存在下分解而产生的低浓度的溴是溴化试剂。

$$\text{⟨NBr⟩} + HBr \longrightarrow \text{⟨NH⟩} + Br_2$$

通常用非极性的四氯化碳作为反应溶剂。NBS 在四氯化碳中溶解度极小且比四氯化碳重，沉在溶液下面，随着反应进行，NBS 逐渐消失，生成的丁二酰亚胺也不溶于四氯化碳但比四氯化碳轻，浮在溶液上面，反应完毕后可以过滤回收。

4. 二卤化物

烯烃在液态或溶液中很容易与卤素（氯或溴）加成生成二卤化物，反应不需要催化剂或光照，常温下即可迅速而定量地完成。这个反应不仅可以用来制备邻二卤代物，也可以用于烯烃的定性检验和双键的定量测定。

5. 正溴丁烷 (n-butyl brimide) 的制备

主反应：$n\text{-}C_4H_9OH + NaBr + H_2SO_4 \xrightarrow{\triangle} n\text{-}C_4H_9Br + NaHSO_4 + H_2O$

副反应：$CH_3CH_2CH_2CH_2OH \xrightarrow{H_2SO_4} CH_3CH_2CH{=\!=}CH_2 + H_2O$

$$2n\text{-}C_4H_9OH \xrightarrow{H_2SO_4} (n\text{-}C_4H_9)_2O + H_2O$$

四、仪器与药品

（1）仪器　圆底烧瓶（100mL），球形冷凝管，抽滤瓶，75°弯管，直形冷凝管，分液漏斗，锥形瓶，蒸馏头，温度计。

（2）药品　7.4g（9.2mL，0.10mol）正丁醇，13g（约0.13mol）无水溴化钠，浓硫酸，饱和碳酸氢钠溶液，无水氯化钙。

五、实验内容

在 100mL 圆底烧瓶上安装回流冷凝管，冷凝管的上口接一气体吸收装置（见图6-7），用 5% 的氢氧化钠溶液作吸收剂。

在圆底烧瓶中加入 10mL 水，并小心地加入 14mL 浓硫酸，混合均匀后冷至室温。再依次加入 9.2mL 正丁醇和 13g 溴化钠[1]，充分摇振后加入几粒沸石，连上气体吸收装置。将烧瓶置于加热套上加热至沸，调节加热功率使反应物保持沸腾而又平稳地回流，并不时摇动烧瓶促使反应完成。由于无机盐水溶液有较大的相对密度，不久会分出上层液体即是正溴丁烷。回流约需 30～40min（反应周期延长 1h 仅增加 1%～2% 的产量）。待反应液冷却后，移去冷凝管加上蒸馏弯头，改为蒸馏装置，蒸出粗产物正溴丁烷[2]。

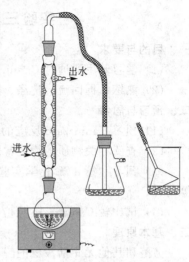

图 6-7　实验装置图

将馏出液移至分液漏斗中，加入等体积的水洗涤[3]（产物在上层还是下层？）。产物转入另一干燥的分液漏斗中，用等体积的浓硫酸洗涤[4]。尽量分去硫酸层（哪一层？）。有机相依次用等体积的水、饱和碳酸氢钠溶液和水洗涤后转入干燥的锥形瓶中。用 1～2g 黄豆粒大小的无水氯化钙干燥，间歇摇动锥形瓶，直至液体清亮为止。

将干燥好的产物过滤到蒸馏瓶中，在石棉网上加热蒸馏，收集 99～103℃ 的馏分[5]，产量 7～8g。计算产率，测定折射率和红外光谱检查产品的纯度。本实验约需 6h。

纯正溴丁烷的沸点为 101.6℃，折射率 n_D^{20} 为 1.4399。

六、问题与讨论

（1）本实验中硫酸的作用是什么？硫酸的用量和浓度过大或过小有什么不好？

（2）反应后的粗产物中含有哪些杂质？各步洗涤的目的何在？

（3）用分液漏斗洗涤产物时，正溴丁烷时而在上层，时而在下层，如不知道产物的密度时，可用什么简便的方法加以判别？

（4）为什么用饱和的碳酸氢钠溶液洗涤前先要用水洗一次？

（5）用分液漏斗洗涤产物时，为什么摇动后要及时放气，应如何操作？

七、注释

[1] 如用含结晶水的溴化钠（NaBr·2H2O），可按物质的量换算，并酌减水量。

[2] 正溴丁烷是否蒸完，可从下列几方面判断：①馏出液是否由浑浊变为澄清；②反应瓶上层油层是否消失；③取一试管收集几滴馏出液，加水摇动，观察有无油珠出现。如无，表示馏出液中已无有机物，蒸馏完成。蒸馏不溶于水的有机物时，常可用此法检验。

[3] 如水洗后产物尚呈红色，是由于浓硫酸的氧化作用生成游离溴的缘故，可加入几毫升饱和亚硫酸氢钠溶液洗涤除去。

$$2NaBr + 3H_2SO_4（浓）\longrightarrow Br_2 + SO_2\uparrow + 2H_2O + 2NaHSO_4$$

$$Br_2 + 3NaHSO_3 \longrightarrow 2NaBr + NaHSO_4 + 2SO_2 + H_2O$$

[4] 浓硫酸能溶解存于粗产物中的少量未反应的正丁醇及副产物正丁醚等杂质。因为在以后的蒸馏中，由于正丁醇和正溴丁烷可形成共沸物（沸点 98.6℃，含正丁醇 13%）而难以除去。

注意，浓硫酸具有强腐蚀性。在用浓硫酸洗涤有机物前，有机物中水层应尽量分去，且使用的分液漏斗需干燥，否则浓硫酸和水混合放出的热量可能导致漏斗内压力过大，发生危险。另外，在振摇分液漏斗的开始阶段，每振摇 1～2 次，放气 1 次（朝无人方向）。

[5] 本实验制备的正溴丁烷经气相色谱分析，均含有 1%～2% 的 2-溴丁烷。制备时如回流时间较长，2-溴丁烷的含量较高，但回流到一定时间后，2-溴丁烷的量就不再增加。2-溴丁烷的生成可能是由于在酸性介质中，反应也会部分以 S_N1 机制进行的结果。

实验三十　苯甲醇和苯甲酸的制备

一、目的与要求

（1）学习苯甲醛通过 Cannizzaro 反应制备苯甲醇和苯甲酸的原理。

（2）熟练掌握回流、洗涤、蒸馏及重结晶等纯化技术。

二、预习与思考

（1）预习 Cannizzaro 反应的原理和方法。

（2）查阅相关物质的物理常数。

（3）预习"第 3 章 化学实验基本操作与基本技术"中有关蒸馏、重结晶、萃取、洗涤等内容。

（4）试比较 Cannizzaro 反应与羟醛缩合反应在醛的结构上有何不同？

三、基本原理

芳醛和其他无 α-活泼氢的醛（如甲醛、三甲基乙醛等）与浓的强碱溶液作用时，发生自身氧化还原反应，一分子醛被还原为醇，另一分子醛被氧化为酸，此反应称为 Cannizzaro 反应。例如：

$$2C_6H_5CHO \xrightarrow{\text{浓 KOH}} C_6H_5CH_2OH + C_6H_5CO_2K$$

Cannizzaro 反应的实质是羰基的亲核加成。反应涉及了羟基负离子对一分子芳香醛的亲核加成，加成物的负氢向另一分子苯甲醛的转移和酸碱交换反应，其机理可表示如下：

$$C_6H_5\overset{O}{\overset{\|}{C}}-OH + {}^-OCH_2C_6H_5 \xrightarrow{\text{酸碱交换}} C_6H_5\overset{O}{\overset{\|}{C}}-O^- + C_6H_5CH_2OH$$

苯甲醛在低温和过量碱存在下，产物中可分离出苯甲酸苄酯，这可能是由于苯甲醇在碱液中形成苄氧基负离子（$C_6H_5CH_2O^-$）对苯甲醛发生亲核加成反应的结果。

$$C_6H_5CH_2OH + HO^- \rightleftharpoons C_6H_5CH_2O^- + H_2O$$

在 Cannizzaro 反应中，通常使用 50% 的浓碱，其中碱的物质的量比醛的物质的量多一倍以上。否则反应不完全，未反应的醛与生成的醇混在一起，通过一般蒸馏很难分离。

芳醛与甲醛在浓碱存在下发生交叉的 Cannizzaro 反应，更活泼的甲醛作为氢的受体。当使用过量甲醛时。芳醛几乎可全部转化为芳醇，过量的甲醛被转化为甲酸盐和甲醇。

本实验应用 Cannizzaro 反应，以苯甲醛作为反应物，在浓氢氧化钾的作用下，制备苯甲醇和苯甲酸（benzyl alcohol and benzoic acid）。其反应式如下：

$$2C_6H_5CHO + KOH \longrightarrow C_6H_5CH_2OH + C_6H_5CO_2K$$

$$\downarrow H^+$$

$$C_6H_5CO_2H$$

四、仪器与药品

（1）仪器　锥形瓶，圆底烧瓶，球形冷凝管，冷凝管，接引管，接受器，蒸馏头，温度计，分液漏斗，布氏漏斗，抽滤瓶。

（2）药品　21g（20mL，0.2mol）苯甲醛（新蒸），18g（0.32mol）氢氧化钾，乙醚，10%碳酸钠溶液，饱和亚硫酸氢钠溶液，浓盐酸，无水硫酸镁或无水碳酸钾。

五、实验内容

在 250mL 圆底烧瓶中配制 18g 氢氧化钾和 50mL 水的溶液，冷却至室温后，加入 20mL 新蒸过的苯甲醛[1]，分层。装回流冷凝管（见图 6-8），加热回流约 1h，间歇振摇，直至苯甲醛油层消失，反应物变成透明[2]。

图 6-8　加热回流装置

充分冷却，向反应混合物中逐渐加入足够量的水（最多 30mL 左右），不断振摇使其中的苯甲酸盐全部溶解。将溶液倒入分液漏斗，每次用 20mL 乙醚[3]萃取三次（萃取出什么？注意提取过的水层要保存好，供下面制苯甲酸用）。合并乙醚萃取液，依次用 5mL 饱和亚硫酸氢钠溶液、10mL 10%碳酸钠溶液及 10mL 水洗涤，最后用无水硫酸镁或无水碳酸钾干燥。

干燥后的乙醚溶液，先蒸去乙醚，再蒸馏苯甲醇，收集 204～206℃的馏分[4]，产量约 8g。计算产率，测定折射率。

乙醚萃取后的水溶液，用浓盐酸酸化至使刚果红试纸变蓝。充分冷却使苯甲酸析出完全，抽滤，粗产物用水重结晶，得苯甲酸 8～9g。计算产率，测定熔点（121～122℃）。本实验约需要 7h。

纯粹苯甲醇的沸点 205.5℃，折射率 n_D^{20} 1.5396。纯粹苯甲酸的熔点为 122.4℃。

六、问题与讨论

（1）本实验中两种产物是根据什么原理分离提纯的？

（2）用饱和的亚硫酸氢钠及 10%碳酸钠溶液洗涤的目的何在？

（3）乙醚萃取后的水溶液，用浓盐酸酸化到中性是否最适当？为什么？不用试纸或试剂检验，怎样知道酸化已经恰当？

（4）写出下列化合物在浓碱存在下发生 Cannizzaro 反应的产物。

①（邻苯二甲醛，CHO / CHO）　② OHC—CHO　③（苯甲酰甲醛，C(=O)—CHO）

七、注释

[1] 苯甲醛中不应含苯甲酸，其纯化方法是：用 10%碳酸钠溶液洗涤，直至不放出二氧化碳为止，然后用水洗涤，用无水硫酸镁干燥，并加入 0.5g 对苯二酚，减压蒸馏，收集 70～80℃/3.33kPa 的馏分，并往产品中加入 0.05g 对苯二酚。

[2] 也可以用橡皮塞塞紧瓶口，用力振摇，使反应物充分混合，放置 24h 以上代替加热回流。

[3] 也可用其他不溶于水的常见有机溶剂（如二氯甲烷、四氯化碳、环己烷、石油醚、苯等）代替

乙醚。

[4] 超过 140℃时，水冷凝管更换成空气冷凝管。

实验三十一　液体饱和蒸气压的测定

一、目的与要求

（1）了解用静态法（亦称等位法）测定纯液体在不同温度下的饱和蒸气压的原理，进一步理解纯液体饱和蒸气压与温度的关系。

（3）掌握真空泵、恒温槽及气压计的使用。

（4）学会用图解法求所测温度范围内的平均摩尔蒸发焓及正常沸点。

二、预习与思考

（1）预习热效应的测量技术及仪器、温度控制技术和压力测量技术等内容。

（2）思考下列问题

① 摩尔蒸发焓与温度有无关系？克劳修斯-克拉贝龙（Clausius-Clapeyron）方程在什么条件下才能应用？

② 实验中测定哪些数据？精确度如何？有几位有效数字？作图是怎样选取坐标分度的？

③ 按误差传递估算平均摩尔蒸发焓 $\Delta_{vap}H_m$ 的相对误差，并分析本实验的系统误差。

三、实验原理

一定温度下，在一真空的密闭容器中，当单位时间从液相逸出的分子数目与气相凝结的分子数目相等时达到汽液平衡，此时液面上的蒸气压力就是液体在该温度时的饱和蒸气压。液体的蒸气压与温度有一定关系，温度升高，分子运动加剧，因而单位时间内从液面逸出的分子数增多，其蒸气压增高。反之，温度降低时，则蒸气压减小。当蒸气压与外界压力相等时，液体开始沸腾，外压不同时，液体的沸点也不同。通常把外压为 101.325kPa 即（$p^{\ominus}$）时的沸腾温度定为液体的正常沸点 T_b。液体的饱和蒸气压与温度的关系可用克劳修斯-克拉贝龙方程式来表示：

$$\frac{d\ln p}{dT} = \frac{\Delta_{vap}H_m}{RT^2} \qquad (6\text{-}1)$$

式中，p 为液体在温度 T 时的饱和蒸气压，Pa；T 为热力学温度，K；$\Delta_{vap}H_m$ 为液体的摩尔蒸发焓；R 为气体常数。在温度变化间隔较小时，可将 $\Delta_{vap}H_m$ 视为常数，积分式 (6-1) 得

$$\ln p = -\frac{\Delta_{vap}H_m}{RT} + A$$

$$\lg p = -\frac{\Delta_{vap}H_m}{2.303RT} + A' \qquad (6\text{-}2)$$

式中，A、A' 为积分常数，与压力 p 的单位有关。由式 (6-2) 可知，在一定温度范围内，测定不同温度下的饱和蒸气压，以 $\lg p$ 对 $1/T$ 作图，可得一直线，而由直线的斜率即可求出液体在该实验温度范围内的平均摩尔蒸发焓 $\Delta_{vap}H_m$。

测定饱和蒸气压的方法通常有以下三种。

（1）饱和气流法　在一定温度、压力下，把干燥气体缓慢通过待测液体，使气流为该液体的蒸气所饱和。然后用某种物质将气流中该液体的蒸气吸收，知道了一定体积的气流中蒸气的质量，便可计算出蒸气分压，这个分压就是该温度下待测液体的饱和蒸气压。此法一般

适用于蒸气压比较小的液体。

(2) 动态法　在不同外压下，测定液体的沸点。

(3) 静态法　将待测液体放在一个封闭体系中，在不同温度下，直接测量饱和蒸气压。此法准确性较高，一般适用于蒸气压比较大（$200 \times 10^5 \sim 1 \times 10^5\,Pa$）的液体。

本实验采用静态法测定乙醇的饱和蒸气压，其实验装置如图 6-9 所示。测定时，调节外压以平衡液体的蒸气压，求出外压就能直接得到该温度下的饱和蒸气压。

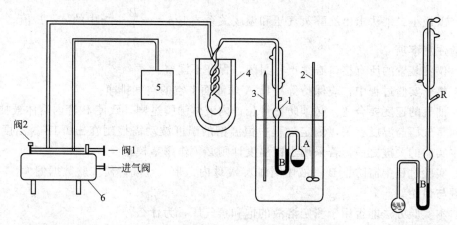

图 6-9　静态法测饱和蒸气压装置示意图

1—等位计；2—搅拌器；3—温度计；4—冷阱；5—低真空测压仪；6—缓冲储气罐

四、仪器与药品

(1) 仪器　恒温装置 1 套，真空泵及附件 1 套，气压计 1 台，等位计 1 支，数字式低真空测压仪 1 台。

(2) 药品　无水乙醇（AR）。

五、实验内容

(1) 装样　从等位计 R 处注入乙醇液体，使 A 球中装有 2/3 的液体，U 形管 B 的双臂大部分有液体。

(2) 检漏　将装有液体的等位计按图 6-9 接好，打开冷凝水。关闭平衡阀 1，打开进气阀，缓慢旋转平衡阀 2 使真空泵与系统连通，对系统缓缓抽气，使低真空测压仪上显示压差为 $4000 \sim 5300\,Pa$（$300 \sim 400\,mmHg$）。关闭进气阀和平衡阀 2，并使真空泵与大气连通，停止抽气。注意观察压力测量仪数字的变化。如果系统漏气，则压力测量仪的显示数值逐渐变小。这时应细致分段检查，寻找出漏气部位，设法消除。

(3) 饱和蒸气压的测定　调节恒温槽至所需要的温度后，对系统缓缓抽气，使 A 球中液体内溶解的空气和 A、B 空间内的空气呈气泡状逐个通过 B 管中的液体排出。抽气若干分钟后，关闭进气阀和平衡阀 2，并使真空泵与大气连通，停泵。调节平衡阀 1，使空气缓慢进入测量系统，直至 B 管中双臂液面等高，从压力测量仪上读出压力差。同法再抽气，再调节 B 管中双臂等液面，重读压力差，直至两次的压力差读数基本相同，则表示 A 球液面上的空间已全被乙醇充满，记下压力测量仪上的读数。

用上述方法测定 6 个不同温度时乙醇的蒸气压（每个温度间隔为 5K）。

在实验开始时，从气压计读取当天的大气压。

六、数据记录和结果处理

(1) 自行设计实验数据记录表，既能正确记录全套原始数据，又可填入演算结果。

（2）计算蒸气压 p：$p = p' - E$。式中，p' 为室内大气压（由气压计读出后，加以校正之值）；E 为压力测量仪上读数。

（3）以蒸气压 p 对温度 T 作图，在图上均匀读取 8 个点，并列出相应表格，绘制成 $\lg p$-$1/T$ 图。

（4）从直线 $\lg p$-$1/T$ 上求出实验温度范围的平均摩尔蒸发焓及正常沸点，并与文献值比较。

（5）以最小二乘法求出乙醇蒸气压和温度关系式 $\lg p = -\dfrac{B}{T} + A$ 中的 A、B 值。

七、实验注意事项

（1）仪器装置的所有接口必须严密封闭，保证不漏气。

（2）整个实验过程中，应保持等压计 A 球液面上空的空气排净。

（3）抽气的速度要合适。必须防止等位计内液体沸腾过剧，致使 B 管内液体被抽尽。

（4）蒸气压与温度有关，测定过程中恒温槽的温度波动需控制在 $\pm 0.1K$。温度的正确测量是本实验的关键之一，若采用水银温度计则必须作露茎校正。

（5）实验过程中需防止 B 管液体倒灌入 A 球内，带入空气，使实验数据偏大。

八、问题与讨论

（1）本实验方法能否用于测定溶液的饱和蒸气压，为什么？

（2）用本实验的装置可以很方便地研究各种液体，如苯、乙醇、异丙醇、正丙醇、丙酮、四氯化碳、水和二氯乙烯等，这些液体中很多是易燃的，在加热时应该注意什么问题？

（3）为什么温度愈高测出的蒸气压误差愈大？

实验三十二　燃烧热的测定

一、目的与要求

（1）通过测定萘的燃烧热，掌握有关热化学实验的一般知识和技术。

（2）熟悉氧弹式量热计的构造、原理和使用方法。掌握用氧弹式量热计测定萘的等容燃烧热。

（3）学会用雷诺图解法校正温度的改变值。

二、预习与思考

（1）了解氧弹式量热计的构造和工作原理。

（2）预习"2.4.5 气体钢瓶及其使用"。

（3）思考下列问题

① 本实验是测量萘的燃烧热，为什么要先燃烧苯甲酸？

② 本实验中 Q_p 与 Q_v 的绝对值哪个大？如何计算 Δn？

③ 何谓仪器水当量？如何测定？

三、实验原理

燃烧热一般指的是在一定温度下、1mol 物质完全燃烧时的热效应，它是热化学中重要的基本数据。一般化学反应的热效应，往往因为反应太慢或反应不完全，因而难以测定。但是借助盖斯定律，可用燃烧热数据求出。因此燃烧热广泛地用在各种热化学计算中。许多物质的燃烧热已经精确测定。测定燃烧热的氧弹式量热计是重要的热化学仪器，在热化学、生物化学以及某些工业部门中广泛应用。

测定燃烧热的量热法是热力学的一种基本实验方法。在等容或等压条件下可以分别测得等容燃烧热 Q_V 和等压燃烧热 Q_p。由热力学第一定律可知，Q_V 等于体系内能的变化 ΔU，Q_p 等于焓变 ΔH，如果把气体作为理想气体处理，则存在下列关系：

$$Q_p = Q_V + \Delta nRT \tag{6-3}$$

式中，Δn 为反应前后产物与反应物中气体的物质的量之差；R 为摩尔气体常数；T 为反应的热力学温度。

但必须指出，化学反应的热效应（包括燃烧热）通常是用等压热效应 ΔH 来表示的，而本实验是在氧弹量热计中测定等容燃烧热的，因此根据式(6-3)，可将测得等容燃烧热换算为等压燃烧热。

用氧弹量热计（见图 6-10）进行实验时，氧弹放置在内筒的水浴 8 中，内筒通过外筒与环境隔离。样品在体积固定的氧弹中燃烧放出的热、引火丝燃烧放出的热和氧化了微量的氮气生成酸的生成热，大部分被水所吸收；另一部分则被氧弹、水桶、搅拌器及温度计所吸收，引起温度升高。

在量热计与环境没有热交换时，可写出如下的热量平衡式：

$$-\left(\frac{m}{M}Q_V + aq + 5.983V\right) = Wh\Delta t + C_{\text{计}}\Delta t \tag{6-4}$$

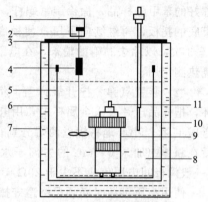

图 6-10 氧弹量热计结构示意图
1—电动机；2—搅拌器轴；3—外套上盖；4—绝热轴；5—内筒；6—外套内壁；7—量热计外套；8—水浴；9—氧弹；10—数显温度计探头；11—氧弹电极插头

式中，Q_V 为待测物质的等压摩尔燃烧热；m 为待测物质的质量，g；M 为待测物质的相对分子质量；q 为引火丝的燃烧热，$J \cdot g^{-1}$（镍丝为 $-1400.8 J \cdot g^{-1}$，铁丝为 $-6695 J \cdot g^{-1}$，棉线为 $-17479 J \cdot g^{-1}$）；a 为引火丝的质量，g；5.983 为硝酸的生成热，$-59.83 kJ \cdot mol^{-1}$（当用 $0.100 mol \cdot L^{-1}$ NaOH 滴定生成的硝酸时，每 1mL 的碱相当于 5.983J）；V 为滴定生成硝酸时，耗用 $0.100 mol \cdot L^{-1}$ NaOH 的体积，mL；W 为水桶中水的质量，g；h 为水的比热容，$J \cdot g^{-1} \cdot K^{-1}$；$\Delta t$ 为与环境无热交换时的真实温度差；$C_{\text{计}}$ 为量热计（仪器）的水当量，$J \cdot K^{-1}$（它表示量热计包括氧弹、搅拌器、温度计等每升高 1K 所需要吸收的热量）。

四、仪器药品

（1）仪器　HR-15 型氧弹式量热计［包括氧弹（图 6-11）、精密多功能控制箱（图 6-12）压片机］，压片机 1 台，氧气钢瓶，万用表，电子天平，容量瓶（1L，2L），10mL 移液管，50mL 碱式滴定管 1 支，150mL 锥形瓶。

（2）药品　$0.100 mol \cdot L^{-1}$ NaOH，酚酞指示剂，苯甲酸（AR），萘（AR）。

（3）材料　镍丝，氧气。

五、实验内容

1. 量热计（仪器）的水当量 $C_{\text{计}}$ 的测定

测定量热计（仪器）水当量的方法是以定量的、已知

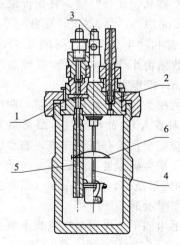

图 6-11 氧弹的构造图
1—充气阀门；2—放气阀门；3—电极；4—坩埚架；5—充气管；6—燃烧挡板

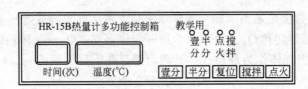

图 6-12 量热计多功能控制箱面板示意图

燃烧热的标准物质完全燃烧放出的热量 q，使仪器温度升高 Δt，则量热计水当量为 $q/\Delta t$。标准物质常用苯甲酸，其在 298.15K 的燃烧热为 -3226.8kJ·mol^{-1}。

(1) 样品压片　用台秤称取约 1g 的苯甲酸，然后将钢模底板装进模中，从上面倒入已称好的苯甲酸样品，徐徐旋紧螺杆，直到将样品压成片状为止（注意不要压得太硬）。抽去模底的托板，再继续向下压，使模底与样品一起脱落；然后将样品在干净的玻璃板上敲击 2～3 次，以除去黏附的粉末，在电子天平上准确称量其质量（精确到 0.0001g），即可供燃烧热测定用。

(2) 装置氧弹　拧开氧弹盖，将其放在弹头架上，挂上装有少量酸洗石棉粉的金属小杯，把样品压片装入金属杯内，用电子天平准确称量（精确到 0.0001g）约 15cm 长的镍丝，弯成 U 状，小心地将镍丝两端分别在两引火电极上缠紧，使镍丝的底部紧贴在样品上，然后在氧弹中加入 0.5mL 的去离子水，盖好弹盖，旋紧螺帽；用万用表检查两极是否通路（一般两极间电阻值应不大于 20Ω），若通路，旋紧氧弹出气口，就可以充氧气。

使用高压钢瓶时必须严格遵守操作规则，充氧时必须事先认真练习。用氧气接头铜管把弹盖上的充气管口与钢瓶减压阀连接，开启减压阀，缓缓充气直到氧弹压力为 1.2MPa 时停止充气（从减压阀上充气压力表观察氧弹内压力）。关闭减压阀，取出氧弹。充好氧气后，用万用表再次检查弹盖上方的两个电极，看是否仍为通路。若通路则可以将氧弹放入筒内，否则需卸去氧弹头，重新系好镍丝。

(3) 燃烧温度的测量　打开量热计多功能控制箱（预热 15min 后才能测温度），用容量瓶准确量取自来水 3000mL（水温较室温低 0.5～1.0℃），顺筒壁小心倒入内筒中，刚好浸没氧弹。将氧弹中两电极用导线与点火变压器相连接，盖好盖子，装上配套的数显温度计探头。按下控制箱面板（见图 6-12）上的"半分"键，选择时间间隔为 0.5min，按下"搅拌"键，开动搅拌电机。待温度变化基本稳定后，再按下"复位"键和"壹分"键，开始读取点火前最初阶段的温度，每隔 1min 读取一次温度（准确读至 0.001℃），共 10 次，读数完毕，立即按"点火"键通电点火。点火后，立即再按下"复位"键和"半分"键，每隔 0.5min 读取一次温度，约 5min 后温度开始缓慢变化（两次温度读数差值小于 0.005℃）或待温度上升到最高点复转下降后，恢复每分钟读取一次，继续 10min，停止实验。

(4) 实验停止　关闭多功能控制箱的电源，取下温度计的探头，打开量热计上盖，取出氧弹并将其拭干，缓缓打开氧弹放气口（注意，放气口不要对着人），放出余气，最后旋开氧弹盖，检查样品燃烧情况。若氧弹没有燃烧残渣，表示燃烧完全；若有黑色残渣，表示燃烧不完全，实验失败。若燃烧完全，取下剩余镍丝，用电子天平准确称量，然后用去离子水（每次用 10mL）洗涤氧弹内壁三次，洗涤液收集在 150mL 的锥形瓶中，煮沸 5min（以除去氧气）后，以 0.100mol·L^{-1} NaOH 滴定，用 2～3 滴酚酞作指示剂。

倒出量热计内筒中的水，洗净氧弹内部及金属杯，先用毛巾擦干，再用电吹风吹干氧弹内壁、金属杯和金属筒内壁。

2. 萘的燃烧热的测定

称取约 0.6g 萘，按上述方法进行萘的燃烧热的测定。

六、数据记录和结果处理

（1）用图解法（雷诺图）校正温度改变值 Δt　实际上，氧弹式量热计不是严格的绝热体系，加之传热速度的限制，燃烧后达到最高温度需一定时间，在这段时间内体系与环境难免不发生热交换。因而，从温度计读得温度差不是真实的温度差 Δt，因此对读数必须进行校正。通常用作图法和经验公式，这里只介绍作图法。

将燃烧前后历次读取的水温，作 $T(℃)$-$t(\min)$ 图，联成 $abcd$ 线（见图 6-13）。图中 b 点相当于开始燃烧的点，c 点为观测到的最高温度读数点；b 点所对应的温度 T_1，c 点对应的温度 T_2，取其平均温度 $(T_1+T_2)/2$ 为 T，经过 T 点作横坐标的平行线 TO，与曲线相交于 O 点，然后过 O 点作垂线 AB，此线与 ab 线与 cd 线的延长线分别交于 E、F 两点，则 E、F 两点所表示的温度差即为欲求温度升高的值 ΔT，如图 6-13(a) 所示。

有时量热计绝热情况良好、热漏小，但由于搅拌不断引进少量能量，使燃烧后最高点不出现，如图 6-13(b) 所示，这时 ΔT 仍可按相同原理校正。

（2）按下式求出量热计（仪器）的水当量

$$C_{计}=\frac{-\left(Q_V\dfrac{m}{M}+qa+5.983V\right)}{\Delta t}-Wh \tag{6-5}$$

式中，各符号与式(6-4) 相同。

（3）计算萘的燃烧热。

（4）按误差传递计算温度和称量对燃烧热的影响。

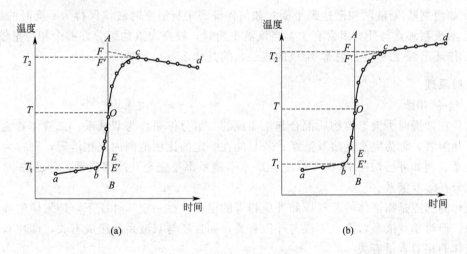

(a)　　　　　　　　　　　　　　(b)

图 6-13　雷诺校正图

七、实验注意事项

（1）注意压片的紧实程度，太紧不易燃烧；燃烧丝必须与药品紧密接触，否则不发生燃烧。

（2）氧弹充气时，人不要站在钢瓶出气处，以保人身安全。

（3）钢瓶内压力不得低于 10×10^5 Pa，否则不能使用。

（4）搅拌器不可与内筒相碰，以免损坏筒和摩擦生热。

（5）可用燃烧热来判断燃料的质量。对液体样品，通常将其装在已知燃烧热的胶管中，或在液体表面盖上有机薄膜，以便顺利燃烧。

八、问题与讨论

（1）试述燃烧热的定义。怎样由化合物的燃烧热计算生成热？

（2）在本实验中哪些是体系？哪些是环境？体系和环境通过哪些途径进行热交换？对测定结果影响怎样？如何进行校正？

（3）按误差传递计算燃烧热的相对误差；如果要提高实验的准确度，应从哪几个方面考虑？

（4）讨论氧弹内除待测物质和镍丝的燃烧能产生热量外，还有其他哪些物质的反应能产生热量？这些热量对本实验的测定可能有多大影响？

实验三十三　双液系气-液相图的绘制

一、目的与要求

（1）用回流冷凝法测定沸点时气相与液相的组成，绘制双液系沸点-组成图，并确定体系的恒沸点温度和恒沸混合物的组成。

（2）了解阿贝折射仪的构造原理，掌握阿贝折射仪的使用和维护。

二、预习与思考

（1）预习相图和相律的基本概念，了解绘制双液体系相图的基本原理和方法。

（2）预习第 3 章"3.9 蒸馏"。

（3）预习第 2 章"2.3.5 阿贝折射仪"中有关工作原理、使用方法及注意事项等内容。

（4）思考下列问题

① 如何判断汽-液两相已达到平衡？如何保证测定折射率时液体保持为平衡时的组成？

② 双液系沸点与什么因素有关？当汽液平衡时，较高沸点的组分在哪个相含量较大？

③ 作环己烷-乙醇的折射率-组成曲线的目的是什么？

三、实验原理

1. 气-液相图

两种在常温时为液态的物质混合起来而成的二组分体系称为双液系。二液体若能按任意比例互相溶解，称为完全互溶双液系；若只能在一定的比例范围内互相溶解，则称为部分互溶双液系。例如环己烷-乙醇双液系，乙醇-水双液系都是完全互溶双液系；环己烷-水双液系则是部分互溶双液系。

液体的沸点是指液体的蒸气压和外压相等的温度。在一定的外压下，纯液体的沸点有确定的值。但对于双液系，沸点不仅与外压有关，而且还与双液系的组成有关，即与双液系中两种液体的相对含量有关。

双液系在蒸馏时的另一个特点是：在一般情况下，双液系蒸馏时，气相组成和液相组成并不相同。因此，原则上有可能用反复蒸馏的方法，使双液系的二液体互相分离。但有时不能用单纯蒸馏双液系的办法使二液体分离，例如工业上制备无水乙醇，不能用单纯蒸馏含水酒精的方法获得无水乙醇，因为水和乙醇在一定比例时发生共沸（或恒沸），需要先用石灰处理或先加入少量环己烷，使成三元体系后再进行蒸馏。因此，了解双液系在蒸馏过程中沸点及液相、气相组成的变动情况，对工业上进行双液系分离具有实际意义。

根据相律，可知一个气-液共存的二组分体系，其自由度为 2。只要任意再确定一个变量，整个体系的存在状态就可以用二维图形来描述。例如，在一定压力下，可以画出温度 T 和组分 x 的关系图，所得图形，称为双液系 T-x 相图。它表明了在各种沸点时的液相组成和与之平衡的气相组成的关系。图 6-14 是一种最简易的完全互溶双液系相图。图中纵坐标是温度（沸点）t，横坐标是液体 B 的摩尔分数 x_B。图中下面的一根曲线是液相线，上面的一根是气相线。对应于同一沸点温度的二曲线上的两个点，就是互成平衡的气相点和液相点。例如在图 6-14 中，与沸点 t_1 对应的气相组成是气相线上 v_1 点对应的 x_B^V，液相组成是液相线上为 l_1 点对应的横轴读数 x_B^L。可见，具有这种类型的相图的双液系可以用单纯蒸馏的方法使二液体分离，因为从图中可以看出：x_B^V 恒小于 x_B^L，所以气相中 A 的含量恒大于液相中 A 的含量。将这气相与液相分离后，冷凝下来，再重新蒸馏，所得到的气相含 A 将更多。如此重复蒸馏，就可以达到分离的目的。

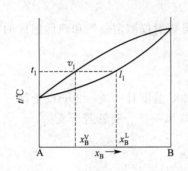 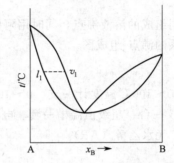 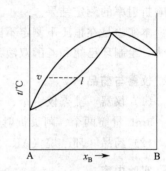

图 6-14　完全互溶双液系相图　　　　图 6-15　完全互溶双液系的另两种类型图

　　图 6-15 是另一种典型的完全互溶双液系相图，图中所注符号意义与图 6-14 相同。这两种图的特点是出现极值（极大值或极小值），因此就不能用单纯蒸馏的方法将 A 和 B 完全分离。有极小值的实例有环己烷-乙醇双液系，乙醇-水双液系；有极大值的实例有盐酸-水双液系。相图中极值点所对应的温度称为恒沸点。因为具有该组成的双液系在蒸馏时，气相组成和液相组成完全一样。在整个蒸馏过程中的沸点也恒定不变，对应于恒沸点的组成的溶液称为恒沸混合物。外界压力不同时，同一双液系的相图也不尽相同，所以恒沸点和恒沸混合物的组成还和外压有关，通常压力变化不大时，恒沸点和恒沸混合物组成的变动不大。在未注明压力时，一般是指外压为 101.325 kPa 时的值。

　　2. 沸点测定仪

　　测绘这类相图时，要求同时测定溶液的沸点及汽液平衡时两相组成。本实验用回流冷凝法测定环己烷-乙醇溶液在不同组成时的沸点。测沸点的仪器称为沸点仪。实际所用沸点仪种类很多，本实验所用的沸点仪如图 6-16 所示，是一只带有回流冷凝管的长颈圆底烧瓶（特殊蒸馏瓶）。冷凝管底部有一小槽 4，用以收集冷凝下来的平衡蒸气的样品，液相样品则通过烧瓶上的支管 2 抽取。图中 3 是一根装在玻璃管内的电热丝，在溶液中加热溶液，以减少溶液沸腾时过热、暴沸现象。温度计的安装位置为：使水银球的 2/3 浸入液体，1/3 露在蒸气中（每次实验都应保持一样），这样所测得的温度比较能代表气液两相平衡的温度。要分析平衡时气相和液相的组成，就必须正确取得气相和液相样品。取样时，吸管要洁净、干燥的，否则将

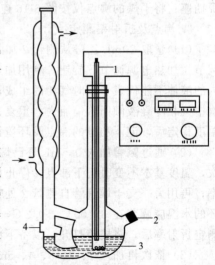

图 6-16　实验装置图
1—温度传感器；2—侧管（取液相）；
3—加热丝；4—小槽（取气相）

影响气相或液相的平衡组成。溶液的组成用测量折射率的方法进行分析。折射率是物质的一个特征数值。溶液的折射率与组成有关，因此测得一系列已知浓度的溶液折射率，作出在一定温度下溶液的折射率-组成工作曲线，就可按内插法得到这种未知溶液的组成。因为环己烷和乙醇的折射率相差较大，且折射率的测定所需样品量少，对本实验适用。

3. 组成分析

物质的折射率与温度有关，大多数液态有机化合物折射率的温度系数为 -0.0004，因此，在测定时，应将温度控制在指定值的 $\pm 0.2℃$ 范围内，才能将这些液体样品的折射率测准到小数点后 4 位。对挥发性溶液或易吸水样品，加样品时动作要迅速，以防挥发或吸水，影响折射率的测定结果。

本实验是在恒压下测定不同组成的溶液沸点，同时用阿贝折射仪测定蒸气和残留组成的方法，绘制环己烷和乙醇双液系的沸点-组成图。

四、仪器与药品

(1) 仪器　沸点仪一个、50～100℃ 温度计一支、0～100℃ 温度计一支、20mL 量筒三个、5mL 量筒两个、阿贝折射仪一台、超级恒温槽一套、电吹风一把、吸管若干支。

(2) 药品　环己烷（AR）、无水乙醇（AR）。

五、实验内容

1. 测定环己烷-乙醇溶液的折射率-组成工作曲线

取清洁而干燥的称量瓶，用称量法配制乙醇的质量分数为 10％、20％、30％、40％、50％、60％、70％、80％、90％、100％ 的环己烷-乙醇溶液各 5mL 左右。配制与称量时，要防止样品挥发，质量要用分析天平准确称取。在一定温度下（本实验用 35℃），用阿贝折射仪分别测定所配制的各溶液的折射率。将精确配制的环己烷-乙醇溶液的组成及测得相应溶液的折射率作图，即得折射率-组成工作曲线。

2. 安装沸点仪

将传感器航空插头插入后面板上的"传感器"插座；将约 200V 电源接入后面板上的电源插座；将干燥的沸点仪按图 6-16 连接好，注意传感器勿与加热丝相碰；最后接通冷却水。

3. 沸点及折射率测定

(1) 量取 20mL 乙醇从侧管 2 加入蒸馏瓶中，并将传感器浸入溶液内。打开电源开关，调节"加热电源调节"旋钮，利用加热丝将液体加热至缓慢沸腾。因最初在冷凝管下端小槽内的液体不能代表平衡时气相的组成，为加速到达平衡，须连同支架一起倾斜蒸馏瓶，使小槽中气相冷凝液倾回蒸馏瓶内，重复三次（注意：加热时间不宜太长，以免物质挥发）。待温度稳定后，记下乙醇的沸点及环境气压。

(2) 通过侧管加入 0.5mL 环己烷，继续加热至沸。待温度变化缓慢时，同上法回流三次，温度基本不变时记下沸点并停止加热。用吸管从小槽 4 中取出气相冷凝液，测定其折射率；再用另一支干燥滴管自侧管 2 处吸出少许液相混合液，测定其折射率（阿贝折射仪中循环的水温应调节在 35.00℃±0.2℃，测定时动作要迅速，以防由于蒸发使溶液组成改变。测定折射率后，将棱镜打开，以备下次测定用）。

(3) 依次再加入 1、2、3、4、5mL 环己烷，分别测定不同组成时的溶液沸点及测定平衡时气、液两相的折射率。

(4) 完成上述实验后，将溶液倒入回收瓶中。待仪器干燥后，再将仪器装好，加入 20mL 环己烷，测定其沸点，然后继续加入 0.5、0.5、0.5、0.5、1、2、3、4mL 乙醇，分别测定不同组成的溶液沸点及平衡时气、液两相的折射率。

4. 沸点-组成图绘制

根据各组分溶液的折射率，分别从工作曲线上求出组成，绘制沸点-组成图。

六、数据记录和结果处理

（1）根据气相和液相样品的折射率，从折射率-样品组成的工作曲线查得相应组成。

（2）溶液的沸点与大气压有关。应用特鲁顿规则及克劳休斯-克拉贝龙公式可得溶液沸点因大气压变动的近似校正公式：

$$\Delta T = \frac{RT_{沸}}{88} \times \frac{\Delta p}{p} = \frac{T_{沸}}{10} \times \frac{101325 - p}{101325} \tag{6-6}$$

式中，ΔT 是沸点的校正值；$T_{沸}$ 是溶液的沸点（热力学温度）；p 为测定时的大气压力，Pa。由此，在 101325Pa 压力下的溶液正常沸点为：$T_{正常} = T_{沸} + \Delta T$。

（3）按表 6-5 和表 6-6 的格式，记录全部测量结果。

（4）根据表 6-5 和表 6-6 的结果，用坐标纸作 $t/℃$-$w_{乙醇}$ 图，从图中求出环己烷-乙醇的最低恒沸混合物的组成和温度。

表 6-5　平衡组成和沸点的测定

室温：_____　气压：_____

在 20mL 乙醇中加入环己烷的体积/mL	气相		液相		沸点/℃		
	折射率 n	$w_{乙醇}$	折射率 n	$w_{乙醇}$	$T_{读数}$	ΔT	$T_{真实}$

表 6-6　平衡组成和沸点的测定

在 20mL 环己烷中加入乙醇的体积/mL	气相		液相		沸点/℃		
	折射率 n	$w_{乙醇}$	折射率 n	$w_{乙醇}$	$T_{读数}$	ΔT	$T_{真实}$

七、实验注意事项

（1）沸点仪塞子不可漏气。

（2）沸腾时间一定不能少于 10min。

（3）温度稳定后方可读取温度。

（4）取样吸管应保持洁净、干燥。

（5）要等到停止沸腾后方可取液相液体。

（6）使用阿贝折射仪时，棱镜不能用热风吹、不能触及硬物（如滴管），擦拭时要用擦镜纸。

八、问题与讨论

（1）每次加入蒸馏瓶中的环己烷或乙醇是否应按记录表规定精确计量？

（2）在本实验中，气液两相是怎样达成平衡的？小槽 4 体积太大，对测量有否影响？

（3）平衡时，气液两相温度应该不应该一样？实际是否一样？怎样防止有温度的差异？

（4）超级恒水浴为什么要求恒温精度为 ± 0.2℃？

（5）双液系相图如何绘制？哪些因素是误差的主要来源？

（6）由所得相图讨论此溶液简单蒸馏时的分离情况，你认为能否用分馏方法把环己烷和乙醇完全分离？

实验三十四 原电池电动势的测定及应用

一、目的与要求

（1）了解可逆电池电动势温度系数及其实验测量方法。

（2）掌握通过测定原电池电动势计算化学反应热力学函数变化值的原理和方法。

（3）了解对消法测定原电池电动势的原理和方法；学会电位差计和检流计的使用方法。

二、预习与思考

（1）预习第 2 章"2.3.4 直流电位差计"，了解对消法测定原电池电动势的原理和方法及电位差计和检流计的使用方法。

（2）预习并了解 Ag-AgCl 电极的实验制作和使用方法。

（3）使用盐桥的目的和注意事项。

（4）思考下列问题

① 如何计算 AgCl 的 K_{sp}？

② 如何从热力学函数估算电池的温度系数？

③ 在测定电动势时，为什么要随时进行标准化？其目的何在？

三、实验原理

如果原电池在热力学可逆的情况下进行反应，则可以产生最大的有效功（即 $W_{最大}=nFE$）。在恒温恒压下这个最大有效功就等于反应自发进行时自由能的减少（即 $W_{最大}=-\Delta G$），所以自由能的变化与原电池电动势就有如下关系：

$$\Delta G = -nEF \tag{6-7}$$

从热力学第二定律可知，在恒压下有如下两个关系式：

$$-\Delta S = \left(\frac{\partial \Delta G}{\partial T}\right)_p \tag{6-8}$$

在等压下：

$$\Delta G = \Delta H - T\Delta S \tag{6-9}$$

把式(6-7)代入式(6-8)、式(6-9)两式，分别得到：

$$\Delta S = nF\left(\frac{\partial E}{\partial T}\right)_p \tag{6-10}$$

$$\Delta H = nF\left[T\left(\frac{\partial E}{\partial T}\right)_p - E \right] \tag{6-11}$$

式(6-10)、式(6-11) 中的 $\left(\dfrac{\partial E}{\partial T}\right)_p$ 表示在等压下，可逆原电池电动势的温度系数。

从式(6-9)～式(6-11) 可知，如果能够在等压下测定可逆电池在不同温度下的电动势，就可求得该可逆反应的热力学函数的相对值 ΔH、ΔG、ΔS 等。

为了在接近热力学可逆条件下测定原电池的电动势，通常采用的方法是补偿法。当一个可逆的化学反应是无限缓慢情况下进行的，就可以认为该反应是在接近热力学可逆的条件下进行的。一个原电池反应的快慢就是反映在通过该电池的电流大小，如果电流接近于零，那么原电池的反应就处在无限缓慢的情况下，对于可逆电池而言，就可以认为该原电池的反应是在接近于热力学可逆的条件下进行。本实验是测定 $Ag^+ + Cl^- \longrightarrow AgCl$ 反应的 ΔH、ΔG、ΔS 等热力学函数，为此设计如下可逆电池：

$$Ag|AgCl|KCl\,(0.1\ mol\cdot L^{-1})\,\|\,AgNO_3(0.1\ mol\cdot L^{-1})|Ag$$

银电极反应：　　　　　　　　　$Ag^+ + e^- \longrightarrow Ag$

银-氯化银电极反应：　　　　　$Ag + Cl^- \longrightarrow AgCl + e^-$

总的电池反应：　　　　　　　　$Ag^+ + Cl^- \longrightarrow AgCl$

四、仪器与药品

(1) 仪器　测定电动势仪器一套，恒温槽一套，Ag-AgCl 电极，Ag 电极。

(2) 药品　$0.1\ mol\cdot L^{-1}$ HCl 溶液，$0.1\ mol\cdot L^{-1}$ AgNO$_3$ 溶液，KNO$_3$ 盐桥。

五、实验步骤

(1) 制备银和氯化银电极。氯化银电极的制备方法很多，较简单的方法是在镀银溶液中镀上一层纯银后，再将镀过银的电极作为阳极，铂丝作为阴极，在 1mol 盐酸中电镀一层 AgCl。把此电极浸入 HCl 溶液，就成了 Ag-AgCl 电极。制备 Ag-AgCl 电极时，在相同电流密度下，镀银时间与镀氯化银的时间比最合适是控制在 3：1。

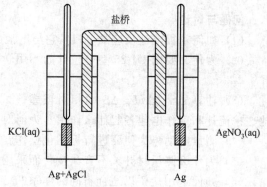

图 6-17　电池组成示意图

(2) 按图 6-17 装好电池，把它放在恒温槽中测量其电动势（见 "2.3.4 电位差计"），重复测量五次数值，第一次测量可以控制恒温槽温度比室温高 1～2℃，此后每次调升5～7℃，温度恒定后（约需 20min）继续测量，共做 5～6 次（温度不宜过高，以免溶液的蒸发）。

六、数据记录和结果处理

(1) 实验测定的数据记录于表 6-7 中。

(2) 以温度 T 为横坐标，电动势 E 为纵坐标作图，绘出曲线后并求出斜率的数值。如曲线不是很平直的，则需选取几个温度下曲线的斜率，分别求出这几个温度下电池反应诸热力学函数的变化。

(3) 查电池 $E^{\ominus}$ 和活度系数，计算电动势并与实验值比较。

(4) 从所测电池电动势计算 AgCl 的 K_{sp}。

(5) 热力学函数表中的数据估算电池的温度系数并与测定值比较。

表 6-7　实验数据记录与处理

测定顺序	温度 T/K	电动势 E/V						$\left(\dfrac{\partial E}{\partial T}\right)_p$ /V·K^{-1}	ΔS /J·mol^{-1}·K^{-1}	ΔG /kJ·mol^{-1}	ΔH /kJ·mol^{-1}
		1	2	3	4	5	6				

七、实验注意事项

(1) 在测定电池电动势的温度系数时，一定要使体系达到热平衡，保温时间至少 0.5h。

(2) 测定开始时，电池电动势值不太稳定，因此需每隔一定时间测定一次，直至稳定为止。

(3) 温度读数一定要准确，有条件的应尽量使用分度为 0.01℃ 的温度计。

(4) 银电极千万别插错（应插在 $AgNO_3$ 溶液中）。

(5) Ag-AgCl 电极其镀层的疏密程度、晶体颗粒大小都会影响其电极电势，因此对所制备的电极表面应作清洁处理，否则镀层粗糙易脱落；同时电流密度不宜过大，在相同电流密度下镀银时间与镀氯化银时间之比最好控制在 3:1。新镀的电极可分别串在一起，在去离子水中浸泡 1~2d，使其电极电势稳定。

(6) 原电池电动势的测定应该在可逆条件下进行，但在实验过程中不可能一下子找到平衡点，因此在原电池中或多或少有电流经过而产生极化现象。当外电压大于电动势时，原电池相当于电解池，极化结果使电势增加；相反，原电池放电极化，电势降低，这种极化结果都会使电极表面状态变化（此变化即使在断路后也难以复原），从而造成电动势测定值不能恒定。因此，在实验中寻找平衡点时，应该间断而短促按测量键，才能又快又好地求得实验结果。

八、问题与讨论

(1) 如何求得电池反应的 ΔH？它与电池的可逆热效应是否一样？

(2) 为什么要用 UJ-25 型电位计而不用学生型电位计来进行测量？检流计的精度如何选择？

(3) 估算 ΔG、ΔH、ΔS 的相对误差。试述电动势的测量原理，阐明电位计、标准电池、检流计和工作电池各起什么作用？为何对标准电池和检流计要特别维护？

(4) 测量电动势为何要进行标准化操作？若检流计单方向偏转，可能是什么原因？

(5) 为什么测量时开关不宜久按，而采用断续地按？

(6) 如何选用盐桥以适合不同的体系？

实验三十五　蔗糖水解速率常数的测定

一、目的与要求

(1) 根据物质的光学性质研究蔗糖的水解反应，测定其反应速率常数。

(2) 了解旋光仪的构造、工作原理，掌握旋光仪的使用方法。

二、预习与思考

(1) 预习第 2 章 "2.3.6 旋光仪" 中有关旋光仪的构造和使用方法。

(2) 预习并了解用旋光仪测定比旋光度的原理和方法。

(3) 蔗糖的转化速率常数 k 和哪些因素有关？

（4）在混合溶剂时能否将蔗糖溶液加到盐酸溶液中？为什么？

三、实验原理

蔗糖在水中水解生成葡萄糖与果糖的反应是一个二级反应：

$$C_{12}H_{22}O_{11} + H_2O \xrightarrow{H^+} C_6H_{12}O_6 + C_6H_{12}O_6$$

　　　　蔗糖　　　　　　　　　果糖　　　　葡萄糖

在纯水中反应进行极慢，为使水解反应加速，反应通常以 H_3O^+ 催化剂，故在酸性介质中进行。水解反应中，水是大量的，反应达终点时，虽有部分水分子参加反应，但可近似认为整个反应过程中水的浓度不变，因此蔗糖转化反应可视为一级反应，其反应的速率方程为：

$$-\frac{dc}{dt} = kc \tag{6-12}$$

上式积分可得：

$$\ln c = -kt + \ln c_0 \tag{6-13}$$

式中，c_0 为反应开始时蔗糖的浓度；c 为时间 t 时的蔗糖的浓度。

当 $c = \frac{1}{2}c_0$ 时，反应经历的时间 t 用 $t_{1/2}$ 表示，即为反应的半衰期

$$t_{1/2} = \frac{\ln 2}{k} = \frac{0.693}{k} \tag{6-14}$$

从式（6-13）可看出，在不同时间 t 测定反应物的相应浓度，并以 $\ln c$ 对 t 作图，可得一直线，由直线斜率即可求得反应速率常数 k。然而反应是在不断进行的，要快速分析出反应物的浓度是困难的。但蔗糖及其水解产物均为旋光物质，而且它们的旋光能力不同，故可利用体系在反应过程中旋光度的改变来量度反应的进程。

测量物质旋光度所用的仪器称为旋光仪。溶液的旋光度与溶液中所含旋光物质的旋光能力、溶剂性质、溶液浓度、液层厚度、光源的波长以及反应时的温度等因素有关。

为了比较各种物质的旋光能力，引入比旋光度 $[\alpha]$ 这一概念并以下式表示：

$$[\alpha]_D^t = \frac{\alpha}{Lc} \tag{6-15}$$

式中，t 为实验时的温度；D 为所用光源为钠光谱的 D 线（589.3nm）；α 为旋光度；L 为液层厚度（常以 10cm 为单位）；c 为浓度（常用 100mL 溶液中溶有 mg 物质来表示），式（6-15）可以写成：

$$[\alpha]_D^t = \frac{\alpha}{L\dfrac{m}{1000}} \tag{6-16}$$

或

$$\alpha = [\alpha]_D^t Lc \tag{6-17}$$

由式（6-17）可以看出，当其他条件不变时，旋光度 α 与反应物浓度 c 成正比，即：

$$\alpha = Kc \tag{6-18}$$

式中，K 是与物质的旋光能力、液层厚度、溶剂性质、光源的波长、反应时的温度等有关的常数。

蔗糖是右旋性物质（比旋光度$[\alpha]_D^{20} = 66.6°$），产物中葡萄糖也是右旋性物质（比旋光度$[\alpha]_D^{20} = 52.5°$），但果糖是左旋性物质（比旋光度$[\alpha]_D^{20} = -91.9°$）。由于生成物中果糖的左旋性比葡萄糖右旋性大，所以生成物呈现左旋性质。因此随着水解反应的进行，体系的右旋角不断减小，反应至某一瞬间，体系的旋光度可恰好等于零，而后就变成左旋，直至蔗糖

完全转化，这时左旋角达到最大值 α_∞。

因为上述蔗糖水解反应中，反应物与生成物具有旋光性，旋光度与浓度成正比，且溶液的旋光度为各组成旋光度之和（加和性），若反应时间为 0、t、∞ 时溶液的旋光度分别为 α_0、α_t、α_∞，则由式(12-39)即可导出：

$$c_0 = K(\alpha_0 - \alpha_\infty) \tag{6-19}$$
$$c = K(\alpha_t - \alpha_\infty) \tag{6-20}$$

将式(6-19)、式(6-20)代入式(6-13)，可得：

$$\ln(\alpha_t - \alpha_\infty) = -kt + \ln(\alpha_0 - \alpha_\infty)$$

或

$$k = \frac{1}{t}\ln\frac{\alpha_0 - \alpha_\infty}{\alpha_t - \alpha_\infty} \tag{6-21}$$

由式(6-21)可以看出，如以 $\ln(\alpha_t - \alpha_\infty)$ 对 t 作图，可得一直线，由直线的斜率即可求得反应速率常数 k。

本实验就是用旋光仪测定 α_t、α_∞，通过作图外推得到 α_0，再由式(6-21)求得蔗糖水解反应速率常数 k。

如果测得不同温度时的 k 值，利用 Arrhenius 公式即可求得反应在该温度范围内的平均活化能。

四、仪器与药品

（1）仪器　旋光仪 1 台；旋光管（带有恒温水外套）1 支，锥形瓶（100mL）2 个，烧杯（100mL）1 个，恒温槽 1 套，移液管（25mL）2 支。

（2）药品　HCl 溶液（2mol·L^{-1}），蔗糖（AR）。

五、实验内容

（1）将恒温槽调节到 20℃，恒温，然后将旋光管的外套接上恒温水。

（2）旋光仪的零点校正。纯水为非旋光性物质，故可用来校正旋光仪的零点。校正时，先洗净旋光管各部分零件，将旋光管一端的盖子旋紧，向管内注入去离子水，取玻璃片沿管口轻轻推入盖好，再旋紧套盖，勿使漏水或有气泡产生。注意，操作时不要用力过猛，以免压碎玻璃片。用滤纸或干布擦干旋光管，再用擦镜纸将旋光管两端的玻璃片擦净，并放入旋光仪中，盖上槽盖，盖上黑布。打开旋光仪电源开关，调节目镜焦距，使视野清晰。然后旋转检偏镜，使在视野中能观察到明暗相等的三分视野为止，记下刻度盘读数。重复三次，取其平均值，此即为旋光仪的零点。测毕，取出旋光管，倒出去离子水。

（3）蔗糖水解过程中 α_t 的测定。称取 10g 蔗糖，溶于去离子水中，用 50mL 容量瓶配成溶液。如溶液浑浊需进行过滤，用移液管取 25mL 蔗糖溶液和 50mL HCl 溶液（2mol·L^{-1}）分别注入两个 100mL 干燥的锥形瓶中，并将此二锥形瓶同时置于恒温槽中恒温 10～15min 后，取 25mL HCl 溶液（2mol·L^{-1}）加到蔗糖溶液的锥形瓶中混合均匀，并在 HCl 溶液加入一半时开动秒表作为反应的开始时间，不断振荡摇动，迅速取少量混合液清洗旋光管两次，然后将旋光管装满混合液，盖好玻璃片，旋紧套盖（检查是否漏液和有气泡）。先用滤纸或干布擦干旋光管，再用擦镜纸擦净旋光管两端的玻璃片，立即置于旋光仪中，盖上槽盖，盖上黑布。转动刻度盘、检偏镜，在视场中觅得亮度一致的位置，先记下时间，再读取旋光度数值。读数是正的为右旋物质，读数是负的为左旋物质。测定时要迅速准确。在测定第一个旋光度数值之后的 5、10、20、30、50、75、100min 各测一次，测得各时间 t 时溶液的旋光度 α_t。

（4）α_∞ 的测定。为了得到反应终了时的旋光度 α_∞，可将（3）中的混合液放置 48h 后在相同的温度下测其旋光度，此值即为 α_∞。为了缩短时间，也可将剩余的混合液置 60℃ 左右的水浴中温热 30min，以加速水解反应。然后冷却至实验温度，按上述操作，测其旋光度，此值即可认为是 α_∞。

需要注意，每次测量间隔应将钠光灯熄灭，保护钠灯，以免长期使用过热损坏，另外，实验结束时应立刻将旋光管洗净干燥，防止酸对旋光管的腐蚀。

六、数据记录和结果处理

(1) 按表 6-8 的格式记录实验数据。

表 6-8　实验数据记录与处理

实验温度：_____；盐酸浓度：_____；α_0：_____；α_∞：_____

反应时间/min	α_t	$\alpha_t - \alpha_\infty$	$\ln(\alpha_t - \alpha_\infty)$	k

(2) 以 $\ln(\alpha_t - \alpha_\infty)$ 对 t 作图，由所得直线斜率求 k 值。

(3) 计算蔗糖水解反应的半衰期 $t_{1/2}$ 值。

七、实验注意事项

(1) 本实验关键之一是能正确而较快地得到旋光仪的读数，对第一次接触旋光仪的人必须首先对旋光仪读数进行练习。

(2) 由于 [H$^+$] 对反应速率常数有影响，HCl 浓度要准确。混合前，蔗糖溶液和 HCl 溶液的体积一定要准确。

(3) 反应速率与温度有关，故溶液需待恒温至实验温度后才能混合。

(4) 旋光仪中的钠光灯不宜长时间开启，测量间隔较长时要适时关掉光源，以免损坏。

(5) 旋光管管盖只要旋紧至不漏水即可，不要用力过猛，以免压碎玻璃片。

(6) 实验结束后，应将旋光管洗净干燥，防止酸对旋光管的腐蚀。

(7) 进行反应终了液制备时，水浴温度不可过高（65℃ 左右），否则会发生副反应，溶液颜色变黄。加热过程应避免溶液蒸发，否则将使蔗糖浓度改变，从而影响 α_∞ 的测定。

八、问题与讨论

(1) 为什么可用去离子水来测定旋光仪的零点校正？本实验有否必要进行零点校正？

(2) 配制蔗糖溶液时称量不准确对测量结果有否影响？

(3) 试估计本实验的误差，怎样减少实验误差？

(4) 在测量蔗糖转化速率常数时，选用长的旋光管好还是短的旋光管好？为什么？

九、应用

(1) 应用物理量的变化测定反应动力学有关数据是常用的方法。

(2) 通过测定不同温度下速率常数，利用阿伦尼乌斯方程求得反应的活化能。

(3) 测定旋光度有以下几种用途：①检定物质的纯度；②决定物质在溶液中的浓度或含量；③测定溶液的密度；④光学异构体的鉴别。

(4) 求算离子活度。蔗糖水解作用通常进行得很慢，但加入酸后会加速反应，其速率的大小与 [H$^+$] 浓度有关（当 [H$^+$] 浓度较低时，水解速率常数 k 正比于 [H$^+$] 浓度，但在 [H$^+$] 浓度较高时，k 和 [H$^+$] 浓度不成比例）。同一浓度的不同酸液（如 HCl、HNO$_3$、H$_2$SO$_4$、HAc、ClCH$_2$COOH 等）因 H$^+$ 活度不同，其水解速率亦不一样，故由水解速率比可求出两酸液中 H$^+$ 活度比，如果知道其中一个活度，则可以求得另一个活度。

实验三十六　乙酸乙酯皂化反应速率常数的测定

一、目的与要求

（1）掌握测定化学反应速率常数的一种物理方法——电导法。

（2）了解二级反应的特点，学会用图解法求二级反应速率常数。

（3）学会使用电导率仪。

二、预习与思考

（1）预习电导法测定化学反应速率常数的原理。

（2）预习第 2 章"2.3.2 电导率仪"。

（3）思考下列问题

① 被测溶液的电导是哪些离子的作用？反应进程中溶液的电导为什么会发生变化？

② 溶液为什么要足够稀？配制溶液时应注意什么问题？

③ 为何本实验要在恒温条件下进行，而且 $CH_3COOC_2H_5$ 和 $NaOH$ 溶液混合前还要预先恒温？

三、实验原理

乙酸乙酯皂化反应为二级反应，其反应式如下：

$$CH_3COOC_2H_5 + OH^- \rightleftharpoons CH_3COO^- + C_2H_5OH$$

设在时刻 t 生成物的浓度为 c_x，则该反应的动力学方程式为：

$$\frac{dc_x}{dt} = k(c_a - c_x)(c_b - c_x) \tag{6-22}$$

式中，c_a 和 c_b 分别为乙酸乙酯和碱（$NaOH$）的起始浓度；k 为反应速率常数。若 $c_a = c_b$，则上式变为：

$$\frac{dc_x}{dt} = k(c_a - c_x)^2 \tag{6-23}$$

积分可得：

$$k = \frac{1}{t} \times \frac{c_x}{c_a(c_a - c_x)} \tag{6-24}$$

由实验测得不同 t 时的 c_x 值，作 $\frac{c_x}{c_a - c_x}$-t 图，若所得为一直线，则证明乙酸乙酯皂化反应是二级反应，并可从直线的斜率求出 k 值。因为整个反应体系是在稀释的水溶液中进行的，可以认为 CH_3COONa 是全部电离的。在本实验中用测定溶液的电导率来求算 c_x 值的变化，参与导电的离子有 Na^+，OH^-，CH_3COO^-，而 Na^+ 在反应前后浓度不变。由于 OH^- 的迁移率比 CH_3COO^- 的大得多，随着反应的进行，OH^- 不断减少，而 CH_3COO^- 则不断增加，所以体系的电导率不断下降。在一定范围内，可以认为体系的电导率的减少量与 CH_3COONa 的浓度 c_x 的增加量成正比。因此，可用电导率仪测量皂化反应进程中电导率随时间的变化，从而达到跟踪反应物浓度随时间变化的目的。

设 κ_0 和 κ_∞ 分别为反应开始和反应进行完全时溶液的总电导率，κ_t 为 t 时刻的总电导率，则有：$\kappa_0 = A_1 c_a$、$\kappa_\infty = A_2 c_a$ 和 $\kappa_t = A_1(c_a - c_x) + A_2 c_x$，其中 A_1、A_2 是与温度、电解质性质和溶剂等因素有关的比例常数。由于在稀溶液中强电解质的电导与浓度成正比，而且溶液的电导等于组成溶液的各电解电导之和，由此可得：

$$c_x = \left(\frac{\kappa_0 - \kappa_t}{\kappa_0 - \kappa_\infty}\right) c_a \tag{6-25}$$

将式(6-25) 代入式(6-24)，经整理后可得：

$$\kappa_t = \frac{\kappa_0 - \kappa_t}{k c_a t} + \kappa_\infty \tag{6-26}$$

由上式可知，只要测定了 κ_0 以及一组 κ_t 值以后，利用 κ_t 对 $(\kappa_0 - \kappa_t)/t$ 作图，应得一直线，从直线的斜率就可以求出反应速率常数 k 值。

如果测得不同温度时的反应速率常数，就可以按下式计算反应的活化能 E：

$$\ln \frac{k_2}{k_1} = \frac{E}{R} \times \frac{T_2 - T_1}{T_1 T_2} \tag{6-27}$$

四、仪器与药品

(1) 仪器　DDS-307 型电导率仪，双管皂化池，恒温槽，秒表，移液管（5mL、10mL），微量取液器（100mL），容量瓶（100mL）。

(2) 试剂　$CH_3COOC_2H_5$（AR），NaOH（AR）。

五、实验内容

(1) 配制标准 $CH_3COOC_2H_5$ 和 NaOH 溶液　配制 100mL 乙酸乙酯溶液，使其浓度与给定的 NaOH 溶液的准确浓度相等。在干净的 100.00mL 容量瓶中加入约 20mL 去离子水，在电子天平上回"零"。然后用 100 μL 微量注射器滴加乙酸乙酯（乙酸乙酯密度为 0.899～0.901g·cm^{-3}），为减少挥发，要直接滴加到液面上。称量乙酸乙酯的质量，与理论计算量之差不超过 1mg。

用去离子水稀释标准 NaOH 溶液以制备和乙酸乙酯浓度相等的 NaOH 溶液。

(2) κ_0 的测定　将盛有 200mL 0.01mol/L NaOH 溶液的试管放在 25.0℃±0.1℃（或30.0℃±0.1℃）恒温槽中，把铂黑电极用 0.01mol/L NaOH 溶液淋洗后插入试管，恒温15min 后开始测量。将电极插头插入电导仪的插孔，将电导池常数旋钮指向电极相应的电导池常数（此步一调好，一般不必再动）。在使用电导仪时，注意先将量程开关置于"校正"位置上，然后打开电源，预热 10～30min 后进行仪器校正。之后将量程开关置于所需的测量挡，读取测量值，取为 κ_0。但应注意在测定 κ_t 时，电导仪不能再重新调整。

(3) κ_t 测定　准确量取 10.00mL NaOH 溶液放入皂化管的 A 管；再准确量取 10.00mL 新配制的乙酸乙酯溶液，注入洁净、干燥的双管电导池（见图 6-18）的 B 管中，塞好瓶塞。在 B 支管的管口换上一钻有小孔的瓶塞，用一吸耳球通过小孔将 $CH_3COOC_2H_5$ 迅速压入 A 支管内与 NaOH 溶液混合。当 $CH_3COOC_2H_5$ 被压入一半时，开始计时，再将 A 支管内的混合液抽回 B 管内，复又压入 A 支管内，如此来回数次。用滴管从 A 支管中吸取混合液若干，将铂黑电极用该混合液淋洗数次，随即插入 A 支管中进行电导率-时间测定。当溶液混合 5min 以后每隔 2～3min 测量一次电导；30min 后，时间间隔可适当延长（约 10min 测定一次），反应进行 60min 后可停止测定。

(4) 将步骤（2）、（3）在 35.0℃±0.1℃（或 40.0℃±0.1℃）的恒温槽中重复一次。

(5) 实验完毕后，洗净电导池和电极，将电极浸入盛有

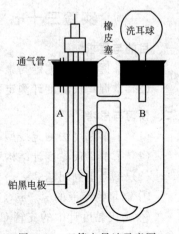

图 6-18　双管电导池示意图

去离子水的电导池内。

六、数据记录和结果处理

（1）将 t、κ_t、$(\kappa_0-\kappa_t)/t$ 数据列表。

（2）以两个温度下的 κ_t 对 $(\kappa_0-\kappa_t)/t$ 作图，分别得一直线。由直线斜率求各温度下的反应速率常数 k。

（3）按式(6-27)计算反应的活化能。

七、实验注意事项

（1）在洗净铂电极时，应注意电极位置不移动，并勿使铂黑受损，不可用滤纸拭擦电极上的铂黑，测定时应使两片电极全部浸入溶液中。

（2）实验要在恒温下进行，因温度对电导影响很大，温度升高 1℃，电导增加 $2\%\sim3\%$。

（3）铂电极不用时应洗净浸在去离子水中，以免干燥后难以被溶液润湿，并使电极表面往往有空气气泡影响测量。

（4）用电导率仪进行每一次测量时，必须先校正，然后进行数据测量。

（5）$CH_3COOC_2H_5$ 溶液要新鲜配制，因为乙酸乙酯易挥发，且易水解生产乙酸和乙醇。

（6）NaOH 溶液不宜在空气中久置，避免吸收 CO_2 生成 Na_2CO_3。

（7）乙酸乙酯皂化反应是吸热反应，混合体系温度降低，所以在混合后的起始几分钟内所测溶液电导偏低，因此最好在反应 $4\sim6$min 后开始，否则，由 κ_t-$(\kappa_0-\kappa_t)/t$ 作图得到的是抛物线而非直线。

八、问题与讨论

（1）如果反应物碱和酯的起始浓度不等，试问怎样计算 k 值？

（2）用电导法测定反应速率常数有何优点？本实验能否采用其他的测定方法？有哪些方法？

（3）为什么本实验能用电导池进行实验，而不须测定电导池常数，而弱酸电离常数实验则必须测定。但应注意一些什么事项？

（4）二级反应有哪些特点？如何从实验结果验证乙酸乙酯皂化为二级反应？

（5）k 与哪些因素有关？其他的酯能否用本方法测定皂化速率常数？

实验三十七　黏度法测定高聚物的相对分子质量

一、目的与要求

（1）掌握黏度法测定高聚物平均相对分子质量的原理和方法。

（2）掌握乌氏黏度计测定黏度的方法。

二、预习与思考

（1）了解黏度法测定线型高聚物相对分子质量基本原理和方法。

（2）了解乌氏黏度计结构和特点。

（3）思考下列问题

① 高聚物溶液的 η_r、η_{sp}、η_{sp}/c、$[\eta]$ 的物理意义是什么？

② 乌氏黏度计中的支管 C 的作用是什么？本实验能否不用 C 管？黏度计的毛细管粗细有何影响？

③ 黏度法测定高聚物的局限性？试指出影响黏度准确测定的因素。

三、实验原理

相对分子质量是表征化合物特性的基本参数之一，但高聚物相对分子质量大小不一、参差不齐，一般在 $10^3 \sim 10^7$ 之间，所以平常所测的高聚物相对分子质量是指统计的平均相对分子质量。高聚物相对分子质量的测定方法很多，对线型高聚物各方法适用范围如下：

端基分析	$<3 \times 10^4$
沸点上升、冰点下降、等温蒸馏	10^4
渗透压	$<10^4 \sim 10^6$
光散射	$<10^4 \sim 10^7$
超离心沉降及扩散	$<10^4 \sim 10^7$

这些测定方法比较精细、设备较复杂，而黏度法测定相对分子质量，设备简单，操作方便，并有相当好的实验精度，是常用的方法之一。黏度法可测相对分子质量范围为 $10^4 \sim 10^7$。

高聚物稀溶液中的黏度是液体在流动时内摩擦力大小的反映。纯溶剂黏度反映了溶剂分子与溶剂分子之间的内摩擦力，记作 η_0；高聚物溶液的黏度则是高聚物分子之间的内摩擦，高聚物分子与溶剂分子之间的摩擦以及溶剂分子之间的内摩擦三者总和，记作 η。在相同温度下，高聚物溶液的黏度一般比纯溶液的黏度要大，即 $\eta > \eta_0$。相对于溶剂，这些黏度增加的分数称作增比黏度，记作 η_{sp}，即：

$$\eta_{sp} = \frac{\eta - \eta_0}{\eta_0} = \frac{\eta}{\eta_0} - 1 = \eta_r - 1 \tag{6-28}$$

式中，η_r 称为相对黏度，它是指溶液黏度与溶剂黏度的比值，仍是整个溶液黏度的行为，而 η_{sp} 则意味着它已扣除了溶剂分子之间的内摩擦效应，仅反映了纯溶剂分子与高聚物分子间、以及高聚物分子之间的内摩擦效应。但溶液的浓度可大可小，显然，浓度越大，黏度就越大。为了便于比较，将单位浓度下所显示出的增比黏度 η_{sp}/c，称为比浓黏度，其中 c 是浓度，常用单位为 $g \cdot mL^{-1}$ 或 $g \cdot (100mL)^{-1}$。

为了进一步消除高分子与高分子之间的内摩擦效应，必须将溶液浓度无限稀释，使得高聚物分子彼此之间相隔甚远，相互干扰可以忽略不计，这一黏度的极限值记为：

$$\lim_{c \to 0} \eta_{sp}/c = [\eta] \tag{6-29}$$

$[\eta]$ 称为特性黏度，它反映的是无限稀释溶液中高聚物分子与溶剂分子之间的内摩擦，其值与浓度无关，只取决于溶剂的性质及高聚物分子的大小和形态。如果高聚物分子的相对分子质量愈大，则它与溶剂间接触表面也愈大，因而摩擦就大，表现出的特征黏度也大。实验证明，当高聚物、溶剂和温度确定后，$[\eta]$ 的数值只与高聚物平均相对分子质量 $\overline{M}$ 有关，它们之间的半经验关系可用 Mark Houwink 方程式表示：

$$[\eta] = K\overline{M}^a \tag{6-30}$$

式中，$\overline{M}$ 为平均相对分子质量；K 为比例常数；a 为与分子形状有关的经验参数。K 和 a 的数值与温度、高聚物及溶剂性质有关，在一定的相对分子质量范围内与相对分子质量无关。K 值受温度的影响特别明显，而 a 主要取决于高聚物分子线团在某温度下、某溶剂中舒展的程度。如在良溶剂中，则线团就舒展。当线团在溶液中流过时，溶剂可全部或大部穿透线团、线团上每个链段与溶剂摩擦机会增加。对同样大小的高聚物而言，摩擦增加就使 $[\eta]$ 值增大，所以 a 值就较大，其值接近于 1。相反，如在不良溶剂中，线团紧缩，则线团链段与溶剂摩擦机会减小，使 $[\eta]$ 值变小，所以 a 值就小。在极限情况下，高聚物在不良溶剂中 a 值已被实验结果证实接近于 0.5，所以通常说成 a 介于 $0.5\sim1$ 之间。K 与 a 的数值只能通过其它绝对方法确定（例如渗透压法、光散射法等），而从黏度法只能测得 $[\eta]$，通过式(6-30) 计算聚合物的相对分子质量，亦记作 $\overline{M}$，称作黏均相对分子质量。

测定液体黏度的方法主要有三类：①用毛细管黏度计测定液体在毛细管里流出的时间；②用落球式黏度计测定圆球在液体里的下落速率；③用旋转式黏度计测定液体与同心轴柱体间相对转动的情况。

测定高聚物分子的 $[\eta]$ 时，用毛细管黏度计最为方便。当液体在毛细管黏度计内因重力作用而流出时，遵守泊肃叶（Poiseuille）定律：

$$\frac{\eta}{\rho}=\frac{\pi hgR^4t}{8lV}-\frac{mV}{8\pi lt}\qquad(6\text{-}31)$$

式中，V 是流经毛细管的液体体积；η 是液体的黏度；ρ 是液体的密度；l 是毛细管的长度；R 是毛细管半径；t 是流出的时间；g 是重力加速度；h 是流过毛细管液体的平均液柱高度；m 是毛细管末端的校正参数（一般在 $R/l\ll1$ 时，可以取 $m=1$）。

对于某一支指定的黏度计而言，式(6-31) 可写成下式：

$$\frac{\eta}{\rho}=At-\frac{B}{t}\qquad(6\text{-}32)$$

式中 $B<1$，当流出时间 t 在 2min 左右（大于 100s），上式右边第二项（亦称动能校正项）可以忽略。又因通常测定是在稀溶液（$c<1\times10^{-2}\,g\cdot mL^{-1}$）中进行，溶液的密度与溶剂的密度近似相等，因此可将 η_r 写成：

$$\eta_r=\frac{\eta}{\eta_0}=\frac{t}{t_0}\qquad(6\text{-}33)$$

式中，t 为流出时间；t_0 为纯溶剂的流出时间。可以证明，在无限稀释条件下：

$$\lim_{c\to0}\frac{\eta_{sp}}{c}=\lim_{c\to0}\frac{\ln\eta_r}{c}\qquad(6\text{-}34)$$

所以，$\frac{\eta_{sp}}{c}$ 与 $\frac{\ln\eta_r}{c}$ 的极限取值均等于 $[\eta]$。由此我们获得 $[\eta]$ 的方法就有两种，一种是 $\frac{\eta_{sp}}{c}$ 和 c 作图外推到 $c=0$ 的截距值；另一种是 $\frac{\ln\eta_r}{c}$ 对 c 作图也外推到 $c=0$ 的截距值，两根线如图 6-19 所示重合于一点，这也可以校正实验的可靠性。

一般这两根直线的方程表达式为下列形式：

$$\frac{\eta_{sp}}{c}=[\eta]+\kappa[\eta]^2c\qquad(6\text{-}35)$$

$$\frac{\ln\eta_r}{c}=[\eta]-\beta[\eta]^2c\qquad(6\text{-}36)$$

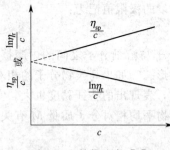

图 6-19　外推法求 $[\eta]$

配制一系列不同浓度的溶液分别进行测定，以 $\frac{\eta_{sp}}{c}$ 和 $\frac{\ln\eta_r}{c}$ 为同一纵坐标，c 为横坐标作图，得两条直线，分别外推到 $c=0$ 处（如图 6-19 所示），其截距即为 $[\eta]$，代入式(6-30)，即可得到 $\overline{M}$。

在 30℃ 时，对于聚丙烯酰胺在 $1mol\cdot L^{-1}$ KNO_3 溶液 $K=3.73\times10^{-2}K\cdot kg\cdot L^{-1}$，$a=0.66$，浓度单位 $g\cdot mL^{-1}$，$\overline{M}_\eta$ 的准确性最高不优于 $\pm5\%$，一般达 20%。

四、仪器与药品

（1）仪器　恒温槽 1 套，乌氏黏度计 1 支，分析天平，秒表，$10cm^3$ 移液管，乳胶管，洗耳球，橡皮管夹。

（2）药品　$1mol \cdot L^{-1}$ KNO_3 溶液，聚丙烯酰胺。

五、实验内容

（1）黏度计的洗涤　先用热洗液（经砂芯漏斗过滤）将黏度计浸泡，再用自来水、纯水分别冲洗几次，每次都要注意反复流洗毛细管部分，洗好后烘干备用。经常使用的黏度计可用去离子水浸泡，去除留在黏度计中的高聚物。

（2）配制高聚物溶液　准确称取 0.3g 聚丙烯酰胺，在搅拌下逐步少量加入到 60mL $1mol \cdot L^{-1}$ KNO_3 溶液中，把烧杯放在水浴锅内加热搅拌使样品完全溶解，然后把溶液转入 100mL 容量瓶内，在 30.0℃±0.1℃ 下恒温，并加入 $1mol \cdot L^{-1}$ KNO_3 溶液至刻线为止，摇匀待用。

（3）测定溶剂流出时间　将聚丙烯酰胺溶液和 $1mol \cdot L^{-1}$ KNO_3 分别装在碘量瓶内，在 30.0℃±0.1℃ 的恒温槽中恒温。乌氏（Ubbelohde）黏度计（图 6-20）是气承悬柱式可稀释黏度计，测定时在黏度计内进行逐步稀释，适合连续测定不同浓度溶液的黏度。量取已恒温的 15mL KNO_3 溶液从 A 管注入黏度计内，将 C 管上橡皮管用夹子夹紧使之不通气，用洗耳球从 B 口橡皮管抽气，使溶液从 F 球经 D 球、毛细管、E 球抽至 G 球，解去夹子让 C 管夹子使通大气，D 球亦通大气，此时 D 球内的液体即回入 F 球，使毛细管以上的液体悬空。同时拔去洗耳球，G 球中的液体开始下落，当液面流经 a 刻度时，立即按秒表开始记时，液面降至 b 刻度时，再按停秒表，这样测得刻度 a、b 之间的液体流经毛细管所需要的时间。同样方法重复操作三次，它们间相差不大于 0.3s，取三次平均值为 t_0，即为溶剂流出时间。

（4）溶液流出时间的测定　测定溶剂 t_0 后用干净的移液管吸取已恒温好的聚丙烯酰胺溶液 5mL，移入黏度计内，混合均匀，将此溶液抽洗 E 球两次，恒温 2min，仍按上面操作步骤操作，测定溶液（浓度为 c_1）在乌氏黏度计内的流出时间 t_1，每次相差不超过 0.4s，求出其平均值。

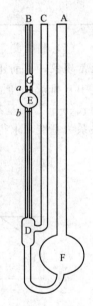

图 6-20　乌氏黏度计

再用移液管吸取 5mL 已恒温好的 $1mol \cdot L^{-1}$ KNO_3 溶液加入黏度计内，按前面所述方法测定流出的时间 t_2，如此依次再加入 5、10、10mL $1mol \cdot L^{-1}$ KNO_3 溶液，分别测出它们流出时间 t_3、t_4、t_5。

实验完毕后，黏度计务必用去离子水洗干净。

六、数据记录和结果处理

（1）为了作图方便，假定溶液起始浓度为 1，依次加入 5、5、10、10mL $1mol \cdot L^{-1}$ KNO_3 溶液稀释后的浓度分别为 4/5、2/3、1/2、2/5，计算各浓度的 η_r、η_{sp} 及 η_{sp}/c'，$\ln\eta_r/c'$，c' 是相对浓度，即 $c'=c/c_1$，其中 c 是真实浓度，c_1 是起始浓度。

（2）按表 6-9 的格式记录和处理实验数据。

（3）作 η_{sp}/c' 和 $\ln\eta_r/c'$ 对 c' 浓度图，得二直线外推至 $c' \to 0$，得截距 A，以起始浓度除之，就可求得特性黏度 $[\eta]$（$[\eta]=A/c_1$）。

（4）计算相对分子质量：把 K，a 和 $[\eta]$ 值代入式（6-30）求 $\overline{M}_\eta$。

表 6-9　数据记录与处理

日期_____ 试样_____ 溶剂_____ 恒温温度_____ ℃

项目		流出时间(s) ①②③平均值	η_r	$\ln\eta_r$	η_{sp}	η_{sp}/c'	$\ln\eta_r/c'$
溶剂	c_0	t_0					
溶 液	$c'=1$	t_1					
	$c'=\dfrac{4}{5}$	t_2					
	$c'=\dfrac{2}{3}$	t_3					
	$c'=\dfrac{1}{2}$	t_4					
	$c'=\dfrac{2}{5}$	t_5					

　　(5) 黏度测定中异常现象的近似处理。在严格操作情况下，有时会出现图 6-21 所示的反常现象，目前还不能清楚地解释其原因，只能作一些近似处理。式(6-35) 物理意义明确，其中 κ 和 η_{sp}/c 值与高聚物结构（如高聚物的多分散性及高分子链的支化等）和形态有关；而式(6-36) 则基本上是数学运算式，含义不太明确。因此，图中异常现象应以 η_{sp}/c 与 c 的关系为基准来求得高聚物溶液的特性黏度 $[\eta]$。

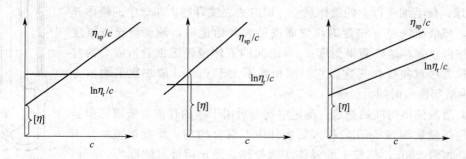

图 6-21　测定中的异常现象示意图

七、实验注意事项

　　(1) 黏度计必须洁净，若毛细管壁上挂有水珠，需用洗液浸泡。

　　(2) 实验完毕毛细管须用热水洗涤干净。

　　(3) 高聚物在溶剂中溶解缓慢，配制溶液时必须保证其完全溶解，否则会影响溶液起始浓度，而导致结果偏低。

　　(4) 本实验溶液的稀释是直接在黏度计中进行的，因此溶液与用于稀释的溶剂需在同一恒温槽中进行，用量需用移液管准确量取，稀释液需充分混合均匀。

　　(5) 液体黏度的温度系数较大，实验中应严格控制温度恒定，否则难以获得重现性结果。

　　(6) 在测定时黏度计要垂直放置，否则会影响结果的准确性。

八、问题与讨论

　　(1) 特性黏度和纯溶剂的黏度 η_0 是否一样？为何要用它来求高聚物相对分子质量？

（2）黏度计的毛细管太粗或太细，对实验有何影响？如何选择合适的毛细管？

（3）为什么黏度计必须垂直？在乌氏黏度计中，为什么总体积对黏度的测定没有影响？

（4）温度对黏度的影响很大，在室温下水的黏度的温度系数 $\mathrm{d}\eta/\mathrm{d}t = 0.02\mathrm{mPa \cdot s \cdot K^{-1}}$。若要求 η_r 测定精确到 0.2%，则恒温槽的温度必须恒定在 $\pm 0.05℃$ 范围内，请用误差计算来说明。

实验三十八　溶液表面吸附的测定

一、目的与要求

（1）测定不同浓度正丁醇溶液的表面张力，计算吸附量和正丁醇分子的横截面积。

（2）掌握最大气泡法测定表面张力的基本原理和方法。

（3）了解表面张力的性质，表面能的意义以及表面张力和吸附量之间的关系。

二、预习与思考

（1）预习《物理化学》中有关表面张力、表面自由能和表面吸附的内容，了解影响表面张力的因素以及如何由表面张力的数据求正丁醇的横截面积。

（2）思考下列问题

① 表面活性物质的结构特点是什么？它有何实际应用？测定表面张力有哪几种方法？

② 正丁醇溶液是否一定要配成体积摩尔浓度？

③ 为什么要测定仪器常数？

④ 影响实验结果的主要因素是什么？如何减小以致消除这些因素对实验的影响？

三、实验原理

1. 表面自由能

从热力学观点来看，液体表面缩小是一自发过程，这是体系总的自由能减小的过程，欲使液体产生新的表面 ΔA，就需对其做功，其大小应与 ΔA 成正比：

$$-W' = \sigma \cdot \Delta A \tag{6-37}$$

若 $\Delta A = 1\mathrm{m}^2$，则 σ 为在等温下形成 $1\mathrm{m}^2$ 新的表面所需的可逆功，故称 σ 为单位表面的表面能，其单位为 $\mathrm{J \cdot m^{-2}}$。也可将 σ 看作为作用在界面上每个单位长度边缘上的力，称为表面张力，其单位为 $\mathrm{N \cdot m^{-1}}$。

2. 溶液表面吸附

液体表面的分子由于所受分子引力不平衡（见图 6-22），而具有的表面张力实质上是表面自由能。当形成溶液时，由于溶质的加入，溶剂的表面张力就会升高或降低。在定温下，就同一溶质来说，使溶剂表面张力变化的程度是随着浓度不同而不同的。根据能量最低的原理，若溶剂的表面张力降低，说明溶质在表面的浓度比内部浓度大；若溶剂的表面张力增大了，说明溶质在表面层的浓度比内部浓度小，这种表面浓度与内部浓度不同的现象叫做溶液的表面吸附。

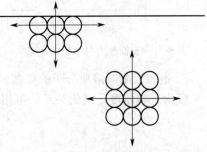

图 6-22　气-水界面张力产生原因示意图

对于二组分的稀溶液，在一定的温度和压力下，溶质的吸附量与溶液的浓度及溶液的表面张力之间的关系可用吉布斯（Gibbs）吸附方程描述：

$$\varGamma = -\frac{c}{RT}\left(\frac{\partial \sigma}{\partial c}\right)_T \text{ 或 } \varGamma = -\frac{1}{RT}\left(\frac{\partial \sigma}{\partial \ln c}\right)_T \tag{6-38}$$

式中，$\varGamma$ 为吸附量，$mol \cdot m^{-2}$；c 为溶液的浓度，$mol \cdot m^{-3}$；R 为气体常数，$J \cdot mol^{-1} \cdot K^{-1}$；$T$ 为热力学温度，K。

若 $\frac{\partial \sigma}{\partial c} < 0$，则 $\varGamma > 0$，即随着溶液浓度的增加，溶液的表面张力是降低的，此时吸附量为正，称为正吸附；若 $\frac{\partial \sigma}{\partial c} > 0$，则 $\varGamma < 0$，即随着溶液浓度的增加，溶液的表面张力也是增加的，此时吸附量为负，称为负吸附。

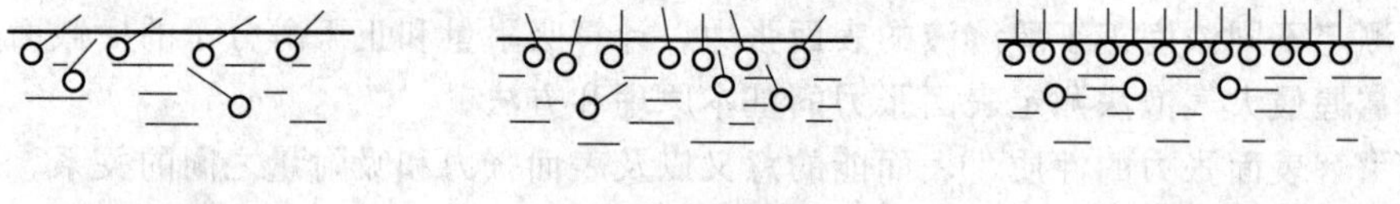

(a) 浓度很小   (b) 浓度逐渐增加   (c) 浓度达一定值

图 6-23 溶液表面上表面活性分子的排列

溶于溶剂中使表面张力显著降低的物质，称为表面活性物质。这类物质是由极性基团和非极性基团构成，在水溶液表面，一般极性部分指向溶液内部，而非极性部分却指向空气中。表面活性物质的分子在溶液表面排列的情况，随其浓度不同而异，如图 6-23 所示。当浓度很小时，分子平躺在溶液表面上［图 6-23(a)］。随着浓度增大，溶质分子的排列方式在改变着。当浓度足够大时，溶质分子盖住了所有界面的位置，形成饱和吸附层，分子排列方式如图 6-23(c) 所示。这样的吸附层是单分子层，随着表面活性物质的分子在界面上逐渐紧密排列，则此界面的表面张力也就逐渐降低。

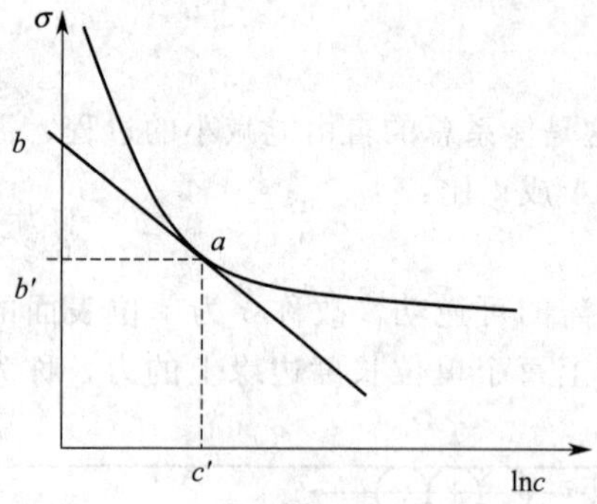

图 6-24 表面张力与浓度的关系

以表面张力 σ 对 $\ln c$ 作图，可得到 σ-$\ln c$ 曲线，如图 6-24 所示。从图中可以看出，在开始时，σ 随 c 之增加而下降较快，以后变化比较缓慢。在 σ-$\ln c$ 曲线上取不同点，就可以得出不同浓度的 $\varGamma$ 值。如在 σ-$\ln c$ 曲线上任取一点 a，通过 a 点作曲线的切线和平行横坐标的直线，分别交纵坐标于 b、b' 点。令 $bb' = z$，显然 $z = -\left(\frac{\partial \sigma}{\partial \ln c}\right)_T$，代入式(6-38)，有 $\varGamma = z/RT$。从曲线上取不同的点，就可以得出不同的 z 值，从而可求出不同浓度时的吸附量 $\varGamma$。

3. 饱和吸附与溶质分子的横截面积

吸附量和浓度之间的关系，可用朗缪尔（Langmuir）吸附等温式表示：

$$\varGamma = \varGamma_\infty \frac{Kc}{1+Kc} \tag{6-39}$$

式中，$\varGamma_\infty$ 为饱和吸附量；K 为常数。上式可以改变为下面的形式：

$$\frac{c}{\varGamma} = \frac{1}{K\varGamma_\infty} + \frac{c}{\varGamma_\infty} \tag{6-40}$$

若作 $c/\varGamma$-c 图，应为一直线，其斜率的倒数即为 $\varGamma_\infty$。

如果以 N 代表 $1m^2$ 表面上溶质的分子数，则有 $N = G_\infty N_0$（N_0 为阿伏加德罗常数）。由此可得每个溶质分子在表面上所占据的面积，即分子的截面积 a_∞ 为：

$$a_\infty = \frac{1}{\Gamma_\infty N_0} \tag{6-41}$$

4. 最大气泡压力法

图 6-25 为最大气泡压力法的简单装置，中间是一管尖为毛细管的玻璃管。当毛细管端面与液面相切时，液面即沿毛细管上升。打开滴液漏斗 2 的活塞，使水缓慢下滴以减少体系压力，这样毛细管液面上受到一个比试管 5 中液面上大的压力，便形成压力差（$\Delta p = p_0 - p_{体系}$）。当此压力差在毛细管端面上产生的作用力稍大于毛细管口液体的表面张力时，毛细管中大气压（p_0）就逐渐把管中的液面压至管口，形成气泡，此压力差 Δp 与表面张力 σ 成正比，与曲率半径 R 成反比，满足 Laplace 公式

$$\Delta p = 2\sigma/R \tag{6-42}$$

当气泡刚开始形成时，表面几乎是平的，这时曲率半径最大；随着气泡的形成，曲率半径逐渐变小，直到形成半球形，这时曲率半径 R 与毛细管半径 r 相等，曲率半径达到最小值，根据式(6-42)，此时 Δp 应为最大值，即：

$$\Delta p_{max} = 2\sigma/r \tag{6-43}$$

则有

$$\sigma = \frac{1}{2} r \cdot \Delta p_{max} = K \cdot \Delta p_{max} \tag{6-44}$$

式中，Δp_{max} 为数字式微压差测量仪的读数；K 为仪器常数，可以用已知表面张力的标准物质测定。

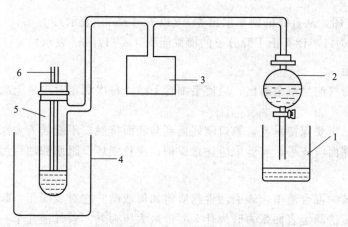

图 6-25　最大气泡压法测定表面张力装置图

1—烧杯；2—滴液漏斗；3—数字式微压差测量仪；4—恒温装置；5—带有支管的试管；6—毛细管

四、仪器与药品

表面张力仪 1 台，数字式微压差测量仪 1 台，洗耳球 1 个，移液管；正丁醇（AR）。

五、实验内容

1. 测定仪器常数

（1）按图 6-25 用橡皮真空胶管连接好测量系统，并调整毛细管点使其刚好与水面相切。

（2）插上数字式微压差测量仪的电源插头，打开电源开关，LED 显示即亮，2s 后正常显示（过量程时显示±1999）。预热 5min 后按下置零按钮，显示为 0000，表示此时系统气压差为零。

（3）打开抽气瓶活塞，使系统内的压力降低，LED 显示一定数字（即压差）时，关闭

抽气瓶活塞，若2～3min内压差值不变，则说明系统不漏气，可以进行实验。

（4）仪器常数的测定。以纯水作为待测液，打开滴液漏斗，毛细管逸出气泡，调整滴液速度，使气泡由毛细管口成单气泡逸出，且使每个气泡的形成时间不少于10s。当气泡刚脱离管口的一瞬间，数字式微压差测量仪显示最大压差（在LED上极大值保留显示约为1s）。记录最大压力差，连续读取三次，取其平均值。通过手册查得实验温度时的表面张力σ值，代入式（6-44）就可求出仪器常数K。

注意，在毛细管气泡逸出的瞬间最大压差值应在450～900Pa左右，否则须更换毛细管。

2. 测定σ与溶液浓度的关系

以上述同样的方法，将试管5中的纯水换以不同浓度的待测正丁醇水溶液（0.01、0.02、0.05、0.10、0.20、0.30、0.40、0.50mol·L^{-1}）。每次更换溶液时不必烘干容器和毛细管，只需用少量待测溶液淋洗2次即可，从稀到浓依次分别测定各个溶液的最大压力差，用公式（6-44）求出各个σ值。

六、数据记录和结果处理

（1）由附录表中查出实验温度时水的表面张力，求出仪器常数K。

（2）用表格列出各溶液浓度、压力差和表面张力的数值。

（3）绘制σ-ln$c$等温曲线。

（4）在σ-ln$c$曲线上取6～7个点，分别作出切线，并根据$\Gamma=z/RT$计算Γ值，作Γ-c的曲线图。

（5）作c/Γ-c图，从直线的斜率求出Γ_∞（以mol·m^{-2}表示）。

（6）根据式（6-41）计算正丁醇分子的横截面积a_∞（以nm^{2}表示）。

七、实验注意事项

（1）为了保持气泡呈单个逸出，应使毛细管干净，每次测定时应将上次残液吹干，洗净（可用丙酮）。

（2）毛细管一定要保持垂直，管口刚好插到与液面接触，不能插入太深。

（3）毛细管端面应齐平，实验中应注意保护，避免损坏、阻塞和油污污染。

八、问题与讨论

（1）在水和苯的混合液里，表面活性物质将如何取向？它对表面张力起何影响？

（2）最大泡压法测定表面张力时为什么要读最大压力差？若气泡几个一齐逸出或逸出速度太快，将会给实验带来什么影响？

（3）为什么毛细管端口必须和液面相切？否则对实验有何影响？

（4）试从吉布斯公式引出σ的量纲。在数据处理中注意什么问题？

（5）从误差理论估算表面张力的相对误差，阐明毛细管应如何选择。

附　　录

附录1　不同温度下水的饱和蒸气压

单位：Pa

温度/℃	0.0	0.2	0.4	0.6	0.8
0	601.5	619.5	628.6	637.9	647.3
1	656.8	666.3	675.9	685.8	695.8
2	705.8	715.9	726.2	736.6	747.3
3	757.9	768.7	779.7	790.7	801.9
4	813.4	824.9	836.5	848.3	860.3
5	872.3	884.6	897.0	909.5	922.2
6	935.0	948.1	961.1	974.5	988.1
7	1001.6	1015.5	1029.5	1043.6	1058.0
8	1072.6	1087.2	1102.2	1117.2	1132.4
9	1147.8	1163.5	1179.2	1195.2	1211.4
10	1227.8	1244.3	1261.0	1277.9	1295.1
11	1312.4	1330.0	1347.8	1365.8	1383.9
12	1402.3	1421.0	1439.7	1458.7	1477.9
13	1497.3	1517.1	1536.9	1557.2	1577.6
14	1598.1	1619.1	1640.1	1661.5	1683.1
15	1704.9	1726.9	1749.3	1771.9	1794.7
16	1817.7	1841.1	1864.8	1888.6	1912.8
17	1937.2	1961.8	1986.9	2012.1	2037.7
18	2063.4	2089.6	2116.0	2142.6	2169.4
19	2196.8	2224.5	2252.3	2280.5	2309.0
20	2337.8	2366.9	2396.3	2426.1	2456.1
21	2486.5	2517.1	2548.2	2579.7	2611.4
22	2643.4	2675.8	2708.6	2741.8	2775.1
23	2808.8	2843.0	2877.5	2912.4	2947.8
24	2983.4	3019.5	3056.0	3092.8	3129.9
25	3167.2	3204.9	3243.2	3282.0	3321.3
26	3360.9	3400.9	3441.3	3482.0	3523.2
27	3564.9	3607.0	3649.6	3692.5	3735.8
28	3779.6	3823.7	3868.3	3913.5	3959.3
29	4005.4	4051.9	4099.0	4146.6	4194.5
30	4242.9	4291.8	4341.1	4390.8	4441.2
31	4492.3	4543.9	4595.8	4648.2	4701.1
32	4754.7	4808.7	4863.2	4918.4	4974.0
33	5030.1	5086.9	5144.1	5202.0	5260.5
34	5319.3	5378.8	5439.0	5499.7	5560.9
35	5622.9	5685.4	5748.5	5812.2	5876.6
36	5941.2	6006.7	6072.7	6139.5	6207.0
37	6275.1	6343.7	6413.1	6483.1	6553.7
38	6625.1	6696.9	6769.3	6842.5	6916.6

续表

温度/℃	0.0	0.2	0.4	0.6	0.8
39	6991.7	7067.3	7143.4	7220.2	7297.7
40	7375.9	7454.1	7534.0	7614.0	7695.4
41	7778.0	7860.7	7943.3	8028.7	8114.0
42	8199.3	8284.7	8372.6	8460.6	8548.6
43	8639.3	8729.9	8820.6	8913.9	9007.3
44	9100.6	9195.2	9291.2	9387.2	9484.6
45	9583.2	9681.9	9780.5	9881.9	9983.2
46	10086	10190	10293	10399	10506
47	10612	10720	10830	10939	11048
48	11160	11274	11388	11503	11618
49	11735	11852	11971	12091	12211
50	12334	12466	12586	12706	12839
60	19916				
70	31157				
80	47343				
90	70096				
100	101325				

附录2　不同温度下某些液体的密度

单位：g·cm^{-3}

温度/℃	水	乙醇	苯	汞	环己烷	乙酸乙酯	丁醇
6	0.9999	0.8012	—	13.581	0.7906	—	—
7	0.9999	0.8003	—	13.578	—	—	—
8	0.9998	0.7995	—	13.576	—	—	—
9	0.9998	0.7987	—	13.573	—	—	—
10	0.9997	0.7978	0.887	13.571	—	0.9127	—
11	0.9996	0.7980	—	13.568	—	—	—
12	0.9995	0.7962	—	13.566	0.7850	—	—
13	0.9994	0.7953	—	13.563	—	—	—
14	0.9992	0.7945	—	13.561	—	—	0.8135
15	0.9991	0.7936	0.883	13.559	—	—	—
16	0.9989	0.7928	0.882	13.556	—	—	—
17	0.9988	0.7919	0.882	13.554	—	—	—
18	0.9986	0.7911	0.881	13.551	0.7736	—	—
19	0.9984	0.7902	0.881	13.549	—	—	—
20	0.9982	0.7894	0.879	13.546	—	0.9008	—
21	0.9980	0.7886	0.879	13.544	—	—	—
22	0.9978	0.7877	0.878	13.541	—	—	0.8072
23	0.9975	0.7859	0.877	13.539	0.7736	—	—
24	0.9973	0.7860	0.876	13.536	—	—	—
25	0.9970	0.7852	0.875	13.534	—	—	—
26	0.9968	0.7843	—	13.532	—	—	—
27	0.9965	0.7835	—	13.529	—	—	—
28	0.9962	0.7826	—	13.527	—	—	—
29	0.9959	0.7818	—	13.524	—	—	—
30	0.9956	0.7809	0.869	13.522	0.7678	0.888	0.8007

附录3 常用酸碱溶液的密度和浓度

溶液名称	密度/g·mL^{-1}	质量分数/%	物质的量浓度/mol·mL^{-1}	溶液名称	密度/g·mL^{-1}	质量分数/%	物质的量浓度/mol·mL^{-1}
浓 H$_2$SO$_4$	1.84	98	18	HBr	1.38	40	7
稀 H$_2$SO$_4$	1.06	9	1	HI	1.70	57	7.5
浓 HCl	1.18	38	12	浓 HAc	1.05	99	17.5
稀 HCl	1.03	7	2	稀 HAc	1.04	30	5
浓 HNO$_3$	1.42	69	16	稀 HAc	1.02	12	2
稀 HNO$_3$	1.20	33	6	浓 NaOH	1.43	40	14
稀 HNO$_3$	1.07	12	2	浓 NaOH	1.33	30	13
浓 H$_3$PO$_4$	1.7	85	14.7	稀 NaOH	1.09	8	2
稀 H$_3$PO$_4$	1.05	9	1	浓 NH$_3$·H$_2$O	0.91	28	14.8
浓 HClO$_4$	1.67	70	11.6	稀 NH$_3$·H$_2$O	0.98	4	2
稀 HClO$_4$	1.12	19	2	Ca(OH)$_2$(饱和)		0.15	
浓 HF	1.13	40	23	Ba(OH)$_2$(饱和)		2	0.1

附录4 常用指示剂

(1) 酸碱指示剂

指示剂	变色 pH 范围	颜色变化	溶液配制方法
甲基紫(第一变化范围)	0.13~0.5	黄—绿	0.1%或 0.05%的水溶液
苦味酸	0.0~1.3	无色—黄	0.1%的水溶液
甲基绿	0.1~2.0	黄—绿—浅蓝	0.05%水溶液
孔雀绿(第一变化范围)	0.13~2.0	黄—浅蓝—绿	0.1%的水溶液
甲酚红(第一变化范围)	0.2~1.8	红—黄	0.04g 指示剂溶于 100mL 50%乙醇中
甲基紫(第二变化范围)	1.0~1.5	绿—蓝	0.1%的水溶液
甲基紫(第三变化范围)	2.0~3.0	蓝—紫	0.1%水溶液
百里酚蓝(麝香草酚蓝)(第一变化范围)	1.2~2.8	红—黄	0.1g 指示剂溶于 100mL 20%乙醇中
茜素黄 R(第一变化范围)	1.9~3.3	红—黄	0.1%的水溶液
二甲基黄	2.9~4.0	红—黄	0.1%的水溶液
甲基橙	3.1~4.4	红—橙黄	0.1%的水溶液
溴酚蓝	3.0~4.6	黄—蓝	0.1g 指示剂溶于 100mL 20%乙醇中
刚果红	3.0~5.2	蓝紫—红	0.1%的水溶液
茜素黄 S(第一变化范围)	3.7~5.2	黄—紫	0.1%的水溶液
溴甲酚绿	3.8~5.4	黄—蓝	0.1g 指示剂溶于 100mL 20%乙醇中
甲基红	4.4~6.2	红—黄	0.1g 或 0.2g 指示剂溶于 100mL 60%乙醇中
溴酚红	5.0~6.8	黄—红	0.1g 或 0.04g 指示剂溶于 100mL 20%乙醇中
溴甲酚紫	5.2~6.8	黄—紫红	0.1g 指示剂溶于 100mL 20%乙醇中

指示剂	变色pH范围	颜色变化	溶液配制方法
溴百里酚蓝	6.0~7.6	黄—蓝	0.05g指示剂溶于100mL 20%乙醇中
中性红	6.8~8.0	红—亮黄	0.1g指示剂溶于100mL 60%乙醇中
酚红	6.8~8.0	黄—红	0.1g指示剂溶于100mL 20%乙醇中
百里酚蓝 (麝香草酚蓝) (第二变化范围)	9.4~10.6	黄—蓝	0.1g指示剂溶于100mL 20%乙醇中
酚酞	8.2~10.0	无色—蓝	0.1g指示剂溶于100mL 60%乙醇中
百里酚酞	9.4~10.6	无色—蓝	0.1g指示剂溶于100mL 90%乙醇中
茜素黄S (第二变色范围)	10.0~12.0	紫—淡黄	参看第一变色范围
茜素黄R (第二变化范围)	10.0~12.0	紫—淡紫	0.1%的水溶液
孔雀绿 (第二变色范围)	11.5~13.2	蓝绿—无色	参看第一变色范围
达旦黄	12.0~13.0	黄—红	溶于水、乙醇

（2）酸碱混合指示剂

指示剂溶液的组成	变色点pH	颜色		备注
		酸色	碱色	
一份0.1%甲基黄乙醇溶液与 一份0.1%亚甲基蓝乙醇溶液	3.25	蓝紫	绿	pH=3.2 蓝紫色 pH=3.4 绿色
一份0.1%甲基橙溶液与 一份0.25%靛蓝(二磺酸)水溶液	4.1	紫	黄绿	
一份0.1%溴百里酚绿钠盐水溶液与 一份0.2%甲基橙溶液	4.3	黄	蓝绿	pH=3.5 黄色 pH=4.0 黄绿色 pH=4.3 绿色
三份0.1%溴百里酚绿乙醇溶液与 一份0.1%亚甲基蓝乙醇溶液	5.1	酒红	绿	
一份0.1%甲基红乙醇溶液与 一份0.1%亚甲基蓝乙醇溶液	5.4	红紫	绿	pH=5.2 红紫色 pH=5.4 暗蓝色 pH=5.6 绿色
一份0.1%溴百里酚绿钠盐水溶液与 一份0.1%氯酚红钠盐水溶液	6.1	黄绿	蓝紫	pH=5.4 蓝绿色 pH=5.8 蓝色 pH=6.2 蓝紫色
0.1%溴甲酚紫钠盐水溶液	6.7	黄	蓝紫	pH=6.2 黄紫色 pH=6.6 紫色 pH=6.8 蓝紫色
一份0.1%中性红乙醇溶液与 一份0.1%亚甲基蓝乙醇溶液	7.0	蓝紫	绿	pH=7.0 蓝紫色
一份0.1%溴百里酚绿钠盐水溶液与 一份0.1%氯酚红钠盐水溶液	7.5	黄	绿	pH=7.2 暗绿色 pH=7.4 淡紫色 pH=7.6 深紫色
一份0.1%甲溴酚红钠盐水溶液与 三份0.1%百里酚钠盐水溶液	8.3	黄	紫	pH=8.2 玫瑰色 pH=8.4 紫色

附录 5　常用缓冲溶液的配制

缓冲溶液组成	$pK_a^{\ominus}$	缓冲溶液 pH	缓冲溶液配制的方法
氨基乙酸-HCl	2.35 ($pK_{a1}^{\ominus}$)	2.3	取 150g 氨基乙酸溶于 500mL 水中后加 180mL 浓 HCl,加水稀释至 1L
H_3PO_4-柠檬酸盐		2.5	取 113g $Na_2HPO_4 \cdot 12H_2O$ 溶于 200mL 水后加 387g 柠檬酸,溶解,过滤后稀释至 1L
一氯乙酸-NaOH	2.86	2.8	取 200g 一氯乙酸溶于 200mL 水中,加 40g NaOH,溶解后稀释至 1L
邻苯二甲酸氢钾-HCl	2.95 ($pK_{a1}^{\ominus}$)	2.9	取 500g 邻苯二甲酸氢钾溶于 500mL 水中加 80mL 浓 HCl 稀释至 1L
甲酸-NaOH	3.76	3.7	取 95g 甲酸和 40g NaOH 于 500mL 水中,溶解,稀释至 1L
NH_4Ac-HAc		4.5	取 77g NH_4Ac 溶于 200mL 水中,加 89mL 冰醋酸,稀释至 1L
NaAc-HAc	4.74	4.7	取 83g NaAc 溶于水中,加 60mL 冰醋酸稀释至 1L
NaAc-HAc	4.74	5.0	取 180g NaAc 溶于水中,加 60mL 冰醋酸稀释至 1L
NH_4Ac-HAc		5.0	取 250g NH_4Ac 溶于水中,加 25mL 冰醋酸,稀释至 1L
六亚甲基四胺-HCl	5.15	5.4	取 40g 六亚甲基四胺溶于 200mL 水中,加 10mL 浓 HCl,稀释至 1L
NH_4Ac-HAc		6.0	取 600g NH_4Ac 溶于水中,加 20mL 冰醋酸,稀释至 1L
$NaAc$-H_3PO_4		8.0	取 50g 无水 NaAc 和 50g $Na_2HPO_4 \cdot 12H_2O$ 溶于水中,稀释至 1L
Tris[三羟甲基氨基甲烷 $CNH_2(HOCH_2)_3$]-HCl	8.21	8.2	取 25g Tris 试剂溶于水中,加 18mL 浓 HCl,稀释至 1L
NH_3-NH_4Cl	9.26	9.2	取 54 g NH_4Cl 溶于水中,加 63mL 浓氨水,稀释至 1L
NH_3-NH_4Cl	9.26	9.5	取 54g NH_4Cl 溶于水中,加 126mL 浓氨水,稀释至 1L
NH_3-NH_4Cl	9.26	10.0	取 54g NH_4Cl 溶于水中,加 350mL 浓氨水,稀释至 1L

注：1. 缓冲溶液的配制可用 pH 试纸检验,如 pH 值不对,可用共轭酸或碱调节 pH。欲调节精确时,可用 pH 计调节。

2. 如需增加或减少缓冲溶液的缓冲量时,可相应增加或减少共轭酸或碱对物质的量,再调节之。

附录 6　常用 pH 标准缓冲溶液的配制方法

pH 基准试剂	干燥条件 T/K	配制方法	pH 标准值 (298K)
邻苯二甲酸氢钾	378±5,烘 2h	称取 10.12g $KHC_8H_4O_4$,用水溶解后转入 1L 容量瓶中,稀释至刻度,摇匀	4.00±0.01
磷酸氢二钠-磷酸二氢钾	383～393,烘 2～3h	称取 3.533g Na_2HPO_4,3.387g KH_2PO_4,用水溶解后转入 1L 容量瓶中,稀释至刻度,摇匀	6.86±0.01
四硼酸钠	在 NaCl 蔗糖饱和溶液的干燥器中干燥至恒重	称取 3.81g $Na_2B_4O_7 \cdot 10H_2O$ 溶于水后,转入 1L 容量瓶中,稀释至刻度,摇匀	9.18±0.01

注：1. 配制标准缓冲溶液时,所用纯水的电导率应小于 $1.5\mu S \cdot cm^{-1}$。配制碱性溶液时,所用纯水要预先煮沸 15min,以除去溶解的二氧化碳。

2. 缓冲溶液可保存 2～3 个月,若发现浑浊、沉淀或发霉现象时,则不能用,应重新配制。

附录 7　常用基准物及其干燥条件

基准物	标定对象	干燥条件
$NaHCO_3$	酸	260～270℃干燥至恒重
$Na_2B_4O_7 \cdot 10H_2O$	酸	放在 NaCl 蔗糖饱和溶液的干燥器中干燥至恒重
$KHC_8H_4O_4$	NaOH	105～110℃干燥至恒重
$Na_2C_2O_4$	$KMnO_4$	105～110℃干燥至恒重
$K_2Cr_2O_7$	$Na_2S_2O_3$，$FeSO_4$	120℃干燥至恒重
K_2BrO_3	$Na_2S_2O_3$	150℃干燥至恒重
K_2IO_3	$Na_2S_2O_3$	180℃干燥至恒重
As_2O_3	I_2	硫酸干燥器中干燥至恒重
$(NH_4)_2Fe(SO_4)_2 \cdot 6H_2O$	氧化剂	室温空气干燥
NaCl	$AgNO_3$	560～600℃加热干燥至恒重
$AgNO_3$	卤化物,硫氰酸盐	硫酸干燥器中干燥至恒重
ZnO	EDTA	800℃灼烧至恒重
无水 Na_2CO_3	HCl，H_2SO_4	260～270℃干燥至恒重
$CaCO_3$	EDTA	105～110℃干燥至恒重

附录 8　弱酸及其共轭碱在水中的标准解离常数 （298.15K，离子强度 $I=0$）

弱酸	分子式	$K_a^{\ominus}$	$pK_a^{\ominus}$	共轭碱	
				$pK_b^{\ominus}$	$K_b^{\ominus}$
砷酸	H_3AsO_4	5.7×10^{-3} $(K_{a1}^{\ominus})$	2.24	11.76	1.75×10^{-12} $(K_{b3}^{\ominus})$
		1.7×10^{-7} $(K_{a2}^{\ominus})$	6.77	7.23	5.88×10^{-8} $(K_{b2}^{\ominus})$
		2.5×10^{-12} $(K_{a3}^{\ominus})$	11.60	2.40	3.98×10^{-3} $(K_{b1}^{\ominus})$
亚砷酸	H_3AsO_3	5.9×10^{-10}	9.22	4.78	1.7×10^{-5}
硼酸	H_3BO_3	5.8×10^{-10}	9.24	4.76	1.7×10^{-5}
焦硼酸	$H_2B_4O_7$	1.0×10^{-4} $(K_{a1}^{\ominus})$	4.0	10.0	1.0×10^{-10} $(K_{b2}^{\ominus})$
		1.0×10^{-9} $(K_{a2}^{\ominus})$	9.0	5.0	1.0×10^{-5} $(K_{b1}^{\ominus})$
次溴酸	HBrO	2.6×10^{-9}	8.58	5.42	3.8×10^{-6}
碳酸	H_2CO_3	4.2×10^{-7} $(K_{a1}^{\ominus})$	6.38	7.62	2.4×10^{-8} $(K_{b2}^{\ominus})$
	$(CO_2+H_2O)^{①}$	4.7×10^{-11} $(K_{a2}^{\ominus})$	10.33	3.67	2.1×10^{-4} $(K_{b1}^{\ominus})$
氢氰酸	HCN	5.8×10^{-10}	9.24	4.76	1.7×10^{-5}
铬酸	H_2CrO_4	9.55 $(K_{a1}^{\ominus})$	0.98	13.02	9.6×10^{-14} $(K_{b2}^{\ominus})$
		3.2×10^{-7} $(K_{a2}^{\ominus})$	6.49	7.51	3.1×10^{-8} $(K_{b1}^{\ominus})$
次氯酸	HClO	2.8×10^{-8}	7.55	6.45	3.5×10^{-7}
氢氟酸	HF	6.9×10^{-4}	3.16	10.84	1.4×10^{-11}
次碘酸	HIO	2.4×10^{-11}	10.62	3.38	4.2×10^{-4}
碘酸	HIO_3	0.16	0.80	13.20	6.2×10^{-14}
高碘酸	H_5IO_6	4.4×10^{-4} $(K_{a1}^{\ominus})$	3.36	10.64	2.3×10^{-11}
		2×10^{-7} $(K_{a2}^{\ominus})$	6.7	7.3	5.0×10^{-8}
		6.3×10^{-13} $(K_{a3}^{\ominus})$	12.2	1.8	1.6×10^{-2}
亚硝酸	HNO_2	6.0×10^{-4}	3.22	10.78	1.6×10^{-11}
过氧化氢	H_2O_2	2.0×10^{-12}	11.70	2.30	5.0×10^{-3}
磷酸	H_3PO_4	6.7×10^{-3} $(K_{a1}^{\ominus})$	2.17	11.83	1.5×10^{-12} $(K_{b3}^{\ominus})$
		6.2×10^{-8} $(K_{a2}^{\ominus})$	7.20	6.80	1.6×10^{-7} $(K_{b2}^{\ominus})$
		4.5×10^{-13} $(K_{a3}^{\ominus})$	12.34	1.66	2.2×10^{-2} $(K_{b1}^{\ominus})$
焦磷酸	$H_4P_2O_7$	2.9×10^{-2} $(K_{a1}^{\ominus})$	1.54	12.46	3.4×10^{-13} $(K_{b4}^{\ominus})$
		5.3×10^{-3} $(K_{a2}^{\ominus})$	2.28	11.72	1.9×10^{-12} $(K_{b3}^{\ominus})$
		2.2×10^{-7} $(K_{a3}^{\ominus})$	6.66	7.34	4.6×10^{-8} $(K_{b2}^{\ominus})$
		4.8×10^{-10} $(K_{a4}^{\ominus})$	9.32	4.78	1.6×10^{-5} $(K_{b1}^{\ominus})$

弱酸	分子式	$K_a^\ominus$	$pK_a^\ominus$	共轭碱	
				$pK_b^\ominus$	$K_b^\ominus$
亚磷酸	H_3PO_3	$5.0\times10^{-2}(K_{a1}^\ominus)$	1.30	12.70	$2.0\times10^{-13}(K_{b2}^\ominus)$
		$2.5\times10^{-7}(K_{a2}^\ominus)$	6.60	7.40	$4.0\times10^{-8}(K_{b1}^\ominus)$
氢硫酸	H_2S	$1.07\times10^{-7}(K_{a1}^\ominus)$	6.97	7.03	$9.3\times10^{-8}(K_{b2}^\ominus)$
		$1.26\times10^{-13}(K_{a2}^\ominus)$	12.90	1.10	$7.9\times10^{-2}(K_{b1}^\ominus)$
硫酸	$H_2SO_4^-$	$1.0\times10^{-2}(K_{a2}^\ominus)$	2.00	12.00	$1.0\times10^{-12}(K_{b1}^\ominus)$
亚硫酸	H_2SO_3	$1.7\times10^{-2}(K_{a1}^\ominus)$	1.77	12.23	$5.9\times10^{-13}(K_{b2}^\ominus)$
		$6.0\times10^{-8}(K_{a2}^\ominus)$	7.20	6.80	$1.6\times10^{-7}(K_{b1}^\ominus)$
硫氰酸	HSCN	0.14	0.85	13.15	7.1×10^{-14}
偏硅酸	H_2SiO_3	$1.7\times10^{-10}(K_{a1}^\ominus)$	9.77	4.23	$5.9\times10^{-5}(K_{b2}^\ominus)$
		$1.6\times10^{-12}(K_{a2}^\ominus)$	11.8	2.20	$6.3\times10^{-3}(K_{b1}^\ominus)$
甲酸	HCOOH	1.8×10^{-4}	3.74	10.26	5.5×10^{-11}
乙酸	CH_3COOH	1.8×10^{-5}	4.74	9.26	5.5×10^{-10}
一氯乙酸	$CH_2ClCOOH$	1.4×10^{-3}	2.85	11.15	7.1×10^{-12}
二氯乙酸	$CHCl_2COOH$	5.0×10^{-2}	1.30	12.70	2.0×10^{-13}
三氯乙酸	CCl_3COOH	0.23	0.64	13.36	4.4×10^{-14}
氨基乙酸盐	$^+NH_3CH_2COOH$	$4.5\times10^{-3}(K_{a1}^\ominus)$	2.34	11.66	$2.2\times10^{-12}(K_{b2}^\ominus)$
	$^+NH_3CH_2COO^-$	$2.5\times10^{-10}(K_{a2}^\ominus)$	9.60	4.40	$4.0\times10^{-5}(K_{b1}^\ominus)$
乳酸	$CH_3CHOHCOOH$	1.4×10^{-4}	3.85	10.15	7.1×10^{-11}
苯甲酸	C_6H_5COOH	6.2×10^{-5}	4.21	9.79	1.6×10^{-10}
草酸	$H_2C_2O_4$	$5.4\times10^{-2}(K_{a1}^\ominus)$	1.26	12.74	$1.8\times10^{-13}(K_{b2}^\ominus)$
		$5.4\times10^{-5}(K_{a2}^\ominus)$	4.26	9.74	$1.8\times10^{-10}(K_{b1}^\ominus)$
d-酒石酸	CH(OH)COOH | CH(OH)COOH	$9.1\times10^{-4}(K_{a1}^\ominus)$	3.04	10.96	$1.1\times10^{-11}(K_{b2}^\ominus)$
		$4.3\times10^{-5}(K_{a2}^\ominus)$	4.36	9.64	$2.3\times10^{-10}(K_{b1}^\ominus)$
邻苯二甲酸		$1.1\times10^{-3}(K_{a1}^\ominus)$	2.96	11.04	$9.1\times10^{-12}(K_{b2}^\ominus)$
		$3.9\times10^{-6}(K_{a2}^\ominus)$	5.41	8.59	$2.6\times10^{-9}(K_{b1}^\ominus)$
柠檬酸	$HO_2CCH_2\underset{\underset{OH}{\vert}}{\overset{\overset{CO_2H}{\vert}}{C}}CH_2CO_2H$	$7.4\times10^{-4}(K_{a1}^\ominus)$	3.13	10.87	$1.3\times10^{-11}(K_{b3}^\ominus)$
		$1.7\times10^{-5}(K_{a2}^\ominus)$	4.77	9.23	$5.9\times10^{-10}(K_{b2}^\ominus)$
		$4.0\times10^{-7}(K_{a3}^\ominus)$	6.40	7.60	$2.5\times10^{-8}(K_{b1}^\ominus)$
苯酚	C_6H_5OH	1.1×10^{-10}	9.96	4.04	9.1×10^{-5}
乙二胺四乙酸	EDTA	$1.0\times10^{-2}(K_{a1}^\ominus)$	2.0	12.0	$1.0\times10^{-12}(K_{b4}^\ominus)$
		$2.1\times10^{-3}(K_{a2}^\ominus)$	2.68	11.32	$4.8\times10^{-12}(K_{b3}^\ominus)$
		$6.9\times10^{-7}(K_{a3}^\ominus)$	6.16	7.84	$1.4\times10^{-8}(K_{b2}^\ominus)$
		$5.9\times10^{-11}(K_{a4}^\ominus)$	10.23	3.77	$1.7\times10^{-4}(K_{b1}^\ominus)$
铵离子	NH_4^+	5.5×10^{-10}	9.26	4.74	1.8×10^{-5}
联氨离子	$^+H_3NNH_3^+$	3.3×10^{-9}	8.48	5.52	3.0×10^{-6}
羟胺离子	NH_3^+OH	1.1×10^{-6}	5.96	8.04	9.1×10^{-9}
甲胺离子	$CH_3NH_3^+$	2.4×10^{-11}	10.62	3.38	4.2×10^{-4}
乙胺离子	$C_2H_5NH_3^+$	1.8×10^{-11}	10.74	3.26	5.5×10^{-4}
二甲胺离子	$(CH_3)_2NH_2^+$	8.5×10^{-11}	10.07	3.93	1.2×10^{-4}
二乙胺离子	$(C_2H_5)_2NH_2^+$	7.8×10^{-12}	11.11	2.89	1.3×10^{-3}
乙醇胺离子	$HOCH_2CH_2NH_3^+$	3.2×10^{-10}	9.49	4.51	3.1×10^{-5}
三乙醇胺离子	$(HOCH_2CH_2)_3NH^+$	1.7×10^{-8}	7.77	6.23	5.9×10^{-7}
六亚甲基四胺离子 (乌洛托品)	$(CH_2)_6N_4H^+$	7.1×10^{-6}	5.15	8.85	1.4×10^{-9}
乙二胺离子	$^+H_3NCH_2CH_2NH_3^+$	1.4×10^{-7}	6.85	7.15	$7.1\times10^{-8}(K_{b2}^\ominus)$
	$H_2NCH_2CH_2NH_3^+$	1.2×10^{-10}	9.92	4.08	$8.3\times10^{-5}(K_{b1}^\ominus)$
吡啶离子		5.9×10^{-6}	5.23	8.77	1.7×10^{-9}

① 如果不计水合 CO_2，H_2CO_3 的 $pK_{a1}=3.76$。

附录 9　一些难溶化合物的溶度积（298.15K）

化合物	$K_{sp}^{\ominus}$	$pK_{sp}^{\ominus}$	化合物	$K_{sp}^{\ominus}$	$pK_{sp}^{\ominus}$	化合物	$K_{sp}^{\ominus}$	$pK_{sp}^{\ominus}$
AgAc	1.94×10^{-3}	2.71	$Co(IO_3)_2 \cdot 2H_2O$	1.21×10^{-2}	1.92	$MnCO_3$	2.24×10^{-11}	10.65
AgBr	5.35×10^{-13}	12.27	$Co(OH)_2$(粉红)	1.09×10^{-15}	14.96	$MnC_2O_4 \cdot 2H_2O$	1.70×10^{-7}	6.44
$AgBrO_3$	5.34×10^{-5}	4.27	$Co(OH)_2$(蓝)	5.92×10^{-15}	14.23	$Mn(IO_3)_2$	4.37×10^{-7}	6.36
AgCN	5.97×10^{-17}	16.22	$Co_3(AsO_4)_2$	6.79×10^{-29}	28.17	$Mn(OH)_2$	2.06×10^{-13}	12.39
AgCl	1.77×10^{-10}	9.75	$Co_3(PO_4)_2$	2.05×10^{-35}	34.69	MnS	4.65×10^{-14}	13.33
AgI	8.51×10^{-17}	16.07	CuBr	6.27×10^{-9}	8.20	$NiCO_3$	1.42×10^{-7}	6.85
$AgIO_3$	3.17×10^{-8}	7.50	CuC_2O_4	4.43×10^{-10}	9.35	$Ni(IO_3)_2$	4.71×10^{-5}	4.33
AgSCN	1.03×10^{-12}	11.99	CuCl	1.72×10^{-12}	6.76	$Ni(OH)_2$	5.47×10^{-16}	15.26
Ag_2CO_3	8.45×10^{-12}	11.07	CuI	1.27×10^{-12}	11.90	NiS	1.07×10^{-21}	20.97
$Ag_2C_2O_4$	5.40×10^{-12}	11.27	$Cu(IO_3)_2 \cdot H_2O$	6.94×10^{-8}	7.16	$Ni_2(PO_4)_2$	4.73×10^{-32}	31.33
Ag_2CrO_4	1.12×10^{-12}	11.95	CuS	1.27×10^{-36}	35.90	$PbBr_2$	6.60×10^{-6}	5.18
$\alpha\text{-}Ag_2S$	6.69×10^{-50}	49.17	CuSCN	1.77×10^{-13}	12.75	$PbCO_3$	1.46×10^{-13}	12.84
$\beta\text{-}Ag_2S$	1.09×10^{-49}	48.96	Cu_2S	2.26×10^{-48}	47.64	PbC_2O_4	8.51×10^{-10}	9.07
Ag_2SO_3	1.49×10^{-14}	13.83	$Cu_3(AsO_4)_2$	7.93×10^{-36}	35.10	$PbCrO_4$	1.77×10^{-14}	13.75
$AgSO_4$	1.20×10^{-5}	4.92	$Cu_3(PO_4)_2$	1.39×10^{-37}	36.86	$PbCl_2$	1.17×10^{-5}	4.93
Ag_3AsO_4	1.03×10^{-22}	21.99	$FeCO_3$	3.07×10^{-11}	10.51	PbF_2	7.12×10^{-7}	6.15
Ag_3PO_4	8.88×10^{-17}	16.05	FeF_2	2.36×10^{-6}	5.63	PbI_2	8.49×10^{-9}	8.07
$Al(OH)_3$	1.1×10^{-33}	32.97	$Fe(OH)_2$	4.87×10^{-17}	16.31	$Pb(IO_3)_2$	3.68×10^{-13}	12.43
$AlPO_4$	9.83×10^{-21}	20.01	$Fe(OH)_3$	2.64×10^{-39}	38.58	$Pb(OH)_2$	1.42×10^{-20}	19.85
$BaCO_3$	2.58×10^{-9}	8.59	$FePO_4 \cdot 2H_2O$	9.92×10^{-29}	28.00	PbS	9.04×10^{-29}	25.04
$BaCrO_4$	1.17×10^{-10}	9.93	FeS	1.59×10^{-19}	18.80	$PbSO_4$	1.82×10^{-8}	7.74
BaF_2	1.84×10^{-7}	6.41	HgI_2	2.82×10^{-29}	28.55	$Pb(SCN)_2$	2.11×10^{-5}	4.68
$Ba(IO_3)_2$	4.01×10^{-9}	8.40	$Hg(OH)_2$	3.13×10^{-26}	25.50	PdS	2.03×10^{-58}	57.6
$Ba(IO_3)_2 \cdot H_2O$	1.67×10^{-9}	8.78	HgS(黑)	6.44×10^{-53}	52.19	$Pd(SCN)_2$	4.38×10^{-23}	22.36
$Ba(OH)_2 \cdot H_2O$	2.55×10^{-4}	3.59	HgS(红)	2.00×10^{-53}	52.70	PtS	9.91×10^{-74}	73.00
$BaSO_4$	1.07×10^{-10}	9.97	Hg_2Br_2	6.41×10^{-23}	22.19	$Sn(OH)_2$	5.45×10^{-27}	26.26
$BiAsO_4$	4.43×10^{-10}	9.35	Hg_2CO_3	3.67×10^{-17}	16.44	SnS	3.25×10^{-28}	27.49
Bi_2S_3	1.82×10^{-99}	98.74	$Hg_2C_2O_4$	1.75×10^{-13}	12.76	$SrCO_3$	5.60×10^{-10}	9.25
$CaCO_3$	9.9×10^{-7}	6.00	Hg_2Cl_2	1.45×10^{-18}	17.84	SrF_2	4.33×10^{-19}	8.39
$CaC_2O_4 \cdot H_2O$	2.34×10^{-9}	8.63	Hg_2F_2	3.10×10^{-6}	5.51	$Sr(IO_3)_2$	1.14×10^{-7}	6.94
CaF_2	1.46×10^{-10}	9.84	Hg_2I_2	5.33×10^{-29}	28.27	$Sr(IO_3)_2 \cdot H_2O$	3.58×10^{-7}	6.45
$Ca(IO_3)_2$	6.47×10^{-6}	5.19	Hg_2SO_4	7.99×10^{-7}	6.10	$Sr(IO_3)_2 \cdot 6H_2O$	4.65×10^{-7}	6.33
$Ca(IO_3)_2 \cdot 6H_2O$	7.54×10^{-7}	6.12	$Hg_2(SCN)_2$	3.12×10^{-20}	19.51	$SrSO_4$	3.44×10^{-7}	6.4
$Ca(OH)_2$	4.68×10^{-6}	5.33	$KClO_4$	1.05×10^{-2}	1.98	$Sr_3(AsO_4)_2$	4.29×10^{-19}	18.34
$CaSO_4$	7.10×10^{-5}	4.15	$K_2[PtCl_6]$	7.48×10^{-6}	5.13	$ZnCO_3$	1.19×10^{-10}	9.92
$Ca_3(PO_4)_2$	2.07×10^{-33}	32.68	Li_2CO_3	8.15×10^{-4}	3.09	$ZnCO_3 \cdot H_2O$	5.41×10^{-11}	10.27
$CdCO_3$	6.18×10^{-12}	11.21	$MgCO_3$	6.82×10^{-6}	5.17	$ZnC_2O_4 \cdot 2H_2O$	1.37×10^{-9}	8.86
$CdC_2O_4 \cdot 3H_2O$	1.42×10^{-8}	7.85	$MgCO_3 \cdot 3H_2O$	2.38×10^{-6}	5.62	ZnF_2	3.04×10^{-2}	1.52
CdF_2	6.44×10^{-3}	2.19	$MgCO_3 \cdot 5H_2O$	3.79×10^{-6}	5.42	$Zn(IO_3)_2$	4.29×10^{-6}	5.37
$Cd(IO_3)_2$	2.49×10^{-8}	7.60	$MgC_2O_4 \cdot 2H_2O$	4.83×10^{-6}	5.32	$\gamma\text{-}Zn(OH)_2$	6.86×10^{-17}	16.16
$Cd(OH)_2$	5.27×10^{-15}	14.28	MgF_2	7.42×10^{-11}	10.13	$\beta\text{-}Zn(OH)_2$	7.71×10^{-17}	16.11
CdS	1.40×10^{-29}	28.85	$Mg(OH)_2$	5.61×10^{-12}	11.25	$\varepsilon\text{-}Zn(OH)_2$	4.12×10^{-17}	16.38
$Cd_3(AsO_4)_2$	2.17×10^{-33}	32.66	$Mg_3(PO_4)_2$	9.86×10^{-25}	24.01	ZnS	2.93×10^{-25}	24.53
$Cd_3(PO_4)_2$	2.53×10^{-33}	32.60				$Zn_3(AsO_4)_2$	3.12×10^{-28}	27.51

附录 10　某些配离子的标准稳定常数（293～298K，离子强度 $I \approx 0$）

配离子	稳定常数 $K_f^{\ominus}$	$\lg K_f^{\ominus}$	配离子	稳定常数 $K_f^{\ominus}$	$\lg K_f^{\ominus}$
$[Ag(NH_3)_2]^+$	1.11×10^7	7.05	$[Zn(CN)_4]^{2-}$	5.01×10^{16}	16.70
$[Cd(NH_3)_4]^{2+}$	1.32×10^7	7.12	$[Ag(Ac)_2]^-$	4.37	0.64
$[Co(NH_3)_6]^{2+}$	1.29×10^5	5.11	$[Cu(Ac)_4]^{2-}$	1.54×10^3	3.20
$[Co(NH_3)_6]^{3+}$	1.59×10^{35}	35.20	$[Pb(Ac)_4]^{2-}$	3.16×10^8	8.50
$[Cu(NH_3)_2]^{2+}$	2.09×10^{13}	13.32	$[Al(C_2O_4)_3]^{3-}$	2.00×10^{16}	16.30
$[Ni(NH_3)_6]^{2+}$	5.50×10^8	8.74	$[Fe(C_2O_4)_3]^{3-}$	1.58×10^{20}	20.20
$[Zn(NH_3)_4]^{2+}$	2.88×10^9	9.46	$[Fe(C_2O_4)_3]^{4-}$	1.66×10^5	5.22
$[Zn(OH)_4]^{2-}$	4.57×10^{17}	17.66	$[Zn(C_2O_4)_3]^{4-}$	1.41×10^8	8.15
$[CdI_4]^{2-}$	2.57×10^5	5.41	$[Cd(en)_3]^{2+}$	1.23×10^{12}	12.09
$[HgI_4]^{2-}$	6.76×10^{29}	29.83	$[Co(en)_3]^{2+}$	8.71×10^{13}	13.94
$[Ag(SCN)_2]^-$	3.72×10^7	7.57	$[Co(en)_3]^{3+}$	4.90×10^{48}	48.69
$[Co(SCN)_4]^{2-}$	1.00×10^3	3.00	$[Fe(en)_3]^{2+}$	5.01×10^9	9.70
$[Hg(SCN)_4]^{2-}$	1.70×10^{21}	21.23	$[Ni(en)_3]^{2+}$	2.14×10^{18}	18.33
$[Zn(SCN)_4]^{2-}$	41.7	1.62	$[Zn(en)_3]^{2+}$	1.29×10^{14}	14.11
$[AlF_6]^{3-}$	6.92×10^{19}	19.84	$[AlEDTA]^-$	1.29×10^{16}	16.11
$[AgCl_2]^-$	1.10×10^5	5.04	$[BaEDTA]^{2-}$	6.03×10^7	7.78
$[CdCl_4]^{2-}$	6.31×10^2	2.80	$[CaEDTA]^{2-}$	1.00×10^{11}	11.00
$[HgCl_4]^{2-}$	1.17×10^{15}	15.07	$[CdEDTA]^{2-}$	2.51×10^{16}	16.40
$[PbCl_3]^-$	1.70×10^3	3.23	$[CoEDTA]^-$	1.00×10^{36}	36.00
$[AgBr_2]^-$	2.14×10^7	7.33	$[CuEDTA]^{2-}$	5.01×10^{18}	18.70
$[Ag(CN)_2]^-$	1.26×10^{21}	21.10	$[FeEDTA]^{2-}$	2.14×10^{14}	14.33
$[Au(CN)_2]^-$	2.00×10^{38}	38.30	$[FeEDTA]^-$	1.70×10^{24}	24.23
$[Cd(CN)_4]^{2-}$	6.03×10^{18}	18.78	$[HgEDTA]^{2-}$	6.31×10^{21}	21.80
$[Cu(CN)_4]^{2-}$	2.00×10^{30}	30.30	$[MgEDTA]^{2-}$	4.37×10^8	8.64
$[Fe(CN)_6]^{4-}$	1.00×10^{35}	35.00	$[MnEDTA]^{2-}$	6.31×10^{13}	13.80
$[Fe(CN)_6]^{3-}$	1.00×10^{42}	42.00	$[NiEDTA]^{2-}$	3.63×10^{18}	18.56
$[Hg(CN)_4]^{2-}$	2.51×10^{41}	41.40	$[PbEDTA]^{2-}$	2.00×10^{18}	18.30
$[Ni(CN)_4]^{2-}$	2.00×10^{31}	31.30	$[ZnEDTA]^{2-}$	2.51×10^{16}	16.40

附录 11　标准电极电势（298.15K）

电极反应	$\varphi^{\ominus}$ / V
$Li^+ + e \rlap{=\!=} Li$	-3.041
$Cs^+ + e \rlap{=\!=} Cs$	-3.026
$Ca(OH)_2 + 2e \rlap{=\!=} Ca + 2OH^-$	-3.02
$K^+ + e \rlap{=\!=} K$	-2.931
$Ba^{2+} + 2e \rlap{=\!=} Ba$	-2.912
$Ca^{2+} + 2e \rlap{=\!=} Ca$	-2.868
$Na^+ + e \rlap{=\!=} Na$	-2.71
$Mg^{2+} + 2e \rlap{=\!=} Mg$	-2.372
$\frac{1}{2}H_2 + e \rlap{=\!=} H^-$	-2.23
$Al^{3+} + 3e \rlap{=\!=} Al$	-1.662
$Mn(OH)_2 + 2e \rlap{=\!=} Mn + 2OH^-$	-1.56
$ZnO_2^{2-} + 2H_2O + 2e \rlap{=\!=} Zn + 4OH^-$	-1.215
$Mn^{2+} + 2e \rlap{=\!=} Mn$	-1.185
$Sn(OH)_6^{2-} + 2e \rlap{=\!=} HSnO_2^- + 3OH^- + H_2O$	-0.93
$2H_2O + 2e \rlap{=\!=} H_2 + 2OH^-$	-08277
$Cd(OH)_2 + 2e \rlap{=\!=} Cd + 2OH^-$	-0.809
$Zn^{2+} + 2e \rlap{=\!=} Zn$	-0.7618
$Cr^{3+} + 3e \rlap{=\!=} Cr$	-0.744
$Ni(OH)_2 + 2e \rlap{=\!=} Ni + 2OH^-$	-0.72

电极反应	$\varphi^{\ominus}$ / V
$Fe(OH)_3 + e \Longrightarrow Fe(OH)_2 + OH^-$	-0.56
$2CO_2 + 2H^+ + 2e \Longrightarrow H_2C_2O_4$	-0.481
$NO_2^- + H_2O + e \Longrightarrow NO + 2OH^-$	-0.46
$Fe^{2+} + 2e \Longrightarrow Fe$	-0.447
$Cr^{3+} + e \Longrightarrow Cr^{2+}$	-0.407
$Cd^{2+} + 2e \Longrightarrow Cd$	-0.4030
$Ni^{2+} + 2e \Longrightarrow Ni$	-0.257
$2SO_4^{2-} + 4H^+ + 2e \Longrightarrow S_2O_6^{2-} + 2H_2O$	-0.22
$AgI + e \Longrightarrow Ag + I^-$	-0.152
$Sn^{2+} + 2e \Longrightarrow Sn$	-0.1375
$Pb^{2+} + 2e \Longrightarrow Pb$	-0.1262
$MnO_2 + 2H_2O + 2e \Longrightarrow Mn(OH)_2 + 2OH^-$	-0.05
$Fe^{3+} + 3e \Longrightarrow Fe$	-0.037
$AgCN + e \Longrightarrow Ag + CN^-$	-0.017
$2H^+ + 2e \Longrightarrow H_2$	0.0000
$AgBr + e \Longrightarrow Ag + Br^-$	0.07133
$[Co(NH_3)_6]^{3+} + e \Longrightarrow [Co(NH_3)_6]^{2+}$	0.108
$S + 2H^+ + 2e \Longrightarrow H_2S(aq)$	0.142
$IO_3^- + 2H_2O + 4e \Longrightarrow IO^- + 4OH^-$	0.15
$Sn^{4+} + 2e \Longrightarrow Sn^{2+}$	0.151
$Cu^{2+} + e \Longrightarrow Cu^+$	0.153
$SO_4^{2-} + 4H^+ + 2e \Longrightarrow H_2SO_3 + H_2O$	0.172
$AgCl + e \Longrightarrow Ag + Cl^-$	0.2223
$ClO_3^- + H_2O + 2e \Longrightarrow ClO_2^- + 2OH^-$	0.33
$Cu^{2+} + 2e \Longrightarrow Cu$	0.3419
$Ag_2O + H_2O + 2e \Longrightarrow 2Ag + 2OH^-$	0.342
$[Fe(CN)_6]^{3-} + e \Longrightarrow [Fe(CN)_6]^{4-}$	0.358
$ClO_4^- + H_2O + 2e \Longrightarrow ClO_3^- + 2OH^-$	0.36
$O_2 + 2H_2O + 4e \Longrightarrow 4OH^-$	0.401
$H_2SO_3 + 4H^+ + 4e \Longrightarrow S + 3H_2O$	0.449
$Cu^+ + e \Longrightarrow Cu$	0.521
$I_2 + 2e \Longrightarrow 2I^-$	0.5355
$AsO_4^{3-} + 2H^+ + 2e \Longrightarrow AsO_3^{3-} + H_2O$	0.557
$MnO_4^- + e \Longrightarrow MnO_4^{2-}$	0.558
$MnO_4^- + 2H_2O + 3e \Longrightarrow MnO_2 + 4OH^-$	0.595
$O_2 + 2H^+ + 2e \Longrightarrow H_2O_2$	0.695
$Fe^{3+} + e \Longrightarrow Fe^{2+}$	0.771
$Hg_2^{2+} + 2e \Longrightarrow 2Hg$	0.7973
$Ag^+ + e \Longrightarrow Ag$	0.7996
$2NO_3^- + 4H^+ + 2e \Longrightarrow N_2O_4 + 2H_2O$	0.803
$ClO^- + H_2O + 2e \Longrightarrow Cl^- + 2OH^-$	0.81
$\frac{1}{2}O_2 + 2H^+(10^{-7}\,mol \cdot L^{-1}) + 2e \Longrightarrow H_2O$	0.815
$Hg^{2+} + 2e \Longrightarrow Hg$	0.851
$Cu^{2+} + I^- + e \Longrightarrow CuI$	0.86
$2Hg^{2+} + 2e \Longrightarrow Hg_2^{2+}$	0.920
$NO_3^- + 3H^+ + 2e \Longrightarrow HNO_2 + H_2O$	0.934
$NO_3^- + 4H^+ + 3e \Longrightarrow NO + 2H_2O$	0.957
$Br_2(l) + 2e \Longrightarrow 2Br^-$	1.066
$2IO_3^- + 12H^+ + 10e \Longrightarrow I_2 + 6H_2O$	1.195
$MnO_2 + 4H^+ + 2e \Longrightarrow Mn^{2+} + 2H_2O$	1.224
$O_2 + 4H^+ + 2e \Longrightarrow 2H_2O$	1.229
$Cr_2O_7^{2-} + 14H^+ + 6e \Longrightarrow 2Cr^{3+} + 7H_2O$	1.232
$Cl_2(g) + 2e \Longrightarrow 2Cl^-$	1.35827
$ClO_4^- + 8H^+ + 8e \Longrightarrow Cl^- + 4H_2O$	1.389
$ClO_3^- + 6H^+ + 6e \Longrightarrow Cl^- + 3H_2O$	1.451
$ClO_3^- + 6H^+ + 5e \Longrightarrow \frac{1}{2}Cl_2 + 3H_2O$	1.47
$2BrO_3^- + 12H^+ + 10e \Longrightarrow Br_2 + 6H_2O$	1.482
$MnO_4^- + 8H^+ + 5e \Longrightarrow Mn^{2+} + 4H_2O$	1.507
$Mn^{3+} + e \Longrightarrow Mn^{2+}$	1.5415
$MnO_4^- + 4H^+ + 3e \Longrightarrow MnO_2 + 2H_2O$	1.679

续表

电极反应	$\varphi^{\ominus}/\text{V}$
$PbO_2+SO_4^{2-}+4H^++2e\!=\!\!=\!PbSO_4+2H_2O$	1.685
$Au^++e\!=\!\!=\!Au$	1.692
$H_2O_2+2H^++2e\!=\!\!=\!2H_2O$	1.776
$Ni^{3+}+e\!=\!\!=\!Ni^{2+}$	1.840
$Co^{3+}+e\!=\!\!=\!Co^{2+}$	1.92
$S_2O_8^{2-}+2e\!=\!\!=\!2SO_4^{2-}$	2.010
$F_2+2e\!=\!\!=\!2F^-$	2.866

附录 12 实验室中一些试剂的配制

试剂名称	浓度/mol·L^{-1}	配 制 方 法
硫化钠 Na_2S	1 mol·L^{-1}	称取 240g $Na_2S\cdot9H_2O$,40g NaOH 溶于适量水中,稀释至 1L,混匀
硫化铵 $(NH_4)_2S$	3 mol·L^{-1}	通 H_2S 于 200mL 浓 $NH_3\cdot H_2O$ 中直至饱和,然后再加 200mL 浓 $NH_3\cdot H_2O$,最后加水稀释至 1L,混匀
三氯化锑 $SbCl_3$	0.1 mol·L^{-1}	称取 22.8g $SbCl_3$ 溶于 100mL 6mol·L^{-1} HCl 中,加水稀释至 1L
氯化亚锡 $SnCl_2$	0.25 mol·L^{-1}	称取 56.4g $SnCl_2\cdot2H_2O$ 溶于 100mL 浓 HCl 中,加水稀释至 1L,在溶液中放入几颗纯锡粒
氯化铁 $FeCl_3$	0.5 mol·L^{-1}	称取 135.2g $FeCl_3\cdot6H_2O$ 溶于 100mL 6mol·L^{-1}HCl 中,加水稀释至 1L
三氯化铬 $CrCl_3$	0.1 mol·L^{-1}	称取 26.7g $CrCl_3\cdot6H_2O$ 溶于 30mL 6mol·L^{-1}HCl 中,加水稀释至 1L
硝酸亚汞 $Hg_2(NO_3)_2$	0.1 mol·L^{-1}	称取 56g $Hg_2(NO_3)_2\cdot2H_2O$ 溶于 250mL 6mol·L^{-1}HNO$_3$ 中,加水稀释至 1L,并加入少许金属汞
硝酸铅 $Pb(NO_3)_2$	0.25 mol·L^{-1}	称取 83g $Pb(NO_3)_2\cdot2H_2O$ 溶于少量水中,加入 15mL 6mol·L^{-1}HNO$_3$ 中,再加水稀释至 1L
硝酸铋 $Bi(NO_3)_3$	0.1 mol·L^{-1}	称取 48.5g $Bi(NO_3)_3\cdot5H_2O$ 溶于 250mL 1mol·L^{-1}HNO$_3$ 中,加水稀释至 1L
硫酸亚铁 $FeSO_4$	0.25 mol·L^{-1}	称取 69.5g $FeSO_4\cdot7H_2O$ 溶于适量水中,加入 5mL 18mol·L^{-1}H$_2$SO$_4$,再加水稀释至 1L,并置入小铁钉数枚
钼酸铵 $(NH_4)_6Mo_7O_{24}$	0.1 mol·L^{-1}	称取 124g $(NH_4)_6Mo_7O_{24}\cdot4H_2O$ 溶于 1L 水中,将所得溶液倒入 6mol·L^{-1} HNO$_3$ 中,放置 24h,取其澄清液
Cl_2 水	Cl_2 的饱和水溶液	将 Cl_2 通入水中至饱和为止(用时临时配制)
Br_2 水	Br_2 的饱和水溶液	在带有良好磨口塞的玻璃瓶内,将市售的 Br_2 约 50g(16mL)注入 1L 水中,在 2h 内经常剧烈振荡,每次振荡之后微开塞子,使积聚的 Br_2 蒸气放出,在储存瓶底总有过量的溴。将 Br_2 倒入试剂瓶时,剩余的 Br_2 应留于储存瓶中,而不倒入试剂瓶(倾倒 Br_2 或 Br_2 水时,应在通风橱中进行,将凡士林涂在手上或戴橡皮手套操作,以防 Br_2 蒸气灼伤)
I_2 水	~0.005 mol·L^{-1}	将 1.3g I_2 和 5g KI 溶解在尽可能少量的水中,待 I_2 完全溶解后(充分搅动),再加水稀释至 1L
镁试剂	0.007%	将 0.01g 对硝基偶氮间苯二酚溶于 100mL 2mol·L^{-1} NaOH 溶液中
淀粉溶液	0.5%	称取易溶淀粉 1g 和 $HgCl_2$ 5mg(作防腐剂)置于烧杯中,加冷水少许调成糊状,然后倾入 200mL 沸水中,煮沸后冷却即可
奈斯勒试剂		称取 115g HgI_2 和 80g KI 溶于足量的水中,稀释至 500mL,然后加入 500mL 6mol·L^{-1} NaOH 溶液,静置后取其清液保存于棕色瓶中
亚硝酰铁氰化钠	3%	称取 3g $Na_2[Fe(CN)_5NO]\cdot2H_2O$ 溶于 100mL 水中,如溶液变成蓝色,即需重新配制(只能保存数天)
钙指示剂	0.2%	将 0.2g 钙指示剂溶于 100mL 水中
α-萘胺	0.12%	称取 0.3gα-萘胺溶于 20mL 水中,加热煮沸,静置后取其清液,加入 150mL 2mol·L^{-1} HAc(此试剂应为无色,如变色,宜重新配制)
对氨基苯磺酸	0.34%	称取 3.4g 氨基苯磺酸溶于 1L 2mol·L^{-1} HAc 中
铝试剂	1%	1g 铝试剂溶于 1L 水中
丁二酮肟	1%	1g 丁二酮肟溶于 100mL 95%乙醇中
二苯硫腙	0.01%	10mg 二苯硫腙溶于 100mL CCl$_4$ 中

附录 13　常见离子及化合物的颜色

离子及化合物	颜色	离子及化合物	颜色	离子及化合物	颜色
Ag_2O	褐色	$CoCl_2 \cdot 2H_2O$	紫红色	$[Co(NH_3)_6]^{3+}$	橙黄色
$AgCl$	白色	$CoCl_2 \cdot 6H_2O$	粉红色	$[Co(SCN)_4]^{2-}$	蓝色
Ag_2O_3	白色	CoS	黑色	CoO	灰绿色
Ag_3PO_4	黄色	$CoSO_4 \cdot 7H_2O$	红色	Co_2O_3	黑色
Ag_2CrO_4	砖红色	$CoSiO_3$	紫色	$Co(OH)_2$	粉红色
$Ag_2C_2O_4$	白色	$K_3[Co(NO_2)_6]$	黄色	$Co(OH)Cl$	蓝色
$AgCN$	白色	$BiOCl$	白色	$Co(OH)_3$	褐棕色
$AgSCN$	白色	BiI_3	白色	$[Cu(H_2O)_4]^{2+}$	蓝色
$Ag_2S_2O_3$	白色	Bi_2S_3	黑色	$[CuCl_2]^-$	白色
$Ag_3[Fe(CN)_6]$	橙色	Bi_2O_3	黄色	$[CuCl_4]^{2-}$	黄色
$Ag_4[Fe(CN)_6]$	白色	$Bi(OH)_3$	黄色	$[CuI_2]^-$	黄色
$AgBr$	淡黄色	$BiO(OH)$	灰黄色	$[Cu(NH_3)_4]^{2+}$	深蓝色
AgI	黄色	$Bi(OH)CO_3$	白色	$K_2Na[Co(NO_2)_6]$	黄色
Ag_2S	黑色	$NaBiO_3$	黄棕色	$(NH_4)_2Na[Co(NO_2)_6]$	黄色
Ag_2SO_4	白色	CaO	白色	CdO	棕灰色
$Al(OH)_3$	白色	$Ca(OH)_2$	白色	$Cd(OH)_2$	白色
$BaSO_4$	白色	$CaSO_4$	白色	$CdCO_3$	白色
$BaSO_3$	白色	$CaCO_3$	白色	CdS	黄色
BaS_2O_3	白色	$Ca_3(PO_4)_2$	白色	$[Cr(H_2O)_6]^{2+}$	天蓝色
$BaCO_3$	白色	$CaHPO_3$	白色	$[Cr(H_2O)_6]^{3+}$	蓝紫色
$Ba_3(PO_4)_2$	白色	$CaSO_3$	白色	CrO_2^-	绿色
$BaCrO_4$	黄色	$[Co(H_2O)_6]^{2+}$	粉红色	CrO_4^{2-}	黄色
BaC_2O_4	白色	$[Co(NH_3)_6]^{2+}$	黄色	$Cr_2O_7^{2-}$	橙色
Cr_2O_3	绿色	HgS	黑色	Sb_2O_3	白色
CrO_3	橙红色	$[Mn(H_2O)_6]^{2+}$	浅红色	Sb_2O_5	淡黄色
$Cr(OH)_3$	灰绿色	MnO_4^{2-}	绿色	$Sb(OH)_3$	白色
$CrCl_3 \cdot 6H_2O$	绿色	MnO_4^-	紫红色	$SbOCl$	白色
$Cr_2(SO_4)_3 \cdot 6H_2O$	绿色	MnO_2	棕色	SbI_3	黄色
$Cr_2(SO_4)_3$	桃红色	$Mn(OH)_2$	白色	$Na_3[Sb(OH)_6]$	白色
$Cr_2(SO_4)_3 \cdot 18H_2O$	紫色	MnS	肉色	$Sn(OH)Cl$	白色
CuO	黑色	$MnSiO_3$	肉色	SnS	棕色
Cu_2O	暗红色	$MgNH_4PO_4$	白色	SnS_2	黄色
$Cu(OH)_2$	淡蓝色	$MgCO_3$	白色	$Sn(OH)_4$	白色
$Cu(OH)$	黄色	$[Ni(H_2O)_6]^{2+}$	亮绿色	TiO_2^{2+}	橙红色
$CuCl$	白色	$[Ni(NH_3)_6]^{2+}$	蓝色	$[V(H_2O)_6]^{2+}$	蓝紫色
CuI	白色	NiO	暗绿色	$[Ti(H_2O)_6]^{3+}$	紫色
CuS	黑色	NiS	黑色	$TiCl_3 \cdot 6H_2O$	紫或绿色
$CuSO_4 \cdot 5H_2O$	蓝色	$NiSiO_3$	翠绿色	VO^{2+}	蓝色
$Cu_2(OH)_2SO_4$	浅蓝色	$Ni(CN)_2$	浅绿色	V_2O_5	红棕,橙色
$Cu_2(OH)_2CO_3$	蓝色	$Ni(OH)_2$	淡绿色	$[V(H_2O)_6]^{3+}$	绿色
$Cu_2[Fe(CN)_2]$	红棕色	$Ni(OH)_3$	黑色	VO_2^+	黄色
$Cu(SCN)_2$	黑绿色	Hg_2SO_4	白色	ZnO	白色
$[Fe(H_2O)_6]^{2+}$	浅绿色	$Hg_2(OH)_2CO_3$	红褐色	$Zn(OH)_2$	白色
$[Fe(H_2O)_6]^{3+}$	淡紫色	I_2	紫色	ZnS	白色
$[Fe(CN)_6]^{4-}$	黄色	I_3^-（碘水）	棕黄色	$Zn_2(OH)_2CO_3$	白色
$[Fe(CN)_6]^{3-}$	红棕色	$[OHg_2NH_2]I$	红棕色	ZnC_2O_4	白色
$[Fe(NCS)_n]^{3-n}$	血红色	PbI_2	黄色	$ZnSiO_3$	白色
FeO	黑色	PbS	黑色	$Zn_2[Fe(CN)_6]$	白色
Fe_2O_3	砖红色	$PbSO_4$	白色	$Zn_3[Fe(CN)_6]_2$	黄色褐色
$Fe(OH)_2$	白色	$PbCO_3$	白色	$NaAc \cdot Zn(Ac)_2 \cdot$	黄色
$Fe(OH)_3$	红棕色	$PbCrO_4$	黄色	$3UO_2(Ac)_2 \cdot 9H_2O$	
$Fe_2(SiO_3)_3$	棕红色	$Pb_2C_2O_4$	白色	$Na_3[Fe(CN)_5NO]_2 \cdot$	红色
FeC_2O_4	淡黄色	$PbMoO_4$	黄色	$2H_2O$	
$Fe_3[Fe(CN)_6]_2$	蓝色	PbO_2	棕褐色	$(NH_4)_3PO_4 \cdot 12MoO_3 \cdot$	黄色
$Fe_2[Fe(CN)_6]_3$	蓝色	Pb_3O_4	红色	$6H_2O$	
HgO	红（黄）色	$Pb(OH)_2$	白色		
Hg_2Cl_2	白色	$PbCl_2$	白色		
Hg_2I_2	黄色	$PbBr_2$	白色		

附录 14　几种常用液体的折射率

物质 n_D	温度 t /℃ 15	20	物质 n_D	温度 t /℃ 15	20
苯	1.50439	1.51010	环己烷	1.42900	—
丙酮	1.38175	1.35911	硝基苯	1.5547	1.5524
甲苯	1.4998	1.4968	正丁醇	—	1.39909
醋酸	1.3776	1.3717	二硫化碳	—	1.62546
氯苯	1.52748	1.52460	丁酸乙酯	—	1.3928
氯仿	1.44853	1.44550	乙酸正丁酯	—	1.3961
四氯化碳	1.46305	1.46044	正丁酸	—	1.3980
乙醇	1.36330	1.36139	溴苯	—	1.5604

附录 15　不同温度下水的折射率

温度/℃	折射率	温度/℃	折射率	温度/℃	折射率	温度/℃	折射率
14	1.33348	22	1.33281	32	1.33164	42	1.33023
15	1.33341	24	1.33262	34	1.33136	44	1.32992
16	1.33333	26	1.33241	36	1.33107	46	1.32959
18	1.33317	28	1.33219	38	1.33079	48	1.32927
20	1.33299	30	1.33192	40	1.33051	50	1.32894

附录 16　无限稀释溶液的离子摩尔电导率

单位：$10^{-4}\,\Omega^{-1}\cdot mol^{-1}\cdot m^2$

正离子	λ_+	负离子	λ_-
K^+	75.51	Cl^-	76.34
Na^+	50.11	Br^-	78.4
H^+	349.82	I^-	76.85
Ag^+	61.92	NO_3^-	71.44
Li^+	38.69	HCO_3^-	44.48
NH_4^+	73.4	OH^-	198
Ti^+	74.7	CH_3COO^-	40.9
$\frac{1}{2}Ca^{2+}$	59.50	CH_2ClCOO^-	39.7
$\frac{1}{2}Ba^{2+}$	63.64	$C_2H_5COO^-$	35.81
$\frac{1}{2}Sr^{2+}$	59.46	$C_3H_7COO^-$	32.59
$\frac{1}{2}Mg^{2+}$	53.06	ClO_4^-	68.0
$\frac{1}{3}La^{3+}$	69.6	$C_6H_5COO^-$	32.3
$\frac{1}{3}Co(NH_3)_6^{3+}$	102.3	$\frac{1}{2}SO_4^{2-}$	79.8
		$\frac{1}{3}Fe(CN)_6^{3-}$	101.0
		$\frac{1}{4}Fe(CN)_6^{4-}$	110.5

参 考 文 献

[1] 高绍康. 工科基础化学实验. 福州：福建科学技术出版社，2006.

[2] 高绍康. 大学基础化学实验. 福州：福建科学技术出版社，2007.

[3] 吴江. 大学基础化学实验. 北京：化学工业出版社，2005.

[4] 孟长功，辛剑. 基础化学实验. 第2版. 北京：高等教育出版社，2009.

[5] 古凤才. 基础化学实验教程. 第3版. 北京：科学出版社，2010.

[6] 翟滨，王岩. 基础化学实验. 北京：化学工业出版社，2010.

[7] 张勇. 现代化学基础实验. 第3版. 北京：科学出版社，2010.

[8] 周仕学，薛彦辉. 普通化学实验. 北京：化学工业出版社，2003.

[9] 浙江大学普通化学教研组. 普通化学实验. 第3版. 北京：高等教育出版社，1998.

[10] 杨勇. 普通化学实验. 上海：同济大学出版社，2009.

[11] 郭伟强. 大学基础化学实验. 北京：科学出版社，2005.

[12] 陈华，蒲雪梅. 大学化学实验. 北京：化学工业出版社，2010.

[13] 谢川，鲁厚芳. 工科化学实验. 成都：四川大学出版社，2006.

[14] 徐伟亮. 基础化学实验. 北京：科学出版社，2010.

[15] 周井炎. 基础化学实验. 第2版. 武汉：华中科技大学出版社，2008.

[16] 王小逸，夏定国. 化学实验研究的基本技术与方法. 北京：化学工业出版社，2011.

[17] 周昕，罗虹，刘文娟. 大学实验化学. 北京：科学出版社，2007.

[18] 高丽华. 基础化学实验. 北京：化学工业出版社，2004.

[19] 崔学桂，张晓丽. 基础化学实验（Ⅰ）. 北京：化学工业出版社，2003.

[20] 四川大学化工学院，浙江大学化学系编. 分析化学实验. 北京：高等教育出版社，2006.

[21] 复旦大学等. 物理化学实验. 第3版. 北京：高等教育出版社，2006.

[22] 孙尔康，徐维清，邱金恒. 物理化学实验. 南京：南京大学出版社，1998.

[23] 顾月姝. 基础化学实验（Ⅲ）. 北京：化学工业出版社，2004.

[24] 李梦龙，文志宁，熊庆. 化学信息学. 北京：化学工业出版社，2011.